装备科技译著出版基金

恒星和系外行星环境表征

Characterizing Stellar and Exoplanetary Environments

[奥地利] Helmut Lammer
[奥地利] Maxim Khodachenko 著

沈自才　丁义刚　刘宇明　译

代 巍　刘业楠　校

国防工业出版社

·北京·

著作权合同登记 图字：军-2018-017 号

图书在版编目（CIP）数据

恒星和系外行星环境表征 /（奥）赫尔穆特·拉默（Helmut Lammer），（奥）马克西姆·霍达琴科（Maxim Khodachenko）著；沈自才，丁义刚，刘宇明译. —北京：国防工业出版社，2019.1

书名原文：Characterizing Stellar and Exoplanetary Environments

ISBN 978-7-118-11643-4

Ⅰ. ①恒… Ⅱ. ①赫… ②马… ③沈… ④丁… ⑤刘… Ⅲ. ①恒星—地外环境 ②行星—地外环境 Ⅳ. ①P152 ②P185

中国版本图书馆 CIP 数据核字（2018）第 214861 号

Translation from the English Ianguage edition:
Characterizing Stellar and Exoplanetary Environments
edited by Helmut Lammer and Maxim Khodachenko

※

国防工业出版社 出版发行
（北京市海淀区紫竹院南路 23 号 邮政编码 100048）
三河市腾飞印务有限公司印刷
新华书店经售

*

开本 710×1000 1/16 印张 17½ 字数 205 千字
2019 年 1 月第 1 版第 1 次印刷 印数 1—1500 册 **定价** 129.00 元

（本书如有印装错误，我社负责调换）

国防书店：（010）68428422 发行邮购：（010）68414474
发行传真：（010）68411535 发行业务：（010）68472764

前言

目前，天体物理学和空间科学中，系外行星学是发展最快的领域之一。在发现第一个太阳系外的类木型气体巨行星 51Peg b 的 19 年后，已经观测到超过 1100 个系外行星。尽管大多数已经发现的系外行星是基于径向测速法发现的，近来有越来越多体积从稍大于地球到稍小于海王星以及类木型气体巨行星的系外行星，则是利用经纬仪探测技术观测到的。这些行星的发现得益于若干国际地基转移观测项目，以及 CoRoT（对流、自转和行星凌星）项目/望远镜和开普勒空间天文台的能力。距离主恒星不大于 0.05AU 的系外行星的探测引发一系列问题：这些行星的大气结构，它们与极端恒星辐射及等离子体环境的相互作用，可能存在的磁层对大气层的保护作用，主恒星和行星间的破坏性潮汐引力，等离子体圆环面的形成，呈彗星状逃逸的行星等离子体尾迹，以及其上层大气在热致或非热致质损过程中的稳定性，等。系外行星之主恒星的光谱特性和瞬态行为关系到对行星大气化学反应和大气进化过程的建模。由于这种关系，下面将讨论为深入理解矮星紫外光谱，采用观测和理论手段进行的最新研究。

本书陈述了哈勃太空望远镜在紫外谱段对于系外行星观测结果的分析，以及用于表征行星上层大气结构和恒星环境的高级数值模型的应用。除了哈勃太空望远镜的观测之外，还将对 NASA 的斯皮策（Spitzer）望远镜在红外谱段发现的热木星的二次红外日蚀中的大气分子和原子进行讨论。这类观测有助于利用顶层大气流体动力学经验模型来表征低热层的温度结构。轨道位置小于 0.1AU 的富氢系外行星的顶层大气 - 磁层 - 等离子体环境观测和表征可用于理解顶层大气的非静力状态、识别磁障和验证复杂数值模型。

本书各篇章横跨不同领域而又有机联系，诸位作者来自于“通过观测和先进建模技术表征恒星和系外行星环境”的研究小组。该小组得到总部位于瑞士伯尔尼的国际空间科学机构（ISSI）的支持，在过去两年一直从事有关过程的研究。这些学者的研究结果表明，对系外行星在极端恒星辐射和等离子体环境下行为的研究，同样有助于行星学界理解类地行星（包括早期的金星、地球、火星）及其大气在太阳寿命之初的活跃期是如何演化的。这些观测、理论研究和发现对下一代空间望远镜的研究内容具有及时而重要的启示，这些望远镜包括即将配备远红外和中红外光谱探测装置的詹姆斯·韦伯空间望远镜（JWST），ESA 的“表征系外行星卫星”（CHEOPS）任务，欧洲的“下一代行星发现者”（PLATO 2.0），以及 NASA 的“凌星系外行星卫星调查”（TESS）任务，俄罗斯主导的国际紫外天文台项目“世界空间观测-UV”（WSO-UV）和计划中的欧洲天体测量任务“近地空间天体测量望远镜”（NEAD），等。

Helmut Lammer

Maxim L. Khodachen ko

目 录

第1篇 系外行星主星辐射和等离子体环境

第2篇 系外行星上层大气和恒星的相互作用：观测结果和模型

第3篇 系外行星和天体物理磁场

第4篇 天基和地基系外行星观测与表征工具

第 1 篇

系外行星主星辐射和等离子体环境

导致行星大气演化并适宜居住的过程，不能脱离行星主星寿命期内其辐射、等离子体和磁场环境的演化而单独考虑。下面对系外行星的主恒星自到达零龄主序起的紫外、极紫外和 X 射线通量、恒星风和它们的磁结构的活动性进行讨论。

第1章　系外行星主星辐射和等离子体环境

主星的辐射控制了行星的能量平衡、行星大气层中的光化学过程以及大气外层的质量损失。恒星的光学和红外（IR）辐射作为行星表面和低层大气能量的主要来源，在恒星从零龄主序演化起缓慢增加。紫外辐射，包括支配了M矮星紫外辐射（UV）光谱的拉曼（Lyman）-α射线，控制了H_2O、CO_2和CH_4等重要分子的光化学反应。主星的极紫外和X射线使得行星的外层大气电离并加热，对于近距离的类似木星的行星所造成的质量损失是很快速的。恒星的紫外辐射、极紫外辐射（EUV）和X射线辐射的强度依赖于恒星活性，这种活性当恒星旋转降低时随时间而衰减。这样一来，系外行星大气层的演变取决于它的主星演化。我们对可用于测量或预估具有不同光谱类型和时代的主星的X射线(X-ray)、EUV和UV的可用技术进行了总结。

1.1　引言：短波辐射与行星大气的关联性

利用径向速度、经纬和成像技术发现了许多太阳系外行星（系外行星）（参见第13章~第15章）促进了表征其大气的化学和物理特性的观测和理论研究（参见第4章），以及这些系外行星能否维持生命形式的研究（Kasting和Catling，2003；Seager和Deming，2010）。由于系外行星的大气密度随高度上升而下降，光解作用（分子的光解离和原子的光致电离）将最终支配热平衡的化学反应。这种变化通常发生在大气压力小于1mbar（$1bar=10^5Pa$）的高度。光化学模型现已用于计算类地行星和超级行星（Segura等，2005；Kaltenegger等，2011；Hu等，2012）、热海王星（Line等，2011）和热木星（Kopparapu等，2012；Moses等，2013；Line等，2010）。波长低于170nm的远紫外辐射（FUV），特别是非常明亮的拉曼-α射线（121.6nm），控制了如H_2O、CO_2和CH_4等重要分子的光解离，这样可以增加氧的混合比（Tian等，2014）。臭氧（O_3）被称为超地行星大气的潜在生物特征（Segura等，2005，2010；Grenfell等，2012），但对O_2的光分解及随后的化学反应而不是生物过程控制其丰度的程度进行评估是很重要的（Tian等，2014）。需要基于现实主恒星的紫外线辐射，包括固有的拉曼-α射线通量的未来的光化学模型来解决提出的生物特征和大气化学丰度的可靠性问题。近期的模型，如上面引述的模型，表明了碳与氧的比率、淬火反应、热结构和扩散在确定系外行星大气中的重要分子的混合比例起了重要作用，但主星的短波辐射是至关重要的。

恒星紫外光谱由发射线和大气中不同高度下宽温度范围内的连续谱组成。波长范围170～320nm的称为近紫外辐射（NUV），波长范围91.2～170nm的称为远紫外辐射（FUV），波长范围10～91.2nm的称为极紫外辐射，10nm以下的范围称为X射线。之所以选择170nm作为NUV和FUV之间的区分，是因为在此波长之上的光球发射通常占主导地位，而在这个波长之下色球辐射占主导地位。另外，170～320nm波长范围对O_2和O_3的光化学反应是很重要的，而H_2O、CO、CO_2和CH_4之类重要分子的光化学反应主要由波长低于170nm的辐射控制。由于氢的光致电离由波长低于91.2nm的辐射引发，很自然地定义EUV波长范围为10～91.2nm。宁静期太阳的X射线和极紫外谱如图1.1所示，图中给出了一些重要的谱线和连续谱。

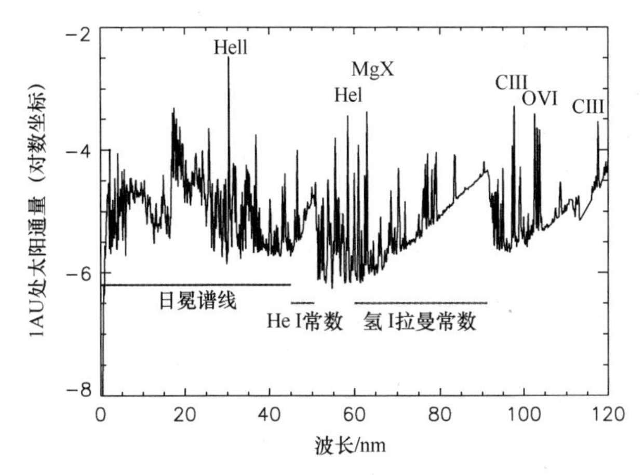

图1.1　太阳活动极小期（2008年3月和4月）获得的太阳辐照度参考光谱（SIRS）（Linsky等，2014）

注：1AU处太阳通量单位为$W \cdot m^{-2} \cdot nm^{-1}$。图中标出了重要的发射线和连续谱。

光学涂层的反射率在确定哪些仪器能胜任在这些光谱区的观察起着重要的作用。哈勃太空望远镜（HST）上的空间望远镜成像光谱仪（STIS）和宇宙起源光谱仪（COS）仪器中使用的氟化镁镀膜光学器件在117nm以下的反射率迅速下降。这些仪器广泛用于NUV和FUV光谱仪。在更短的波长，就必须使用具有远紫外光谱仪探索者（FUSE）航天器上的LiF或SiC镀膜光学系统的法向入射光谱仪，或者在极外探索者（EUVE）航天器和X射线观测上使用的掠入射光学系统。在这两种情况下，光通量远小于HST摄谱仪。

1.2 紫外辐射

国际紫外探测卫星（IUE）提供了 F-M 矮星的第一个高分辨力紫外光谱，而 HST 的光谱仪，特别是高通量宇宙起源光谱仪，提供了包含 M 矮星的暗星光谱。这些数据可以从用于空间望远镜的米库尔斯基档案（MAST）① 下载。艾尔斯（2010）创建了覆盖 117～320nm 波长范围的单独校准 HST 恒星光谱的 StarCAT② 档案。这对 F、G 和 K 矮星是一个有价值的档案，但只包含少量 M 矮星。

为建立 M 矮星主星③的紫外光谱的档案，France 等（2012，2013）获得了 GJ436（M3.5V）、GJ667C（M1.5V）、GJ581（M5.0V）、GJ832（M1.5）、GJ876（M5.0V）和 GJ1214（M4.5）的 COS 谱。在恒星的可居住区看到的 GJ876 和太阳平静期的光谱的比较（图 1.2）给出了一个重要结果。相对不活跃的 GJ876 的 NUV 光谱只有太阳的四分之一，这是由 M 矮星低得多的光球区温度造成的，而 NUV 光谱主要在这一区域形成，在这种低温下短波辐射与温度呈指数关系。此外，M 矮星的 FUV 光谱，特别是波长低于 150nm 的部分，在通量上可与太阳光谱相比。这是因为，FUV 光谱在色球中形成，发射取决于磁加热速度，而不是恒星有效温度。由于 GJ876 和其他观察到的 M 矮星主星的 NUV 辐射微弱，而可居住带的系外行星观测到的 FUV 辐射与地球上看到的太阳一样明亮，M 矮星主星的 FUV 谱必然包含在系外行星大气的光化学计算中。对 M 矮星，光解离 CO_2 和 H_2O 形成 O 的强 FUV 辐射与光解离 O_2 和 O_3 的弱 NUV 辐射的结合，提供了系外

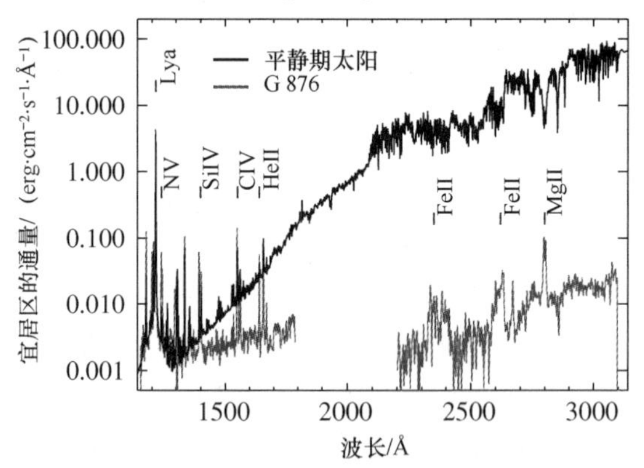

图 1.2 从恒星可居住区（太阳为 1AU，GJ876 为 0.21AU）看到的太阳和 M 矮星 GJ876 的 FUV 和 NUV 光通量的比较（France 等，2012）（$1erg=10^{-7}J$）

注：NUV 辐射（170～320nm）由恒星光球层发射，FUV 辐射（117～170nm）由恒星色球层发射。

---

① http://mast.stsci.edu.

② http://casa.colorado.edu/~ayres/StarCAT/.

③ http://cos.colorado.edu/~keviof/muscles.html.

行星大气层中产生显著的氧的非生物路径。在此基础上，France 等（2013）和 Tian 等（2014）认为，系外行星的大气中氧或臭氧的探测不足以作为有效的生物标志。以前 Canuto 等（1982，1983）也讨论过这一点。

太阳光谱中最明亮的发射线中的很大一部分是拉曼 - α 射线（λ=121.6nm）。这也是 F-M 矮星最亮的发射线，但星际介质的中性氢吸收去除了大部分的固有恒星通量。Wood 等（2005）开发了一种技术，能利用从氘拉曼 - α射线和其他星际氢吸收线获得的星际氢的体密度和速度信息重建固有拉曼 - α 射线剖面。France 等（2013）开发了一种替代技术来解决星际吸收和固有拉曼 - α射线剖面这两个问题。如图 1.3 所示，在恒星际介质（ISM）沿朝向恒星的视线的运动性能相对简单时，这种方法提供了可信的固有拉曼 - α 射线流量（Redfield 和 Linsky，2008）。甚至当没有观察到要重建的拉曼 - α 射线剖面时，Linsky 等（2013）证实，可以利用不受星际吸收影响的其他发射线的流量或者恒星光谱类型和诸如旋转速率之类恒星活动的测量来估算固有拉曼 - α 射线的流量，但结果不确定性稍大。

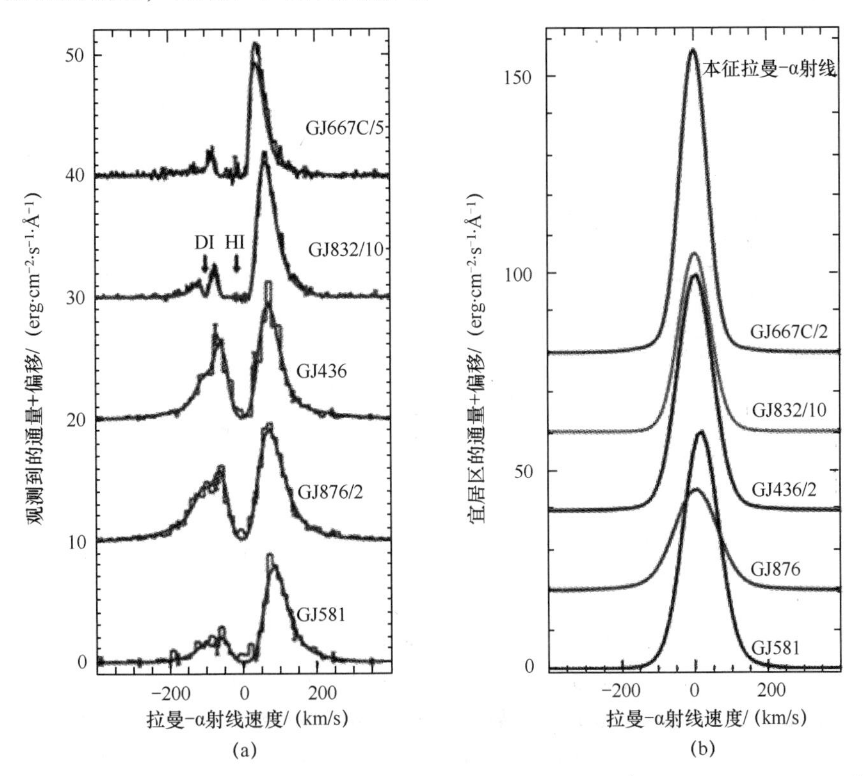

图 1.3　5 颗 M 矮星主星的拉曼 - α 射线剖面观测结果和重建结果的比较（France 等，2013）

注：光谱分别偏离了 $10erg \cdot cm^{-1} \cdot s^{-1}$（图（a））和 $20erg \cdot cm^{-2} \cdot s^{-1}$（图（b））。

拉曼 - α 射线通量在系外行星外层大气的光化学作用中起着极为重要的作

用，因为这条发射线非常明亮，而系外行星大气中的 H_2O、CO_2、CH_4、C_2H_2 以及其他重要分子的光解离截面在 FUV 波段非常高（Ribas 等，2010）。在太阳的可居住区，拉曼－α 线通量占 115～121nm 与 122～179nm 总的光通量的 30%，但在 M 矮星 GJ876 的可居住区，这一通量是其余 FUV 光通量的 2.3 倍，几乎与整个 FUV 和 NUV 的通量一样大（France 等，2012）。

太阳型（早期 G）矮星在主星序内变老时，其紫外辐射线和连续谱随恒星旋转速度、磁场的动态放大和色球的磁加热的下降而下降（Linsky 等，2012）。Ayres（1997）、Ribas 等（2005，2010）以及 Claire 等（2012）已经使用了观测到的不同年龄和不同旋转速度的太阳型恒星的紫外辐射，来确定紫外辐射放大比例与从零龄主序开始的恒星年龄 τ(Gyr) 和旋转速度的关系。例如，Claire 等（2012）确定150～215nm 的光通量按 10nm 波段遵循指数规律 $F = \alpha\tau^{\beta}$，其中 α、β 随年龄而下降。图 1.4 给出了他们对 6 颗年龄在 0.1～6.7Gyr 的类太阳恒星的分析得到的通量对年龄和波长的依赖性。Ribas 等（2005）指出，相比于 EUV 和 X 射线，太阳型恒星的拉曼－α 射线的相对通量随年龄而增加，而更高温度辐射线的通量随年龄的下降要快于拉曼－α 射线。尽管期望类似的缩放法则能用于比太阳冷的恒星，但目前还没有可用于开发 NUV 和 FUV 辐射缩放规律的研究结果。

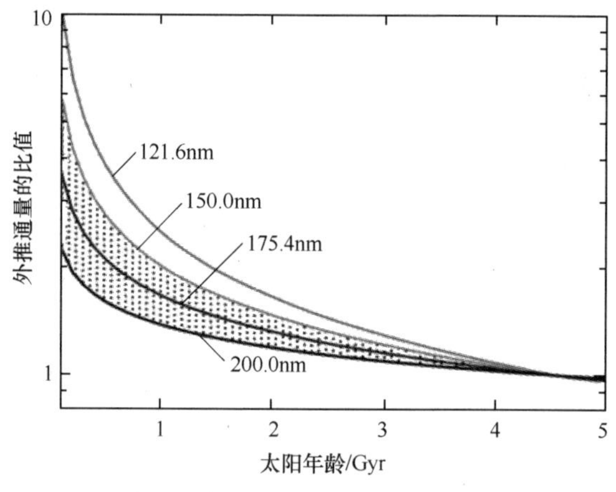

图 1.4 不同波长光通量相对于当前太阳的归一化比值随太阳年龄的变化（Claire 等，2012）

91.2～117nm 光谱区包含了拉曼-β 射线和氢的拉曼系列中更高的发射线以及若干亮过渡区线，包括了 C II 103.6nm 双线、C Ⅲ 97.7 nm 和 117nm 的多峰线、O VI 103.4nm 双线。FUSE 获得了这一范围的恒星光谱（Moos 等，2000；Sahnow 等，2000）。Redfield 等（2002）测量了 7 颗从 A7V～M0V 的恒星的辐射线，但没有包括明亮的拉曼－β 射线和拉曼系列的更高辐射线，这些辐射线受到 FUSE 巨大入口光阑看到的地冕辐射的污染。Linsky 等（2014）基于拉曼线对太阳谱中拉曼－α 射线通量比来估计这些恒星的拉曼系的辐射。

1.3　极紫外辐射

在10~91.2nm光谱区域（图1.1）包含三个无束缚发射连续谱：拉曼连续谱（60~91.2nm），He Ⅰ连续谱（45~50.4nm）和He Ⅱ连续谱（15~22.8nm）。叠加在这些连续谱之上的是He Ⅰ的共振线（58.4nm）和He Ⅱ的共振线（30.4nm）以及过渡区主星和星冕的发射线。在氢电离边缘（91.2nm）波长以下的极紫外辐射会电离和加热接近中心的系外行星的外层大气，为显著的质量损失提供能量（Lecavelier des Etangs，2007；Murray-Clay等，2009；Ehrenreich和Désert，2011；Lammer等，2013）。但是，星际间的吸收使得无法测量40~91.2 nm的辐射，即使是最近的恒星，太阳除外。

低于40nm时，星际氢气和氦气的不透明度降低，使得可以对邻近恒星光谱进行观测。EUVE包含了3台覆盖7~76nm光谱区、光谱分辨力达0.05~0.2nm的光谱仪（Welsh等，1990；Bowyer和Malina，1991）。Craig等（1997）和Monsignori Fossi等（1996）给出了F-M矮星EUVE光谱的实例，而Sanz-Forcada等（2003）提供了发射线通量。Linsky等（2014）基于MAST数据文档中下载的EUVE数据，计算了15颗F5~M5矮星在10~20nm、20~30nm和30~40nm波长间隔内的EUV通量。

可用的EUV恒星光谱数量有限，但可以从两个来源得到补充。高分辨力太阳光谱辐照度可覆盖整个EUV范围（太阳作为恒星点光源的光谱）。一个很好的例子是在太阳处于非常低活动水平时获得的太阳辐照度参考光谱（图1.1）（Woods和Chamberlin等，2009）。也建立了一些新的半经验太阳模型（Fontenla等，2014）来匹配太阳光斑的光谱辐照度，磁场加热速率的增加导致了EUV通量的增加。这些都是从色球层到星冕的热结构的一维非平衡模型，包括了21种元素的电离以及连续谱和线发射。新模型是Fontenla等（2009，2011）模型的更新。由于新的模型针对相同的恒星，但磁场加热水平不同，这些模型至少能代表不同活动水平的太阳型恒星的情况。

一些人使用现有的光谱数据来估计恒星的EUV发射与年龄和旋转速度的关系。使用6颗年龄在0.1~6.7Gyr的类似太阳的恒星在狭窄光谱范围G0~G2内的HST、FUSE、EUVE和X射线光谱，Ribas等（2005）证实，这些光谱可用形式为$F = \alpha\tau^{-\beta}$的幂函数进行拟合，其中，F为某个波长间隔内的通量，τ为恒星年龄（Gyr），α和β取决于波长间隔。他们计算得到了10~36nm、36~92nm（插值）和92~118nm波长间隔内拟合最好的α和β值。β值随波长的增加而减小，表明光通量随着恒星年龄的增加而下降速度更慢。例如，具有太阳质量的恒星在6.7Gyr时的通量相比0.1Gyr时的通量，在1nm处为1/20000，在10nm处为1/200，在100nm处为1/50。Claire等（2012）将这种方法扩展到利用近期数据估计太阳的 X 射线到红外发射随时间的变化（图 1.4）。他们计算了随时间变化的太阳高分辨力光谱，但没有将分析扩展到有效温度与太阳有很大不同的恒星。

预测与太阳有效温度不同的恒星发射，Sanz-Forcada 等（2003，2011）从恒星星冕在 X 射线的发射线的分析得到了发射测量结果与温度的关系：$EM(T) = \int n_e n_H \mathrm{d}V$。

他们利用许多恒星的发射测量结果计算了 EUV 光谱，包括太阳系外行星的主星 εEri（K2V）、GJ 436（M3.5V）、GJ876（M5.0V）、HD 189733（K1～2V）和 HD209458（G0V）。他们发现，光谱类型 F7-M3 的恒星的极紫外光度（10～92nm）可用简单的对数关系来拟合：

$$\log L_{\mathrm{EUV}} = (29.12 \pm 0.11) - (1.24 \pm 0.15)\log\tau$$

式中：τ 为恒星年龄（Gyr）。

这一公式可以用来估计系外行星主星的总 EUV 发射量，但 $\log T < 6.0$ 的发射测量结果只是基于少量的发射线，而 EUV 光谱不包含在 70～92nm 很重要的拉曼连续谱，或包括拉曼系列的色球发射线。我们可从 X－exoplanet 网站①获得许多恒星的预估 EUV 发射。

Linsky 等（2014）开发了预测恒星 EUV 发射的一种方法。太阳色球层与具有不同数量的磁加热的过渡区模型（Fontenla 等，2011）具有非常相似的热结构，增加加热的效应就是将温度－高度关系替换为密度更大的低高度区。其效果是增加在色球层和过渡区形成的所有发射线与连续谱的光通量，尽管更高温度下形成的发射线随加热速率的增加快于更低温度的情况。这意味着，EUV 光通量与给定发射线（如拉曼－α 射线）的比例，应随着发射线通量和恒星“活动性”而平稳变化。

Linsky 等（2014）通过将 EUVE 观测的平静期太阳和 15 颗恒星在10～20nm、20～30nm、30～40nm 波段（图 1.5），以及 FUSE 观测到的平静期太阳和 5 颗恒星在 91.2～117nm 波段（图 1.6）的通量比值 f（EUV）/f（拉曼－α 射线）与 f（拉曼－α 射线）绘制成曲线而对这种方法进行了检验。F5～K7 恒星的通量比值可以用最小二乘关系 $\log[f(\Delta\lambda)/f(\text{拉曼}-\alpha\text{射线})] = a + b\log[f(\text{拉曼}-\alpha\text{射线})]$ 来拟合，M 恒星的通量比具有同样的关系。Fontenla 等（2014）对太阳大气暗区的最低发射模型（模型 1300）到代表太阳非常亮区域的模型（模型 1308）的太阳模型预测的发射能用相同的公式进行拟合，与观测得到的公式的参数类似。对于不可观测的 40～91.2 nm 的光谱区，Linsky 等（2014）使用了只是基于太阳模型的公式。为了从这些公式推测出 EUV 通量，必须重构适合同样恒星活动水平的拉曼－α 射线的光通量。当拉曼－α 射线通量测量结果不可用时，可从其他发射线或恒星旋转速率来估计其通量（Linsky 等，2013）。

---

① http://sdc.cab.inta－csic.es/xexoplanets/jsp/expplanetsform.jsp.

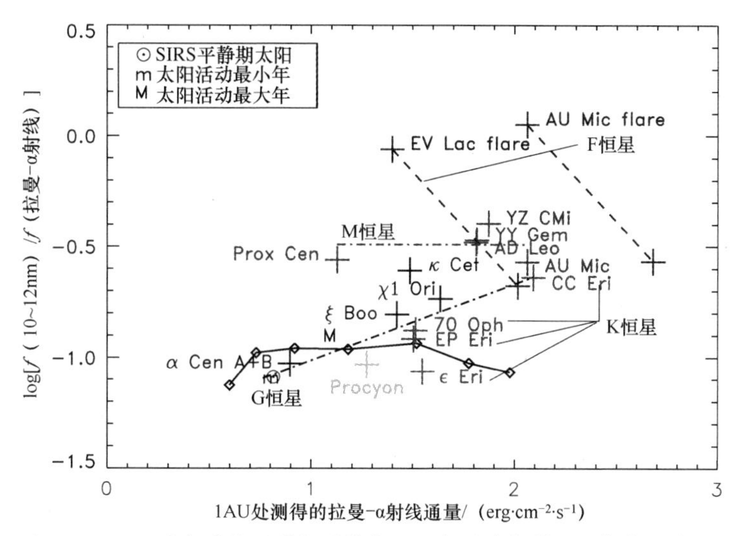

图 1.5　1AU 处 10 ~ 20nm 固有通量（星际吸收校正）与固有拉曼 – α 射线通量的比值和内在的拉曼 – α 射线通量的关系（Linsky 等，2014）

注：实线连接的菱形为半经验模型 1300 ~ 1308（Fontenla 等，2014）的通带的通量比值。基于 EUVE 光谱的 1 颗 F 恒星、4 颗 G 恒星、4 颗 K 恒星和 6 颗 M 恒星的通量比显示为 ±15 误差条符号。点画线是太阳和 F、G 和 K 恒星数据的最小二乘拟合结果。点画线是除掉 EV Lac 耀斑和 AU Mic 耀斑数据的 M 恒星数据的最小二乘拟合结果。耀斑期间，EV Lac 和 AU Mic 的通量比以两种方式绘制。左上角的符号是 EUV 通量与静态拉曼 – α 射线通量的关系。延伸到右下角的虚线代表增加的拉曼 – α 射线通量的比值。虚线低端的符号是使用耀斑期间最可能的拉曼 – α 射线通量值的比值。“m” 和 “M” 分别为 TIMED（热层、电离层、中间层、能量和动态航天器）上 SEE（太阳极紫外试验）仪器得到的太阳活动谷年和峰年的数据（Wood 等，2005）。太阳符号是 SIRS 平静期太阳数据系列的比值。

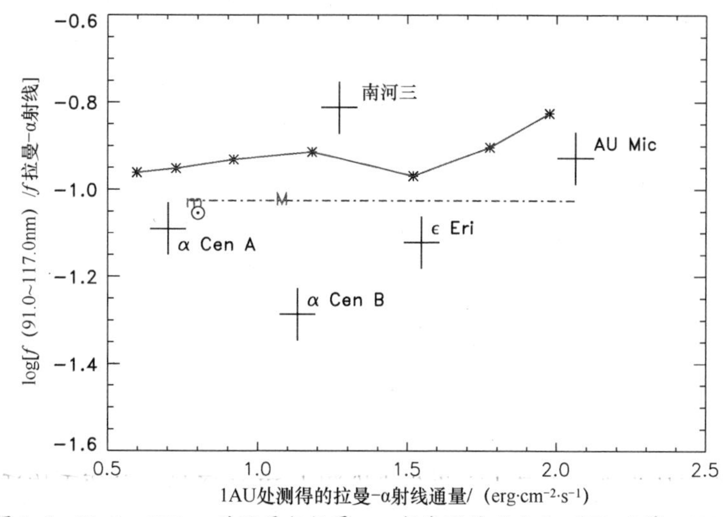

图 1.6　91.2 ~ 117nm 总通量与拉曼 – α 射线通量的比值（Wood 等，2005）

注：实线连接的星号是半经验模型 1300 ~ 1308（Fontenla 等，2014）的通带的通量比值。5 颗恒星基于 FUSE 光谱的通量比值和预估的拉曼系列谱通量显示为 ±15 误差条符号。太阳符号是 SIRS 平静期太阳数据集的比值。点画线是恒星和 SIRS 数据的最小二乘拟合结果。“m” 和 “M” 分别为 TIMED 上 SEE 仪器得到的太阳活动谷年和峰年的数据。

1.4 X 射线辐射

在波长低于 10nm 时，X 射线受到的星际吸收远小于 EUV 辐射，这是因为吸收截面近似随 λ^3 而增加，从而使得 X 射线辐射性能的观测和解释相对直观。早期的 X 射线卫星（如爱因斯坦（Einstein）、伦琴卫星（ROSAT））对包括范围达几百秒差距内恒星形成区的主星序前恒星的所有冷恒星进行了 X 射线的光度 L_X 的测量。可以使用综合谱来解释这些低光谱分辨力数据。综合谱是由两个不同温度和发射测量的占主导的等温成分组成。发射测量受普通的星际吸收成分限制。新一代的大型天文台 Chandra 和 XMM - Newton X 射线多镜望远镜携带了高分辨力光栅光谱仪，能够直接提供光谱线通量，因此通过光谱线比值和元素丰度，测量发射对温度的分布。某些情况下，也可得到发射对星冕密度的分布。

在冷恒星上，X 射线通常由活跃区之间闭合磁场保持的扩展外层大气（光圈或日华）产生。Pallavicini 等（1981）进行的早期研究表明：L_X 的对恒星旋转及年龄存在极高的依赖性，为 $L_X \propto P^{-2}$（P 为旋转周期），或 $L_X \propto (v\sin i)^2$（$v\sin i$ 为投影旋转速度，i 为恒星轴相对视线的倾角）。在非常快的旋转速率（也就是大多数为非常年轻的恒星）下，X 射线活度会饱和，即对所有冷恒星变为恒星辐射热光度的函数。在这种情况下，$L_X \approx 10^{-3} L_{bol}$，其中，临界饱和周期自身依赖于 L_{bol}，$P_{sat} \approx 1.2(L_{bol}/L_\odot)^{-1/2}$（Pizzolato 等，2003）。

针对 $\tau < 1$Gyr 的已知年龄的恒星团，已进行了相对于 X 射线的活性 - 年龄关系的研究（Stern 等，1995；Patten 和 Simon，1996）。在主星序之前和年轻的主星序（最大年龄约 100Myr），大部分的恒星旋转足够快，使得 X 射线发光度保持在饱和区，尽管后者取决于恒星对流区的深度，这一深度在主星序演化前期变化很大且与光谱类型有关（Preibisch 等，2005）。依赖于恒星到达主星序时的初始旋转周期和风导致的降速速率，冷恒星最终脱离 X 射线饱和区。随后的辐射演变在 G 矮星比 M 矮星更快。Scalo 等（2007）、Mamajek 和 Hillenbrand（2008）以及 Guinan 和 Engle（2009）尝试对不同光谱级别 X 射线衰减规律统一的描述。在年龄约 700Myr 时，M 矮星大多数仍位于饱和区，而类日恒星的 L_X 的强度下降近 2 个数量级（Stern 等，1995）。因此，达到饱和的突破点随星团年龄而向后方的光谱区移动。对给定光谱类型和年龄，当恒星的自转周期集合到近乎唯一的值时（Soderblom 等，1993），L_X 与此类似。

基于已知年龄的单一场恒星，得到了基于对已知年龄的单一场星，包括年龄远超出 1Gyr 高至太阳年龄的恒星的研究，也对其进化趋势进行了研究。对类日恒星，Güdel 等（1997）研究了一种“成长太阳”目标的样品，对波长更长的辐射，发现了幂函数依赖规律 $L_X = \alpha\tau^{-\beta}$，结合 Maggio 等（1987）的结果，具体为

$$L_X = (3 \pm 1) \times 10^{-28} \tau_9^{-1.5 \pm 0.3} (\mathrm{erg \cdot s^{-1}})$$

式中：τ_9 为恒星年龄（Gyr）。

因此，X射线的趋势比EUV和UV更陡。这表明，更高能量的辐射衰减更快（Ribas等，2005；图1.7）。这种衰减的趋势意味着，在主星序寿命期内，X射线的亮度范围最大，总计约3个数量级（当今的太阳位于类日恒星活动的底端，图1.8）。

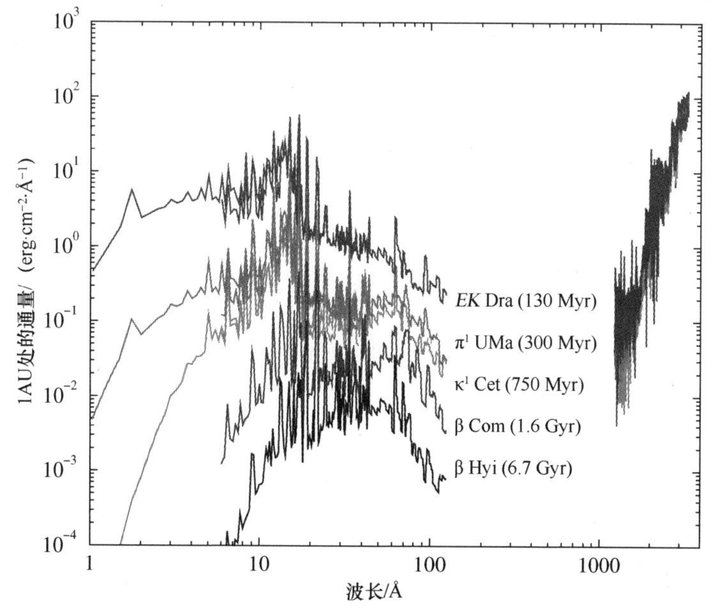

图1.7　不同年龄类日恒星在1AU处的辐照度（Guinan和Ribas，2002）

注：在X波段磁诱导的辐射随年龄而大幅下降。

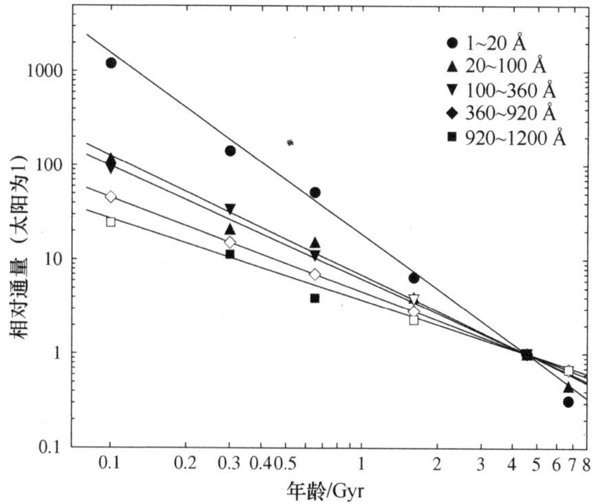

图1.8　类日恒星在主星序寿命中光谱输出的幂函数衰减（年龄0.05～10Gyr），归一化到当前的太阳能量通量（Ribas等，2005）

注：最短波长的通量衰减最快。

可对最高形成温度为 $T_{max}(4 \leqslant \log T_{max} \leqslant 7)$ 的光谱线的衰减趋势进行总结：在 T_{max} 形成的谱线的发光度的衰减平均为（Güdel，2007）

$$L(T_{max},t) = \alpha\tau_9^{-\beta} \tag{1.1}$$

$$\beta = 0.32\log T_{max} - 0.46 \tag{1.2}$$

对连续谱也有类似的关系，T_{max}对应于 $hc/\lambda k$，其中，h 为普朗克常量，k 为玻耳兹曼常数，c 为光速，λ 为连续波长。

低分辨力 X 射线光谱的早期双组分光谱分析清楚地表明，X 射线辐射的强度与 L_X 相关（Schrijver 等，1984；Schmitt 等，1990），因此，随时间而衰减（Güdel 等，1997），这对 X 射线在行星大气和主序前星星体的穿透深度具有重要的暗示。Telleschi 等（2005）发现：对类日恒星有 $L_X \approx 1.6 \times 10^{26} \overline{T}^{4.05}$，其中，$\bar{\tau}$ 为平均星冕温度（MK）。结合 $L_X-\tau$关系，得到 $\overline{T}=3.6\ \tau_9^{-0.37}$(MK)。这意味着，在类日恒星的主星序寿命内星冕温度由 10MK 衰减到 2MK（图 1.9），X 射线强度随之下降。

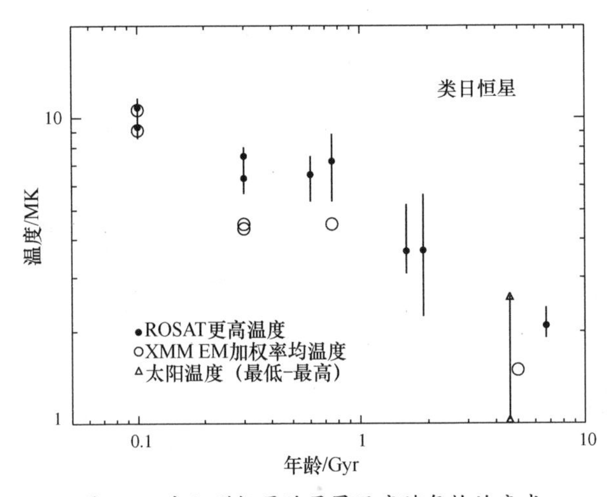

图 1.9 太阳型恒星的星冕温度随年龄的衰减

不能简单地把强度演变的诱因与带磁活跃区的具有更高覆盖度的年轻恒星联系起来。一些证据表明，对更年轻、更多 X 射线发射的恒星，连续、随机耀斑可能与年轻更热的星冕相关。对平均恒星值，耀斑的峰值温度与峰值光度之间遵循上面的 $T-L_X$类似的关系，超过给定耀斑能量阈值的耀斑发生率与 L_X有关（Audard 等，2000）。因此，更活跃的星冕会以更高的速率产生巨型耀斑，将星冕加热到更高水平。这受到 X 射线定时分析（Kashyap 等，2002；Güdel 等，2003；Arzner 和 Güdel，2004）、恒星的 X 射线发射测量分布（EMD）的形状以及其与时间积分耀斑的 EMD 的相似性（Güdel 等，2003）、光谱测量的星冕密度（参见 Güdel，2004）所支持。如果更活跃恒星的耀斑与更高的 X 射线水平相关，那么活跃恒星应该表现出比当前太阳更强的发射，即硬 X 射线、γ 射线的重要部分以及更高通量的高能粒子（Feigelson 等，2002）。

1.5 本章小结

主恒星的 FUV 辐射控制了系外行星高层大气的重要分子的光化学反应，以及对是否探测到 O_2和 O_3表明生命系统存在的问题具有重要的影响。同样，主恒星的 EUV 辐射对系外行星的高层大气电离和加热，导致了质量损失。HST 上使用 UV 光谱仪的观测项目提供了包括 M 矮星的附近系外行星的 FUV 和 EUV 通量，以及这些通量与恒星质量、年龄和旋转速度依赖性的缩放规律。尽管只有几颗恒星的 EUV 通量可用，现阶段基于相对观测的发射线和太阳模型的缩放规律来估计 EUV 通量也是可行的。利用 ROSAT、XMM-Newton 和 Chandra 进行的许多恒星的 X 射线观测结果为主恒星的 X 通量预测以及从主星序前开始的演化提供了缩放规律的可靠基础。

参考文献

Audard, M., Güdel, M., Drake, J. J., Kashyap, V. (2000). *Astrophysical Journal*, *541*, 396.

Arzner, K., & Güdel, M. (2004). *Astrophysical Journal*, *602*, 363.

Ayres, T. R. (1997). *Journal of Geophysical Research*, *102*(E1), 1641.

Ayres, T. R. (2010). *Astrophysical Journal Supplement Series*, *187*, 149.

Bowyer, S., & Malina, R. F. (Eds.)(1991). *Extreme ultraviolet astronomy* (p. 333). New York: Pergamon.

Canuto, V. M., Levine, J. S., Augustsson, T. R., & Imhoff, C. L. (1982). *Nature*, *296*, 816.

Canuto, V, M., Levine, J. S., Augustsson, T. R., Imhoff, C. L., & Giampapa, M. S. (1983). *Nature*, *305*, 281.

Chamberlin, P. C.,Woods, T. N., Crotser, D. A., Eparvier, F. G., Hock, R. A., &Woodraska, D. M. (2009). *Journal of Geophysical Research*, *36*, 5102.

Claire, M. W., Sheets, J., Cohen, M., Ribas, I., Meadows, V. S., & Catling, D. C. (2012). *Astrophysical Journal Supplement Series*, *757*, 95.

Craig, N., Abbott,M., Finley, D., et al. (1997). *Astrophysical Journal Supplement Series*, *113*, 131.

Ehrenreich, D., & Désert, J.-M. (2011). *Astronomy and Astrophysics*, *529*, L136.

Feigelson, E. D., Garmire, G. P., & Pravdo, S. H. (2002). *Astrophysical Journal*, *572*, 335.

Fridlund, M., Rauer, H., & Erikson, A., (2014). H. Lammer & M. L. Khodachenko (Eds.), *Characterizing stellar and exoplanetary environments* (pp. 253). Heidelberg/New York: Springer.

Fontenla, J. M., Curdt, W., Haberreiter, M., Harder, J., & Tian, H. (2009). *Astrophysical Journal*, *707*, 482.

Fontenla, J. M., Harder, J., Livingston, W., Snow, M., &Woods, T. (2011). *Journal of*

Geophysical Research, *116*, D20108.

Fontenla, J. M., Landi, E., Snow, M., & Woods, T. (2014). *Solar Physics*, *289*, 515

Fossati, L., Haswell, C. A., Linsky, J. L., & Kislyakova, K. G. (2014). H. Lammer & M. L. Khodachenko (Eds.), *Characterizing stellar and exoplanetary environments* (pp. 59).

Heidelberg/New York: Springer. France, K., Linsky, J. L., Tian, F., Froning, C. S., & Roberge, A. (2012). *Astrophysical Journal*, *750*, L32.

France, K., Froning, C. S., Linsky, J. L., Roberge, A., Stocke, J. T., Yian, F., Bushinsky, R., Désert, J.-M., Mauas, P., Vieytes, M., Walkowitz, L. M. (2013). *Astrophysical Journal*, *763*, 149.

Grenfell, J. L., Gebauer, S., Godolt, M., Palczynski, K., Rauer, H., Stock, J., von Paris, P., Lehmann, R., & Selsis, F. (2012). *Astrobiology*, *13*, 415.

Guenther, E. (2014). H. Lammer, & M. L. Khodachenko (Eds.), *Characterizing stellar and exoplanetary environments* (pp. 289). Heidelberg/New York: Springer. Güdel, M. (2004). *Astronomy and Astrophysics Review*, *12*, 71.

Güdel, M. (2007). *Living Reviews in Solar Physics*, *4*(3). Online http://solarphysics.livingreviews.org/Articles/lrsp-2007-3/.

Güdel, M., Guinan, E. F., & Skinner, S. L. (1997). *Astrophysical Journal*, *483*, 947.

Güdel, M., Audard, M., Kashyap, V. L., Drake, J. J., & Guinan, E. F. (2003). *Astrophysical Journal*, *582*, 423.

Guinan, E. F., & Ribas, I. (2002). B. Montesinos, A. Giménez, & E. F. Guinan (Eds.), *The evolving sun and its influence on planetary environments* (p. 85). San Francisco: ASP.

Guinan, E. F., & Engle, S. G. (2009). The ages of stars. In E. E. Mamajek, D. R. Soderblom, & R. F. G. Wyse (Eds.), *IAU symposium*, Rio de Janeiro (Vol. 258, pp. 395).

Hu, R., Seager, S., & Bains, W. (2012). *Astrophysical Journal*, *761*, 166.

Kashyap, V., Drake, J. J., Güdel, M., & Audard, M. (2002). *Astrophysical Journal*, *580*, 1118.

Kaltenegger, L., Segura, A., & Mohanty, S. (2011). *Astrophysical Journal*, *733*, 35.

Kasting, J. F., & Catling, D. (2003). *Annual Review of Astronomy and Astrophysics*, *41*, 429.

Kopparapu, R. K., Kasting, J. E., & Zahnle, K. J. (2012). *Astrophysical Journal*, *745*, 77.

Lammer, H., Erkaev, N. V., Odert, P., Kislyakova, K. G., Leitzinger, M., & Khodachenko, M. L. (2013). *Monthly Notices of the Royal Astronomical Society*, *430*, 1247.

Lecavelier des Etangs, A. (2007). *Astronomy and Astrophysics*, *461*, 1185.

Line, M. R., Liang, M. C., & Yung, Y. L. (2010). *Astrophysical Journal*, *717*, 496.

Line, M. R., Vasisht, G., Chen, P., Angerhausen, D., & Yung, Y. L. (2011). *Astrophysical Journal*, *738*, 32.

Linsky, J. L., Bushinsky, R., Ayres, T., Fontenla, J., & France, K. (2012). *Astrophysical Journal*, *745*, 25.

Linsky, J. L., France K., & Ayres, T. R. (2013). *Astrophysical Journal*, *766*, 69.

Linsky, J. L., Fontenla, J., & France, K. (2014). *Astrophysical Journal*, *780*, 61.

Maggio, A., Sciortino, S., Vaiana, G. S., Majer, P., & Bookbinder, et al. (1987). *Astrophysical*

Journal, *315*, 687.

Mamajek, E. E., & Hillenbrand, L. A. (2008). *Astrophysical Journal*, *687*, 1264.

Monsignori Fossi, B. C., Landini, M., Del Zanna, G., & Bowyer, S. (1996). *Astrophysical Journal*, *466*, 427.

Moos, H. W. et al. (2000). *Astrophysical Journal*, *538*, L1.

Moses, J. I., Madhusudhan, N., Visscher, C., & Freedman, R. S. (2013). *Astrophysical Journal*, *763*, 25.

Murray-Clay, R. A., Chiang, E. I., & Murray, N. (2009). *Astrophysical Journal*, *693*, 23.

Pallavicini, R., Golub, L., Rosner, R., Vaiana, G. S., Ayres, T., & Linsky, J. L. (1981). *AstrophysicalJournal*, *248*, 279.

Patten, B. M., & Simon, T. (1996). *Astrophysical Journal Supplement Series*, *106*, 489.

Pizzolato, N., Maggio, A., Micela, G., Sciortino, S., & Ventura, P. (2003). *Astronomy and Astrophysics*, *397*, 147.

Preibisch, T., Kim, Y. C., Favata, F., Feigelson, E. D., & Flaccomio, E., et al. (2005). *Astrophysical Journal*, *Supplement Series 160*, 401.

Redfield, S., Linsky, J. L., & Ake, T. R., et al. (2002). *Astrophysical Journal*, *581*, 626.

Redfield, S., & Linsky, J. L. (2008). *Astrophysical Journal*, *673*, 283.

Ribas, I., Guinan, E. F., Güdel, M., & Audard, M. (2005). *Astrophysical Journal*, *622*, 680.

Ribas, I., Porto de Mello, G. F., Ferreira, L. D., Hébrard, E., Selsis, F., Catalán, S., Garcés, A., do Nascimento Jr., J. D., & de Medeiros, J. R. (2010). *Astrophysical Journal*, *714*, 384.

Sahnow, D. J. et al. (2000). *Astrophysical Journal*, *538*, L7.

Sanz-Forcada, J., Brickhouse, N. S., Dupree, A. K. (2003). *Astrophysical Journal Supplement Series*, *145*, 147.

Sanz-Forcada, J., Micela, G., Ribas, I., Pollock, A. M. T., Eiroa, C., Velasco, A., Solano, E., & Garcia-Alvarez, D. (2011). *Astronomy and Astrophysics*, *532*, A6.

Scalo, J., Kaltenegger, L., Segura, A. G., Fridlund M., & Ribas, I., et al. (2007). *Astrobiology*, *7*, 85.

Schmitt, J. H. M. M., Collura, A., Sciortino, S., Vaiana, G. S., Harnden, F. R. Jr., & Rosner, R. (1990). *Astrophysical Journal*, *365*, 704.

Schrijver, C. J., Mewe, R., & Walter, F. M. (1984), *Astronomy and Astrophysics*, *138*, 258.

Seager, S., & Deming, D. (2010). *Annual Review of Astronomy and Astrophysics*, *48*, 631.

Segura, A., Kasting, J. F., Meadows, V., Cohen, M., Scalo, J., Crisp, D., Butler, R. A. H., & Tinetti, G. (2005). *Astrobiology*, *5*, 706.

Segura, A., Walkowicz, L. M., Meadows, V., Kasting, J., & Hawley, S. (2010). *Astrobiology*, *10*, 751.

Shustov, B. M., Sachkov, M. E., Bisikalo, D., & Gómez de Castro, A.-I. (2014). H. Lammer, & M. L. Khodachenko (Eds.), *Characterizing stellar and exoplanetary environments* (pp. 275).

Heidelberg/New York: Springer. Soderblom, D. R., Stauffer, J. R., MacGregor, K. B., & Jones, B. F. (1993).

Astrophysical Journal, *409*, 624.

Stern, R. A., Schmitt, J. H. M. M., & Kahabka, P. T. (1995). *Astrophysical Journal*, *448*, 683.

Telleschi, A., Güdel, M., Briggs, K., Audard, M., Ness, J.-U., & Skinner, S. L. (2005). *Astrophysical Journal*, *622*, 653.

Tian, F., France, K., Linsky, J. L., Mauas, P. J. D., & Vieytes, M. C. (2014). *Earth and Planetary Science Letters*, *385*, 22.

Welsh, B., Vallerga, J. V., Jelinsky, P., Vedder, P. W., Bowyer, S., & Malina, R. F. (1990). *Optical Engineering*, *29*(7), 752.

Wood, B. E., Redfield, S., Linsky, J. L., Müller, H.-R., & Zank, G. P. (2005). *Astrophysical Journal Supplement Series*, *159*, 118.

Woods, T. N., Eparvier, F. G., Bailey, S. M., et al. (2005). *Journal of Geophysical Research*, *110*, A01312.

Woods, T. N., Chamberlin, P. C., & Harder, J. W. et al. (2009). *Journal of Geophysical Research*, *36*, L01101.

第 2 章　随时间变化的恒星风

行星大气层暴露于恒星风中会产生严重的后果。评估这些风的影响需要具有其如何随时间演变的知识。确定这个演变规律，从经验上需要具有对不同年龄和活动水平的恒星风进行研究的能力。因为类日恒星的星冕风很难探测，所以这不容易做到。本章对相关观测结果以及解决问题的更多理论方法进行了回顾。

2.1　引言：风与星冕的联系

除浸泡在电磁辐射中的行星外，恒星也会用高速风冲击行星。对类似太阳的冷主序星，恒星风起源于环绕恒星的热（$T\approx10^6$K）星冕，星冕被恒星内部的发电机产生的磁能释放所加热（Ossendrijver，2003；Charbonneau，2010）。太阳系中的行星正暴露在质量损失率 $\dot{M}_\odot=2\times10^{-14}M_\odot\mathrm{yr}^{-1}$ 的太阳风中（Feldman，1977）。火星被公认为受到太阳风影响最大的行星。有充分的证据证明火星在遥远的过去有厚得多的大气层（Carr，1996；Jakosky 和 Phillips，2001），而太阳风的侵蚀是造成其损失的首要诱因（Luhmann 等，1992；Perez de Tejada，1992；Jakosky 等，1994；Kass 和 Yung，1995；Lammer 等，2003；Terada 等，2009；Brain 等，2010）。美国国家航空航天局（NASA）发射的火星大气和挥发物演化航天器（MAVEN）任务在 2014 年下半年到达火星，其将完全致力于研究太阳风对火星大气的影响。恒星风对系外行星大气层和磁层的影响也很重要，特别是轨道非常接近其恒星的热木星，它们暴露在比地球或火星高出几个数量级的粒子通量下（Grießmeier 等，2004；Khodachenko 等，2012）。这将在第 5、7、8、10 和 12 章中详细描述。

为了深入理解恒星风对行星的影响，应从评估恒星风随时间的演化开始。对于所有年龄和光谱类型的恒星，仅假设其具有与目前太阳风相同的恒星风是不能令人满意的。第 1 章介绍了恒星星冕如何随时间显著变化。因此，自然可以预期发源于这些星冕的恒星风会有同样显著的变化。

年轻的恒星快速旋转，有非常活跃的星冕，发射出丰富的 X 射线和 EUV（参见第 1 章）。随恒星年龄增加和旋转速度变慢，这种星冕发射会急剧下降（Güdel 等，1997；Ribas 等，2005）。直观地说，由于恒星风起源于恒星星冕，可以认为恒星风强度的发展与星冕发射相呼应。因此，年轻的恒星可能会有更高密度的恒星风。毫无疑问，对年轻、更活跃的恒星，更多的物质被加热到星冕温度，因此有更多的物质被加速进入恒星风中。然而，太阳的实例提供了恒星风与星冕联系不那么简单的证据。来自太阳的星冕 X 射线辐射在太阳活动周期内变化 5 ~ 10 倍（Judge 等，2003），但在这些时间范围内太阳质量损失率变化根本不大（Cohen，2011）。这表明，更活跃的星冕不会自动引起更强的星冕风。

此外，活跃的恒星也可能存在由于偶发性的星冕物质抛射（CME）引起的大的质量损失。太阳的强耀斑通常伴随着快速的星冕物质抛射。这些星冕物质抛射并未统计在大多数的太阳质量损失中，但已知耀斑发作率和其能量随恒星活跃度而显著增加。年轻活跃的恒星有更强和更频繁的耀斑，意味着耀斑相关的星冕物质抛射的质量损失可能高得多。

Drake 等（2013）对年轻活跃的恒星计算了 CME 的预期质量损失率，将已知的太阳耀斑能量和 CME 能量之间的关系外推到有更频繁、能量更高耀斑的更活跃恒星上。结果如图 2.1 所示，这意味着 $\log L_X \approx 3 \times 10^{30}$ erg · s^{-1}的最活跃恒星只因 CME 导致的质量损失率可能达 $2 \times 10^4 \dot{M}_\odot$。Drake 等（2013）基于在耀斑和 CME 过程中可用于的恒星辐射热能量百分比的限制（约 $10^{-3}\ L_{bol}$），提出了可能接近 $2500\dot{M}_\odot$的更合理的上限。图 2.1 给出了有大规模恒星风的年轻活跃恒星的另一种意见。

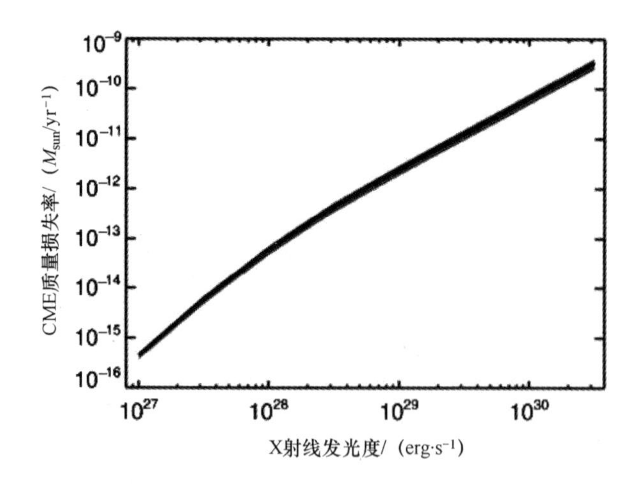

图 2.1　类日恒星因 CME 导致的质量损失率与恒星星冕 X 射线强度的关系（Drake 等，2013）

注：在假设太阳的耀斑与 CME 质量间的关系可外推到更年轻活跃的恒星下计算得到。

2.2 恒星风观测的限制

2.2.1 直接探测技术的上限

真正建立恒星风如何随着时间而演化的唯一途径是通过观测，特别是测量不同年龄和活动水平恒星的恒星风。尽管来自恒星星冕的 X 射线和紫外线辐射很容易观测，但恒星风很难探测。已尝试过自由无线电发射和电荷交换诱导 X 射线发射两种恒星星冕风探测的直接方法。

在无线电中，到目前为止观测仅提供了质量损失率的上限（Brown 等，1990；Lim 等，1996；Gaidos 等，2000）。他们使用的无线电阵列不够灵敏，甚至无法用来探测非常近恒星的类日恒星风，并且上述的多数非探测的上限比太阳风高两三个数量级。然而，如阿塔卡马大型毫米/亚毫米阵列（ALMA）或简斯基甚大阵列（JVLA）之类的新阵列的观测结果可进行探测或至少提供了更低的上限。使用 X 射线来寻找恒星风的可能性也变得很明显，因为已认识到多数软 X 射线背景是来自太阳风，当高度带电的太阳风粒子与来自恒星际物质（ISM）的流入中性原子进行电荷交换时会发射 X 射线（Lallement，2004；Koutroumpa 等，2009）。尽管比无线电技术可能更为敏感，但探测附近恒星的环绕恒星风诱发的 X 射线的初步尝试还没有成功（Wargelin 和 Drake，2002；Wargelin 等，2008）。

2.2.2 从中心球吸收进行的恒星风测量

类似太阳的星冕恒星风的唯一明确的探测与风本身无关，而是对恒星风与恒星际物质的相互作用进行探测（Wood，2004，2006）。相互作用的区域称为中心球，类似于环绕太阳的“日光层”（Zank，1999）。完全的日光层结构由三个边界来表征：①激波边界，在此太阳风被冲击到亚声速，“旅行者”1 号和“旅行者”2 号分别在距离太阳 94AU 和 84AU 处穿越（Stone 等，2005，2008）；②日球层顶，分隔太阳风等离子体流和 ISM，而“旅行者”1 号最近可能在距离 121AU 处穿越（Gurnett 等，2013）；③弓激波，此处超声速 ISM 流将减速到亚声速，从恒星际边界探索者航天器（IBEX）最近的测量结果表明，ISM 流可能不是超声速的，因此弓激波可能不存在（McComas 等，2012；Zank 等，2013；Zieger 等，2013）。自然地，在有类日星冕风的其他恒星上，可能存在类似的中心球结构。

直接环绕太阳的 ISM 仅有部分电离。在太阳风与 ISM 的碰撞中，ISM 中的中性原子的相互作用没有离子强，但仍参与电荷交换。对日光层的中性原子建模很不容易，因为电荷交换将它们完全剔出了热平衡和电离平衡。然而，从 Baranov 和 Malama（1993，1995）以及 Zank 等（1996）的工作开始，许多现代日光层模型软件已足够复杂并用来对中性原子进行正确建模。这些模型预测，日光层将由不同浓度的热氢原子来填充，由日光层电荷交换发生的区域确定。尤其重要的是在日光层顶之外产生的 H，在此处星际物质相对于未扰动的 ISM 被减速、压缩和加热。在日光层最外层的这一区域称为氢墙。

假设 ISM 本身的吸收没有宽至使得日光层的吸收变模糊，则氢墙对 HST 附近恒星的 HI 拉曼 – α 射线的紫外谱就产生可探测的吸收信号。此外，观测到的谱线不仅穿过日光层，还穿过观测恒星的中心球。因此，以下方法也是可能的，即探测中心球的拉曼 – α 射线吸收，从而间接地探测类日恒星风。氢墙吸收的第一次探测是 HST 对非常近的 α 半人马座的 2 颗恒星进行的观测（G2V + K1V）。图 2.2 给出了 α 半人马座 B 星的拉曼-α 射线谱（Linsky 和 Wood，1996）。图 2.2 中实线是恒星内在拉曼 – α 发射线剖面的估计值。HST 和恒星之间的 HI 气体吸收了大多数发射的拉曼- α 射线，导致了图中中心约在 1215.61Å 的非常宽的吸收带。在 1215.27Å 处也观测到了来自中性氘（DI）的更窄、更弱的吸收带。介于我们和恒星的 HI 和 DI 之间的大多是恒星际物质，但 ISM 无法解释所有的 HI 吸收带。

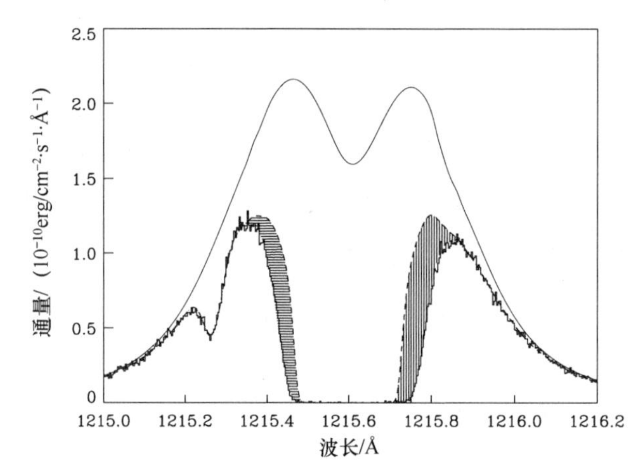

图 2.2　α 半人马座 B 星的拉曼 – α 射线谱，给出了在 1215.6Å 处的 H 和 1215.25Å 处的 DI 的宽吸收带（Linsky 和 Wood，1996）

注：实线是假设的恒星发射剖面，而虚线是 ISM 吸收。额外的吸收来自日光层的氢（竖线）和中心球的氘（横线）。

当 HI 吸收线被迫具有与 DI 拉曼 – α 射线吸收一致的中心速度和温度时，有一个中心的速度和温度符合中央的速度和拉曼 – α 射线吸收宽度，ISM 的 HI 吸收将由于太窄而不能对数据进行拟合。这表明，在非恒星际介质吸收带的两侧都有额外的 HI 吸收。这条线的红移的额外吸收来自于日光层的吸收。由于 ISM 中性原子在到达日光层顶时的减速和偏转，所以导致：从日光层内视角来看出现红移；从中心球之外来看，中心球的吸收会蓝移。

图 2.2 中蓝移的额外吸收是来自于中心球的，这一点被 Gayley 等（1997）首次证实。必须注意的是，α 半人马座 A、B 2 颗恒星都观测到了相同的额外吸收。如同预期的，由于 α 半人马座的 2 颗恒星足够接近，其位于相同的中心球内，意味着向 2 颗恒星看去的中心球吸收可表示为 2 颗恒星的恒星风的综合作用。对类日恒星的许多 HST 拉曼 – α 射线观测结果进行了分析，以确认其具有可探测的日光层和/或中心球吸收（Dring 等，1997；Wood 等，1996，2000a，2005b）。

尽管视线内所有观测线都要穿过观测恒星的日光层和中心球，这些结构的吸收信号并不总是可探测的。无法探测的原因：①ISM 中 HI 的体密度高，导致很宽的拉曼 – α 射线吸收带，它掩盖了日光层和中心球的吸收带。②恒星（或太阳）其余结构中 ISM 流的逆风向的视线指向。这对日光层吸收特别明显，许多视线已可在太阳其余结构的逆风向的不同角度观测到，证实了吸收在逆风向最容易探测，与模型预测结果一致（Wood 等，2005b）。③环绕恒星的 ISM 的中性物质。虽然在环绕太阳的 ISM 中存在中性原子，但这在 100pc 内的恒星中实际上不是典型情况。太阳是在局部气泡的区域内，其中大部分的 ISM 是完全电离的（Lallement 等，2003；Welsh 等，2010，2013）。完全电离的 ISM 包围的中心球不会包含中性的氢而产生拉曼 – α 射线吸收。

太阳视场内 ISM 流的逆风向 75°范围内，目前仅有 7 行视线可清晰地探测到日光层氢墙吸收（Wood 等，2005b）。氢墙中的中性原子是由日球层顶外的电荷交换形成的。应该说，在恰好顺风方向，激波边界和日光层顶之间的内日鞘内的电荷交换生成的中性原子的吸收变得可探测。已在顺风方向 20°范围内的 4 行视线清晰地探测到这一更宽的但非常浅的吸收信号（Wood 等，2007，2014a）。另外，还有朝向天狼星的一个疑似的探测结果（Izmodenov 等，1999；Hébrard 等，1999）。

所有中心球拉曼 – α 射线吸收的 14 个探测都是氢墙吸收类的，10 颗都是类似太阳的主序星。这 10 颗恒星中，与年轻太阳最相似的是 π^1 UMa，500 万年的 G1.5V 恒星（Wood 等，2005b，2014b）。图 2.3 给出了 π^1 UMa 的拉曼 – α 射线谱，对探测到的中心球吸收的谱线蓝移进行了放大。将吸收量与恒星风的强度联系起来，但从拉曼 – α 射线数据获得恒星质量损失率需要中心球流体模型的协助，如图 2.4 所示为 π^1 UMa，在质量损失率 $\dot{M} = 0.5\dot{M}_{\odot}$ 的假设下计算得到。

成功再现日球层吸收的如图 2.4 的中心球模型就是由日球层模型外推得到的，在 Wood 等（2000b）描述了多流体模型后，实现了日球层吸收的成功再现。这些模型都假设具有与日球层模型相同的 ISM 特征，在恒星的其余结构中，ISM 流的速度例外。计算这一速度需要恒星独特空间运动向量以及周围的 ISM 的流体向量的知识。通过探测附近恒星中心球吸收，可以获得恒星的固有运动和径向速度，所以这不是问题。ISM 流体向量各地稍有不同的地方，导致朝向一些恒星有多个 ISM 吸收成分，表明存在多个太阳附近的小暖云（Redfield 和 Linsky，2008）。然而，速度分量分布范围一般较小，这意味着太阳周围云的速度向量适合其他附近恒星的 ISM 向量的合理预估。例如，对 π^1 UMa，用朝向恒星 43°的逆风向视线，估计恒星看到的 ISM 风速度为 34km/s，与之对应太阳速度为 23.8 km/s（Redfield 和 Linsky，2008），如图 2.4 所示。

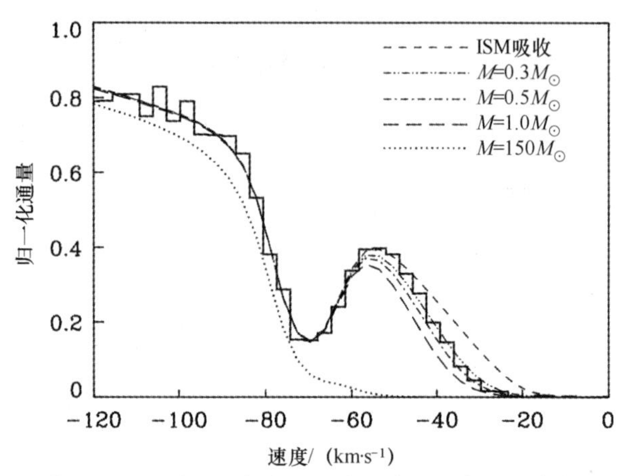

图 2.3 π^1 UMa 的拉曼 -α 射线吸收线的蓝端，在日心速度比例内绘制（Wood 等，2014b）

注：-70km/s 的吸收来自 DI。由于 ISM 吸收不能解释所有的 HI 吸收，认为多余的吸收来自恒星的中心球。该中心球吸收特征与四个中心球流体动力模型的吸收预测相比，假设了四种 π^1 UMa 的质量损失率，将中心球的吸收添加到 ISM 吸收中。

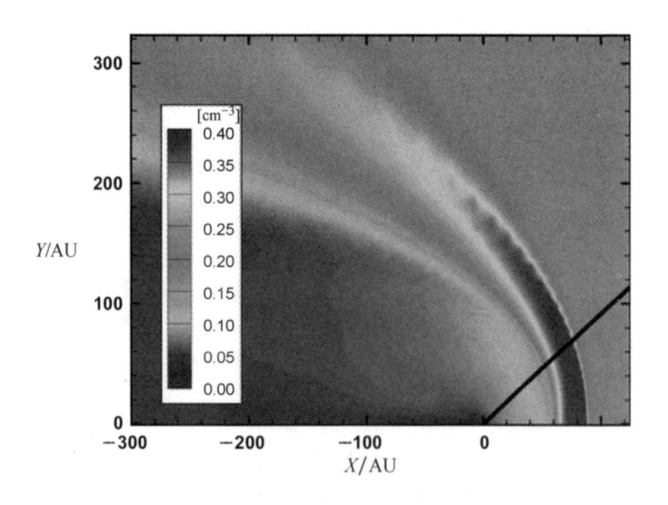

图 2.4 π^1 UMa 流体动力模型的 HI 分布（Wood 等，2014b）

注：假设 $\dot{M}=0.5\dot{M}_\odot$，这样对图 2.3 中的数据可得到最佳拟合。恒星在起点，ISM 是从图中右侧流出。氢墙是恒星周围伸展的抛物线形高密度区域。黑色的线表示朝向恒星的视线。

计算中心球模型时假设不同的恒星风密度对应不同的质量损失率，对使用这些模型预测的拉曼 - α 射线吸收和观测到的中心球吸收进行比较，以找到匹配最好的数据。图 2.3 给出了 π^1 UMa 中心球四个模型预测的中心球吸收，假设了四种不同的恒星质量损失率。图 2.4 中给出的太阳质量损失率 1/2 的模型被认为是数据最好的拟合结果（Wood 等，2014b）。恒星风速度和周围 ISM 特性的不确定性会导致以这种方式测量的质量损失率有很大的不确定性。量化这些误差很困难，但对导致的 $\dot{M}$ 的不确定性，2 倍是一个合理的预估。用这种方式对所有中心球方向进行了质量损失率预估（Wood 等，2002，2005a）。聚焦主序星，图 2.5 给出了质量损失率（每单位面积）与星冕 X 射线通量的关系（Wood 等，2014b）。对低活性的恒星，质量损失随活性以与 $\dot{M} \propto F_X^{1.34 \pm 0.18}$ 相同的幂函数关系增加，如图 2.5 所示。对 ξ Boo 双星，两个成员将共享相同的中心球（类似于 α 半人马座），如果 ξ Boo B 占了 90% 的恒星风，而 ξ Boo A 只占 10%。图 2.5 表明，$\dot{M} = 0.5\dot{M}_\odot$ 下双星的恒星风综合强度与其他测量结果最吻合。

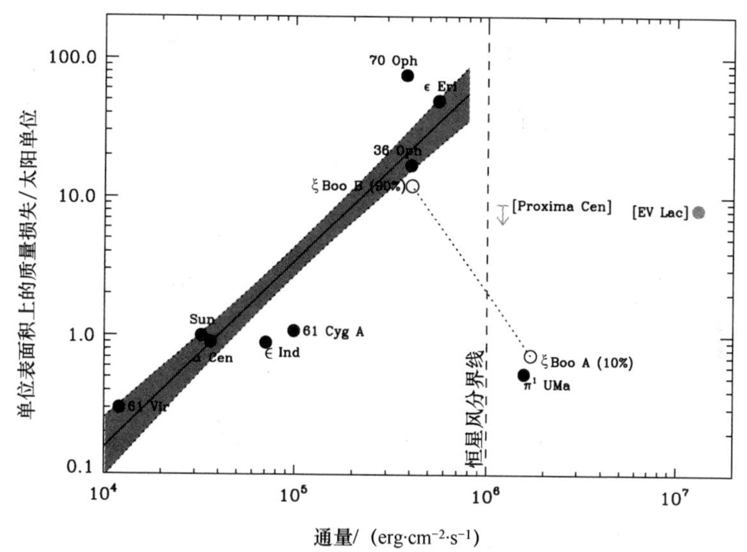

图 2.5　质量损失率（每单位面积）与所有的测量风的主序星的 X 射线面通量关系（Wood 等，2014b）

注：这些多是类似太阳的 G 和 K 恒星，带方括号标签的是 2 颗 M 矮星。单独的点绘制了 ξ Boo 双星的两个成员的结果，假设 ξ Boo B 占了 90% 的恒星风，而 ξ Boo A 只占 10%。对似乎存在恒星风/星冕关系的不活跃恒星，可拟合得到幂函数 $\dot{M} \propto F_X^{1.34 \pm 0.18}$，但这种关系对图中恒星风分割线右侧的恒星失效了。

星冕活性和恒星风之间的联系似乎很复杂。太阳不存在 $\dot{M}$ 与 F_X 间的相关性，在太阳周期内通常 $\dot{M}$ 变化不超过 2 倍，而 F_X 变化达到 10 倍（Wang，2010；Cohen，2011），可能是由于密度和 X 射线发射量巨大的封闭磁场区域对质量通量的抑制。$\dot{M} \propto F_X^{1.34 \pm 0.18}$ 的关系可能来自于质量通量对 CME 中 X 射线强度的急剧上升的依赖性，Drake 等（2013）预测这是与太阳不同的其他活跃恒星的一个重要的质量损失机制。然而，在超过对应与 $\log F_X = 10^6 \text{erg} \cdot \text{cm}^{-2} \cdot \text{s}^{-1}$ 的活动水平时，这种关系似乎失效了，如图 2.5 中标记为“恒星风分界线”的边界。此限制之上的高度活跃恒星的恒星风似乎很弱。这一点不但在 2 颗类日 G 恒星 ξ Boo 和 π^1 UMa 上得到验证，在 2 颗具有非常普通质量损失率的活跃 M 矮星上也得到了验证。对半人马座比邻星（M5.5V），仅能得到上限 $\dot{M} < 0.2\dot{M}_\odot$（Wood 等，2001），而对 EV Lac 为 $\dot{M} = 1\dot{M}_\odot$（Wood 等，2005 年）。

在恒星风分界线处风/星冕关系明显失效可能意味着恒星活动水平下磁场拓扑的根本性变化。这样的变化也得到观测证据的支持，非常活跃的恒星通常具有稳定的、长期存在的极区黑子（Schrijver 和 Title，2001；Strassmeier，2002）；与之相反，太阳黑子只在低纬度地区观测得到。极点代表着一个特别强大的偶极磁场，包括整个恒星，约束恒星风的流动，从而解释了非常活跃的恒星的恒星风都很弱。非常活跃的恒星也可能被强的环形场所包围（Donati 和 Landstreet，2009）。

考虑到年轻的恒星比年老的恒星更为活跃（Ribas 等，2005），图 2.5 给出的质量损失和活性之间的关系，意味着质量损失随恒星年龄的变化反相关。Ayres（1997）发现了恒星 X 射线通量和类日恒星年龄间的关系：$F_X \propto t^{-1.74 \pm 0.34}$。借助这个结果与图 2.4 的幂函数关系可得到 X 射线通量与年龄的关系：$\dot{M} \propto t^{-2.33 \pm 0.55}$（Wood 等，2005a）。对于这种关系，图 2.6 给出了关于太阳风的历史的表征以及该情形下任意类日恒星风的历史的表征。图 2.5 中 $F_X = 10^6 \text{erg} \cdot \text{cm}^{-2} \cdot \text{s}^{-1}$ 附近幂函数的截尾也导致了图 2.6 中质量损失与年龄关系在 $t = 0.7\text{Gyr}$ 处也被截尾，比毕宿星团的年龄稍大。图 2.6 中 π^1 UMa 的绘制位置也表明了在 $t < 0.7\text{Gyr}$ 时太阳风曾经是什么样子。虽然有风分隔线，恒星风的测量表明，年轻恒星的恒星风

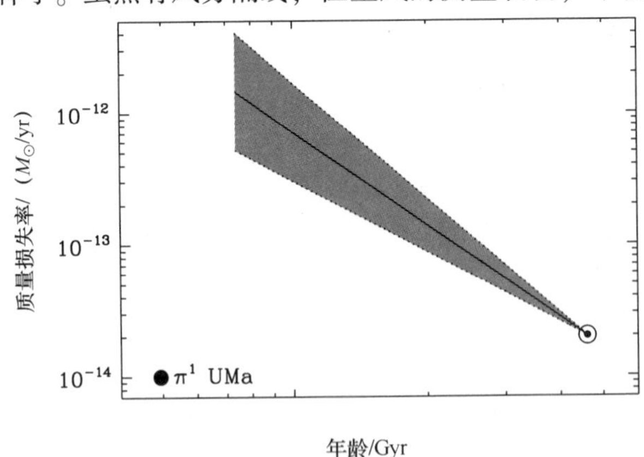

图 2.6　从图 2.5 中的幂函数关系推断的太阳质量损失历史

注：图 2.4 中截断的关系意味着质量损失与年龄的关系也同样出现截断。π^1 UMa 低质量损失的测量表明，在时间上回溯到 $t \approx 0.7\text{Gyr}$ 时恒星风减弱。

一般比太阳风强（至少对 $t>0.7\text{Gyr}$），使得恒星风更可能随时间对行星大气有显著的腐蚀作用。月球表面土壤的分析也表明，在过去有更强的太阳风，尽管数据量化这些效应很困难（Geiss，1974）。

从恒星中心球观测得到的有关太阳风历史的推断肯定会受益于更多的数据。质量损失与活性以及质量损失与年龄的关系仅基于少量中心球探测结果得到。对高活性水平下进行更多的探测尤为理想，以更好地确定当太阳特别年轻、极为活跃时太阳风是什么样子。HST 上的 STIS 是目前对探测中心球的拉曼 - α 射线谱唯一能够观测的仪器。

2.2.3 T 金牛星的恒星风

2.2.2 节讨论了类比于太阳星冕风来预期主序星的恒星风的经验知识。然而，在其历史早期，行星也会受到某些不同特征恒星风的影响，原因是原行星盘的存在以及其在恒星上的吸积。

众所周知，前主星序的恒星在其演化的所有阶段是极其活跃的（第 I 阶段的原恒星、古典和弱线的 T 金牛星）。能说明问题的一个特征是其高水平的 X 射线强度，对应于 $L_X/L_{bol}=10^{-4}\sim10^{-3}$ 饱和状态（Preibisch 等，2005；Güdel 等，2007）、非常高的等离子体温度（Telleschi 等，2007）以及频繁的强耀斑（Wolk 等，2005）。以上特征作为证据，在主星序阶段这些目标基本上存在同样类型的磁星冕结构和类似的磁场能量释放机制。依此类推，恒星表面的恒星风质量损失可能会跟随主序星出现。如果多数活跃恒星的恒星风质量损失被抑制，那么期望这同样适用于前主序星。

首先讨论观测证据。在原行星盘环绕的前主星序恒星上存在几种类型的恒星风使得情况变得很复杂；在解释观测结果的许多公开挑战的观点中，仅简单触及一些提示性证据。气体流动的一种表现形式是年轻恒星目标在光学显示下的两极喷流；射流以几百千米每秒的速度流动，但被认为与原恒星或原行星盘上的吸积相关，由吸积率与质量损失率之间的关系而证实（Hartigan 等，1995）。射流可能从恒星盘接口或者内盘上磁流体动力学地射出（Königl 和 Pudritz，2000；Shu 等，2000）。几千米每秒的低速恒星风的第二种成分，通过光谱分析可以确定似乎与中央恒星外数个天文单位到数十个天文单位范围内盘表面的 X 射线或紫外线导致的光致蒸发相关（Alexander 等，2004；Ercolano 等，2008），产生可在原恒星包层中开辟出凹槽（Arce 等，2013）的大角度的恒星风。

接下来讨论星冕风如何从恒星逃逸，如何进一步与射流和光致风相互作用，以及是否存在与后续流的积极竞争。吸积在这些风成分射出中的作用也需要解释。Kwan 等（2007）提出，大多数观测的前主序星的 He I $\lambda10830$ 的发射剖面来自于恒星风的某些性质，尽管只在磁盘上存在的这些特点表明吸积驱动的恒星风。这些恒星风最有可能的来源是磁漏斗流上方的恒星极区（Kwan 等，2007）。Dupree 等（2005）对远紫外的观测结果给出了电离恒星风的直接证据。P 天鹅座线剖面、不对称和吸收表明，在经典 T 金牛星、TW 长蛇座和 T 金牛星上存在约 300000K、速度 400km/s 量级的恒星风。质量损失率将达到 $10^{-12} \sim 10^{-11} M_\odot/\mathrm{yr}$。Johns－Krull 和 Herczeg（2007）对这些数据的再次分析质疑了这种解释：它对恒星风的温度设置了 10000～30000K 的上限，意味着电离状态是来源于光致电离，使得这些流与类日星冕风不同。

对此类盘环绕的前主序星，磁化恒星风也被建议用来解释其相对缓慢的旋转，作为有疑问的磁盘锁定机制的替代。Matt 和 Pudritz（2005）假设吸积驱动的质量风逃逸到有稳定在两极的开放场的大立体角区域，有 $\dot{M}_W \approx 0.1\dot{M}_a$，其中，$\dot{M}_a$ 为恒星的吸积率。因此，预期风的质量损失率为 $10^{-10} M_\odot/\mathrm{y}$ 或者更高。Matt 等（2012）的一系列研究对这种类型的更复杂的模型进行了详细阐述。Cranmer（2008）也考虑了恒星风吸积相关的发射机制，提出吸积为湍流驱动的极区恒星风提供了激励。第 3 章将详细论述 Lüftinger 等（2014）的贡献。

2.3 理论模型的预期结果

鉴于观测研究星冕风的困难，从理论上评估恒星风如何演化是非常重要的。对冷的主序星，提出的恒星风加速机制包括 Parker（1958）最初提出的热压驱动恒星风，Webber 和 Davis（1967）最初提出的磁波驱动恒星风和磁离心驱动的恒星风（Vidotto 等，2011）。最近的模型包括了风加速机制中的磁效应。我们总结了三个理论研究中，探索不同的恒星风加速机制及可与观测结果相比的质量损失率的预测方法。

Holzwarth 和 Jardine（2007）使用依赖于恒星旋转速率的热恒星风参数（温度、密度和磁场强度）扩展了 Webber 和 Davis（1967）的模型。他们发现，对缓慢旋转的恒星，主要驱动力是星冕内的热压力梯度，但对快速旋转的恒星，恒星风主要由磁离心力加速。他们的模型与由 Wood 等（2005a）测得的类似太阳的缓慢旋转的恒星和旋转最快的活跃恒星的质量损失率一致（ξ Boo 和 EV Lac）。然而，他们的模型无法解释中等速度旋转的 K 矮星（∊ Eri、36Oph 和 70Oph），其质量损失率相当于太阳的 100 倍，但由 X 射线强度得到的星冕密度不够大，无法解释非常高的质量损失率。由于他们无法找到一致的一套参数来解释观测的中等速度旋转恒星的超高质量损失率，以及快速旋转恒星的中等质量损失率，因此得出中等速度旋转的 K 矮星对冷的主序星风是异常的结论。他们得出结论：模型中，$1M_\odot$的恒星的质量损失率在10^6年和太阳现在年龄间下降一个数量级。

Cranmer 和 Saar（2011）开发了一种磁湍流驱动的恒星风模型，模型中当恒星风沿开放磁力线扩展，从亚光球层穿过能量射出的星冕时遵循磁流体动力学（MHD）湍流能量通量。他们的模型在物理上是自洽的。对于冷矮星，质量流出的驱动机制主要是热压力梯度，尽管包括阿尔芬波压力占主导地位的巨恒星。对冷矮星，光球磁场强度接近于均分值，填充因子随更快的旋转而快速增加（Cuntz 等，1998）。对于太阳质量的恒星，对年龄 $10^7 \sim 10^8$ 年的恒星，标准模型预测的质量通量率约相当于目前太阳的 100 倍。但相比于 Wood 等（2005a）发现的经验关系 $\dot{M} \sim t^{-2.33 \pm 0.55}$，与年龄的相关性为正比于 $t^{-1.1}$。Cranmer 和 Saar（2011）提出，$\dot{M}$ 的急剧变化的年龄依赖性可能来自于旋转速率对年龄的依赖性。他们的方法优点是，基于物理原理和实证的恒星参数，除类似 EV Lac 的活跃 M 矮星外，模型给出的质量通量估值在经验值的一个数量级范围内。他们认为，不同的驱动机制，耀斑和星冕物质抛射可能解释所观察的巨大质量损失率。

对非常快速旋转的恒星，离心力在驱动质量损失中可能发挥了重要作用。Vidotto 等（2011）研究了旋转周期约 0.44 天的 M4 矮星 V374 Peg。他们在塞曼・多普勒成像得到的强的极向磁场中求解了磁流体动力学方程。快速旋转和强磁场产生了高速的恒星风（达 1500 ~ 2300km/s），以及非常高的质量损失率（$(3 \sim 50) \times 10^{-11} M_{\odot}/yr$）。这些质量损失率比太阳高 3 ~ 4 个数量级，比中心球技术得到的 M 矮星 EV Lac 高。这些质量损失率预测了小时间尺度的旋转减速，因此可能与恒星的短旋转周期不一致。尽管存在这些问题，这项研究表明，离心力在快速旋转恒星的恒星风驱动中可能发挥了重要作用。

虽然这些理论模型与观测结果基本一致，仍然存在如何解释活跃恒星的低质量损失率的严重问题。我们期待下一代恒星风模型，希望能更好地解释现在和未来的观测结果。

2.4　本章小结

在完善恒星风随时间如何变化的知识方面仍有很大的空间。中心球的拉曼 - α 射线吸收是目前探测和测量冷的主序星的星冕风的唯一方法，但仍然只有少数探测。这些数据通常与更年轻活跃的恒星具有更强的恒星风的观点一致，对年龄约 0.7Gyr 的恒星最高到 $\dot{M} \sim 100\dot{M}_{\odot}$，增加了对行星大气的演变有重要影响的可能性。然而，对 π^1 UMa 的测量表明，在更早期恒星可能有惊人的弱恒星风时，恒星风与星冕的联系不同。探讨这些问题显然需要更多的数据。

这种中心球探测方法具有的缺点是额外的相关测量的采集具有不确定性。在不久的将来，如世界空间天文台 - 紫外（WSO - UV）的紫外太空望远镜可用于观测（参见第 14 章）。目前 HST 是能进行这种观测的唯一平台。获取用于这些目的的 HST 时间是不容易的，特别是由于大多数恒星中心球探测的可能性很低

(Wood 等，2005b)。更糟糕的是，大多数无法探测的原因（被无中性氢的 ISM 包围）意味着在大多数情况下甚至不能为 $\dot{M}$ 的提供有意义的上限。希望可以发现更多的、没有这些缺点的恒星风直接探测技术。星冕风电离发射的自由无线电波是最有可能的观测方法，尽管扩展巨型射电望远镜阵列（VLA）和新的 ALMA 阵列也可能不具有中心球吸收能成功探测的中等恒星风探测所需要的灵敏度。需要灵敏度远超出的射电望远镜用于临近恒星的恒星风，X 射线的测量已成功地研究了对这些风负责的恒星星冕。

参考文献

Alexander, R. D., Clarke, C. J., & Pringle, J. E. (2004). *Monthly Notices of the Royal Astronomical Society*, *354*, 71.

Alexeev, I. I., Grygoryan, M. S., Belenkaya, E. S., Kalegaev, V. V., & Khodachenko, M. L. (2014). H. Lammer & M. L. Khodachenko (Eds.), *Characterizing stellar and exoplanetary environments* (pp. 189). Heidelberg/New York: Springer.

Arce, H. G., Mardones, D., Corder, S. A., Garay, G., NoriegaCrespo, A., Raga, A. C. (2013). *Astrophysical Journal*, *774*, 39.

Ayres, T. R. (1997). *Journal of Geophysical Research*, *102*, 1641.

Baranov, V. B., & Malama, Y. G. (1993). *Journal of Geophysical Research*, *98*, 15157.

Baranov, V. B., & Malama, Y. G. (1995). *Journal of Geophysical Research*, *100*, 14755.

Belenkaya, E. S., Khodachenko, M. L., & Alexeev, I. I. (2014). H. Lammer & M. L. Khodachenko (Eds.), *Characterizing stellar and exoplanetary environments* (pp. 239). Heidelberg/New York: Springer.

Bisikalo, D. V., Kaygorodov, P. V., Ionov, D. E., & Shematovich, V. I. (2014). H. Lammer, M. & L. Khodachenko (Eds.), *Characterizing stellar and exoplanetary environments* (pp. 81). Heidelberg/New York: Springer.

Brain, D., et al. (2010). *Icarus*, *206*, 139.

Brown, A., Vealé, A., Judge, P., Bookbinder, J. A., & Hubeny, I. (1990). *Astrophysical Journal*, *361*, 220.

Carr, M. H. (1996). *Water on mars*. New York: Oxford University Press.

Charbonneau, P. (2010). *Living Reviews in Solar Physics*, 7, 3. http://www.livingreviews.org/lrsp-2010-3.

Cohen, O. (2011). *Monthly Notices of the Royal Astronomical Society*, *417*, 2592.

Cranmer, S. R. (2008). *Astrophysical Journal*, *689*, 316.

Cranmer, S. R. & Saar, S. H. (2011). *Astrophysical Journal*, *741*, 54

Cuntz, M., Ulmschneider, P., & Musielak, Z. E. (1998). *Astrophysical Journal*, *493*, L117

Donati, J.-F., & Landstreet, J. D. (2009). *Annual Review of Astronomy and Astrophysics*, *47*, 333.

Drake, J. J., Cohen, O., Yashiro, S., Gopalswamy, N. (2013). *Astrophysical Journal*, *764*, 170.

Dring, A. R., et al. (1997). *Astrophysical Journal*, *488*, 760.

Dupree, A. K., Brickhouse, N. S., Smith, G. H., & Strader, J. (2005). *Astrophysical Journal*, *625*, L131.

Ercolano, B., Drake, J. J., Raymond, J. C., & Clarke, C. C. (2008). *Astrophysical Journal*, *688*, 398.

Feldman, W. C., Asbridge, J. R., Bame, S. J., Gosling, J. T. (1977). O. R. White (Ed.) *The solar output and its variation* (p. 351). Boulder: Colorado Associated University Press.

Gaidos, E. J., Güdel, M., & Blake, G. A. (2000). *Geophysical Research Letters*, *27*, 501.

Gayley, K. G., Zank, G. P., Pauls, H. L., Frisch, P. C., &Welty, D. E. (1997). *Astrophysical Journal*, *487*, 259.

Geiss, J. (1974), D. R. Criswell & J. W. Freeman (Eds.), *Conference on lunar interactions: Interactions of the interplanetary plasma with the modern and ancient moon* (p. 110). Houston: Lunar Science Institute.

Grießmeier, J.-M., et al. (2004). *Astronomy and Astrophysics*, *425*, 753.

Güdel, M., et al. (2007). *Astronomy and Astrophysics*, *468*, 353.

Güdel, M., Guinan, E. F., Skinner, S. L. (1997). *Astrophysical Journal*, *483*, 947.

Gurnett, D. A., Kurth, W. S., Burlaga, L. F., Ness, N. F. (2013). *Science*, *341*, 1489.

Hartigan, P., Edwards, S., Ghandour, L. (1995). *Astrophysical Journal*, *452*, 736.

Hébrard, G., Mallouris, C., Ferlet, R., Koester, D., Lemoine, M., Vidal-Madjar, A., & York, D. (1999) *Astronomy and Astrophysics*, *350*, 643.

Holzwarth, V. & Jardine, M. (2007) *Astronomy and Astrophysics*, *463*, 11.

Izmodenov, V. V., Lallement, R., Malama, Y. G. (1999). *Astronomy and Astrophysics*, *342*, L13.

Jakosky, B. M., Pepin, R. O., Johnson, R. E., & Fox, J. L. (1994). *Icarus*, *111*, 271.

Jakosky, B. M., & Phillips, R. J. (2001). *Nature*, *412*, 237.

Johns-Krull, C. M., & Herczeg, G. J. (2007). *Astrophysical Journal*, *655*, 345.

Judge, P. G., Solomon, S. C., & Ayres, T. R. (2003). *Astrophysical Journal*, *593*, 534.

Kass, D. M., & Yung, Y. L. (1995) *Science*, *268*, 697.

Khodachenko, M. L., et al. (2012). *Astrophysical Journal*, *744*, 70.

Kislyakova, K. G., Holmström, M., Lammer, H., & Erkaev, N. V. (2014). H. Lammer, & M. L. Khodachenko (Eds.), *Characterizing stellar and exoplanetary environments* (pp. 137). Heidelberg/New York: Springer.

Königl, A., & Pudritz, R. E. (2000). V. Mannings, A. P. Boss, & S. S. Russell (Eds.), *Protostars planets IV* (pp. 759). Tucson: University of Arizona Press.

Koutroumpa, D., Lallement, R., Raymond, J. C., & Kharchenko, V. (2009). *Astrophysical Journal*, *696*, 1517.

Kwan, J., Edwards, S., & Fischer, W. (2007). *Astrophysical Journal*, *657*, 897.

Lallement, R. (2004). *Astronomy and Astrophysics*, *418*, 143.

Lallement, R., Welsh, B. Y., Vergely, J. L., Crifo, F., & Sfeir, D. (2003). *Astronomy and Astrophysics*, *411*, 447.

Lammer, H. , et al. (2003). *Icarus*, *165*, 9.

Lim, J. , White, S. M. , & Slee, O. B. (1996). *Astrophysical Journal*, *460*, 976.

Linsky, J. L. , & Wood, B. E. (1996). *Astrophysical Journal*, *463*, 254.

Linsky, J. L. , Güdel, M. , (2014). H. Lammer & M. L. Khodachenko (Eds.), *Characterizing stellar and exoplanetary environments* (pp. 3). Heidelberg/New York: Springer.

Luhmann, J. G. , Johnson, R. E. , & Zhang, M. H. G. (1992). *Geophysical Research Letters*, *19*, 2151.

Lüftinger, T. , Vidotto, A. A. , & Johnstone, C. P. (2014). H. Lammer & M. L. Khodachenko (Eds.), *Characterizing stellar and exoplanetary environments* (pp. 37). Heidelberg/New York: Springer.

Matt, S. , Pinzón, G. , Greene, T. P. , & Pudritz, R. E. (2012). *Astrophysical Journal*, *745*, 101.

Matt, S. , & Pudritz, R. E. (2005). *Astrophysical Journal*, *632*, L135.

McComas, D. J. , et al. (2012). *Science*, *336*, 1291.

Ossendrijver, M. (2003). *A&ARv*, *11*, 287.

Parker, E. N. (1958). *Astrophysical Journal*, *128*, 664.

Perez de Tejada, H. (1992). *Journal of Geophysical Research*, *97*, 3159.

Preibisch, T. , et al. (2005). *Astrophysical Journal*, *160*, 401.

Redfield, S. , & Linsky, J. L. (2008). *Astrophysical Journal Supplement Series*, *673*, 283.

Ribas, I. , Guinan, E. F. , Güdel, M. , & Audard, M. (2005). *Astrophysical Journal*, *622*, 680.

Schrijver, C. J. , & Title, A. M. (2001). *Astrophysical Journal*, *551*, 1099.

Shu, F. H. , Najita, J. R. , Shang, H. , & Li, S. -Y. (2000). V. Mannings, A. P. Boss, & S. S. Russell (Eds.), *Protostars planets IV* (p. 789). Tucson: University of Arizona Press.

Stone, E. C. , Cummings, A. C. ,McDonald, F. B. , Heikkila, B. C. , Lal, N. , &Webber,W. R. (2005). *Science*, *309*, 2017.

Stone, E. C. , Cummings, A. C. ,McDonald, F. B. , Heikkila, B. C. , Lal, N. , &Webber,W. R. (2008). *Nature*, *454*, 71.

Strassmeier, K. G. (2002). *Astronomische Nachrichten*, *323*, 309.

Shustov, B. M. , Sachkov, M. E. , Bisikalo, D. , & Gómez de Castro, A. -I. (2014). H. Lammer & M. L. Khodachenko (Eds.), *Characterizing stellar and exoplanetary environments* (pp. 275). Heidelberg/New York: Springer.

Telleschi, A. , Güdel, M. , Briggs, K. R. , Audard, M. , & Palla F. (2007). *Astronomy and Astrophysics*, *468*, 425.

Terada, N. , Kulikov, Y. N. , Lammer, H. , Lichtenegger, H. I. M. , Tanaka, T. , Shinagawa, H. , & Zhang, T. (2009). *Astrobiology*, *9*, 55.

Vidotto, A. A. , Jardine, M. , Opher, M. , Donati, J. F. , & Gombosi, T. I. (2011), *Monthly Notices of the Royal Astronomical Society*, *412*, 351.

Vidotto, A. A. , Bisikalo, D. V. , Fossati, L. , & Llama, J. (2014). H. Lammer & M. L. Khodachenko.

(Eds.), *Characterizing stellar and exoplanetary environments* (pp. 153). Heidelberg/New York: Springer.

Wang, Y.-M. (2010). *Astrophysical Journal*, *715*, L121.

Wargelin, B. J., & Drake, J. J. (2002). *Astrophysical Journal*, *578*, 503.

Wargelin, B. J., Kashyap, V. L., Drake, J. J., García-Alvarez, D., & Ratzlaff, P. W. (2008). *Astrophysical Journal*, *676*, 610.

Webber, E. J. & Davis, L. J. (1967). *Astrophysical Journal*, *148*, 217.

Welsh, B. Y., Lallement, R., Vergely, J. L., & Raimond, S. (2010). *Astronomy and Astrophysics*, *510*, A54.

Welsh, B. Y., Wheatley, J., Dickinson, N., & Barstow, M. A. (2013). PASP, *125*, 644.

Wolk, S. J., Harnden, F. R., Jr., Flaccomio, E., Micela, G., Favata, F., Shang, H., & Feigelson, E. D. (2005). *Astrophysical Journal Supplement Series*, *160*, 423.

Wood, B. E. (2004). *Living Reviews in Solar Physics*, *1*, 2. http://www.livingreviews.org/lrsp-2004-2.

Wood, B. E. (2006). *Space Science Reviews*, *126*, 3.

Wood, B. E., Alexander, W. R., & Linsky, J. L. (1996). *Astrophysical Journal*, *470*, 1157.

Wood, B. E., Izmodenov, V. V., Alexashov, D. B., Redfield, S., & Edelman, E. (2014a). *Astrophysical Journal*, *780*, 108.

Wood, B. E., Izmodenov, V. V., Linsky, J. L., & Malama, Y. G. (2007). *Astrophysical Journal*, *657*, 609.

Wood, B. E., Linsky, J. L., Müller, H.-R., & Zank, G. P. (2001). *Astrophysical Journal*, *547*, L49.

Wood, B. E., Linsky, J. L., & Zank, G. P. (2000a). *Astrophysical Journal*, *537*, 304.

Wood, B. E., Müller, H.-R., Redfield, S., & Edelman, E. (2014b). *Astrophysical Journal*, *781*, L33.

Wood, B. E., Müller, H.-R., & Zank, G. P. (2000b). *Astrophysical Journal*, *542*, 493.

Wood, B. E., Müller, H.-R., Zank, G. P., & Linsky, J. L. (2002). *Astrophysical Journal*, *574*, 412.

Wood, B. E., Müller, H.-R., Zank, G. P., Linsky, J. L., & Redfield, S. (2005a). *Astrophysical Journal*, *628*, L143.

Wood, B. E., Redfield, S., Linsky, J. L., Müller, H.-R., & Zank, G. P. (2005b). *Astrophysical Journal Supplement Series*, *159*, 118.

Zank, G. P. (1999). *Space Science Reviews*, *89*, 413.

Zank, G. P., Heerikhuisen, J., Wood, B. E., Pogorelov, N. V., Zirnstein, E., McComas, D. J. (2013). *Astrophysical Journal*, *763*, 20.

Zank, G. P., Pauls, H. L., Williams, L. L., & Hall, D. T. (1996). *Journal of Geophysical Research*, *101*, 21639.

Zieger, B., Opher, M., Schwadron, N. A., McComas, D. J., & Tóth, G. (2013). *Geophysical Research Letters*, *40*, 2923.

第3章　主星行星的磁场和风

恒星磁性是恒星环境中活性、电离、光致解离、化学和恒星风的关键驱动，因此它对其周围行星的大气和磁层环境均有重要的影响。从观测结果和理论的角度，对恒星磁场和恒星风的建模都非常具有挑战性，且只有在地面观测仪器上的突破，以及对恒星上磁流体动力学更深的理论认识，才能使人们对恒星磁场和恒星风以及由此产生的对周围行星的影响的建模越来越详细。本章对冷恒星磁场的有关知识，如塞曼多普勒成像（ZDI）的相关技术、磁场外推、恒星风的模拟以及相关的观测结果等进行了综述。

3.1　引言：恒星磁场

磁场在恒星和行星形成与演化的许多物理过程中起到了关键作用。磁场对分子云的瓦解、其碎片形成单个恒星和行星系统、原始云内的角动量演化以及恒星风、外流和喷射流的形成均有决定性影响。磁场也可能会引起增强的流体动力学不稳定性，对恒星寿命期内角动量的演化有着强烈影响。由此产生的恒星磁场和恒星风的特性对第4章（Fossati 等，2014）和第7章（KislyaKova 等，2014）描述的大气层以及第8章（Vidotto 等，2014a）和第11章（Griesmeier，2014）概述的周围行星磁层有着重要的影响，从日地关系及更遥远的恒星的研究（Catala 等，2007；Shkolnik 等，2008；Donati 等，2008a；Fares 等，2009）也是很明显的。

由于年轻的低质量恒星仍在向主星序收缩且被气体和灰尘堆积成的盘所环绕，Johns-Krull 等（2007）多项研究已报道了存在千高斯（$1\mathrm{Gs}=10^{-4}\mathrm{T}$）量级的强磁场。对重建光球磁场的空间分布的首次研究表明，低质量原始恒星拥有很强的大范围磁场，其强度和拓扑结构与恒星的内部结构密切相关。Hussain 等（2009）和 Gregory 等（2012）所提出的，动态变化所产生的磁场的复杂度与对流层的尺寸相关（在3.4节中有更详细的讨论），在包含放射性核的经典T金牛座恒星（CTTS）发现了更复杂的磁场，而在完全对流的恒星上基本没有观测到复杂的磁场。对或多或少都很冷的主星序，低质量的类日恒星具有与太阳相似的磁场。

3.2 分析恒星磁场使用的技术

目前，各种不同用于探测和分析恒星磁场的技术都是基于高分辨力光谱学或者光和分光偏振测量。高分辨光谱学可对光谱线轮廓形状进行详细研究，而光学分光法或分光偏振测定法主要聚焦在通过塞曼（Zeeman）效应产生磁场的偏振光分量的分析。在这里提到了两种对磁场强度以及在恒星表面的结构分析很重要的技术。

3.2.1 塞曼展宽和分光偏振测定术

存在磁场时，谱线通过塞曼效应会分裂成几个部分，即 π 成分和 σ 成分，成分之间的距离是磁场强度的函数。针对所有类型磁场，基于塞曼效应的分析是众所周知和应用最广泛的诊断技术，它适用于从分子云的很弱的磁场（微高斯范围）到白矮星非常强的磁场。

对磁场 B（kG），下式给出了 σ 成分相对零场波长λ_0(μm) 的平均波长偏移 $\Delta\lambda_B$：

$$\Delta\lambda_B = 4.67\lambda_0^2\bar{g}B \tag{3.1}$$

式中：$\bar{g}$ 为测量的线上平均磁场灵敏度的有效朗德（Landé）因子。

因此，已知$\bar{g}$的 π 和 σ 组分间隔，就可测量出恒星可见半球的平均磁场强度 B。磁场中原子上的塞曼效应详细讨论已超出了本书的目标和范围，可参考 Donati和 Landstreet（2009）的论文。

塞曼分裂线的偏振特性的检测和分析提供了测量磁场的另一种手段。这种方法的主要收获是，偏振特征可确定磁场的方向特性：圆极化（σ 组分）对磁场的视线（line-of-sight）分量（或纵向分量）敏感，而线性极化（π 和 σ 组分）可确定磁场的垂直（或横向）分量。在天体物理学中，偏振辐射通常是用斯托克斯（Stokes）参数 I、Q、U 和 V（1852 年由 G. G. Stokes 引入）来描述。Shurcliff (1962）给出了在天文光学中常用的圆形和线性偏振的理想滤光器的斯托克斯参数的定义。用于线性偏振的标准滤光器称为偏振器，使辐射束垂直于传播方向的电场分量可透过，传播方向发射辐射束的电场分量的电场，而正交方向的电场分量则不能通过。将理想的 1/4 波片与标准线偏振片结合，将其透射轴相对于波片的快轴逆时针（正圆极化）或顺时针（负圆极化）旋转 45°，就可得到电磁波的圆偏振分量的滤光片。斯托克斯参数可描述为

$$I = kS, Q = k(S_0 - S_{90}), U = k(S_{45} - S_{135}), V = k(S_+ - S_-)$$

式中：S 为没有滤光片时得到的信号；S_0、S_{45}、S_{90} 和 S_{135} 分别为线性偏振器的透射轴设定为 0°、45°、90°和 135°时得到的信号；S_+、S_- 分别为插入滤光片分别得到正圆偏振和负圆偏振；k 为归一化常数。斯托克斯偏振的更多细节可参见

Landi Degl' Innocenti 和 Landolfi（2004）的论文。

3.2.2 塞曼多普勒成像

多普勒成像（DI）和塞曼多普勒成像技术的开发和应用（Kochukhov 等，2004；Donati 等，2006），使得将恒星高分辨力斯托克斯参数观测结果的时间系列转化为温度、元素丰度和磁场形状等参数的表面分布图成为可能（Lüftinger 等，2010a，b）。

利用复杂的数学程序来构建，这项技术已成为最有用的天体物理遥感方法之一。从数学的角度来看，在反演过程中，使得总偏差函数 $\Psi = D + R$ 最小，其中，D 为相位分辨谱的观测值和理论值之间的差异，R 为正则函数。

这个正则函数确保在 ZDI 中的复杂优化算法的稳定性，以及独立于初始猜测和表面离散的尽可能简单和独特的解决方案。ZDI 代码的技术发展水平已在多篇论文如 Donati（2001）、Donati 等（2006）、Piskunov 和 Kochukhov（2002）、Kochukhov 和 Piskunov（2002）以及 Wade 等（2001）中给予了详细描述。这些论述都是基于精细的频谱合成，并考虑了偏振线形成的所有物理过程。Kochukhov 和 Piskunov（2002）的代码扩展为一个新版本，可用于冷的活跃恒星（Kochukhov 和 Piskunov，2009）的表面结构的温度和磁场分布绘图，包括分子不透明的处理（Rosén 和 Kochukhov，2012）。必须指出，ZDI 可能遗漏了偏振特征可相互抵消的小规模的磁通，如 Reiners 和 Basri（2009）的论文中所述。

虽然 Lang 等（2014）发现加入小规模的磁场可增加恒星表面的磁通，而对研究磁场对周围行星的影响非常重要并控制了质量和角动量在恒星风中的损失的大型开放磁通，仍不受影响。因此，忽略小规模磁场不太可能显著影响由 ZDI 获得的磁力图来计算的自旋减慢次数和恒星风的结构（参见 3.5.1 节）。

由于专用新型仪器的发展，如加拿大 – 法国 – 夏威夷望远镜（CFHT）的恒星观测用阶梯光栅旋光分光装置（ESPaDOnS）、Télescope Bernard-Lyot（Pic du Midi，法国）的 NARVAL 和欧洲南方天文台（ESO）的 HARPSpol，在完美光谱偏振数据的协助下可利用斯托克斯剖面的时间分辨观测结果得到的所有信息。3.3 节和 3.4 节给出了基于 ZDI 的最新研究结果。

3.3 低质量主序星的旋转和磁性

3.3.1 太阳

对低质量恒星的磁活动的大部分了解是基于和太阳的类比。太阳磁场最明显的表现是光球层中可见光下可以看见冷太阳黑子。这些黑子主要在低纬度带的活跃区发现，正如上面提到的，由达到千高斯量级的强磁场所引发（Hale，1908）。

太阳黑子之外，磁场在太阳光球层上的每个角落均一直存在。探测的磁场通量的大部分包含在离散结构中，覆盖了太阳表面的一小部分，主要集中在晶间道内，具有大致均匀的 1.5kGs 的磁场强度（Stenflo，1973；Solanki，1993；Stenflo，2011）。

此外，一个较弱的、更复杂的小规模磁场覆盖了太阳表面的其他地方，尽管这一磁场的特性仍是一个有争议的问题（其综述文章参见 Solanki（2009））。太阳光球磁场延伸到星冕内部，可将星冕等离子体加热到 MK 量级温度。因为光球层中存在的多数小规模磁场的结构不能延伸到星冕内，星冕磁场要比光球磁场简单得多。在星冕内磁场很高，磁场变得非常简单，通常由偶极子场近似描述。

太阳表面的黑子数量以及磁通量在 11 年的活动周期内变化。在活动周期的开始，不存在大的活跃区域，而在两极的磁场强度达到最大值。此时，太阳整体磁场是简单的、对称的和偶极的。随着周期的进展，活跃区数量增加，极区磁场强度下降，直到活动周期的 1/2 时，偶极子场成分极性翻转。此时，太阳磁场高度复杂且具有非偶极子特性。光球磁场的这种变化导致其对星冕结构具有极大的影响。全球范围的星冕大致划分为闭合磁场区域和开放磁场区域。闭合磁场区内磁场控制了星冕等离子体，因此能够阻止其远离太阳。开放磁场区的磁场不能控制星冕等离子体，因此拖曳出不断扩展的太阳风。在太阳活动谷年，巨大的开放磁场区覆盖了两极，而在低纬度地区，星冕几乎完全封闭。在太阳活动峰年，两极通常被封闭磁场覆盖，而表面则被开放磁场和封闭磁场的复杂分布覆盖（Wang 和 Sheeley，1990b）。

3.3.2 类日恒星

低质量的类日冷恒星都基本表现出与太阳相比的磁场。它们表现出巨大的活跃性，也在表面出现黑子（Berdyugina，2005），在更短时间尺度上出现或消失，从几天（与恒星的旋转相关）到几个月（黑子形成并在寿命后再次消失）或者几年（随恒星活动周期而变化数量和位置）。这将导致其产生一个具有巨大磁场和温度梯度的斑点表面。目前的理解是，这类似于太阳活动，是由集聚和旋转的机械能转换成旋转剪切和旋风湍流（Parker，1958）磁场能时引发的动态过程所触发。在这些过程中，将产生可变且复杂的磁场，磁场特性与恒星自转速率、质量和年龄密切相关（Donati 和 Landstreet，2009）。尽管还没有完全详细地了解，但已经较完善地建立了动态机制的基本原理（Dobler，2005）。据推测，太阳和许多其他冷恒星的动态过程都集中在差旋层内，对流层基础上的薄界面层，其中旋转速率的径向梯度最为陡峭（Charbonneau，2010）。由于对流层的存在甚至壳层了某一恒星质量和表面温度，类日冷恒星可能都会表现出类似太阳的动态机制。由于对流壳层随光谱类型增加而逐渐降低，对早期的大多数 F 和 A 型恒星，预期动态磁场和相关的恒星活动会下降，直至在某个质量和温度范围内消失（或在当前仪器下不可测量)。

3.3.3 M 矮星

行星环绕的 M 矮星的宜居区远比高质量的恒星更靠近中心恒星，但磁场活动和相应的高能辐射的下降在时间尺度上比类日恒星更慢（Ribas 等，2005）。正如 Donati 等（2008b）和 Morind 等（2008）所发现的，M 矮星的磁场结构似乎是多种多样的：完全对流的中等 M 矮星表现出比早期 M 矮星（质量更大）更简单的大规模磁场，而早期 M 矮星似乎拥有一个对流核而表现出更复杂的磁场。在 HR 图的这一部分，也可由 CTTS 上观测（更详细的讨论参见 3.4 节），似乎完全对流的恒星具有简单的对称磁场，偶极子成分占主导地位，一旦内辐射区开始发展（随着质量越来越大），磁场将会变得更为复杂。

然而，对光谱类型 M5 ~ M8 更冷的 M 矮星的稍后的一项研究（Morin 等，2010）发现，具有相同恒星参数的 M 矮星表现出一种从非常简单的磁场到复杂几何形状的磁场的完全不同的磁场拓扑结构。这种模糊性的解释是，对这一质量范围的 M 矮星，存在一个双稳态的动态过程（Morin 等，2011），从而产生多变的磁场结构。这可能导致其有非常类似性能的 M 矮星周围恒星环境的多变性。

3.3.4 旋转和磁性

当 Parker（1958）提出第一个成功的太阳风模型后，就能清晰地认识到旋转磁化恒星上发出的电离恒星风将导致恒星旋转速度随时间而减速。这种旋转速度的下降是由于风引起的角动量从恒星的转移，主要是磁场应力的形式（Weber 和 Davis，1967）。这一点后来被 Skumanich（1972）的观测所证实。自那时起，大量的研究表明，虽然这个结果在某些情况下大致正确，但情况复杂得多。恒星在开始主星序寿命期时，其旋转速度有 2 个数量级的散布，这可以从测量的年轻星团的自转周期得到证实（Irwin 等，2008，2009；Hartman 等，2010），可追溯到其前主星序寿命的早期阶段。在大多数恒星的质量下，当这些恒星的年龄和旋转变慢时，旋转以与质量密切相关的速率趋于相同值。对具有太阳质量的恒星，自转速率几乎在第一个 Gy 寿命周期里完全收敛（Bouvier 等，1997；Meibom 等，2011；Gallet 和 Bouvier，2013）。

恒星的旋转速率与恒星磁场的强度密切相关，快速旋转的恒星比缓慢旋转的恒星具有明显更强的磁场。Skumanich（1972）指出了这一联系，来自于太阳并可很好地作为磁场强度追踪器的恒星 Ca II H 和 K 线发射，以完全相同的方式随年龄和旋转而降低。也观测到旋转和 X 射线强度之间具有的相似关系（Pallavicini 等，1981；Maggio 等，1987；Wright 等，2011）。这一点已被表面平均磁场强度 B 的直接测量所确认（Saar，1996，2001；Reiners，2012）。Vidotto 等（2014b）

研究了利用ZDI重建的大规模表面磁场随年龄、旋转和X射线强度而如何变化，确认了无吸积矮星的上述关系（（0.1～2）$M_{\odot}$）。从上面提到的研究可以看出，这种关系在高旋转速率下达到饱和。在旋转速率高于饱和阈值时，磁场强度与旋转速度无关，将保持在恒定的水平。

3.4　低质量主序前星

在主序前，因为恒星的内部结构是质量和年龄的函数，情况比主星序更为复杂，比较此类恒星上的发现与主序星的结果令人很感兴趣。当星云坍缩形成恒星中心，由于角动量守恒，在周围形成环绕恒星的气体和尘埃星盘。恒星本身从充分对流出发，并随着年龄增长，如果其质量大于0.35$R_{\odot}$，就会形成内辐射区。主序前星形成内辐射区的年龄是恒星质量的强函数，质量约为太阳质量1/2的恒星仍保持着充分的对流，直到年龄约10 Myr，质量约两个太阳的恒星在年龄大约0.5My时形成辐射内核（Gregory等，2012）。环绕恒星的星盘通常持续几百万年（Fedele等，2010），可扩展到非常接近恒星，并在某些情况下一直延伸到恒星的表面。按照目前的理解，由于角动量通过星盘中的黏性再分配，材料从星盘向内移动附着到恒星上，或者通过边界层或磁层吸积直接到达恒星表面。在这一过程中，材料被恒星磁场引导成独立的吸积漏斗，材料约以自由落体的速度落到恒星上。在一般情况下，仍在吸积的低质量的主序前星是CTTS，而不再吸积的恒星则是弱线T金牛星（WTTS）。

在主序前，恒星随年龄增加而收缩并旋转加速。特定高角动量材料在恒星上的吸积会导致恒星自旋比预期的更快，然而经过观测，尽管这些恒星仍拥有星盘，其旋转速率保持大致恒定，恒星将失去大量的角动量（Edward等，1993；Rebull等，2004；Gallet和Bouvier，2013）。虽然对这种角动量损失的物理机制了解甚少，很明显，这涉及星盘的磁相互作用。磁活动是低质量的主序前星的普遍特性。金牛座T恒星塞曼效应的测量表明，表面平均磁场强度约为几千高斯（Basri等，1992；Guenther等，1999；John-Krull，2007；Yang等，2008；Yang和Johns-Krull，2011）。

如此强的磁场不可避免地导致高水平的X射线发射（Getman等，2005；Güdel等，2007）。金牛座T恒星的X射线强度通常为10^{28}～10^{32}erg/s，其发射受到温度通常为10MK或更高的磁约束星冕等离子体的控制。相反，太阳X射线强度约为10^{27}erg/s，星冕温度通常低于2MK（Judge等，2003）。

除空间未解决的磁场测量问题外，近年来关于主序前星大规模磁场的结构和强度的大量信息可利用。在编写本书时，已产生了11个CTTS（Donati等，2007；Hussain等，2009；Donati等，2012，2013）和其他几颗主序前星（Dunstone 等，2008；Marsden 等，2011）的磁分布图。这些磁成像研究表明，CTTS 具有一系列不同的大规模磁场强度和拓扑结构，大规模磁场强度可高达 6Gs（Donati，2012）。样本中大多数恒星拥有明显非偶极子的大规模磁场，尽管仍包含能够瓦解星盘使其远离恒星表面的偶极子分量，能导致磁层吸积。一般情况下，更复杂的磁场也是最弱的（Johnstone 等，2014）。两颗 CTTS 金牛座 AA 星和 V2247 Oph 的磁分布图和三维星冕磁场如图 3.1 所示。

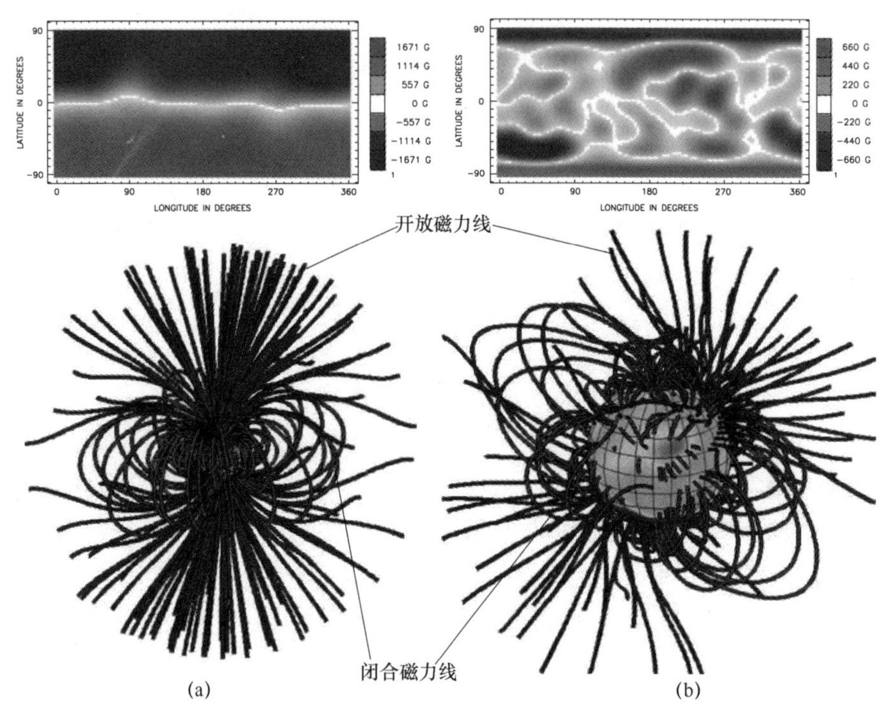

图 3.1 古典金牛座 T 恒星 AA 星和 V2247 Oph 的磁场径向分量的表面分布图（Donati 等（2008a，b），以及这两颗恒星的星冕 3D 磁场结构的外推结果，包括闭合磁力线和开放的磁力线（Johnstone 等（2014））

一般情况下，磁场的复杂性和强度是内部恒星结构的强函数（Gregory 等，2012）。总的趋势来看：充分对流的恒星拥有偶极成分为主的简单的轴对称磁场，随着这些恒星的内部辐射区的发展，其磁场变得更加复杂，偶极子分量的强度降低。当它们的辐射区最初还很小时，其磁场是复杂的、对称的；当辐射区增大时，磁场的轴对称性降低。一个例外是低质量的 V2247 Oph，基于 3.3.3 节中讨论的 M 矮星的相似性，其可能位于双稳态动态过程的弱磁场分支（Gregory 等，2012）。

目前，对主序前星的恒星风所知甚少。正如上面所讨论的，这些恒星拥有比太阳热得多、比 X 射线强度高几个数量级的星冕。因此，虽然星冕特性和恒星风特性之间的联系还不是很清楚，预期此类恒星拥有比太阳风强得多的恒星风是比较合理的。与主星序相比，在 CTTS 阶段的情况更为复杂，这是由于存在可吸积气体到恒星的星盘。星盘内边缘的半径离恒星表面可能有几个恒星半径，主要由磁场偶极子分量的强度确定（Johnstone 等，2014）。此外，星盘内边缘的形状和吸积流轨迹是磁场形状的强函数（Romanova 等，2004；Gregory 等，2006；Johnstone 等，2014）。据推测，恒星表面上磁层吸积的存在可能是恒星风的重要驱动机制（Cranmer，2008，2009a）。假设吸积驱动的恒星风是导致吸积恒星角动量去除的主要原因，Matt 和 Pudritz（2005，2008）发现来自于恒星风的质量损失率必须至少达到从星盘吸积到恒星表面的物质的吸积率的 10%，才能阻止恒星自旋加快。由于已经测量的 CTTS 的吸积率通常为 $10^{-10} \sim 10^{-7} M_{\odot}/y$，这就要求恒星风的质量损失率比太阳风大几个数量级。

3.5　恒星磁场发射的恒星风

3.5.1　恒星磁场和活动

恒星磁场在行星系统的演化中发挥了重要作用，但从观测的角度仍然缺乏限制。基于当今在系外行星搜索中使用的技术，发现目前大部分已知的系外行星在其主星极近的距离绕轨道飞行（<0.1AU）。

在近距离下，系外行星所经历的星际介质条件可能与太阳系行星经历的有明显不同，而这很可能在行星适居性中发挥重要的作用（Vidotto 等，2013）。

通过磁场和潮汐恒星－行星相互作用，轨道离中心恒星小于 10 倍恒星半径的短周期行星可能导致在恒星大气层中活动增强（Shkolnik 等，2010）。近区热木星可能位于其母星的阿尔芬半径内的（<0.1AU），从而与宿主恒星的表面存在直接磁相互作用。此外，热木星的潮汐效应能调节旋转速度（Pont，2009），并成为其主星活动水平的结果。据 Cuntz 等（2000）的推测，恒星－行星的相互作用（SPI）可以引起潮汐隆起的局部不稳定性，进而会改变局部动态特性（参见第 9 章）。

基于附近热木星对其主星引起的潮汐驱动椭圆不稳定性效应的理论研究，Cebron 等（2011a，2011b）研究人员提出这些不稳定性甚至还可能产生动态变化的观点。

Fares 等（2013）研究了基于光谱偏振观测结果的行星宿主恒星磁特性，发现质量为 $0.8 \sim 1.4M_{\odot}$的样本恒星具有多种拓扑结构。他们发现了 2～40Gs 的磁场强度，除了两个时代的两个样本恒星外，极向分量在磁场中占主导地位。将这些恒星与没有探测到的近区巨行星的恒星的磁场结构进行比较，得出结论：热木星的宿主恒星似乎没有表现出与周围近区行星的类似恒星有区别的磁行为。基于其研究成果，图 3.2 给出了质量旋转平面的比较。

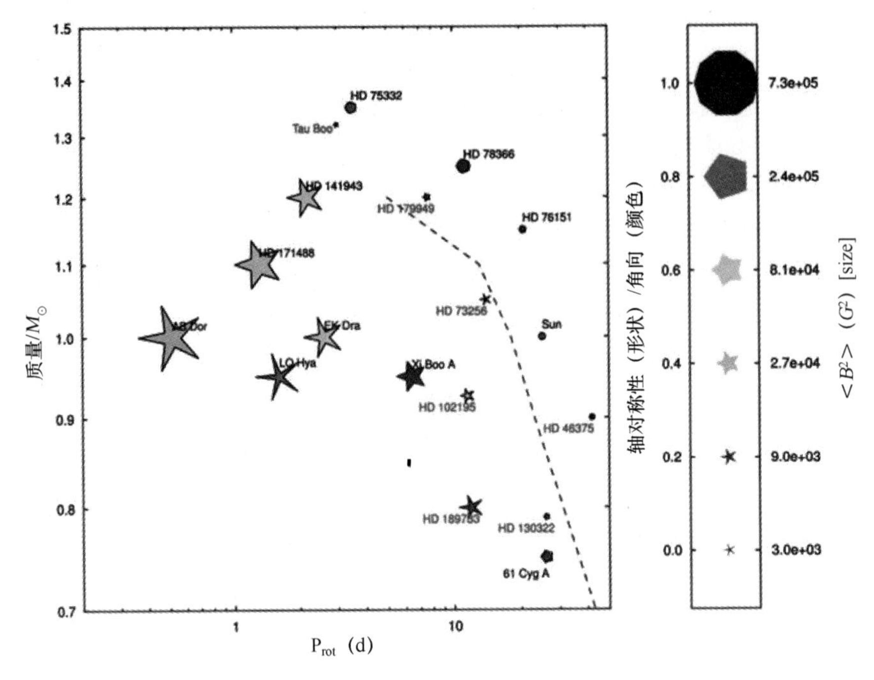

图 3.2　18 个重建磁场的质量旋转分布图（Fares 等，2013）

注：在 Fares 论文中研究的行星主恒星的名字用红色显示，而没有检测到热木星的其他恒星的名字显示为黑色（Donati 和 Landstreet，2009）。虚线表示罗斯比数为 1 的位置（Landin 等，2010）。符号的大小表示磁场的强度，其颜色表示极向分量对磁场的贡献，形状表示极向分量的轴对称性。对 τ Boo，此处给出了一个历元观测的磁场（主要是极向）。热木星的宿主恒星似乎不具有与其他恒星不同的磁特性。

目前的研究表明，磁场的拓扑结构往往比简单的偶极子场或四极场复杂得多。此外，需要考虑恒星磁场的长期演化，不仅仅是太阳，其他恒星也已观测到磁场周期的存在（Donati 等，2008a；Fares 等，2009；Morgenthaler 等，2011）。因此，在研究宿主恒星对周围行星的影响时，利用 ZDI 技术持续获得时间分辨的光谱偏振观测结果，并使用所产生的磁场配置的分布图作为恒星风建模和 SPI 的输入。

3.5.2　恒星风

3.5.2.1　太阳风

正如 3.3.1 节所描述的，除了有热磁约束的星冕外，太阳还拥有从所有方向向外喷射的热电离太阳风。驱动太阳风的物理机制尚不明确（其综述可参见 Cranmer（2009b））。太阳风一般不是各向同性的，但大致可以分为慢速风和快速风，速度分别为 400km/s、800km/s。太阳风的结构与太阳的大规模磁场结构密切相关。Wang、Sheeley（1990a）以及 Arge、Pizzo（2000）给出了太阳风的速度与磁场在太阳表面和封闭星冕顶部之间的扩展程度密切相关。

对简单的轴对称偶极子磁场，如太阳在活动最小时看到的情形，这会导致快速风来自极区而慢速风来自赤道。对于复杂的非轴对称磁场，如太阳在活动最大时看到的情形，这会导致快速风和慢速风的复杂分布，最快的风来自星冕洞，最慢的风来自上面的封闭磁场区。虽然太阳风的速度是变化的，在一般情况下，1AU 处太阳风的质量通量大致是相同的，但存在快速风质量流量平均比慢速风的质量流量略低的变化趋势（Withbroe，1989；Wang，2010）。另外，太阳表面的质量通量大致正比于太阳表面的磁场强度（这本身就是太阳风由磁场驱动的强有力证据），而在 1AU 处的粒子流质量流量的均匀性是表面磁场强度和磁场膨胀之间明确关系的结果（Wang，2010）。太阳风的实例明确地表明，了解恒星风特性必须建立在对恒星磁场强度和结构了解的基础上。

3.5.2.2　恒星风

为约束系外行星及其宿主恒星的磁化风之间的相互作用以及表征环绕系外行星的星际介质的特性，采用更现实的恒星风模型是非常重要的，模型中需考虑的因素包括恒星旋转和冷恒星的复杂恒星磁场构型。

正如前面所讨论的，低质量的冷恒星的磁性在拓扑结构和强度上可能均与太阳存在明显差异。借助恒星大型磁场的 ZDI 重建（参见 3.2.2 节），将观测的重建磁分布图包含到数值模拟后得到的磁化恒星风的更现实模型已变得更有效（Vidotto 等，2011c，2012，2014c；Jardine 等，2013；Llama 等，2013）。在这些模型中，从观测结果重建的磁场 B_r 的径向分量作为边界条件，在模拟仿真中固定。在模拟随时间演化时，恒星风和磁场线都允许互相作用。当系统在与恒星同步旋转的参考坐标系中达到稳态时，就可求得自洽获得的解。

在变化磁场拓扑结构对早期 dM 矮星的恒星风影响的研究中，主要表现为不规则的对称阿尔芬表面，Vidotto 等（2014c）发现，具有更多不对称性的磁场会导致更对称的质量通量，而没有对恒星质量损失有贡献的任何首选余纬度。类似磁场的不对称性和复杂性也可能导致天体顶在形状和距离上缺乏对称性，可能在恒星的角动量演化中起着重要作用。此外，如果存在类似的太阳－地球系统（撞击地球的宇宙射线发射率与太阳总的开放磁通的非对称分量成反比（Wang 等（2006）），恒星磁场结构对称性的缺乏也可能影响环绕的行星。有大量非对称场的恒星周围的行星可能是对银河宇宙射线屏蔽最好的行星。

针对表征其近区行星周围环境的目标，Vidotto 等（2012）和 Llama 等，（2013）分别对 τ Boo 和 HD189733 的两颗行星宿主恒星的恒星风进行了仿真。这些模拟结果合并了 ZDI 观测到的分布图，将在下面简要介绍。

3.5.2.3 τ Boo

τBoo 是当前最有名的行星宿主恒星之一（光谱类型 F7V），这颗恒星不仅有一个轨道非常接近的巨大行星（距离恒星 0.046AU），还有大规模的磁场，已被证实在可见极会周期性地翻转极性（Catala 等，2007；（Donati）等，2008；Fares 等，2009，2013），这是迄今为止被报道的太阳以外的唯一全磁性周期恒星。这些结果表明，τBoo 经历了类似太阳的磁性周期，但循环周期比太阳小大约 1 个数量级（大约 2 年，而太阳磁场周期是 22 年）。

Vidotto 等（2012）对 τBoo 的恒星风进行了数值模拟，利用 Catala 等（2007）、Donati 等（2008）、Fares 等（2009）重建的表面磁分布图作为恒星风模拟的边界条件。图 3.3 给出了在恒星风的解弛豫到网格后的磁力线的自洽解。注意，磁力线变得更紧，环绕恒星的旋转轴（指向 +Z）。彩色编码是 2008 年 1 月观测到的重建的大规模表面磁场强度（Fares 等，2009）。

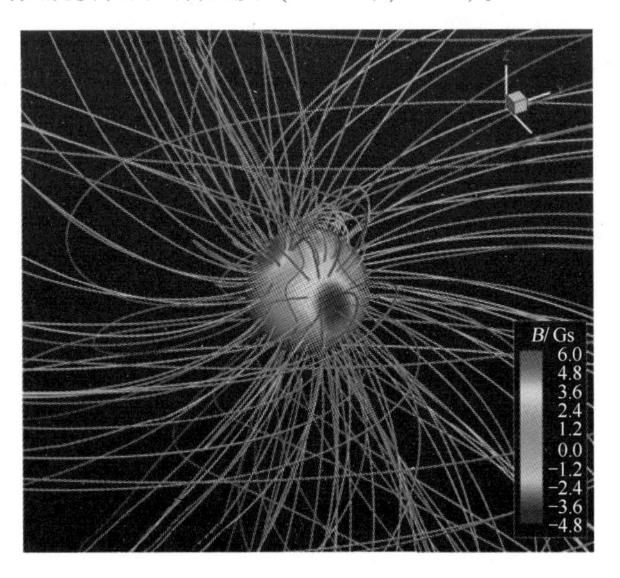

图 3.3 在恒星风的解放松到网格后，τ Boo 的磁力线的自洽解

注：彩色编码是 2008 年 1 月（Fares 等，2009）观察到的重建大规模表面磁场强度。这一磁场被用作模拟的边界条件。仿真结果由 Vidotto 等（2012）发表。

Vidotto 等（2012）已经发现，恒星磁场在循环期间的变化直接影响流出的恒星风。类似太阳系，相信撞击行星的超声速恒星风能形成环绕系外行星磁层的弓激波。当行星沿轨道穿过时间和空间上都变化的恒星风时，弓激波的强度和形状都会变化。τ Boo 大规模磁场的快速变化意味着近距离行星的周围环境也会相当快速地变化。

3.5.2.4　HD 189733

Llama 等（2013）对行星宿主恒星的恒星风进行了详细建模，探索了过渡行星 HD189733b 周围条件下恒星风的效应。使用与τ Boo 系统类似的技术（参见 3.5.2.3 节），Llama 等（2013）将 Fares 等（2010）获得的两个分开纪元的 HD189733 的重构磁场分布图结合起来研究了恒星风的空间和时间变化。图 3.4 给出了这两个不同纪元下三维恒星风模拟获得的恒星磁场的最终结果。可以看出，从一个纪元到另一个纪元时恒星磁场结构变化相当大。其结果，在这些纪元中模拟的恒星风也表现出一些差异（Llama 等，2013）。

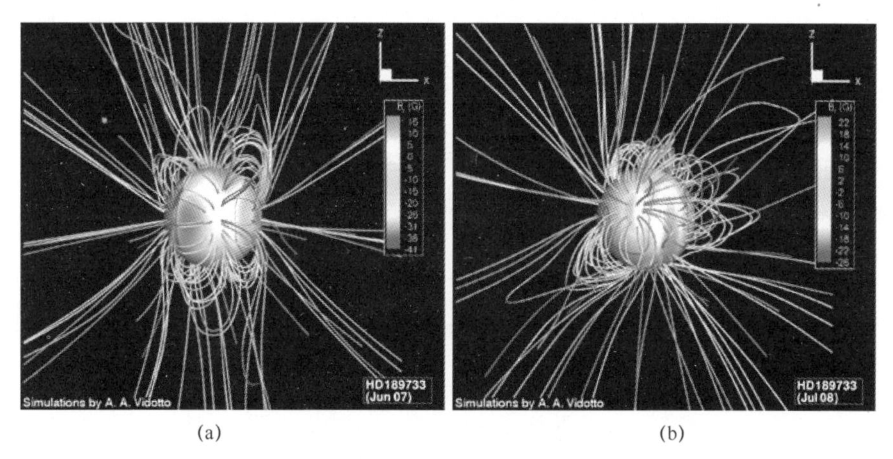

(a)　　　　　　　　　　　　(b)

图 3.4　HD189733 与图 3.3 相同的图（Llama 等，2013）
（a）A. A. Vidotto 模拟；（b）A. A. Vidotto 模拟。

Llama 等（2013）已使用了三维恒星风模型的结果，首先用于确定 HD189733b 沿轨道运行期间的局部恒星风条件，其次预测在行星周围形成的弓激波的形状和密度。为此，他们假设这颗行星有类似木星的磁层。假设弓激波仅能吸收 UV 波段的恒星光，类似于热木星 WASP－12b 开发的建议（Vidotto 等，2010，2011a，2011b；Llama 等，2011），Llama 等（2013）进行了可见光和近紫外波段的传输光曲线的模拟。依赖于恒星磁场的性质，因此也依赖于其恒星风。Llama 等（2013）发现，与光曲线比较时传输时间和进入时间也会变化，而且即使连续近紫外传输光曲线也可能显著变化。

3.6　本章小结

几年来，恒星的磁场拓扑结构分析已经取得了巨大进步。通过塞曼多普勒成像获得磁场特性，持续的观测努力和先进的建模工作使得现在能够正确考虑恒星磁场和恒星风等离子体之间的相互作用，并进行恒星风从恒星表面到宜居行星轨道的传播过程的现实建模。现在终于达到了可以真实地评估恒星磁场在相关活动现象对系外行星环境的宜居性中扮演的角色，而系外行星的宜居性是目前天体物理学中最具挑战性和最激动人心的研究领域之一。

参考文献

Arge, C. N., & Pizzo, V. J. (2000). *Journal of Geophysical Research*, *105*(A5), 10465-10480.

Basri, G., Marcy, G. W., & Valenti, J. A. (1992). *Astrophysical Journal*, *390*, 622.

Berdyugina, S. V. (2005). *Living Reviews in Solar Physics*, *2*, 8.

Bouvier, J., Forestini, M., & Allain, S. (1997). *Astronomy and Astrophysics*, *326*, 1023.

Catala, C., Donati, J. F., Shkolnik, E., Bohlender, & D., Alecian, E. (2007). *Monthly Notices of the Royal Astronomical Society*, *374*, L42.

Cebron, D., Le Bars, M., Moutou, C., Maubert, P., & Le Gal, P. (2011a). *EPSC-DPS Joint Meeting 2011*, Nantes, France (p. 1080).

Cebron, D., Moutou, C., Le Bars, M., Le Gal, P., & Fares, R. (2011b). *The European Physical Journal Web of Conferences*, *Observatoire de Haute-Provence*, *France 11*, 3003.

Charbonneau, P. (2010). *Living Reviews in Solar Physics*, *7*, 3.

Cranmer, S. R. (2008). *Astrophysical Journal*, *689*, 316.

Cranmer, S. R. (2009a). *Astrophysical Journal*, *706*, 824.

Cranmer, S. R. (2009b). *Living Reviews in Solar Physics*, *6*, 3.

Cuntz M., Saar S. H., & Musielak Z. E. (2000). *Astrophysical Journal*, *533*, L151.

Dobler, W. (2005). *Astronomische Nachrichten*, *326*, 254.

Donati, J.-F. (2001). *LNP*, *573*, 207.

Donati, J.-F., Howarth, I. D., Jardine, M. M., Petit, P., Catala, C., Landstreet, J. D., Bouret, J.-C., Alecian, E., Barnes, J. R., Forveille, T., Paletou, F., & Manset, N. (2006). *Monthly Notices of the Royal Astronomical Society*, *370*, 629.

Donati, J.-F., Jardine, M. M., Gregory, S. G., Petit, P., Bouvier, J., Dougados, C., M′[e]nard, F., Cameron, A. C, Harries, T. J., Jeffers, S. V., & Paletou, F. (2007). *Monthly Notices of the Royal Astronomical Society*, *380*, 1297.

Donati, J. F., Moutou, C., Farès, R., Bohlender, D., Catala, C., Deleuil, M., Shkolnik, E., Collier Cameron, A., Jardine, M. M., & Walker, G. A. H. (2008a). *Monthly Notices of the Royal Astronomical Society*, *385*, 1179.

Donati, J.-F., Morin, J., Petit, P., Delfosse, X., Forveille, T., Aurirè, M., Cabanac, R., Dintrans, B., Fares, R., Gastine, T., Jardine, M. M., Lignières, F., Paletou, F., Ramirez Velez, J. C., & Thèado, S. (2008b), *Monthly Notices of the Royal Astronomical Society*, *390*, 545.

Donati, J.-F., & Landstreet, J. D. (2009). *ARA & A*, *47*, 333.

Donati, J.-F., Gregory, S. G., Alencar, S. H. P., Hussain, G., Bouvier, J., Dougados, C.,

Jardine, M. M., M′[e]nard, F., & Romanova, M. M. (2012). *Monthly Notices of the Royal Astronomical Society*, *425*, 2948.

Donati, J.-F., Gregory, S. G., Alencar, S. H. P., Hussain, G., Bouvier, J., Jardine, M. M., M′[e]nard, F., Dougados, C., & Romanova, M. M. (2013). *Monthly Notices of the Royal Astronomical Society*, *436*, 881.

Dunstone, N. J., Hussain, G. A. J., Collier Cameron, A., Marsden, S. C., Jardine, M., Stempels, H. C., Ramirez Velez, J. C., & Donati, J.-F. (2008). *Monthly Notices of the Royal Astronomical Society*, *387*, 481.

Edwards, S., Strom, S. E., Hartigan, P., Strom, K. M., Hillenbrand, L. A., Herbst, W., Attridge, J., Merrill, K. M., Probst, R., & Gatley, I. (1993). *Astrophysical Journal*, *106*, 372.

Fares, R., Donati, J., Moutou, C., Bohlender, D., Catala, C., Deleuil, M., Shkolnik, E., Cameron, A. C., Jardine, M. M., & Walker, G. A. H. (2009). *Monthly Notices of the Royal Astronomical Society*, *398*, 1383.

Fares, R., Donati, J., Moutou, C., Jardine, M. M., Grießmeier, J., Zarka, P., Shkolnik, E. L., Bohlender, D., Catala, C.,&Cameron, A. C. (2010). *Monthly Notices of the Royal Astronomical Society*, *406*, 409.

Fares, R., Moutou, C., Donati, J. F., Catala, C., Shkolnik, E. L., Jardine, M. M., Cameron, A. C., & Deleuil, M. (2013). *Monthly Notices of the Royal Astronomical Society*, *435*, 1451.

Fedele, D., van den Ancker, M. E., Henning, Th., Jayawardhana, R., & Oliveira, J. M. (2010). *Astronomy and Astrophysics*, *510*, 72.

Fossati, L., Haswell, C. A., Linsky, J. L., Kislyakova, K. G. (2014). H. Lammer & M. L. Khodachenko (Eds.), *Characterizing stellar and exoplanetary environments* (pp. 59). Heidelberg, New York: Springer.

Gallet, F., & Bouvier, J. (2013). *Astronomy and Astrophysics*, *556*, 36.

Getman, K. V., Flaccomio, E., Broos, P. S., Grosso, N., Tsujimoto, M., Townsley, L., Garmire, G. P., Kastner, J., Li, J., Harnden, F. R., Jr., Wolk, S., Murray, S. S., Lada, C. J., Muench, A. A., McCaughrean, M. J., Meeus, G., Damiani, F., Micela, G., Sciortino, S., Bally, J., Hillenbrand, L. A., Herbst, W., Preibisch, T., & Feigelson, E. D. (2005). *Astrophysical Journal*, *160*, 319.

Guenther, E. W., Lehmann, H., Emerson, J. P., & Staude, J. (1999). *Astronomy and Astrophysics*, 341, 768.

Guenther, E., & Geier, S. (2014). H. Lammer & M. L. Khodachenko (Eds.), *Characterizing stellar and exoplanetary environments* (pp. 169). Heidelberg, New York: Springer.

Gregory, S. G., Jardine, M., Simpson, I., & Donati, J.-F. (2006). *Monthly Notices of the Royal Astronomical Society*, *371*, 999.

Gregory, S. G., Donati, J.-F., Morin, J., Hussain, G. A. J., Mayne, N. J., Hillenbrand, L. A., Jardine, M., & CanWe (2012). *Astrophysical Journal*, *755*, 97.

Grießmeier, J.-M. (2014). H. Lammer & M. L. Khodachenko (Eds.), *Characterizing stellar and exoplanetary environments* (pp. 213). Heidelberg, New York: Springer, Hale, G. E. (1908). *As-*

trophysical Journal, *28*, 100.

Hartman, J. D. , Bakos, G. , Kovécs, G. , & Noyes, R. W. (2010). *Monthly Notices of the Royal Astronomical Society*, *408*, 475.

Hussain, G. A. J. , Cameron, A. C. , Jardine, M. M. , Dunstone, N. , Velez, J. R. , Stempels, H. C. , Donati, J. -F. , Semel, M. , Aulanier, G. , Harries, T. , Bouvier, J. , Dougados, C. , Ferreira, J. , Carter, B. D. , & Lawson, W. A. (2009). *Monthly Notices of the Royal Astronomical Society*, *398*, 189.

Irwin, J. , Hodgkin, S. , Aigrain, S. , Bouvier, J. , Hebb, L. , & Moraux, E. (2008). *Monthly Notices of the Royal Astronomical Society*, *383*, 1588.

Irwin, J. , Aigrain, S. , Bouvier, J. , Hebb, L. , Hodgkin, S. , Irwin, M. , & Moraux, E. (2009). *Monthly Notices of the Royal Astronomical Society*, *392*, 1456.

Jardine, M. , Vidotto, A. A. , van Ballegooijen, A. , Donati, J. F. , Morin, J. , Fares, R. , & Gombosi, T. I. (2013). *Monthly Notices of the Royal Astronomical Society*, *431*, 528.

Johns-Krull, C. M. (2007). *Astrophysical Journal*, *664*, 975.

Johnstone, C. P. , Jardine, M. , Gregory, S. G. , Donati, J. -F. , & Hussain, G. (2014). *Monthly Notices of the Royal Astronomical Society* ,*437*, 3202.

Judge, P. G. , Solomon, S. C. , & Ayres, T. R. (2003). *Astrophysical Journal*, *593*, 534.

Kislyakova, K. G. , Holmström, M. , Lammer, H. , Erkaev, N. V. (2014). H. Lammer & M. L. Khodachenko (Eds.), *Characterizing stellar and exoplanetary environments* (pp. 137).

Heidelberg, New York: Springer. Kochukhov, O. , & Piskunov, N. (2002). *Astronomy and Astrophysics*, 388, 868.

Kochukhov, O. & Piskunov, N. 2009, *In Solar Polarization 5* (San Francisco: ASP), 539. Kochukhov, O. , Bagnulo, S. ,Wade, G. A. , Sangalli, L. , Piskunov, N. , Landstreet, J. D. , Petit, P. , & Sigut, T. A. A. (2004). *Astronomy and Astrophysics*, *414*, 613.

Landi de Innocenti, E. , & Landolfi, M. (2004). *Polarisation in spectral lines*. Dordrecht/ Boston/ London: Kluwer.

Landin, N. R. , Mendes, L. T. S. , & Vaz, L. P. R. (2010). *Astronomy and Astrophysics*, *510*, id. A46.

Lang, P. , Jardine, M. , Morin, J. , Donati, J. -F. , Jeffers, S. , Vidotto, A. A. , & Fares, R. (2014). *Monthly Notices of the Royal Astronomical Society*, *439*, 2122 – 2131.

Llama, J. ,Wood, K. , Jardine, M. , Vidotto, A. A. , Helling, C. , Fossati, L. , & Haswell, C. A. (2011). *Monthly Notices of the Royal Astronomical Society*, *416*, L41.

Llama, J. , Vidotto, A. A. , Jardine, M. , Wood, K. , Fares, R. , & Gombosi, T. I. (2013). *Monthly Notices of the Royal Astronomical Society*, *436*, 2179.

Lüftinger, T. , Fröhlich, H. -E. , Weiss, W. , Petit, P. , Aurière, M. , Nesvacil, N. , Gruberbauer, M. , Shulyak, D. , Alecian, E. , Baglin, A. , Baudin, F. , Catala, C. , Donati, J. -F. , Kochukhov, O. , Michel, E. , Piskunov, N. , Roudier, T. , & Samadi, R. (2010a). *Astronomy and Astrophysics*, *509A*, A43.

Lüftinger, T. , Kochukhov, O. , Ryabchikova, T. , Piskunov, N. , Weiss, W. W. , & Ilyin, I.

(2010b). *Astronomy and Astrophysics*, *509A*, 71.

Maggio, A., Sciortino, S., Vaiana, G. S., Majer, P., Bookbinder, J., Golub, L., Harnden, F. R., Jr., & Rosner, R. (1987). *Astrophysical Journal*, *315*, 687.

Marsden, S. C., Jardine, M. M., Ramìrez Vélez, J. C., Alecian, E., Brown, C. J., Carter, B. D., Donati, J.-F., Dunstone, N., Hart, R., Semel, M., & Waite, I. A. (2011). *Monthly Notices of the Royal Astronomical Society*, *413*, 1922.

Matt, S., & Pudritz, R. E. (2005). *Astrophysical Journal*, *632*, 135.

Matt, S., & Pudritz, R. E. (2008). *Astrophysical Journal*, *681*, 391.

Meibom, S., Barnes, S. A., Latham, D. W., Batalha, N., Borucki, W. J., Koch, D. G., Basri, G., Walkowicz, L. M., Janes, K. A., Jenkins, J., Van Cleve, J., Haas, M. R., Bryson, S. T., Dupree, A. K., Furesz, G., Szentgyorgyi, A. H., Buchhave, L. A., Clarke, B. D., Twicken, J. D., & Quintana, E. V. (2011). *Astrophysical Journal*, *733*, L9, 5pp.

Morgenthaler A., Petit P., Morin J., Aurière M., Dintrans B., Konstantinova-Antova R., & Marsden S. (2011). *Astronomische Nachrichten*, *332*, 866.

Morin, J., Donati, J.-F., Forveille, T., Delfosse, X., Dobler, W., Petit, P., Jardine, M. M., Collier Cameron, A., Albert, L., Manset, N., Dintrans, B., Chabrier, G., & Valenti, J. A. (2008). *Monthly Notices of the Royal Astronomical Society*, *384*, 77.

Morin, J., Donati, J.-F., Petit, P., Delfosse, X., Forveille, T., & Jardine, M. M. (2010). *Monthly Notices of the Royal Astronomical Society*, *407*, 2269.

Morin, J., Dormy, E., Schrinner, M., & Donati, J.-F. (2011). *Monthly Notices of the Royal Astronomical Society*, *418*, 133.

Pallavicini, R., Golub, L., Rosner, R., Vaiana, G. S., Ayres, T., & Linsky, J. L. (1981). *Astrophysical Journal*, *248*, 279.

Parker, E. N. (1958). *Astrophysical Journal*, *128*, 664.

Piskunov, N., & Kochukhov, O (2002). *Astronomy and Astrophysics*, *381*, 736.

Pont, F. (2009). *Monthly Notices of the Royal Astronomical Society*, *396*, 1789.

Rebull, L. M., Wolff, S. C., & Strom, S. E. (2004). *The Astronomical Journal*, *127*, 1029.

Reiners A., & Basri G. (2009). *Astronomy and Astrophysics*, *496*, 787.

Reiners, A. (2012). *Living Reviews in Solar Physics*, *9*, 1.

Ribas, I., Guinan, E. F., Nudel, G., & Audard, M. (2005). *Astrophysical Journal*, *622*, 680.

Romanova, M. M., Ustyugova, G. V., Koldoba, A. V., & Lovelace, R. V. E. (2004). *Astrophysical Journal*, *610*, 920.

Rosén, L., & Kochukhov, O. (2012). *Astronomy and Astrophysics*, *548*, A8, 12pp. Saar, S. H. (1996). *International Astronomical Union Symposium*, *176*, 237.

Saar, S. H. (2001). *American Shetland Pony Club*, *223*, 292.

Shkolnik, E., Bohlender, D. A., Walker, G. A. H., & Cameron, A. C. (2008). *Astrophysical Journal*, *676*, 628.

Shkolnik, E., et al. (2010). EGU General Assembly 2010, held 2-7 May 2010 in Vienna, Austria, p. 13591.

Shurcliff, W. A. (1962). *Journal of the Royal Astronomical Society of Canada*, *56*, 269.

Skumanich, A. (1972). *Astrophysical Journal*, *171*, 565.

Solanki, S. K. (1993). *Space Science Reviews*, *63*, 1.

Solanki, S. K. (2009). *American Shetland Pony Club*, *405*, 135.

Stenflo, J. O. (1973). *Solar Physics*, *32*, 41.

Stenflo, J. O. (2011). *Astronomy and Astrophysics*, *529*, 42.

Vidotto, A. A., Jardine, M., & Helling, C. (2010). *Astrophysical Journal*, *722*, L168.

Vidotto, A. A., Jardine, M., & Helling, C. (2011a). *Monthly Notices of the Royal Astronomical Society*, *411*, L46.

Vidotto, A. A., Jardine, M., & Helling, C. (2011b). *Monthly Notices of the Royal Astronomical Society*, *414*, 1573.

Vidotto, A. A., Jardine, M., Opher, M., Donati, J., F., & Gombosi, T. I. (2011c). *Monthly Notices of the Royal Astronomical Society*, *412*, 351.

Vidotto, A. A., Fares, R., Jardine, M., Donati, J. F., Opher, M., Moutou, C., Catala, C., & Gombosi, T. I. (2012). *Monthly Notices of the Royal Astronomical Society*, *423*, 3285.

Vidotto, A. A., Jardine, M., Morin, J., Donati, J. F., Lang, P., & Russell, A. J. B. (2013). *Astronomy and Astrophysics*, *555*, A67.

Vidotto, A. A., Bisikalo, D. V., Fossati, L., & Llama, J. (2014a). H. Lammer &M. L. Khodachenko (Eds.), *Characterizing stellar and exoplanetary environments* (pp. 153). Heidelberg/New York: Springer.

Vidotto, A. A., Jardine, M., Morin, J., Donati, J. F., Opher, M., & Gombosi, T. I. (2014b). *Monthly Notices of the Royal Astronomical Society*, *438*, 1162.

Vidotto, A. A., Gregory, S. G., Jardine, M., Donati, J.-F., Petit, P., Morin, J., Folsom, C. P., Bouvier, J., Cameron, A. C., Hussain, G., Marsden, S., Waite, I. A., Fares, R., Jeffers, S., & do Nascimento, J. D., Jr. (2014c). MNRAS, 441, 2361 - 2374.

Wang, Y.-M., & Sheeley, N. R., Jr. (1990a). *Astrophysical Journal*, *355*, 726.

Wang, Y.-M., & Sheeley, N. R., Jr. (1990b). *Astrophysical Journal*, *365*, 372.

Wang, Y.-M., Sheeley, N. R., Jr., & Rouillard, A. P. (2006). *Astrophysical Journal*, *644*, 638.

Wang, Y.-M. (2010). *Astrophysical Journal*, *715*, 121.

Wade, G. A., Bagnulo, S., Kochukhov, O., Landstreet, J. D., Piskunov, N., & Stift, M. J. (2001). *Astronomy and Astrophysics*, *374*, 265.

Weber, E. J., & Davis, L. Jr. (1967). *Astrophysical Journal*, *148*, 217.

Withbroe, G. L. (1989). *Astrophysical Journal*, *337*, 49.

Wright, N. J., Drake, J. J., Mamajek, E. E., & Henry, G. W. (2011). *Astrophysical Journal*, *743*, 48.

Yang, H., Johns-Krull, C. M., & Valenti, J. A. (2008). *Astrophysical Journal*, *136*, 2286.

Yang, H., & Johns-Krull, C. M. (2011). *Astrophysical Journal*, *729*, 83.

第2篇

系外行星上层大气和恒星的相互作用：观测结果和模型

系外行星的凌星不仅提供了辨别行星大小的机会，而且可研究其大气和等离子环境，迄今为止，一直无法对非凌星行星进行大气及等离子体环境研究。在凌星过程中，来自系外行星宿主恒星的辐射穿过其大气层，而热辐射和行星的反射光则消失并在第二次星食时重新出现。测量行星到恒星的通量比值与行星大气的波长和光谱的关系，在某些情况下也可获得系外行星周围的等离子体环境。本篇讨论了基于观测和不同模型的系外行星大气与宿主恒星相互作用的最新知识。

第4章　系外行星大气和周边环境的观测

系外行星研究是天体物理学中最令人兴奋和增长最快的领域。鉴于系外行星科学正处于发展初期，领域的发展受到观测结果的强烈驱动。本章总结已知系外行星的大气以及更多环境的现有知识，重点集中在上层大气和周围环境，而不是更深的大气层。

4.1　引言：系外行星大气

从第一颗系外行星被发现开始的20年中，许多策略已用来测量其特性。这里总结了已知系外行星大气以及更多环境的现有知识。重点在上层大气和周围的环境，而不是更深的大气层。

图4.1给出了在凌星期间通过投射光谱分析检验系外行星大气的机会，并在二次月食时利用减影技术来确定行星的发射光谱。自从第一颗凌星行星被发现（Charbonneau等，2000）以来，已尝试对系外行星大气进行从X射线（Pillitteri等，2010）到无线电波长（Lecavelier des Etangs等，2013）的观测，并获得不同程度的成功。

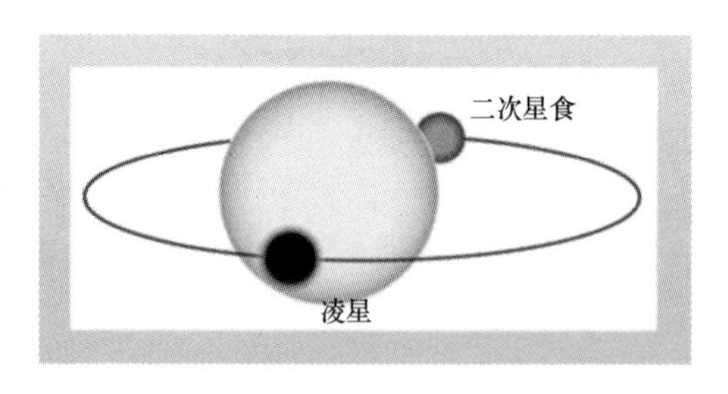

图4.1　当行星穿越其主星正面时发生凌星（在二次月食时恒星会掩蔽行星）

已使用地基窄带和宽带凌星光度测定法（或测光术）对系外行星进行了广泛的研究，主要是精确测量行星的半径和粗略表征大气的结构和成分（Ciceri等，2013；Mancini等，2013a、2003b、2003c；Nikolov等，2013b）。

如图4.2所示，大气变得不透明的均质大气高度通常随光子能量增加而增加。这一基本事实支撑了众多的重要论文（Vidal Madjar 等，2003），这些论文报道了围绕热木星 HD209458b 的延伸外大气层，其占行星凌星期间的恒星拉曼 - α 射线通量的 15%（Vidal Madjar 等，2003）。注意：行星本体仅仅掩蔽了 1.5% 的恒星通量。直到 2010 年左右，热木星经过明亮的主星 HD209458 和 HD189733 主导了透射光谱分析工作。透射光谱提供了确定系外行星大气的强烈吸收成分的机会，假设其在均质大气高度仍然存在且足够大到引起穿透深度的可测量的增加。虽然均质大气高度有利于 X 射线，但恒星 X 射线发射的低光子计数率和固有的易变性则是不利的。对系外行星发射光的测量，在可探测性上起决定作用的是对比度而不是恒星的亮度。

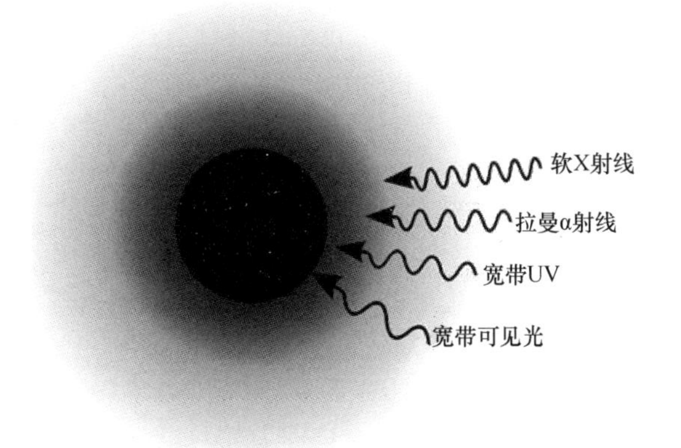

图 4.2　热木星大气中吸收深度示意图（Poppenhaeger 等，2013）

4.2　热木星大气最深的观测层

4.2.1　热层中的热传输

斯皮策太空望远镜（Spitzer Space Telescope）对热木星热层进行了重要的观测，其中一个亮点是昼夜温度梯度的探测（Knutson 等，2007，2009b，2011，2012）。这些观测提供了系外行星全球大气环流模式的测量结果，特别是大气动力学与太阳系巨行星显著不同的潮汐力锁定的热木星。对于红外波段观测结果更透彻描述，参见 Seager 和 Deming（2010）的综述。

4.2.2　向阳面发射光谱

光谱的红外区具有最好的对比度，系外行星发射光的探测主要使用斯皮策太空望远镜以及从地面使用巨型射电望远镜（VLT）进行。这些观察已经探索了行星的反照率、能量收支和潮汐的历史，de Kok 等（2013）、Birkby 等（2013）及

Brogi 等（2012，2013）将向阳面红外发射光谱归因于分子种类，类似 CO 和水的可检测特征，尽管行星发射光谱的建模因将模型拟合到观测结果退化所需的巨大的参数空间而变得复杂化。

最重要的发现之一是在某些系外行星大气层中逆温（气温随高度增加而增加）的探测（Knutson 等，2008，2009a；Madhusudhan 和 Seager，2013）。几乎所有的太阳系行星都存在逆温层，大多数是由诸如 CH_4 或 O_3（地球的情况）的分子对太阳紫外辐射的吸收引起的。这种现象在热木星上出现令人吃惊，因为预期热木星不存在吸收分子。在某些热木星上所观察到的逆温层可能是由在高海拔吸收层的恒星通量吸收所驱动的，其中紫外辐照可能发挥了重要作用（Hubeny 等，2003；Fortney 等，2008；Knutson 等，2010）。可能的吸收分子包括 TiO 和 VO（Hubeny 等，2003；Fortney 等，2008；Zahnle 等，2009），但 Spiegel 等（2009）进行的建模表明，光化学和硫化合物发挥了更重要的作用。

4.2.3 云、霾和极光

正如地球大气中，介入中间的云和霾会阻挡对大气层外的视线（Brown，2011）。在两颗原型热木星 HD209458b 和 HD189733b 上观测到了高海拔的霾，归因于 H_2 分子的瑞利散射造成行星半径随波长下降而增加，因为散射截面与 λ^{-4} 相关（Lecavelier des Etangs 等，2008；Sing 等，2011a；Jordan 等，2013；Pont 等，2013）。WASP-12 b、WASP-17 b 和 WASP-19 b 也提及了霾（Mandell 等，2013）。相反，在 XO-2b 上没有发现存在高空云/霾的证据（Sing 等，2011b，2012）。云和霾对确定行星的光透射谱发挥了重要作用，挡住了对 1500km 高度以下的短波特点的视线（Sing 等，2008a）。气溶胶和云对确定行星大气中最重要的物理与化学过程也是至关重要的，参见 Nikolov 等（2013a）的简要总结。

在热木星大气中的瑞利散射主要由氢分子引起，也可能是因宿主恒星的强辐照而发出荧光。荧光主要由强烈的拉曼 - α 射线所激发。France 等（2010）在正交拍摄的 HD209458b 的远紫外（FUV，1200 ~ 1700Å）光谱中搜索氢分子的发射，但仅建立了极光或白天气辉发射的上限。

4.2.4 碱金属特征

正如 Brown（2011）所预测的，Na 的 I D 谐振双峰是 HD209458b 和 HD189733b 透射光谱的一个突出特征（Charbonneau 等，2002；Sing 等，2008b，2011a）。Sing 等（2008a）表明，在 HD209458b 中，原子钠向上延伸到约 3500km 高度，但原子钠的丰度从约 1500km 开始随高度增加而显著下降（由于硫化钠的凝结所致）。

在过去 10 年中，对可见光波段的行星大气研究有显著的增加，主要是为了获得行星的大气温度、压力分布和化学成分（Deming 等，2006；Sing 等，2008a）。对几个恒星系统进行研究可得到通用结论：热木星大气的光谱通常是由碱金属控制，特别是钠和钾（Charbonneau 等，2002；Snellen 等，2008；Sing 等，2012；Colón 等，2012；Zhou and Bayliss，2012）。

研究已经证实，迄今观察的热木星之间存在巨大差异。例如，HD209458b 给出强烈而广泛的钠特征，而缺乏钾（Charbonneau 等，2002；Narita 等，2005；Sing 等，2008b；Snellen 等，2008），而 XO-2b 为目前已知的唯一的钠和钾都探测到的热木星（Sing 等，2011b，2012）。

4.2.5 巴尔末线

在 HD189733b 的地基投射光谱分析中探测到了 Hα，这表明存在 $n = 2$ 状态的氢（Jensen 等，2012）。HD189733b 中获得的这种探测结果表明：强烈的恒星紫外线辐照到达了行星热层的基部，并且有一个密度相当低的上层大气，且与低层大气没有形成热力学平衡。

4.3 热木星外层大气的透射光谱

4.3.1 远紫外观测

Vidal-Madjar 等对 HD209458b 在拉曼 - α 射线中深达 15% 的凌星的发现（Vidal-Madjar 等，2003；Lecavelier des Etangs 等，2004）被解释为揭示了行星上层大气溢出洛希瓣并由此逃逸。当外层大气的底部流出速度比行星逃逸速度（Öpik，1963）大时，就会出现流体动力学放气。另外，FUV STIS 穿越观测显示在 O Ⅰ 和 C Ⅱ 线处穿越深度增加，表明流体动力学放气中携带了这些元素（图 4.3）。大气吸收特征的速度分布的进一步分析表明，星球损失的材料可能被恒星风吹走，在行星后面形成彗尾（Schneiter 等，2007；Ehrenreich 等，2008；Bourrier 和 Lecavelier des Etangs，2013a）。

Linsky 等（2010）获得了 HD209458 在凌星、二次星食以及与热木星 HD209458b 正交时的 HST/COS 高分辨力紫外光谱。在凌星时，C Ⅱ 波长为 1334Å 和 1335Å 以及 Si Ⅲ 1206Å 发射线剖面显示出了吸收特性，但 Si Ⅳ的 1393Å 线显示没有吸收（图 4.4）。C Ⅱ 和 Si Ⅲ线的组合显示出吸收集中在 $-10 \sim 15$km/s。他们认为，强大的流体动力学放气从可能被恒星 UV 和 EUV 光致电离的下层大气带来了碳和硅。他们计算出质量损失率为 $(8 \sim 40) \times 10^{10}$g/s，并提出吸收速度可能指示了恒星风的逃逸速度。

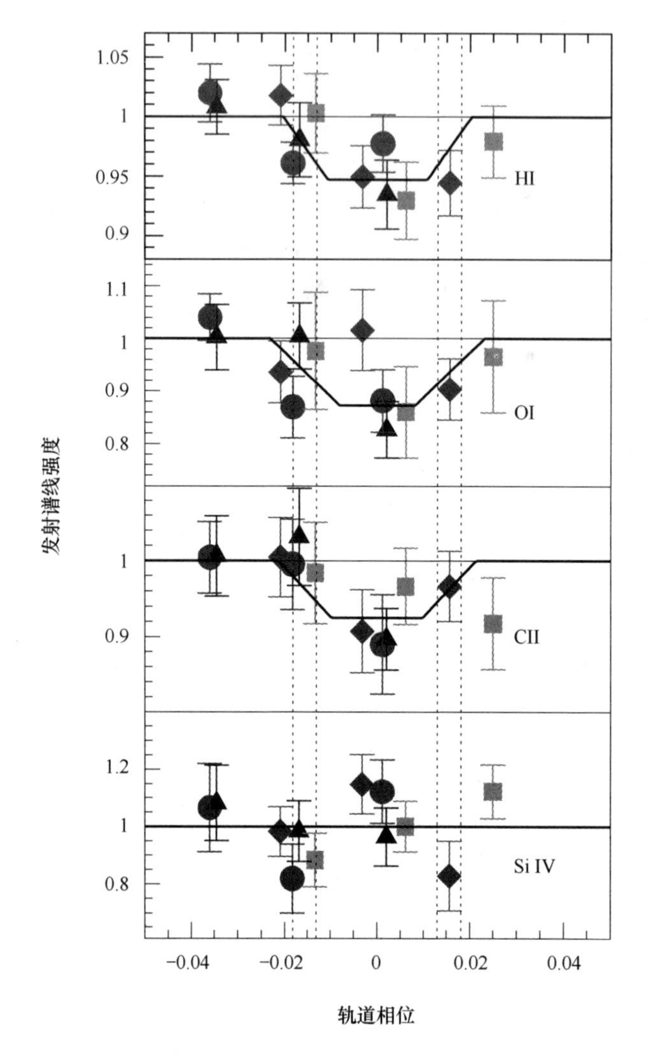

图 4.3 HD209458b 穿越过程中 H I（拉曼 -α 射线）、O I、C Ⅱ和 Si Ⅳ远紫外谱线的光变曲线（Vidal-Madjar，2004）

注：观测的四次穿越分别以圆形、方形、三角形和菱形表示。垂直虚线表示第 1 ~4 次接触的位置。粗线示出了观测穿越数据的最佳拟合。在 H I、O I 和 C Ⅱ中观测到了穿越，而在 Si Ⅳ线中没有探测到显著吸收。

本节中给出的结果来自穿越光线曲线，都是对来源于恒星色球层或者凌星区的恒星发射线的测量，如图 4.5（a）所示。对太阳，这种发射是局部的并随时间而变化，如图 4.5（b）所示。在尺寸小于木星环或可与之相比时，太阳的拉曼 -α 射线通量变化达到 10 余倍（Vial 等，2012）。随机变化的发射分布的某地点导致的凌星光线曲线很可能是可变的和不可预知的（Haswell，2010）。这解释了有关 HD209458b 的远紫外凌星的相关文献中的分歧。其他广泛研究的目标的情况变得更加糟糕，例如为 K1 ~ K2V 恒星的 HD189733 以及最活跃的已知系外行星的主星。

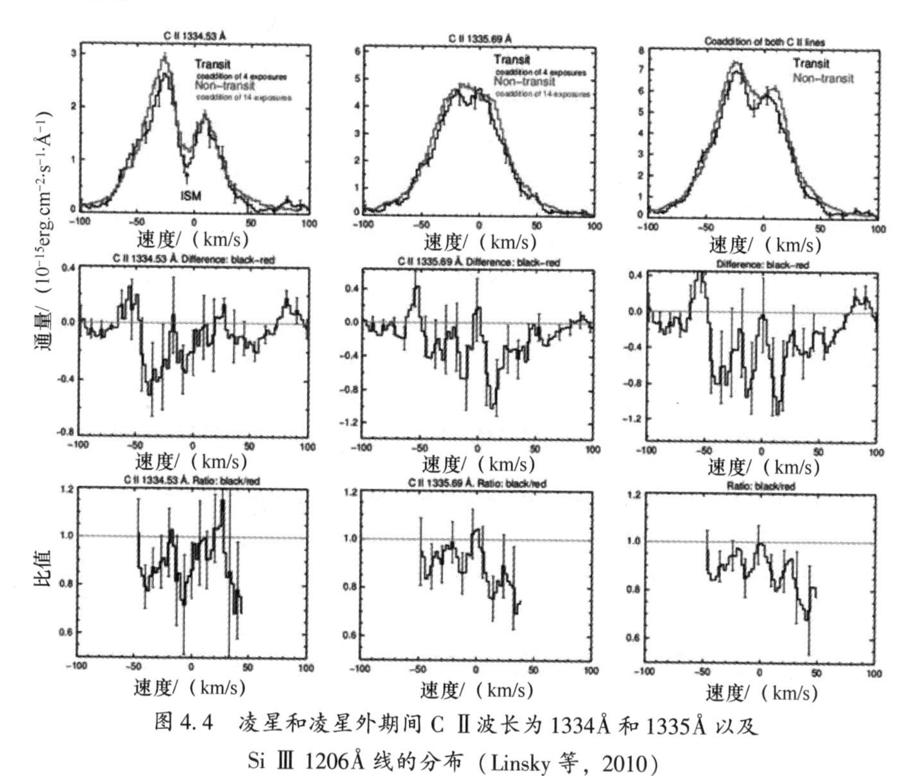

图 4.4 凌星和凌星外期间 C Ⅱ 波长为 1334Å 和 1335Å 以及 Si Ⅲ 1206Å 线的分布（Linsky 等，2010）

注：C Ⅱ和 Si Ⅲ的 1206Å 线的联合（在图中未给出）说明吸收特征在 -10 ~ +15km/s，指出了恒星风的速度。

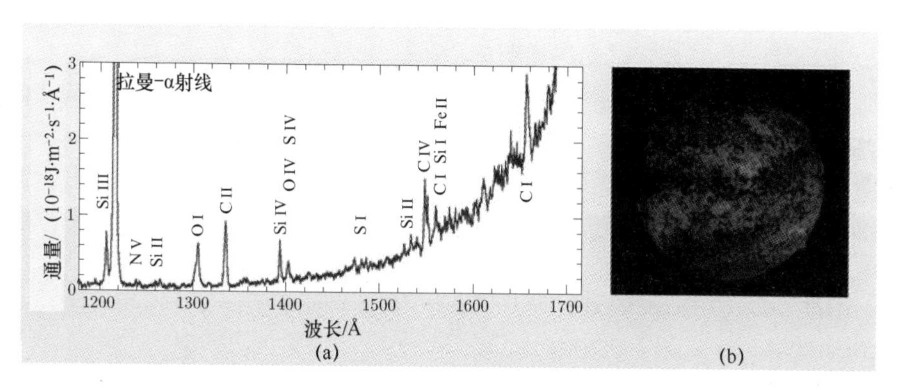

图 4.5 HD209458 b 的远紫外谱与太阳的拉曼 -α 射线图像（Haswell，2010）

Lecavelier des Etangs 等（2010）给出了利用 HST 的先进观测相机（ACS）获得的 HD189733b 的三次 FUV 凌星观测结果。他们在拉曼 -α 射线上观测到了穿越特征，穿透深度为 5.05（1 ±0.75%），超过了行星环单独造成的穿透深度的

3.5σ 水平。在对拉曼 - α 射线的穿透光线曲线的拟合中允许将大气逃逸速率预估为 10^{10}g/s，而极紫外通量约为当前的每日太阳值的 20 倍（图 4.6）。ACS 的数据还包括 FUV O I 和 C II 线，但在这些波长中没有检测到穿透，这可能是由于观测结果的有限质量所致。

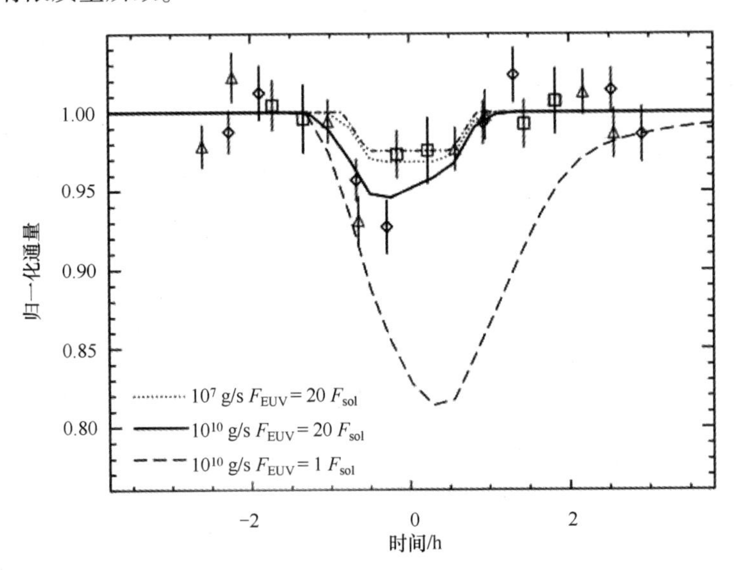

图 4.6　三次凌星中拉曼 - α 射线通量的归一化结果（Lecavelier des Etangs 等，2010）

注：点画线表示与 HD189733b 大小相同的大气稀薄的影响。点线、实线和虚线显示总的拉曼 - α 射线的理论光曲线，假设具有不同的逃逸率和电离 EUV 通量。

Lecavelier des Etangs 等（2012）给出了热木星 HD189733b 的两次主要凌星的更高分辨力 FUV STIS/HST 观测结果。第一组光曲线并没有表现出行星凌星，而是行星本体对所有波长都是不透明的；第二组数据集显示，更深的凌星代表延伸/逃逸的外层大气这一更常见的行为（图 4.7）。这种不规则的行为是由于恒星活动引起的（Haswell，2010；Haswell 等，2012）。宿主恒星是一颗具有相对较强和多变磁场（Fares 等，2010）以及表面瑕疵（Sing 等，2011a）的年轻 K 型主序星。宿主恒星的这些特点也可以解释未解决的 ACS/HST 拉曼 - α 射线观测结果中的大量散射（Lecavelier des Etangs 等，2010）。

HD189733b 的第二组 STIS/HST 数据集（Lecavelier des Etangs 等，2012）显示存在速度极高（ - 230 ~ - 140km/s）的外层大气吸收，无法用简单的大气层逃逸来解释，但需要进一步的加速机制，例如由与恒星风质子的相互作用来提供（ENA；Holmström 等，2008）。对 HD189733b 的第二组 STIS/HST 数据集的进一步全面分析表明，在行星外层大气探测到了 Si Ⅲ 和 N Ⅴ。其在第一组数据集不存在也被归因于恒星多变性。Ben-Jaffel 和 Ballester（2013）分析了 HD189733b 的主要凌星的 FUV COS/HST 数据，探测到了 6.4（1 ± 1.8%）中性氧的吸收。

利用以前发表的行星大气模型和预期（利用太阳丰度）的约 $8 \times 10^{15} cm^{-2}$ 的积分 O I 密度，他们得出的吸收只有 3.5%，远远小于观察结果。他们的结论是，所观察到的过量吸收可能是由于氧过剩，或者是由于存在吸收线的超热展宽。

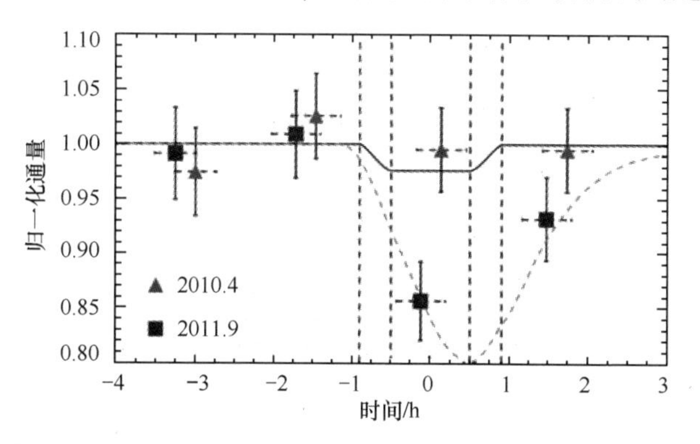

图 4.7 HD189733 在拉曼 - α 射线蓝色一侧（-230 ~ -140km/s）的归一化通量与行星轨道相位的关系（Lecavelier des Etangs 等，2012）

注：三角形和方形分别表示在 2010 年、2011 年获得的观测结果得出的归一化通量。水平误差条表示每次观测的曝光持续时间。粗实线给出了光学上观察到的行星凌星。虚线给出了对 2011 年凌星观测结果拟合最好的模拟凌星光曲线。合成光曲线计算使用了与 Lecavelier des Etangs 等（2010）相同的建模计划，但假设电离 EUV 通量是太阳的 5 倍，质子温度约为 10^5K、速度为 190km/s、密度为 $3 \times 10^3 cm^{-3}$ 的恒星风，大气逃逸速率约为 10^9 g/s。竖虚线表示四个接触点的位置。

早期的 K 型恒星 55Cnc 控制着至少有 5 颗行星的行星系，其中之一是凌星的热超级行星 55Cnc e（Winn 等，2011）。Ehrenreich 等（2012）已经利用 STIS/HST 和 ACIS-S/Chandra 来观测拉曼 - α 射线和 X 射线光变曲线。没有探测到 55Cnc e 的凌星，取而代之的发现是与类木行星 55Cnc b 的下合相同的拉曼 - α 射线凌星特征。合理的解释：55Cnc b 行星体从恒星盘附近穿过时，行星扩展大气层的一部分实际上从恒星前面穿过。然而，根据 Chandra 的数据，55Cnc 是相当活跃的恒星，需要进行进一步的 FUV-X 射线观测以确认这一探测结果（Lecavelier des Etangs 等，2010，2012）。

Kulow 等（2014）使用 STIS/HST 对热海王星 GJ436b 进行了拉曼 - α 射线透射光谱分析。他们观察到拉曼 - α 射线光变曲线有强烈的变化，穿越深度从中凌星附近的 8.8（1 ±4.5%）变化到行星额定几何出凌后 2h 的 22.9（1 ±3.9%）。使用时间标记的模型并考虑恒星的多变性，计算出出凌后的遮蔽为 23.7（1 ±4.5%），表明这一特征在统计上是很明显的。延伸的出凌吸收可能是系外行星彗尾的特征。计算得到的行星质量损失率为 $3.7 \times 10^6 \sim 1.1 \times 10^9$ g/s，对应的大气寿命为 $4 \times 10^{11} \sim 2 \times 10^{14}$年。

4.3.1.1 拉曼-α射线凌星观测的解释

Vidal-Madjar 等（2003，2004）和 Lecavelier des Etangs 等（2004）解释了对 HD209458 所观测到的 15% 深度凌星，认为是中性氢逃逸的证据，提出宿主恒星的辐射压力是加速的能量来源。然而，这种机制不能解释拉曼-α射线红色部分的吸收，表明存在中性氢原子朝向恒星的运动。其结果是，Vidal-Madjar 等（2003，2004）和 Lecavelier des Etangs 等（2004）给出的 HD209458b 的拉曼-α射线凌星光变曲线的解释受到了 Ben-Jaffel（2007，2008）、Ben-Jaffel 和 Sona Hosseini（2010）以及 Holmström 等（2008）和 Ekenbäck 等（2010）的挑战。

Ben-Jaffel（2007，2008）以及 Ben-Jaffel 和 Sona Hosseini（2010）认为，相比于可见光的凌星，额外的吸收是由于频谱多普勒展宽效应。其研究考虑了对称的一维大气模型，获得了在线的红端和蓝色端的对称吸收。这种方法对数据拟合很好，但忽视了 HD209458b 大气的不对称以及相应的氢速度谱中的不对称性。这种不对称性主要是由于辐射压力和电荷交换引起的，导致背向恒星方向的逃逸原子形成彗星状尾巴。还应该提到的是，通过展宽得到的观测吸收深度强烈依赖于中性氢的体密度。尽管这种机制可以解释 HD209458b 的凌星观测，但对 HD189733b 可能会失败，认为其中性氢的体密度不足以使得多普勒加宽到比较重要的地步（Bourrier 和 Lecavelier des Etangs，2013a）。

除了辐射压力和多普勒加宽，也提出了与恒星风的相互作用产生的高能中性原子（ENA）是 HD209458b 观测的额外吸收的来源（Holmström 等，2008）。这种方法后来被 Ekenbäck 等（2010）进一步发展，Tremblin 和 Chiang（2013）也独立对其进行了研究。除了能解释观测到的拉曼-α射线凌星光变曲线外，ENA 也可间接研究系外行星附近的恒星风环境及其磁场。由于其是拓宽的，ENA 的产生依赖于系外行星外层大气中中性原子的密度。然而，这些研究忽视了上述对吸收有贡献的其他机制（辐射压力和多普勒加宽）。

到目前为止，最全面的研究是由 Bourrier 和 Lecavelier des Etangs（2013a）完成的，他们在一定程度上考虑了之前提到的所有过程。他们将其模型应用于 HD209458 b 和 HD189733b 上，并估计了这两颗系外行星的质量损失率。然而，在重现 HD209458b 的凌星过程中观测到的拉曼-α射线吸收的红端时，仍然经历了困难。

对所有的方法进行总结，得出结论：拉曼-α射线观测结果可用于确定系外行星的性质，如中性氢的体密度、逃逸率，并且在某些情况下还可以确定恒星等离子体环境和行星磁场。目前，只能间接地估计这些参数。

4.3.2 近紫外观测结果

如图 4.5（a）所示，类日恒星的光球连续通量在紫外光谱段随波长增加而急剧上升。拉曼-α射线几乎没有连续通量，而 160nm 长波端的恒星光谱主要是连续谱。这对于凌星研究非常重要，由于遮蔽通量更平滑地分布在恒星盘之上，因此在凌星中丢失通量的比例可理解为被遮掩的恒星盘的面积的比例。近紫外（1700～3600Å）光谱区结合了大致光滑的光球恒星光分布以及常见原子和离子种类的丰富的谐振线的优势；NUV 波段比 FUV 波段含有更多的光谱特点，使得分析更复杂，但能提供更多的信息。富有原子的强谐振线是混合吸收气体的极其敏感的探测器，并支撑了对系外行星外层大气观测到的特征。特别地，NUV 包含了无数金属的谐振谱线，包括在 2800 Å 的很强的镁Ⅱ h&k 谐振谱线，它提供了恒星光球和色球（Hall，2008）的有关重要信息。第一次 NUV 凌星观测是在 2009 年和 2010 年使用 HST/ COS 对 WASP-12 的观察，该星为年龄小于 2. 65Gyr 的 F 型主序星（Fossati 等，2010），有一颗已知最热的、巨大的系外行星，其轨道非常接近宿主恒星（Hebb 等，2009）。使用 COS 的波段对 WASP-12b 的凌星进行了两次观测，相隔 6 个月，探测到比可见光深 3 倍的浸入深度。在恒星光球吸收最少的 NUV 波段，即恒星光球中常见原子强吸收线相对较少的区域，凌星深度只比可见光凌星深度稍有增加。有明显的恒星光球吸收的波段，凌星明显更深。也就是说，在光谱中有强金属线的地方，凌星就比可见光光变曲线更深 4σ。图 4. 8 清楚地表明，这些强烈吸收区域指示的外层大气的半径远远超过行星洛希瓣的 y-z 截面。WASP-12b 有类似 HD209458b 和 HD189733b 的蒸发外逸层（Fossati等，2010；Haswell 等，2012）。在 WASP-12b 的外层大气中探测到了无数的原子和离子，包括在系外行星凌星中曾检测到的最重的原子种类（Haswell 等，2012）铁Ⅱ等。这些探测证实了这一假说：位于更低热层的重原子可能被流体力学膨胀的热层从洛希瓣向上拖曳。

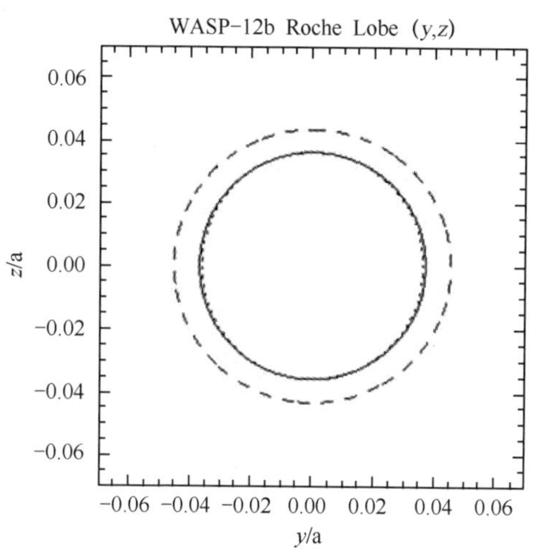

图 4. 8　WASP-12b 的 Roche 叶（Haswell 等，2012）

注：行星的 y-z 截面（实线）与洛希瓣（虚线）的横截面紧密配合，而外层大气吸收表明凌星的有效面积几乎是不透明行星的 3 倍。外层大气的气体过度充满洛希瓣。

Vidal-Madjar 等（2013）报道了对 HD209458b 的三次 NUV 凌星观测的分析获得的结果。他们在约 2835 Å 的 Mg I 谱线的位置探测到了 2.1σ 水平 6.2（1 ± 2.9%）的中性镁，速度为 -62 ~ -19km/s。他们在 Mg Ⅱ h&k 谱线位置没有探测到任何大气吸收，Mg I 被 FUV 恒星通量所电离。他们认为：在凌星中由于存在足够的复合而补偿了光电离，因此缺少 Mg Ⅱ 吸收。这一点被所需的电子密度与这颗行星的上层大气最新模型基本一致所证实（Koskinen 等，2013）。这是第一次将已经存在的独立的行星大气层模型用于解释和理解观测结果。这些结果与逃逸的流体动力学模型的比较使得 Vidal-Madjar 等也得出结论，行星上镁的丰度大致与太阳相当。

4.3.3 早期入凌

WASP-12b 的 NUV 凌星揭示了一个可变的早期入凌，与模型预测相反，但有与光学星历相容的出凌（Fossati 等，2010；Haswell 等，2012）。Ben-Jaffel 和 Ballester（2013）报道了在 HD189733b 的波长约 1335 Å 的凌星光变曲线中可能探测到 C Ⅱ 谱线，但没有探测到 O I 曲线这个特点。但这些 HD189733b 的相同数据是由 Haswell 等（2012）进行分析，得出结论：因为恒星活动引起的通量多变，所以凌星是探测不到的。参见第 8 章 Vidotto 等（2014）早期入凌现象所进行的理论工作的完整描述。

4.3.4 HD189733b 凌星的 X 射线观测

使用 Chandra 上的先进 CCD 成像光谱仪（ACIS），Poppenhaeger 等（2013）探测了 HD189733b 的软 X 射线的凌星，得到凌星深度为 7%，比紫外波段的观测结果大（参见 4.3.1 节），大大高于宽带滤波器的可见光波段观测的 2.41%。这个结果可能由星冕不均匀所造成的，在 X 射线特别明显。但深凌星深度表明：行星外层大气中存在薄的外层，其对可见光和紫外是透明的，但足够致密使得对 X 射线不透明（图 4.2）。这些观测结果揭示了行星外层大气中存在氢电离层。

4.4 WASP-12：被遮蔽的行星系统

WASP-12b 的 NUV 光谱揭示了恒星光谱的一个显著异常：在 Mg Ⅱ 的 h&k 谐振谱线的常规发射中心位置出现了较宽的下凹（图 4.9；Haswell 等，2012）。谱线中心发射是具有色球的所有恒星的特征，如 WASP-12，并且对有更强发射活性的恒星提供了恒星活性的测量。不管行星轨道相位如何，在谱线中心处 WASP-12 的测量通量均为 0。考虑恒星的光谱类型和年龄，Mg Ⅱ 中心发射的缺乏完全出乎意料。Haswell 等（2012）和 Fossati 等（2013）研究了这种异常的谱线中心是否来自于：固有的恒星低活性；或WASP-12系统自身内的材料，可能从行星脱落。与类似WASP-12的其他遥远的和不活跃的恒星相比，可发现Ca Ⅱ h&k谱线也显示出与Mg Ⅱ的h&k谱线轮廓类似的下凹。沿WASP-12视线的ISM吸收的直接无线电和光学测量说明：ISM吸收不足以产生这种Ca Ⅱ和Mg Ⅱ的下凹。因此WASP-12系统中局部材料的外部吸收是这种谱线异常最可能的诱因：从重辐射行星逃逸的气体可能形成遮蔽整个行星系统的漫射星云。这种气体对大多数波长是不明显的，但是它形成的护罩对非常强的Mg Ⅱ的h&k谐振谱线的中心在光学上是很厚的，所观察到的恒星通量为0。Haswell等（2012）证实，行星的质量损失似乎可能产生衰减Mg Ⅱ中心所需的巨大体密度（$\log N_{\mathrm{Mg\,II}}=17.30$）。

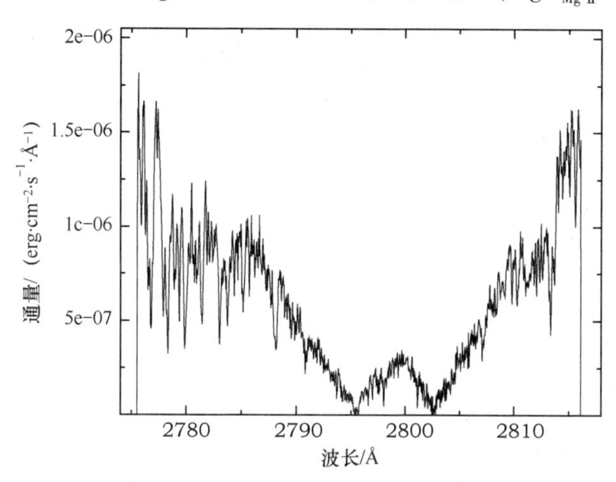

图4.9　从2010年的五个COS光谱平均所获得的WASP-12观测光谱

WASP-12还具有异常低的恒星活动指数（$\log R'_{\mathrm{HK}}=-5.50$；Knutson等，2010）。这是额外的H和K谱线中心吸收的直接后果，所以类似的活动指数缺陷预示有蒸发行星的其他恒星周围存在半透明的拱星气体。这种系统在颜色(B-V)与活性（$\log R'_{\mathrm{HK}}$）平面上的极端异常值如图4.10所示。Fossati等（2013）确认了活动指数低于$\log R'_{\mathrm{HK}}=-5.10$的其他五大系统（X0-4、CoRoT-1、WASP-13、WASP-17、WASP-18），类日主序星的色球发射的更低硬下限的基础通量水平（Wright，2004a，2004b）。低于这一基础水平的任何其他正常的主序星，必然受衰减本征核心发射的外部吸收的影响。

这对开普勒数据库中近期确认的极为接近的岩石行星的背景是特别令人感兴趣的。例如，KIC1255（Rappaport等，2012）似乎是在极近距离轨道上发生灾难性的质量损失的低质量的岩石行星。KIC1255是通过环绕行星的尘土云的凌星而发现的，其很可能会遮蔽富含金属的气体和尘土的行星系统。由于KIC1255似乎正处于一个短暂的进化阶段中，很可能是蒸发热木星的残留核心的近距离岩石行星，可能集中于银河，实际上已在开普勒数据库中确认了轨道周期小于1天的其他岩石

行星（Rappaport 等，2013；Sanchis-Ojeda 等，2013；Muirhead 等，2012）。

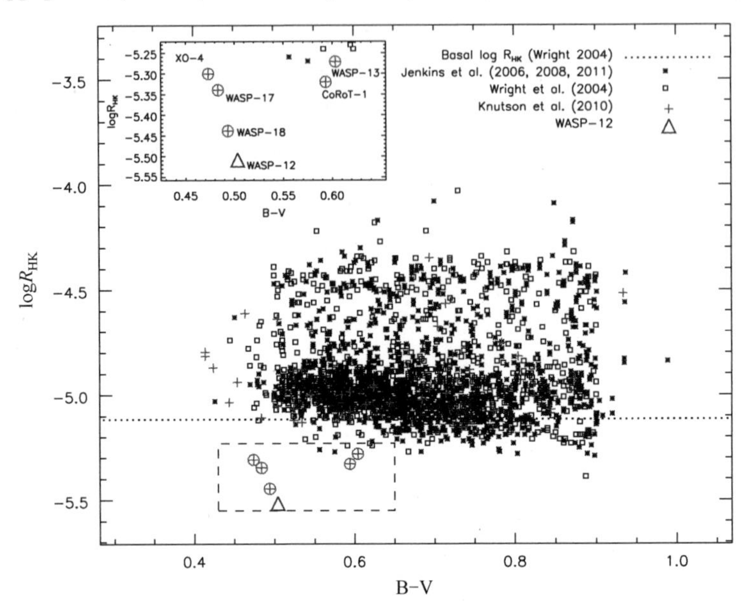

图 4.10 B-V 与 $\log R'_{HK}$ 平面上的 WASP-12（蓝色三角），与 Wright 等（2004b）（正方形）、Jenkins 等（2006，2008，2011）（星号）以及 Knutson 等（2010）（红色加号）观测的 B-V < 1.0 的恒星比较

注：圆圈表示宿主为 X0-4、CoRoT-1、WASP-13、WASP-17 和 WASP-18 的行星的位置。虚线表示样本（Wright 等，2004b）中的最小活动水平值，考虑了亚巨星的污染（Wright，2004a）。左上角的方框是底部虚线框区域的放大图（Fossati 等，2013）。

4.5 恒星与行星的相互作用

与木星和 Io 的相互作用类似，热木星系外行星极端接近恒星时极可能会激发恒星活动：当行星在恒星星冕内时，很难看出不会发生磁相互作用。这些相互作用的特征包括无线电、X 射线、紫外线和光学耀斑，以及在紫外和可见光谱段中强谐振线的增强吸收核心。

已经尝试了几次对系外行星的无线电发射进行探测，但几乎没有成功。在无线电波长段对系外行星进行研究是极其重要的，因为可以探测和测量行星的磁场（GrießMeier 等，2008；Hess 和 Zarka，2011；第 10 ~ 12 章）。

迄今为止，只有一个初步探测结果是有多种原因的（Lecavelier DES Etangs 等，2013），这些原因包括仪器灵敏度的限制、可观测频率范围的限制（如地面射电观测受到 10MHz 电离层截止的限制）和可探测行星磁场的真实缺乏。目前开始运行的射电望远镜的低频阵列（LOFAR）系统以及建造中的设备（如 EV-

LA）的能力，将使得在覆盖频率范围和灵敏度两个方面都能克服一些仪器的局限性。

X射线观测，有时还有其他波段的观测结果已用于恒星与行星相互作用现象的探测（Kashyap等，2008；Miller等，2012）。Pillitteri等（2010）使用XMM-Newton望远镜观测了热木星HD189733B，观察到在第二次星食中3σ水平的X射线的软化，以及一个非常强烈的耀斑。磁流体动力模拟表明，恒星和行星磁场的相互作用可能放大恒星耀斑的强度，例如，在HD189733b的第二次日食期间探测到的情形。Haswell等（2012）表明，WASP-12的NUV光变曲线与HST第二次访问中入凌发生的恒星耀斑一致，尽管谐振谱线中心的直接发射被恒星光球层中的扩散气体吸收所抑制（参见4.4节）。扩展漫射气体的类似吸收可能导致其他系统中恒星与行星相互作用的标志的淬灭。利用Ca Ⅱ H&K谱线进行了大量的工作，搜寻接近行星激发恒星活动的证据，并得到了存在异议的结果（Canto Martins等，2011；Miller等，2012）。需要继续观测以积累更广泛的结果来澄清这些问题。

4.6　本章小结

综上所述，相对几年的系外行星的观测导致了大量突破性的发现。这一成功反映在大量未来天基和地基设备已将系外行星有关的观测作为主要目标之一。美国航空航天局（NASA）1990年发射的哈勃太空望远镜仍然在天文学所有领域产生了海量的重要观测结果，2013年1月NASA的官员称，他们计划使望远镜一直工作，直至仪器在2018年左右停止运行。其他空间天文台（参见第13章），例如詹姆斯韦伯太空望远镜（JWST；Clampin，2008；Belu等，2011），6.5m主镜的下一代空间望远镜，应该在2018年发射，对近红外和红外波段的观测进行优化。这些仪器的主要科学目标之一是凌星系外行星的大气特征。在开普勒任务观测成功和两个反应轮不幸失效之后，开普勒任务已经被转向K2任务，其目标是在黄道平面内寻找凌星的行星（Howell等，2014）。预计K2任务在未来2~3年将继续其目前的工作。NASA已经批准了凌星系外行星探测卫星（TESS）(Ricker等，2009)，其主要目标是确定围绕附近恒星运行的类地行星的凌星事件，重点在M矮星上。TESS预计在2017年发射。欧洲航天局（ESA）还批准了行星凌星和恒星振荡（PLATO 2.0）（Rauer等，2014）卫星，测光行星探测器目标主要集中在明亮的类日行星的宜居区（HZ）内类地行星的凌星事件的搜寻。系外行星表征卫星（CHEOPS）（Broeg等，2013）工程已于2012年10月被选为ESA科学项目的第一个S级（小）空间任务。这颗卫星主要是探测通过径向速度测量已经发现的行星凌星，因此绕明亮的恒星运行。其发射定于2017年。下一个重要的紫外望远镜是 WSO-UV 项目（参见第 14 章），俄罗斯与西班牙合作的 2m 级望远镜，完全用于紫外光度和光谱的观测。大多数地面望远镜将代替致力于行星的探测，而不是大气特征描述（参见第 15 章）。使用适当的理论支持，这些仪器收集到的观测结果，将引领人们在系外行星的了解上取得重大进展，主要集中在行星形成、演化以及物理和化学特征等。

参考文献

Alexeev, I. I., Grygoryan, M. S., Belenkaya, E. S., Kalegaev, V. V., & Khodachenko, M. L. (2014). In H. Lammer & M. L. Khodachenko (Eds.), *Characterizing stellar and exoplanetary environments* (pp. 189). Heidelberg/New York: Springer.

Ballester, G. E., Sing, D. K., & Herbert, F. (2007). *Nature*, *445*, 511.

Belu, A. R., Selsis, F., Morales, J.-C., Ribas, I., Cossou, C., & Rauer, H. (2011). *Astronomy and Astrophysics*, 525, A83.

Ben-Jaffel, L. (2007). *Astrophysical Journal*, *671*, L61.

Ben-Jaffel, L. (2008). *Astrophysical Journal*, *688*, 1352.

Ben-Jaffel, L., & Ballester, G. E. (2013). *Astronomy and Astrophysics*, *553*, A52.

Ben-Jaffel, L., & Sona Hosseini, S. (2010). *Astrophysical Journal*, *709*, 1284.

Birkby, J. L., de Kok, R. J., Brogi, M., de Mooij, E. J. W., Schwarz, H., Albrecht, S., Snellen, I. A. G. (2013). *Monthly Notices of the Royal Astronomical Society*, *436*, L35.

Bourrier, V., & Lecavelier des Etangs, A. (2013a). *Astronomy and Astrophysics*, *557*, A124.

Bourrier, V., Lecavelier des Etangs, A., Dupuy, H., Ehrenreich, D., Vidal-Madjar, A., Hébrard, G., Ballester, G. E., Désert, J.-M., Ferlet, R., Sing, D. K., & Wheatley, P. J. (2013b). *Astronomy and Astrophysics*, *551*, A63.

Broeg, C., Fortier, A., Ehrenreich, D., Alibert, Y., Baumjohann, W., Benz, W., Deleuil, M., Gillon, M., Ivanov, A., Liseau, R.,Meyer,M., Oloffson, G., Pagano, I., Piotto, G., Pollacco, D., Queloz, D., Ragazzoni, R., Renotte, E., Steller, M., & Thomas, N. (2013). *European Physical Journal Web of Conferences*, *47*, 3005.

Brogi, M., Snellen, I. A. G., de Kok, R. J., Albrecht, S., Birkby, J., & de Mooij, E. J. W. (2012). *Nature*, *486*, 502.

Brogi, M., Snellen, I. A. G., de Kok, R. J., Albrecht, S., Birkby, J., & de Mooij, E. J. W. (2013). *Astrophysical Journal*, *767*, 27.

Brown, T. M. (2001). *Astrophysical Journal*, *553*, 1006.

CantoMartins, B. L., das Chagas, M. L., Alves, S., Leao, I. C., de Souza Neto, L. P., &deMedeiros, J. R. (2011). *Astronomy and Astrophysics*, *530*, A73.

Charbonneau, D., Brown, T. M., Latham, D. W., & Mayor, M. (2000). *Astrophysical Journal*, *529*, L45.

Charbonneau, D., Brown, T. M., Noyes, R. W., & Gilliland, R. L. (2002). *Astrophysical Journal*, *568*, 377.

Christie, D. , Arras, P. , & Li, Z. -Y. (2013). *Astrophysical Journal*, *772*, 144.

Ciceri, S. , Mancini, L. , Southworth, J. , Nikolov, N. , Bozza, V. , Bruni, I. , Calchi Novati, S. , D'Ago, G. , & Enning, T. (2013). *Astronomy and Astrophysics*, *557*, A30.

Clampin, M. (2008). *Advance Space Research*, *41*, 1983.

Colón, K. D. , Ford, E. B. , Redfield, S. , Fortney, J. J. , Shabram, M. , Deeg, H. J. , & Mahadevan, S. (2012). *Monthly Notices of the Royal Astronomical Society*, *419*, 2233.

Deming, D. , Harrington, J. , Seager, S. , & Richardson, L. J. (2006). *Astrophysical Journal*, *644*, 560.

Ehrenreich, D. , Lecavelier Des Etangs, A. , Hébrard, G. , Désert, J. -M. , Vidal-Madjar, A. , McConnell, J. C. , Parkinson, C. D. , Ballester, G. E. , & Ferlet, R. (2008). *Astronomy and Astrophysics*, *483*, 933.

Ehrenreich, D. , Bourrier, V. , Bonfils, X. , Lecavelier des Etangs, A. , Hébrard, G. , Sing, D. K. , Wheatley, P. J. , Vidal-Madjar, A. , Delfosse, X. , Udry, S. , Forveille, T. , & Moutou, C. (2012). *Astronomy and Astrophysics*, *547*, A18.

Ekenbäck, A. , Holmström, M. , Wurz, P. , Griessmeier, J. -M. , Lammer, H. , Selsis, F. , & Penz, T. (2010). *Astrophysical Journal*, *709*, 670.

Fares, R. , Donati, J. -F. , Moutou, C. , Jardine, M. M. , Grießmeier, J. -M. , Zarka, P. , Shkolnik, E. L. , Bohlender, D. , Catala, C. , & Collier Cameron, A. (2010). *Monthly Notices of the Royal Astronomical Society*, *406*, 409.

Fortney, J. J. , Lodders, K. , Marley, M. S. , & Freedman, R. S. (2008). *Astrophysical Journal*, *678*, 1419.

Fossati, L. , Ayres, T. R. , Haswell, C. A. , Bohlender, D. , Kochukhov, O. , & Flöer, L. (2013). *Astrophysical Journal*, *766*, L20.

Fossati, L. , Bagnulo, S. , Elmasli, A. , Haswell, C. A. , Holmes, S. , Kochukhov, O. , Shkolnik, E. L. , Shulyak, D. V. , Bohlender, D. , Albayrak, B. , Froning, C. , & Hebb, L. (2010). *Astrophysical Journal*, *720*, 872.

Fossati, L. , Haswell, C. A. , Froning, C. S. , Hebb, L. , Holmes, S. , Kolb, U. , Helling, Ch. , Carter, A. , Wheatley, P. , Cameron, A. C. , Loeillet, B. , Pollacco, D. , Street, R. , Stempels, H. C. , Simpson, E. , Udry, S. , Joshi, Y. C. , West, R. G. , Skillen, I. , & Wilson, D. (2010). *Astrophysical Journal*, *714*, L222.

France, K. , Stocke, J. T. , Yang, H. , Linsky, J. L. , Wolven, B. C. , Froning, C. S. , Green, J. C. , & Osterman, S. N. (2010). *Astrophysical Journal*, *712*, 1277.

Grießmeier, J. -M. , Zarka, P. , & Girard, J. N. (2008). *Radio Science*, *46*, 1.

Guenther, E. (2014). In H. Lammer & M. L. Khodachenko (Eds.), *Characterizing stellar and exoplanetary environments* (pp. 289). Heidelberg/New York: Springer

Hall, J. C. (2008). *Living Reviews in Solar Physics*, *5*, 2.

Haswell, C. A. (2010). Transiting exoplanets. Cambridge: Cambridge University Press Haswell, C. A. , Fossati, L. , Ayres, T. , France, K. , Froning, C. S. , Holmes, S. , Kolb, U. C. , Busuttil, R. , Street, R. A. , Hebb, L. , Collier Cameron, A. , Enoch, B. , Burwitz, V. , Rodriguez, J. , West, R. G. , Pollacco, D. , Wheatley, P. J. , & Carter, A. (2012). *Astrophysical Journal*,

760, 79.

Hebb, L., Collier-Cameron, A., Loeillet, B., Pollacco, D., Hébrard, G., Street, R. A., Bouchy, F., Stempels, H. C., Moutou, C., Simpson, E., Udry, S., Joshi, Y. C., West, R. G., Skillen, I., Wilson, D. M., McDonald, I., Gibson, N. P., Aigrain, S., Anderson, D. R., Benn, C. R., Christian, D. J., Enoch, B., Haswell, C. A., Hellier, C., Horne, K., Irwin, J., Lister, T. A., Maxted, P., Mayor, M., Norton, A. J., Parley, N., Pont, F., Queloz, D., Smalley, B., &Wheatley, P. J. (2009). *Astrophysical Journal*, *693*, 1920.

Hess, S. L. G., & Zarka, P. (2011). *Astronomy and Astrophysics*, *531*, A29.

Holmström, M., Ekenbäck, A., Selsis, F., Penz, T., Lammer, H., & Wurz, P. (2008). *Nature*, *451*, 970.

Howell, S. B., Sobeck, C., Haas, M., Still, M., Barclay, T., Mullally, F., Troeltzsch, J., Aigrain, S., Bryson, S. T., Caldwell, D., Chaplin, W. J., Cochran, W. D., Huber, D., Marcy, G. W., Miglio, A., Najita, J. R., Smith, M., Twicken, J. D., & Fortney, J. J. (2014). *Publications of the Astronomical Society of the Pacific*, *126*, 398.

Hubeny, I., Burrows, A., & Sudarsky, D. (2003). *Astrophysical Journal*, *594*, 1011.

Jenkins, J. S., Jones, H. R. A., Pavlenko, Y., Pinfield, D. J., Barnes, J. R., & Lyubchik, Y. (2008). *Astronomy and Astrophysics*, *485*, 571.

Jenkins, J. S., Jones, H. R. A., Tinney, C. G., Butler, R. P., McCarthy, C., Marcy, G. W., Pinfield, D. J., Carter, B. D., & Penny, A. J. (2006). *Monthly Notices of the Royal Astronomical Society*, *372*, 163.

Jenkins, J. S., Murgas, F., Rojo, P., Jones, H. R. A., Day-Jones, A. C., Jones, M. I., Clarke, J. R. A., Ruiz, M. T., & Pinfield, D. J. (2011). *Astronomy and Astrophysics*, *531*, A8.

Jensen, A. G., Redfield, S., Endl, M., Cochran, W. D., Koesterke, L., & Barman, T. (2012). *Astrophysical Journal*, *751*, 86.

Jordán, A., Espinoza, N., Rabus, M., Eyheramendy, S., Sing, D. K., Désert, J.-M., Bakos, G. Á., Fortney, J. J., López-Morales, M., Maxted, P. F. L., Triaud, A. H. M. J., & Szentgyorgyi, A. (2013). *Astrophysical Journal*, *778*, 184.

De Kok, R. J., Brogi, M., Snellen, I. A. G., Birkby, J., Albrecht, S., & de Mooij, E. J. W. (2013). *Astronomy and Astrophysics*, *554*, A82.

Kashyap, V. L., Drake, J. J., & Saar, S. H. (2008). *Astrophysical Journal*, *687*, 1339.

Knutson, H. A., Charbonneau, D., Allen, L. E., Fortney, J. J., Agol, E., Cowan, N. B., Showman, A. P., Cooper, C. S., & Megeath, S. T. (2007). *Nature*, *447*, 183.

Knutson, H. A., Charbonneau, D., Allen, L. E., Burrows, A., & Megeath, S. T. (2008). *Astrophysical Journal*, 673, 526.

Knutson, H. A., Charbonneau, D., Burrows, A., O'Donovan, F. T., & Mandushev, G. (2009a). *Astrophysical Journal*, *691*, 866.

Knutson, H. A., Charbonneau, D., Cowan, N. B., Fortney, J. J., Showman, A. P., Agol, E., & Henry, G. W. (2009b). *Astrophysical Journal*, *703*, 769.

Knutson, H. A., Howard, A. W., & Isaacson, H. (2010). *Astrophysical Journal*, *720*, 1569.

Knutson, H. A. ,Madhusudhan, N. , Cowan, N. B. , Christiansen, J. L. , Agol, E. , Deming, D. , Désert, J. -M. , Charbonneau, D. , Henry, G. W. , Homeier, D. , Langton, J. , Laughlin, G. , & Seager, S. (2011). *Astrophysical Journal*, *735*, 27.

Knutson, H. A. , Lewis, N. , Fortney, J. J. , Burrows, A. , Showman, A. P. , Cowan, N. B. , Agol, E. , Aigrain, S. , Charbonneau, D. , Deming, D. , Désert, J. -M. , Henry, G. W. , Langton, J. , & Laughlin, G. (2012). *Astrophysical Journal*, *754*, 22.

Koskinen, T. T. , Harris, M. J. , Yelle, R. V. , & Lavvas, P. (2013). *Icarus*, *226*, 1678.

Kulow, J. R. , France, K. , Linsky, J. , & Loyd, R. O. P. (2014). *Astrophysical Journal*, *786*, 132.

Lecavelier des Etangs, A. , Vidal-Madjar, A. , McConnell, J. C. , & Hébrard, G. (2004). *Astronomy and Astrophysics*, *418*, L1.

Lecavelier des Etangs, A. , Pont, F. , Vidal-Madjar, A. , & Sing, D. (2008). *Astronomy and Astrophysics*, *481*, L83.

Lecavelier des Etangs, A. , Ehrenreich, D. , Vidal-Madjar, A. , Ballester, G. E. , Désert, J. -M. , Ferlet, R. , Hébrard, G. , Sing, D. K. , Tchakoumegni, K. -O. , & Udry, S. (2010). *Astronomy and Astrophysics*, *514*, A72.

Lecavelier des Etangs, A. , Bourrier, V. , Wheatley, P. J. , Dupuy, H. , Ehrenreich, D. , Vidal-Madjar, A. , Hébrard, G. , Ballester, G. E. , Désert, J. -M. , Ferlet, R. , & Sing, D. K. (2012). *Astronomy and Astrophysics*, *543*, L4.

Lecavelier des Etangs, A. , Sirothia, S. K. , Gopal-Krishna, & Zarka, P. (2013). *Astronomy and Astrophysics*, *552*, A65.

Linsky, J. L. , Yang, H. , France, K. , Froning, C. S. , Green, J. C. , Stocke, J. T. , & Osterman, S. N. (2010). *Astrophysical Journal*, *717*, 1291.

Madhusudhan, N. , & Seager, S. (2013). *Astrophysical Journal*, *725*, 261.

Mancini, L. , Southworth, J. , Ciceri, S. , Fortney, J. J. , Morley, C. V. , Dittmann, J. A. , Tregloan-Reed, J. , Bruni, I. , Barbieri, M. , Evans, D. F. , D'Ago, G. , Nikolov, N. , & Henning, T. (2013a). *Astronomy and Astrophysics*, *551*, A11.

Mancini, L. , Nikolov, N. , Southworth, J. , Chen, G. , Fortney, J. J. , Tregloan-Reed, J. , Ciceri, S. , van Boekel, R. , & Henning, T. (2013b). *Monthly Notices of the Royal Astronomical Society*, *430*, 2932.

Mancini, L. , Ciceri, S. , Chen, G. , Tregloan-Reed, J. , Fortney, J. J. , Southworth, J. , Tan, T. G. , Burgdorf, M. , Calchi Novati, S. , Dominik, M. , Fang, X. -S. , Finet, F. , Gerner, T. , Hardis, S. , Hinse, T. C. , Jørgensen, U. G. , Liebig, C. , Nikolov, N. , Ricci, D. , Schäfer, S. , Schönebeck, F. , Skottfelt, J. ,Wertz, O. , Alsubai, K. A. , Bozza, V. , Browne, P. , Dodds, P. , Gu, S. -H. , Harpsøe, K. , Henning, T. , Hundertmark, M. , Jessen-Hansen, J. , Kains, N. , Kerins, E. , Kjeldsen, H. , Lund, M. N. , Lundkvist, M. , Madhusudhan, N. , Mathiasen, M. , Penny, M. T. , Prof, S. , Rahvar, S. , Sahu, K. , Scarpetta, G. , Snodgrass, C. , & Surdej, J. (2013c). *Monthly Notices of the Royal Astronomical Society*, *436*, 2.

Mandell, A. M. , Haynes, K. , Sinukoff, E. , Madhusudhan, N. , Burrows, A. , & Deming, D. (2013). *Astrophysical Journal*, *779*, 128.

Miller, B. P., Gallo, E., Wright, J. T., & Dupree, A. K. (2012). *Astrophysical Journal*, *754*, 137.

Muirhead, Ph., Johnson, J., Apps, K., Carter, J., Morton, T. D., Fabrycky, D. C., Pineda, J. S., Bottom, M., Rojas-Ayala, B., Schlawin, E., Hamren, K., Covey, K. R., Crepp, J. R., Stassun, K. G., Pepper, J., Hebb, L., Kirby, E. N., Howard, A. W., Isaacson, H. T., Marcy, G. W., Levitan, D., Diaz-Santos, T., Armus, L., & Lloyd, J. P. (2012). *Astrophysical Journal*, *747*, 144.

Narita, N., Suto, Y., Winn, J. N., Turner, E. L., Aoki, W., Leigh, C. J., Sato, B., Tamura, M., & Yamada, T. (2005). *Publications of the Astronomical Society of Japan*, *57*, 471.

Nikolov, N., Sing, D. K., Pont, F., Burrows, A. S., Fortney, J. J., Ballester, G. E., Evans, T. M., Huitson, C. M., Wakeford, H. R., Wilson, P. A., Aigrain, S., Deming, D., Gibson, N. P., Henry, G. W., Knutson, H., Lecavelier des Etangs, A., Showman, A. P., Vidal-Madjar, A., & Zahnle, K. (2013a). *Monthly Notices of the Royal Astronomical Society*, *437*, 46.

Nikolov, N., Chen, G., Fortney, J. J., Mancini, L., Southworth, J., van Boekel, R., & Henning, T. (2013). *Astronomy and Astrophysics*, *553*, A26.

Öpik, E. J. (1963). *Geophysical Journal International*, *7*, 490.

Pillitteri, I., Wolk, S. J., Cohen, O., Kashyap, V., Knutson, H., Lisse, C. M., & Henry, G. W. (2010). *Astrophysical Journal*, *722*, 1216.

Pont, F., Sing, D. K., Gibson, N. P., Aigrain, S., Henry, G., & Husnoo, N. (2013). *Monthly Notices of the Royal Astronomical Society*, *432*, 2917.

Poppenhaeger, K., Schmitt, J. H. M. M., & Wolk, S. J. (2013). *Astrophysical Journal*, *773*, 62.

Rappaport, S., Levine, A., Chiang, E., El Mellah, I., Jenkins, J., Kalomeni, B., Kite, E. S., Kotson, M., Nelson, L., Rousseau-Nepton, L., & Tran, K. (2012). *Astrophysical Journal*, *752*, 1.

Rappaport, S., Sanchis-Ojeda, R., Rogers, L., Levine, A., &Winn, J. (2013). *Astrophysical Journal*, *773*, 15.

Rauer, H., and the PLATO team (2014, in press). Exp. Ast. (arXiv: 1310.0696).

Ricker, G. R., Latham, D. W., Vanderspek, R. K., Ennico, K. A., Bakos, G., Brown, T. M., Burgasser, A. J., Charbonneau, D., Clampin, M., Deming, L. D., Doty, J. P., Dunham, E. W., Elliot, J. L., Holman, M. J., Ida, S., Jenkins, J. M., Jernigan, J. G., Kawai, N., Laughlin, G. P., Lissauer, J. J., Martel, F., Sasselov, D. D., Schingler, R. H., Seager, S., Torres, G., Udry, S., Villasenor, J. S., Winn, J. N., & Worden, S. P. (2009). *Bulletin American Astronomical Society*, *41*, 729.

Sanchis-Ojeda, R., Rappaport, S., Winn, J., Levine, A., Kotson, C., & Latham, D. (2013). *Astrophysical Journal*, *774*, 54.

Schneiter, E. M., Velázquez, P. F., Esquivel, A., Raga, A. C., & Blanco-Cano, X. (2007). *Astrophysical Journal*, *671*, L57.

Seager, S., & Deming, D. (2010). *Annals Review Astronomy and Astrophysics 48*, 631.

Sing, D. K., Vidal-Madjar, A., Lecavelier des Etangs, A., Dèsert, J.-M., Ballester, G.,

&Ehrenreich, D. (2008a). *Astrophysical Journal*, *686*, 667.

Sing, D. K., Vidal-Madjar, A., Désert, J.-M., Lecavelier des Etangs, A., & Ballester, G. (2008b). *Astrophysical Journal*, *686*, 658.

Sing, D. K., Pont, F., Aigrain, S., Charbonneau, D., Désert, J.-M., Gibson, N., Gilliland, R., Hayek, W., Henry, G., Knutson, H., Lecavelier Des Etangs, A., Mazeh, T., & Shporer, A. (2011a). *Monthly Notices of the Royal Astronomical Society*, *416*, 1443.

Sing, D. K., Désert, J.-M., Fortney, J. J., Lecavelier Des Etangs, A., Ballester, G. E., Cepa, J., Ehrenreich, D., López-Morales, M., Pont, F., Shabram, M., & Vidal-Madjar, A. (2011b). *Astronomy and Astrophysics*, *527*, A73.

Sing, D. K., Huitson, C. M., Lopez-Morales, M., Pont, F., Dèsert, J.-M., Ehrenreich, D., Wilson, P. A., Ballester, G. E., Fortney, J. J., Lecavelier des Etangs, A., & Vidal-Madjar, A. (2012). *Monthly Notices of the Royal Astronomical Society*, *426*, 1663.

Snellen, I. A. G., Albrecht, S., de Mooij, E. J. W., & Le Poole, R. S. (2008). *Astronomy and Astrophysics*, *487*, 357.

Spiegel, D. S., Silverio, K., & Burrows, A. (2009). *Astrophysical Journal*, *699*, 1487.

Tremblin, P., & Chiang, E. (2013). *Monthly Notices of the Royal Astronomical Society*, *428*, 2565.

Vial, J.-C., Olivier, K., Philippon, A. A., Vourlidas, A., & Yurchyshyn, V. (2012). *Astronomy and Astrophysics*, *541*, A108.

Vidal-Madjar, A., Lecavelier des Etangs, A., Désert, J.-M., Ballester, G. E., Ferlet, R., Hébrard, G., & Mayor, M. (2003). *Nature*, *422*, 143.

Vidal-Madjar, A., Désert, J.-M., Lecavelier des Etangs, A., Hébrard, G., Ballester, G. E., Ehrenreich, D., Ferlet, R., McConnell, J. C., Mayor, M., & Parkinson, C. D. (2004). *Astrophysical Journal*, *604*, L69.

Vidal-Madjar, A., Huitson, C. M., Bourrier, V., Dèsert, J.-M., Ballester, G., Lecavelier des Etangs, A., Sing, D. K., Ehrenreich, D., Ferlet, R., Hèbrard, G., & McConnell, J. C. (2013). *Astronomy and Astrophysics*, *560*, A54.

Vidotto, A. A., Bisikalo, D. V., Fossati, L., & Llama, J. (2014). In H. Lammer & M. L. Khodachenko (Eds.), *Characterizing stellar and exoplanetary environments* (pp. 153). Heidelberg/New York: Springer.

Winn, J. N., Matthews, J. M., Dawson, R. I., Fabrycky, D., Holman, M. J., Kallinger, T., Kuschnig, R., Sasselov, D., Dragomir, D., Guenther, D. B., Moffat, A. F. J., Rowe, J. F., Rucinski, S., & Weiss, W. W. (2011). *Astrophysical Journal*, *737*, L18.

Wright, J. T. (2004a). *Astronomical Journal*, *128*, 1273.

Wright, J. T., Marcy, G. W., Butler, R. P., & Vogt, S. S. (2004b). *Astrophysical Journal Supplement*, *152*, 261.

Zahnle, K., Marley, M. S., Freedman, R. S., Lodders, K., & Fortney, J. J. (2009). Astrophysical Journal, *701*, L20.

Zhou, G., & Bayliss, D. D. R. (2012). *Monthly Notices of the Royal Astronomical Society*, *426*, 2483.

第 5 章　热木星大气的类型

热木星，即质量与木星质量相当、半长轴小于 0.1AU 的系外气体巨行星，是一类独特的研究对象。因为它们接近宿主恒星，其大气在宿主恒星的重力场和辐照引起的非常活跃的气体动态过程作用下形成和发展。事实上，几个这种行星的大气充满了洛希瓣，结果导致从行星到宿主恒星产生强大的物质流出。这一过程的能量需求是非常重要的，它几乎完全支配了热木星的气体包围圈的演变。基于对质量交换接近的双星在气体动力学模拟上的多年经验，我们研究了热木星大气的特点。本章讨论的三维数值模拟的分析预估和结果表明，热木星的气体壳层明显是非球面的，同时是静止和长寿命的。这些结果对观测数据的解释是至关重要的。

5.1　引言：系外行星气体壳层

热木星有许多突出的特点，主要是其与宿主恒星的接近所造成的。例如，气体从行星大气向恒星流出，如同在靠近的双星间发生的一样。此外，行星和恒星之间的短距离导致了巨大的行星轨道速度，如果超出了当地的声速，在行星前方就会形成弓激波。这些效应会大幅度改变行星气体壳层（大气）和恒星风之间的相互作用类型。

利用哈勃太空望远镜进行的热木星观测，证明了在这些行星的气体壳层中存在复杂的物理过程（参见第 4 章（Fossati 等，2014）和第 8 章（Vidotto 等，2014））。例如，HD 209458b 的观测结果（Vidal-Madjar 等，2003，2008；Ben-Jaffel，2007）揭示了在拉曼-α 射线位置的凌星吸收深度为 9% ~15%（参见第 4 章），尽管行星本体仅仅产生了 1.8% 的主凌星深度。这说明行星内嵌在延伸的气体壳层中。这个结论被在碳、氧和硅的远紫外谱线处行星的主凌星观测所证实（Vidal-Madjar 等，2004；Ben-Jaffel 和 Sona Hosseini，2010；Linsky 等，2010），其凌星深度达 8% ~9%。热木星周围存在扩展的气态壳层也被热木星 HD189733b（Lecavelier Des Etangs 等，2010）和 WASP-12b（Fossati 等，2010a、2010b；Haswell 等，2012）的观测所证实。此外，WASP-12b 的主凌星的近紫外光变曲线给出了入凌的形状和时刻的多变性。

为正确解释现有的和即将获得的观测数据，需要了解什么是最重要的物理效应，其会导致什么样的观测特征。本章将介绍决定热木星气体壳层特性的一些主要物理过程。本章是基于过去两年中对热木星大气的研究而获得的结果（Ionov 等，2012；Bisikalo 等，2013a，2003b，2003c）。然而，为了总结已有的结果，我们加入了靠近的双星的一般信息，以提供其与恒星 - 行星系统具有的某些相似性。

5.2 宿主恒星的重力引发的热木星大气外流

恒星和热木星系统可看作一极低质量比的紧密双星系统。这种方法是卓有成效的，可以借助过去对此类系统获得的经验。事实上，研究双星的一般假设都适用于描述恒星 - 热木星系统。考虑由质量分别为 M_*和 M_{pl}的恒星及热木星构成的双星系统的力场（Boyarchuk 等，2002；Bisikalo 等，2013d），同样可合理假设组合体的轨道为圆形，其正确的旋转与轨道运动同步，即 $\Omega_* = \Omega_{pl} = \Omega = 2\pi P_{orb}$，其中 P_{orb}为轨道周期。此外，考虑了洛希近似，其中两个组成部分的内部密度朝中心方向而急剧增加。这样可以假设恒星与行星为点质量，因此可以在经典牛顿力学的框架内描述其引力势。

进一步引入笛卡儿坐标系（x，y，z），沿双星系统逆时针方向旋转，其原点在恒星的中心。x 轴方向沿恒星和行星中心的连线，z 轴垂直于轨道平面并与 Ω 平行，而 y 轴满足右手坐标系统。

在考虑质点的情况下，描述系统中力场的势称为洛希势，用 Φ 表示。由于组成部分的运动依照开普勒第三定律：

$$G(M_* + M_{pl}) = A^3\Omega^2$$

式中：G 为引力常数；A 为轨道距离。

系统的质心为

$$R_{cm} = \frac{M_{pl}}{M_* + M_{pl}} A$$

引力势为

$$\Phi = -\frac{GM_*}{\sqrt{x^2 + y^2 + z^2}} - \frac{GM_{pl}}{\sqrt{(x - A)^2 + y^2 + z^2}} - \frac{1}{2}\Omega^2\left(\left(x - A\frac{M_{pl}}{M_* + M_{pl}}\right)^2 + y^2\right) \tag{5.1}$$

图 5.1（a）给出了质量比 $q = M_{pl}/M_* = 1$ 的系统赤道平面 xy（$z = 0$）等势面。图 5.1（b）给出了这一系统的纵向面 xz（$y = 0$）的等势图。图 5.1 也给出了采用的坐标系统（x，y，z）。如图 5.1 所示，接近组件（以虚线表示）中心的等势面几乎是球形的。在远离组件中心时，二次项的引力影响增加，等势面沿 x 轴拉伸而变成椭球。在此设置中，旋转会导致沿 z 轴的等势面压缩。

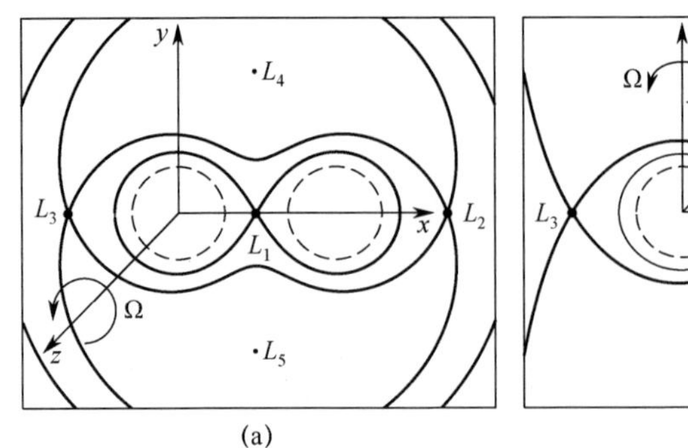

(a)

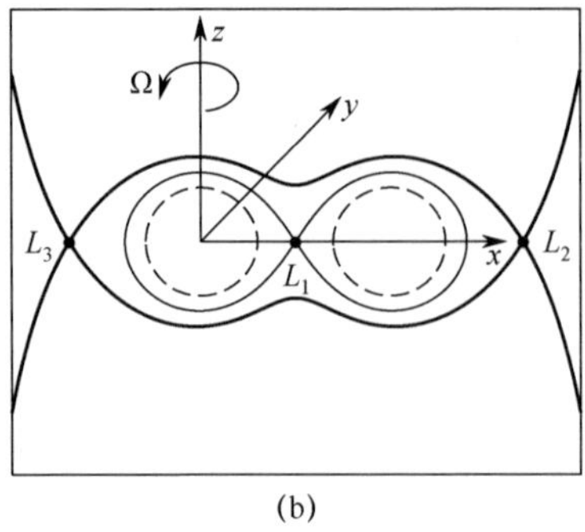

(b)

图 5.1　质量比 $q=M_{\mathrm{pl}}/M_*=1$ 的双星系统在赤道面（xy（b））和纵向面（xz）的洛希等势面

注：虚线表示等势面，包含点（0.3A，0，0）。图中给出了拉格朗日点 L_1，…，L_5的位置以及所采用的坐标系。

洛希势有五个平动点，称为拉格朗日点（图 5.1）。这些点的位置可以由以下条件决定：

$$\nabla \Phi = 0 \tag{5.2}$$

五个拉格朗日点均位于赤道平面内，三个点（L_1、L_2和 L_3）在 x 轴上，是 Φ 的拐点，而 L_4和 L_5点是 Φ 的最大值点。

含有内拉格朗日点 L_1的等势面围住相邻的两部分体积，称为临界表面或洛希瓣。洛希瓣在天文学上具有特别重要的意义：对一个目标（恒星或行星的大气），其边界表面在洛希瓣内，洛希势的梯度与气体压力梯度达到平衡的静态结构。当组成部分的边界已达到临界表面时，因为压力梯度，质量外流会出现在内部拉格朗日点，在该位置的总受力（每个组件的引力加上离心力）等于 0。

现在得到 L_1 点附近形成外流的参数。定义 L_1点行星大气的密度和温度分别为 ρ_{L_1} 和 T_{L_1}。估计 L_1点附近的质量损失率为

$$\dot{M}_{\mathrm{pl}} = S\rho_{L_1}v_{L_1} \tag{5.3}$$

式中：S 为气流的有效截面；ρ_{L_1}为截面上的平均密度；v_{L_1}为气体速度。

内拉格朗日点附近的外流类似于自由气体从针孔容器中膨胀到真空中。这意味着，通过 L_1 点的气流速度约等于行星大气层中的声速（$v_{L_1}\approx c_{\mathrm{s}}$）。这样式（5.3）可以写为

$$\dot{M}_{\mathrm{pl}} = S\rho_{L_1}v_{L_1}c_{\mathrm{s}} \tag{5.4}$$

为确定气流的大小（横截面），流经 L_1 点应估计速度为 c_{s}（或特定动能 $\propto c_{\mathrm{s}}^2$）的粒子的动能大到足以从行星的洛希瓣逃逸的区域。使平面 $X=X_{L_1}$的势能和特定动能之间的差异相同，可以推导出描述 L_1 点附近的气流形状的方程

(Savonije (1979))：

$$\Delta\Phi = c_s^2 \tag{5.5}$$

将这种关系扩展到 y 和 z 上的泰勒系列，并考虑到 $\nabla\Phi\,|_{(x_{L_1},0,0)} = 0$，得到描述气流椭圆形状的方程。经过简单的数学变换，可以计算 L_1 点附近的气流的横截面面积（Boyarchuk 等，2002；Bisikalo 等，2013d），因此也可得到行星大气层的质量损失率。

天文学家常使用更简单的关系来确定天体物理对象在填充洛希瓣时的质量损失率。为此，必须引入洛希瓣的有效（或体积）半径。R_{L_1} 是与洛希瓣具有相同体积的球半径。此外，需要定义洛希瓣的溢出度 $\Delta R = R - R_{L_1}$，其中，R 为行星大气层的半径。根据 Pringle 和 Wade（1985）的研究，具有绝热大气层的恒星的质量损失率依赖于溢出度：

$$\dot{M}/M_{\mathrm{pl}} = (\Delta R/R_{L_1})^3 \sqrt{\frac{GM_{\mathrm{pl}}}{R_{L_1}^3}} \tag{5.6}$$

热木星的大气层应充分对流，可以认为它们是绝热的，因此可使用式（5.6）估算系外行星的质量损失率。进行这些估计，需要定义一个可以看作行星大气层边界的表面。简单的物理因素促使将散逸层底用于此目的，即大气粒子的平均自由程等于均质大气高度。式（5.6）表明，即使小的溢出也会导致相当可观的外流。例如，对在距离 $A = 0.045\mathrm{AU}$ 处轨道的类木行星，溢出度 $\Delta R/R_{L_1} = 0.1$ 导致的质量损失 $\dot{M} = 4 \times 10^{-8} M_{\mathrm{Jup}}/\mathrm{s}$。这意味着，如果 $\dot{M}$ 随时间是恒定的，行星会在 300 天后完全失去其质量。

Vidal-Madjar 等（2003）、Lai 等（2010）和 Li 等（2010）首次考虑了行星物质通过 L_1 点流出的可能性。对于典型的系外行星 WASP-12b，其溢出度 $\Delta R/R_{L_1} \approx 0.16$，式（5.6）给出了一个很高的质量损失率以及由此得到的很短的行星生命周期。另外，观测到的大气溢出洛希瓣的许多热木星的事实与以上给出的行星大气寿命的预估形成强烈的对比。显然，式（5.6）只给出了行星寿命的估计值，因为它没有考虑质量损失速率与时间的关系。进一步分析表明，这些估计是完全正确的。事实上，对巨大的气体行星，质量的减少会导致洛希瓣溢出的增加，进而导致质量损失率增加。因此，由式（5.6）获得的值可认为是巨大的气体行星寿命的最大估计值。另外，岩石核心的行星的质量损失率将随时间而减少。在这种情况下，如果大气中的质量不够大，可以使用式（5.6）获得在事件周期内的行星质量损失的合理估值。

假设上述热木星寿命的预估是正确的，需要找到阻止气体从行星的大气层流出的物理过程。恒星风和在恒星风介质中的行星快速沿轨道运动导致的动态压力，都可以防止气体流出。下面将详细考虑这些过程。

5.3 热木星大气层与恒星风的相互作用

考虑沉浸在恒星风气体中的热木星的运动。为估计环境对行星大气层在气体动力学意义上的影响，需要考虑三个重要的物理量，即恒星风的气体密度、恒星风的速度和在恒星风内的行星的适当（轨道）速度。在这里只考虑气动力过程，假定宿主恒星的辐射压力、磁场以及行星磁场的影响较弱。

对太阳以外恒星的恒星风参数知之甚少（参见第 2 章），因此，考虑类似太阳的恒星风。不影响其一般性，假设一个太阳双星和靠近恒星的木星双行星。在气体动力学中，基本问题是关注气体进入行星大气层（进入流）的速度和声速之间的比值。在采用的坐标系统中，行星和恒星风之间的相互作用是两种流在行星上的发生率，一是恒星风，二是由行星轨道运动所引起的气流。恒星风速度的径向分布（虚线）、行星的轨道速度（实线）以及当地声速（点线）的分析如图 5.2 所示。表明行星的轨道运动总是超声速的：因为短的轨道距离（$<10R_*$），导致大的轨道速度；因为在更大距离上，恒星风的适当速度。气体壳层环绕的行星的超声速进入流必然导致在恒星风气体中形成弓激波，随后接触间断，在恒星风的气体和行星大气层气体之间形成边界。在行星之后有一个压力降低的区域，称为稀疏波。形成流的结果如图 5.3 所示。可以看到，激波的位置和形状（实线）、接触间断（行星周围的粗线）、流场线以及通过激波前沿前后的恒星风速度矢量。

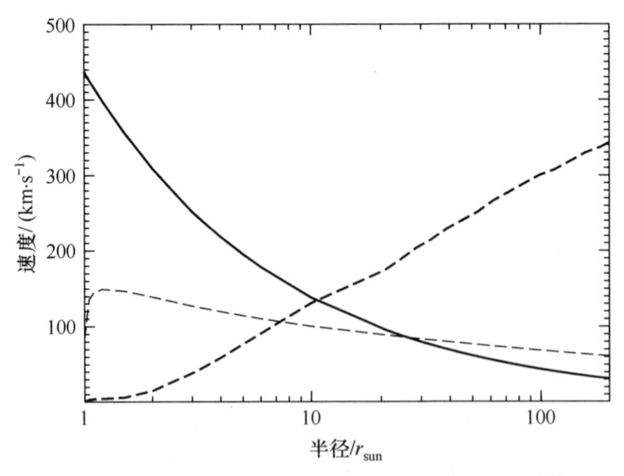

图 5.2 太阳确定的恒星风速度的径向分布（虚线）和本地声速（点线）(Withbroe, 1988)
注：实线表示在太阳与木星的系统中轨道速度与到恒星距离的关系。

利用动量守恒定律可以解析计算形状和接触间断的位置，在纯气体动力学的情况下为（Landau 和 Lifshitz，1966）

$$\rho_1 v_1^2 + p_1 = \rho_2 v_2^2 + p_2 \tag{5.7}$$

式中：ρ_1、ρ_2 分别为不连续两侧的密度；v_1、v_2为速度，p_1、p_2为压力。

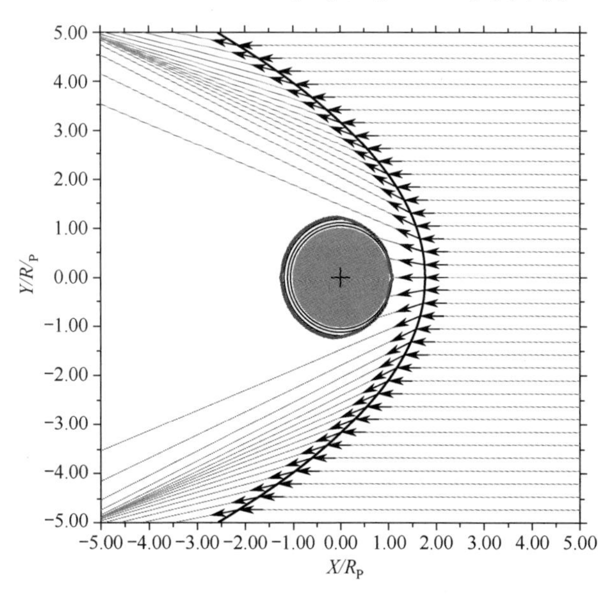

图5.3　超声速气流通过行星时在热木星附近由恒星风气体形成的激波的位置（实线）和接触间断（行星周围的粗线）

注：图中给出了通过激波前沿的之前和之后的流场线和速度矢量。十字符号表示行星的质量中心，阴影圆圈表示大气层的半径。

在最简单的情况下，忽略气体壳层的非球体形状，在质点重力场中完美气体的流体静力平衡条件的基础上，可以计算出上层大气的密度和压力：

$$\begin{cases} \rho_{\mathrm{atm}}(r) = \rho_0 \cdot \exp\left\{ -\dfrac{GM_{\mathrm{pl}}}{R_{\mathrm{gas}} T_{\mathrm{atm}}} \left(\dfrac{1}{r_0} - \dfrac{1}{r} \right) \right\} \\ p_{\mathrm{atm}}(r) = \rho_{\mathrm{atm}} R_{\mathrm{gas}} T_{\mathrm{atm}} \end{cases} \tag{5.8}$$

式中：ρ_{atm}（r）为半径r处的大气密度；ρ_0 为最低的边界 r_0 处的大气密度（作为一项规则，r_0 设置为该行星的光度半径）；R_{gas}为气体常数，T_{atm}为大气温度，p_{atm}为大气压力。

将大气密度和压力的值代入式（5.7）的左侧，而进入大气层的恒星风的密度、压力和速度值代入右侧，可以得到确定在进入流作用下大气形状的变形的方程（Baranov 和 Krasnobaev，1977）：

$$\rho_{\mathrm{atm}}(r) = \rho_{\mathrm{w}} \boldsymbol{v}_w^2 cos^2(\boldsymbol{n}, \boldsymbol{v}_{\mathrm{w}}) + p_{\mathrm{w}} \tag{5.9}$$

式中：ρ_{w} 为恒星风密度；v_{w}为恒星风速度；$\boldsymbol{n}$ 为垂直于大气层表面的单位向量。

式（5.9）可确定与恒星风直接作用的迎风部分的大气形状。cos($\boldsymbol{n}$，$\boldsymbol{v}_{\mathrm{w}}$）的正面碰撞点，位于距行星中心最短距离处。

激波前沿在接触间断处前面一定距离，在正面碰撞点处达到最小距离，否则称为激波间隔距离用Δ表示。Verigin 等（2003）建立了可确定这一值的半经验公式：

$$\Delta = 1.1 r_{cd} \frac{(r-1)Ma^2+2}{(r+1)Ma^2} \tag{5.10}$$

式中：γ为隔热系数，Ma为马赫数；r_{cd}为行星中心和接触间断之间的距离。

激波形状由下式确定：

$$y^2(x) = 2R_s(r_s - x) + b_s(r_s - x)^2 \tag{5.11}$$

式中：R_s为激波弯曲部分的半径；r_s为行星中心与激波正面碰撞点之间的距离，$r_s = r_{cd} + \Delta$；b_s为激波的钝度。

R_s、b_s也可由半经验公式得到：

$$R_s = \Delta \cdot \left(1 + \sqrt{\frac{8}{3}\varepsilon}\right) / \varepsilon \tag{5.12}$$

$$b_s = \frac{1}{Ma^2 - 1} \tag{5.13}$$

式中：ε为激波压缩比，且

$$\varepsilon = \frac{(r-1)Ma^2+2}{(r+1)Ma^2} \tag{5.14}$$

需要注意的是，式（5.10）和式（5.11）是在假定接触间断的迎风部分的形状可由式（5.11）近似：

$$y^2(x) = 2R_{cd}(r_{cd} - x) + b_{cd}(r_{cd} - x)^2 \tag{5.15}$$

式中：b_{cd}为接触不连续面的钝度；R_{cd}为曲率半径。

式（5.11）和式（5.15）都以$y^2(x)$的形式给出，因为大气和弓激波都相对于x轴对称。

前面已经提到，接触间断的形状可由式（5.9）获得。当以式（5.15）进行近似时，就可以得到R_{cd}、r_{cd}和b_{cd}。然后，将它们代入式（5.10），可以得到Δ，并获得使用式（5.11）的波形状。应注意的是，式（5.9）和式（5.15）只确定了大气层迎风部分的形状。背风部分的形状取决于行星后面传播的稀疏波的压力分布。为简单起见，假设大气的背风部分由环境的平衡压力控制，为球形（图 5.3）。

上述考虑应用于大气层只受行星引力和恒星风进入行星造成的压力的影响的情况。对此处考虑的系外行星，实际上不能忽略额外的作用力，如宿主恒星的引力和离心力。此外，正如前面所述，行星填充了其洛希瓣，不可避免地产生从行星到恒星的气体流，气体动力学过程结果只有通过求解气体动力学方程的完整系统来完成。然而，上述方程可让我们找到重要的估计值，并解释在系统中所发生的许多物理过程。特别是，可确定热木星气体壳层的所有可能类型并建立分类。

5.4　热木星壳层的分类

使用 5.3 节中得到的方程和预估值来考虑热木星气体壳层的可能配置。式（5.9）可找到正面碰撞点（HCP）相对行星中心的位置。如果 HCP 位于行星洛希瓣之内，就没有质量损失发生。因此，可以认为气体壳层是完全封闭的大气层。如果 HCP 位于洛希瓣以外，那么行星大气由 L_1 和 L_2 流出。图 5.4 中的实线分隔了参数空间的两个区域，分别对应完全封闭的大气层（下）和流出的大气层（上），由恒星风参数对应于太阳风参数的假设计算得到的热木星 HD 209458b 的参数（Withbroe，1988）。

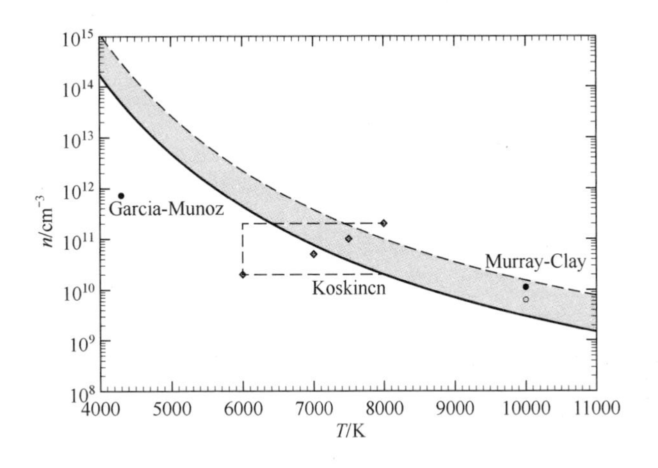

图 5.4　HD 209458b 热木星的大气参数（在行星的光度半径处的温度和气体数密度）

注：其值可确定允许存在于行星壳层的三种确定类型之一。对应于封闭大气的参数位于实线之下。在参数空间的阴影区域可能存在准封闭的大气层，其中通过拉格朗日点的流出气流受到恒星风的动态压力阻止。外流大气区域（开）位于虚线以上。点表示 García Muñoz（2007）和 Murray-Clay 等（2009）得到的这颗行星的参数值。矩形区包围了 Koskinen 等（2013）对 HD 209458b 的上层大气估计的参数范围。菱形为进行气体动力学模拟得到的值。

Bisikalo 等（2013a，2013b）进行的分析结果表明，对某一组参数，通过 L_1 和 L_2 点的外逸流可能在恒星风的动态压力作用下停止。可以从理论上估计从 L_1 的外逸流减速到 0 的距离，并根据外逸流参数（密度 ρ_{str}、速度 v_{str} 以及压力 $p_{str}=\rho_{str}R_{gas}T_{str}$）和恒星风参数来求解方程式（5.7）得到其完全停止的标准。兴趣在于寻找外逸流停止的标准而不是偏斜，所以只考虑外逸流轨迹上可能成为正面碰撞点的点，即外逸流和进入恒星风的速度矢量共线的位置。图 5.5 给出了从 L_1 点流出的外逸流的弹道轨迹示意图。穿过气流径迹的黑色箭头表示在沿恒星/行星系统旋转的坐标系中在外逸流对应位置的恒星风方向。由图 5.5 中可以看出，轨迹上的某个点（图 5.5 中这一点以圆圈标示，称为共线点）外逸流的方向与恒星风共线，这样可求解方程式（5.7）。

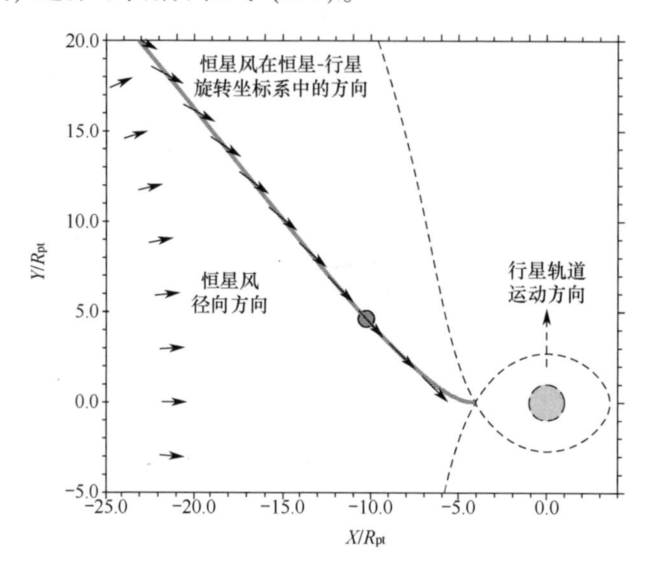

图 5.5 从 L_1 点流出的气流的弹道径迹（固体灰线）

注：虚线表示洛希势通过 L_1 的等值面。该行星的中心位于坐标（0，0）点。穿过气流径迹的箭头表示恒星风在沿恒星－行星系统旋转的坐标系中的方向。实体箭头表示恒星风的径向方向（恒星位于左侧），而虚线箭头显示了行星的轨道运动方向。轨迹上的圆对应于气流和恒星风共线的点。

显而易见，对任一组恒星风参数这一点必然存在。事实上，在外逸流最开始离开 L_1 点时，外逸流直接向恒星移动；径向速度等于声速，而切向速度分量为 0。后来，外逸流被行星轨道运动方向的科氏力所偏转。在与恒星之间的距离最小时（外逸流径迹的近星点），外逸流的径向速度为 0，而切向分量为非零项。这意味着，在 L_1 和近星点之间的外逸流径迹部分，外逸流的速度改变了方向，从纯径向变为纯切向。另外，在旋转的坐标系中，恒星风的速度也是由径向分量 v_r（为简单起见，假设它是恒定的）和切向分量 v_t 组成，后者取决于离恒星的距离：

$$v_t = \Omega \cdot r \tag{5.16}$$

式中：r 为与恒星中心几乎一致的系统质心的距离。

如果径向速度无限大，可以忽略切向分量，因此得到共线点在外逸流沿径向运动的 L_1 点。如果恒星风径向速度为 0，则共线点位于外逸流的近星点。相应地，对任意恒星风径向速度值 v_r，能在外逸流的径迹上找到在 L_1 到近星点之间的共线点。对假定的恒星风性能和给定的系统参数，共线点的位置仅取决于恒星风的径向速度。图 5.6 给出了风的径向速度 v_r，需要发现离行星一定距离的共线点，投射到恒星的本体上。对热木星 WASP-12b 得到了估计值。如果假设恒星风具有太阳风的参数（虚线），WASP12b 共线点位于距离约 5 倍行星半径的位置。

对于热木星 HD 209458b，这个点在投影到恒星本体时位于行星前方约4.6 R_{pl}处。若忽略气体的动力学过程，共线点对应于弓激波正面碰撞点的位置。

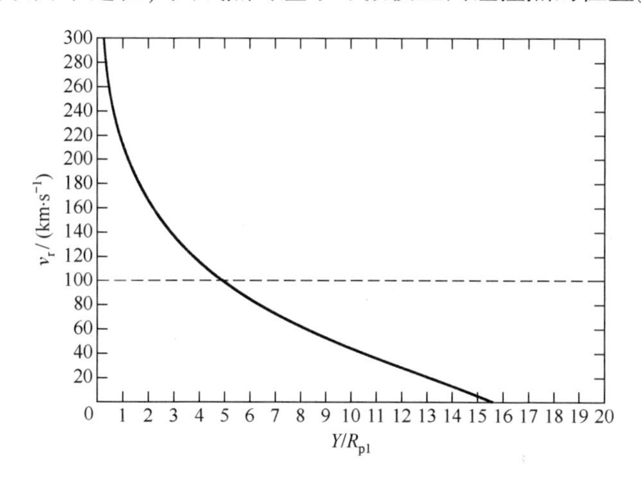

图5.6 对 WASP-12 系统，在投影到恒星本体时共线点离行星一段距离所需的恒星风径向速度

注：虚线表示恒星/太阳风在行星距离处的径向速度

如果在共线点外逸流和恒星风的动态压力平衡（式（5.7）），则外逸流停止，气流变成静止。如果外逸流的气体和动态压力淹没了恒星风，外逸流将持续流向恒星，因为在从 L_1 到近星点的轨迹上没有第二个共线点。通过近星点之后，外逸流的气体加入到恒星壳层（和/或吸积盘），没有返回到行星大气层。如果在共线点恒星风的动态压力占主导地位，恒星风会一直偏转外逸流，直到在正面碰撞点达到式（5.7）给出的平衡压力。

现在确定恒星风的动态压力不足以阻止外逸流时的参数，即大气层是完全开放的，行星可能在很短的时间内丢失。为找到这些参数，需要确定大气密度的临界值 $\rho_0^*(T_{atm})$，用于将外逸流被恒星风阻止的准封闭大气层（$\rho_0 < \rho_0^*$）从开放大气层（$\rho_0 > \rho_0^*$）区分开来。在这个过程中，必须考虑几种重要的物理效应。由于外逸流在恒星引力作用下加速，当向恒星移动时其密度减小。利用已知的双星系统的外逸流加速定律（Lubow 和 Shu，1975）和伯努利方程，可确定沿外逸流轨迹的密度下降率。此处还假定恒星风径向速度为常数。因此，从通量守恒定律，恒星风的密度随与恒星距离的平方成比例下降：

$$\rho_w = \rho_{w*} \cdot \left(\frac{R_*}{r}\right)^2$$

式中：ρ_{w*} 为恒星半径处的恒星风密度。

对于给定的恒星风参数，可以得到这一点的气体密度，在此处动态压力（式（5.7））平衡的基础上外逸流停止。假设大气参数的分布直至 L_1 点都达到平衡，就可进一步确定L_1点的气体密度，并计算出光度半径处的大气密度ρ_0。临界密度的值依赖于假定的大气温度（式（5.8））。因此，临界密度ρ_0^*（T_{atm}）是大气温度的函数。

对HD 209458b获得的估计值如图5.4所示。区分准封闭和开放大气层的密度临界值以虚线表示。对虚线之上的参数，大气层是完全开放的，因此具有巨大的质量损失率。在两条曲线之间的阴影区域的参数，预期为半封闭的非球形的大气层。需要注意的是，Koskinen等（2013）获得的几乎所有HD 209458b大气参数的预估值都位于封闭或准闭合的大气层区域。

根本的问题是引入的区分不同类型大气层的分类标准是否普遍适用于所有的热木星。可能出现的问题：得到密度和温度临界参数所进行的分析是近似的，因为其忽视了许多气体动力学的影响。

（1）分析工作忽略了外逸流轨迹可能偏离弹道径迹。这里使用的近似只适用于比周围环境密集得多的外逸流。如果不是这种情况，HCP就可能在L_1附近来回偏移，需要重新估计ρ_0^*。然而，分析估计值与气体动力学仿真结果的比较表明，由于外逸流的超声速，气动力效应导致的外逸流径迹偏差很小，仅需要对获得的标准进行相当小的修正（只有百分之几）。

（2）另一个重要假设是，外逸流的温度和截面沿径迹保持不变。若将恒星的辐照作为主要加热源，外逸流的温度可以保持恒定。然而，外逸流是由热激波作为边界，其温度从L_1点到HCP逐步增加。由于恒星风对外逸流的压缩以及温度变化，其横截面也可能会有变化。考虑这种效应非常困难，尽管利用辐射传输的正确描述进行数值模拟也不会简单。事实上，辐射传输的影响纳入模拟可能显著改变大气的基本参数。然而，区分大气层类型的标准一般情况下应该是定性相同的。

（3）此处使用了恒星风的简化模型，具有零切向速度、恒定的径向速度，其密度随恒星距离的平方成比例降低。这些近似在以下系统中工作正常：恒星同步旋转（或没有强大的磁场，能够扭转风）、外逸流很快停止从而可忽略径向速度的梯度。这似乎是大多数行星与宿主恒星的情况。

（4）如果从大气层逃逸的气体形成环状的壳层或星盘，解就会显著变化。在这种情况下问题变为非线性的，即大气中的气体混合了恒星风的气体，改变了其轨道参数。这种方法中问题无法解析求解，尽管这种影响的主要结果是行星周围气体环境参数的变化。同样，区分大气层类型的给定标准仅定量变化，而一般分类仍然是有效的。

总结本节中讨论的问题可以得出，取决于正面碰撞点的位置，热木星大气层可分为两类：①如果HCP在行星的洛希瓣内部，大气层壳层几乎是球形的，仅受恒星的潮汐作用和恒星风相互作用的轻微影响；②如果HCP位于行星的洛希瓣之外，出现通过L_1和L_2点的外逸流，壳层变为大致对称。后者也可分为两种类型：如果恒星风的动态压力足以压制通过内拉格朗日点L_1的更强大的外逸流（Bisikalo 等，2013a），在系统中就会形成固定的、准封闭的壳层。如果恒星风不能够阻止来自L_1点的外逸流，就会形成非球面的开放壳层。为检查这些关于热木星大气类型的结论在物理上是否相关，现在考虑典型热木星的三维气动模拟结果。

5.5 从三维数值模拟得到的热木星大气层的形状

本节介绍了热木星 HD209458b 壳层的三维数值气动模拟的结果（Bisikalo 等，2013b）。为进行模拟，采用了 Bisikalo 等（2013a，2013b）所描述的模型。考虑一个系统，由$M_* = 1.1M_{\odot}$、$R_* = 1.1R_{\odot}$的恒星，以及$M_{pl} = 0.64M_{Jup}$、$R_{pl} = 1.32R_{Jup}$的行星组成。假定这个双星系统的两颗星距离$A = 0.045$AU，在周期$P_{orb} = 3.5$ d的圆轨道上运行。在这个系统中，行星的线速度为 141km/s。给定恒星风参数为太阳风在行星距离上的参数（$T_w = 7.3 \times 10^5$ K，$n_w = 1.4 \times 10^4 \text{cm}^{-3}$，$v_w = 100$km/s（Withbroe，1988）），恒星风的流动为亚声速，$Ma = 0.99$。然而，考虑到行星$Ma = 1.4$的超声速轨道运动，行星相对于恒星风的最终速度似乎明显超声速，$Ma = 1.75$。

气流由引力气体动力学方程的三维系统描述，由完美的单原子气体状态方程进行封闭。在这个模型中，忽略了加热和冷却的非绝热过程。为求解系统，采用了带 Einfeldt 修正的 TVD Roe-Osher 体系。这种方法的详细描述参见 Boyarchuk 等（2002）、Bisikalo 等（2004）和 Bisikalo 等（2013d）的论著。

行星大气层的参数ρ_0和T_{atm}，根据对这颗行星得到的最新的（在编写本书时）估计值来设置（Koskinen 等，2013）。此处考虑的参数在图 5.4 中以菱形标示，在表 5.1 中列出。注意，在给定的参数范围内，在 5.4 节讨论的三种类型的大气层都可能存在：模型 1 和模型 2 对应于封闭大气层，模型 3 和模型 4 分对应于准封闭和开放的大气层。四套参数的数值模拟的结果如图 5.7 ~ 图 5.10 所示。

表 5.1 用于热木星 HD 209458b 建模的大气参数

模型序数	T_{atm}/K	$n_0/10^{10}\text{cm}^{-3}$
1	6000	2
2	7000	5
3	7500	10
4	8000	20

注：温度和气体数密度是光度半径处的值

图5.7~图5.10显示的流场图在不同情况有很大的区别。正如上述分析考虑所预期的，在模型1（图5.7）中得到的为恒星风环绕的封闭大气层。此处可以看到对称弓激波的形成，在HCP附近几乎是球面的，倾向于远离该点的马赫锥。包围行星大气层的接触间断层，完全是行星的洛希瓣之内。作为一个整体，行星的大气层与球体基本没有不同。本模型中大气层的质量损失率 $\dot{M} < 1 \times 10^9$ g/s（Cherenkov等，2014）。

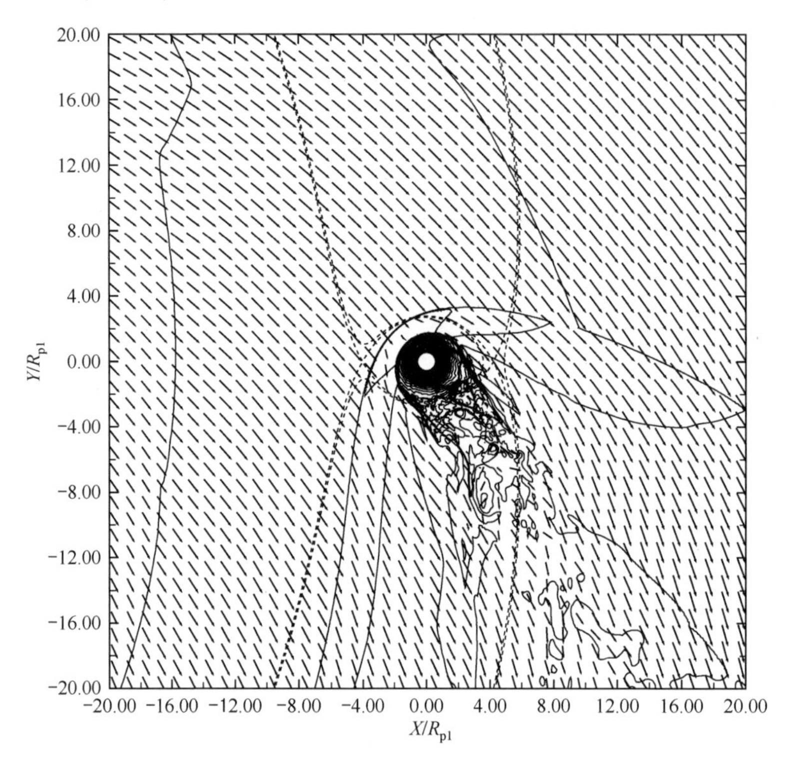

图5.7 模型1：HD 209458b附近的流场图

注：质心在点（0，0）的行星，以白色圆表示。图中显示了系统的赤道平面内的密度和速度矢量的等值线。空间尺度单位为 R_{pl}。虚线表示含有 L_1 和 L_2 点的洛希等势面。

在模型2（图5.8）中，大气层的外形明显是非球面的。在这种情况下，HCP位置相比模型1向远离行星的方向偏移，但仍然位于行星的洛希瓣内。在图5.8中可以清楚地看到两个台阶，直接指向 L_1 和 L_2 点，导致激波和接触间断的形状的重要改变。此外，行星的尾迹（以弓激波为边界的区域）比模型1宽得多。有趣的是，在这种情况下，没有发现从 L_1 点朝向恒星的外逸流，但存在从 L_2 点的弱的外逸流。这种模型中大气的总质量损失率 $\dot{M} \approx 1.2 \times 10^9$ g/s（Cherenkov等，2014）。因此，计算出的壳层是部分开放的，尽管存在这组参数的分析会形成封闭的大气层（图5.4）。由此可以推断，分析估计值的精度为百分之几十，这可以从以下事实得到解释。在获得这些估计值时，忽略了气动力效应。

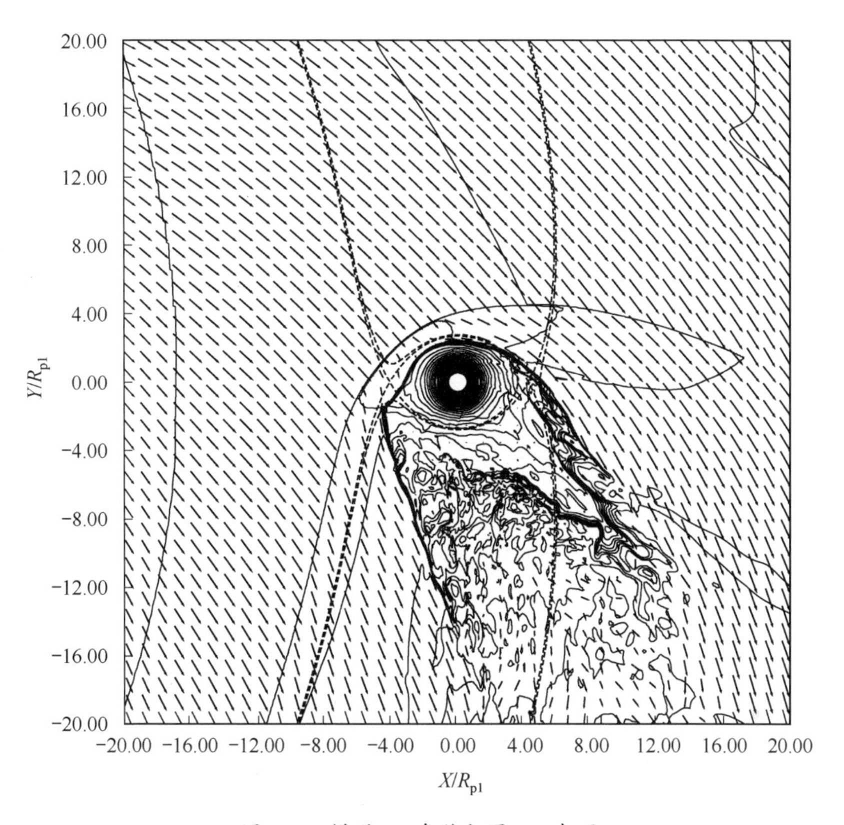

图 5.8　模型 2：条件与图 5.7 相同

图 5.9、图 5.10 分别给出了模型 3 和模型 4 结果。模型 4 和模型 3 的结果在两个解的气流末端都位于离行星大致相同的位置，系统气流结构相比模型 1 和模型 2 有定性的变化。可以清楚地看到两个外逸流：从 L_1 点的外逸流较强，直接朝向恒星；从 L_2 的外逸流不那么强，但很明显。根据角动量守恒定律，这两种外逸流向相反方向偏转，沿轨道运动方向（从 L_1 的外逸流）和逆向轨道运动方向（从 L_2 的外逸流）。与解中紧密双星的外逸流的典型情况不同（Bisikalo 等，2004），这些外逸流形成的区域延伸相当多。L_1 点的外逸流起源于拉格朗日点和洛希瓣上边缘之间的广大区域。L_2 点的外逸流起源的区域大约相同。然而，沿外逸流走到更远，流场结构有明显的不同。L_1 点的外逸流保持形状几乎不变，甚至逐渐变窄，相反，从 L_2 点的外逸流极大地扩展。密度等值线图表明，在离行星相同距离处，L_1 点的外逸流比 L_2 点外逸流密集得多。

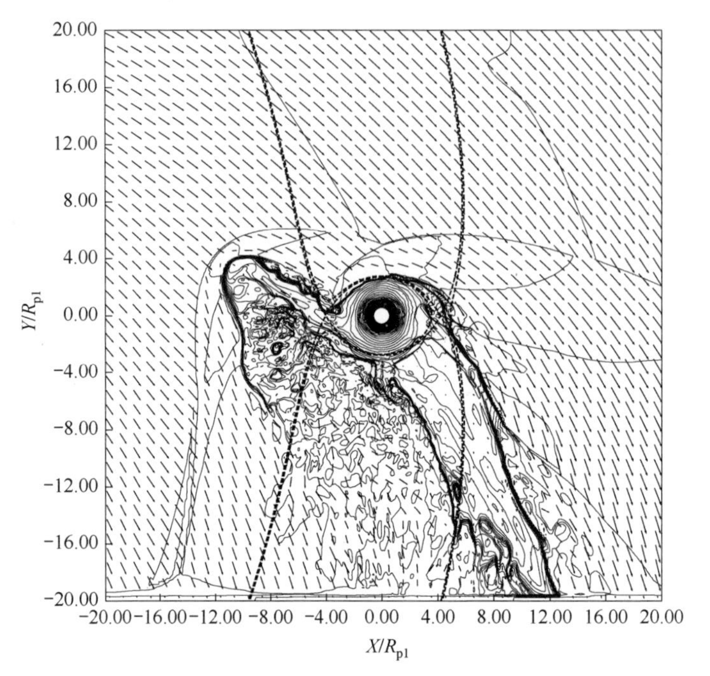

图 5.9 模型 3：条件与图 5.7 相同

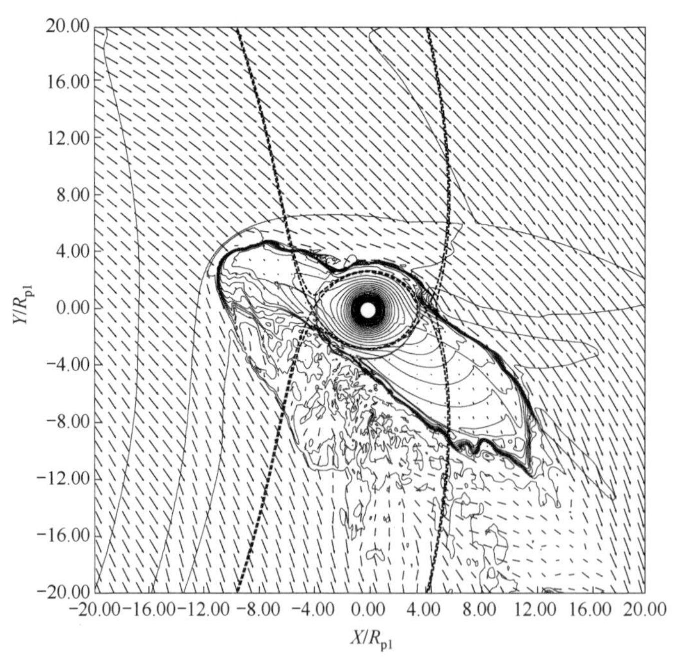

图 5.10 模型 4：条件与图 5.7 相同

注：本图绘制了外逸流末端离行星中心距离与模型 3 大致相同时的解。

模型 3 和模型 4 的解从根本上不同。模型 4 中，L_1点的外逸流不会停止，一直朝恒星移动，即行星的大气层是开放的。图 5.11 给出了当外逸流到达计算区域边界时的解，清晰地给出了 L_1点的外逸流的情况。在模型 4 的解中，得到较大的质量损失率 $\dot{M}\approx 3\times 10^{10}$ g/s（Cherenkov 等，2014）。与紧密双星系统相比这是可能的，在这样的系统中可能形成吸积星盘或致密材料环。在模型 3 中，大气层是半封闭的，即外逸流在一定的距离上被恒星风阻止。沿间断边界观测到了弱的外逸流，总质量损失率 $\dot{M}\approx 3\times 10^{9}$ g/s（Cherenkov 等，2014）。这个解中激波和接触间断具有复杂的形状。行星壳层的非对称形状（由大气和从 L_1点和 L_2点的类似壁架的气流）导致明显的双峰结构的波的形成；或者可能形成双激波，一个环绕大气层，另一个环绕从 L_1点的外逸流。正面碰撞点位于 L_1点的外逸流的尖端。然而，当恒星风接近行星时，大气层开始影响激波，使其弯曲，将其推出行星，最后往往形成激波的第二个峰（甚至第二激波）。需注意的是，从正面碰撞点沿激波的物质流，当到达峰之间的下沉区域时受到大幅度扰动。特别是，在此下沉处形成的旋涡会造成接触间断的侵蚀以及恒星风和大气层气体的混合。在解中也可以看到许多短而弱的明显激波。此外，行星留下了很宽的尾巴，因为在所考虑的情况下，激波的边界不仅是大气层，还包括 L_1和 L_2点的外逸流。

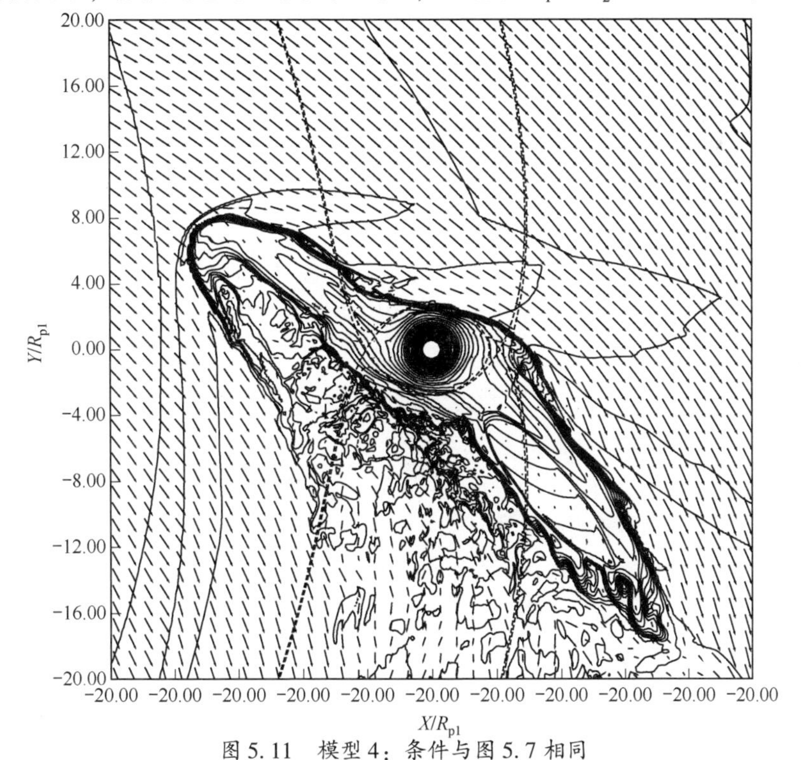

图 5.11　模型 4：条件与图 5.7 相同

注：本图绘制了当外逸流已经越过共线点并到达计算区域边界时的解。

假设到目前为止发现的热木星有类似的性质，可以期望得到的解（非对称、半封闭、长寿命的壳层）是典型的。作为进一步的试验，考虑热木星 WASP-12b 附近的外逸流结构（Bisikalo 等，2013a）。WASP-12 是晚期 F 型主序星，$M_* = 1.35M_\odot$、$R_* = 1.6R_\odot$（Fossati 等，2010b）。这颗恒星是凌星热木星 WASP-12b 的宿主，$M_{pl} = (1.41 \pm 0.1) M_{Jup}$、$R_{pl} = (1.74 \pm 0.09) R_{Jup}$（Chen 等，2011）。WASP-12b 在一个相当圆的轨道上旋转（Campo 等，2011），周期约为 1.09 天（Hebb 等，2009），距离宿主恒星约为 0.0229AU（约 3 倍恒星半径）。

对 HD 209458b 的情况，行星的大气层充满了洛希瓣。事实上，行星的中心和 L_1 点之间的距离只有 $1.85R_{pl}$。考虑到行星上层大气温度高达 10^4K（Lai 等，2010），预期会有很高程度的洛希瓣溢出（$\Delta R/R \approx 0.16$）。此外，类似于 HD 209458b 的情况，恒星风的适当速度为亚音速（$M = 0.85$）。然而，这颗行星的快速轨道运动（$Ma = 1.97$）导致行星相对于 a 明显超过声速（$Ma = 2.14$）。

WASP-12b 与其宿主恒星的相互作用的三维气动模拟结果（Bisikalo 等，2013a）表明，这颗行星洛希瓣的溢出导致大气层从 L_1 和 L_2 点非常重要的外逸流以及行星附近非轴对称壳层的形成。这颗行星的超声速运动以及在恒星风气体中的非对称壳层导致了复杂形状的弓激波的形成。恒星风的动态压力抑制了通过 L_1 和 L_2 点附近的活性质量损失，形成一个稳态的、长寿命的流场结构。这表明，热木星的典型情况可能是准封闭的不对称壳层结构。

5.6 本章小结

如 5.1～5.4 节所示，热木星壳层的分类是基于行星洛希瓣的溢出程度。如果行星大气层溢出洛希瓣，系统中就会发生强大的气动运动，从拉格朗日点 L_1 和 L_2 点向外流出。这些气流的能量规划是相当大的。从 L_1 点的外逸流在宿主恒星的引力场作用下会持续加速，气体动力学过程必然会控制系统中的流场结构。恒星的辐射压力和/或恒星及行星的磁场也会影响流动结构，但很轻微。若考虑行星磁场的影响，尽管没有存在系外行星上探测到磁场的事实，但有理由相信磁场应该是存在的，因此可以影响流场结构（Vidotto 等，2013）。假设行星的磁场轴线与旋转轴同轴，则磁场对系统的赤道平面的作用是各向同性的。对热木星讨论的特性，赤道平面的解是非常重要的，因为这一平面包含从 L_1 点的外逸流。均匀强磁场在赤道平面上的各向同性的影响（磁场作为额外的压力）不会定性改变非对称壳层的解，仅改变流场结构的空间尺度。恒星的辐射压力和磁场以各向异性的方式作用，原则上会扭曲壳层的形状，但对类日恒星这些现象太弱，不足以产生明显的影响。

行星洛希瓣的溢出程度取决于上层大气的温度和密度。热木星在接近其宿主恒星的轨道上运行，因此其上层大气暴露于来自宿主恒星的密集等离子流和辐射。这会导致密集的、扩展的热层和电离层的形成。上层大气主要吸收软X射线和硬紫外线光子，这会明显提高其温度（Yelle，2004；GarcíaMuñoz，2007；Koskinen等，2010，2013）。此外，上层大气的离子成分也会变化，如$H_2 \rightarrow H \rightarrow H^+$。这是扩展壳层形成中考虑的一个额外因素。事实上，由于大气层中分子的离解，没有有效的辐射冷却机制，导致特定均质大气高度增加。因此，给定热木星上层大气的高温（几千开），这样的行星溢出其洛希瓣的概率是非常高的。

分析考虑与三维数值模拟的结果指出了热木星附近三种类型的气体壳层存在的可能性：球形封闭，不对称、半封闭的和不对称、开放的。例如，对HD 209458b，获得的大气参数范围允许所有三种类型的壳层的存在。然而，这是极有可能的（图5.4），HD 209458b和类似系外行星的大气层是不对称、半封闭的。在这种情况下，流场结构和壳层的壳层线是由热木星大气的外逸流所控制。

使用不对称的壳层来解释观测数据的第一次尝试使得能够解释热木星上观测到的各种异常现象，如WASP-12b、HD 209458b。不对称的壳层和弓激波（Bisikalo等，2013a）应对紫外波段观测到的早期入凌和WASP－12b特定谱振谱线波长处观测到的异常深凌星负责（Fossati等，2010a；第8章）。在弓激波背后从正面碰撞点向相反方向运动的两个外逸流的存在（Ionov等，2012；图5.3）能够解释HD 209458b的谱线中CⅡ和Si Ⅲ吸收的双峰轮廓（Linsky等，2010）。事实上，非对称壳层的存在是与观测结果一致的。

必须强调热木星周围不对称壳层的存在，而复杂形状的弓激波的存在大大改变了对围绕这类行星的物质分布的理解。因此，这提高了我们正确解释观测结果的能力，但它在这一领域中开辟了新的视野。

参考文献

Baranov, V. B., & Krasnobaev, K. V. (1977). *Hydrodynamic theory of a cosmic plasma*. Moscow: Izdatel Nauka.

Ben-Jaffel, L. (2007). *Astrophysical Journal Letters*, *671*, L61.

Ben-Jaffel, L., & Sona Hosseini, S. (2010). *Astrophysical Journal*, *709*, 1284.

Bisikalo, D. V., Boyarchuk, A. A., Kaigorodov, P. V., Kuznetsov, O. A., & Matsuda, T. (2004). *Astronomy Reports*, *48*, 449.

Bisikalo, D. V., Kaygorodov, P. V., Ionov, D. E., Shematovich, V. I., Lammer, H., & Fossati, L. (2013a). *Astrophysical Journal*, *764*, 19.

Bisikalo, D. V., Kaigorodov, P. V., Ionov, D. E., & Shematovich, V. I. (2013b). *Astronomy Reports*, *57*, 715.

Bisikalo, D. V., Kaygorodov, P. V., & Ionov, D. E. (2013c). In N. V. Pogorelov, E. Audit, G. P. Zank (Eds.), *Numerical modeling of space plasma flows* (Astronomical Society of the Pacific Conference Series, vol 474, pp. 41). San Francisco: Astronomical Society of the Pacific. Bisikalo, D. V., Zhilkin A. G., & Boyarchuk A. A. (2013d). *Gas dynamic close binary stars (in Russian)*. Moscow: Physmatlit.

Boyarchuk, A. A., Bisikalo, D. V., Kuznetsov, O. A., & Chechetkin, V. M. (2002). Mass Transfer in Close Binary Stars (Advances in astronomy and astrophysics, Vol. 6, pp 1-365). London and New York: Francis & Taylor.

Campo, C. J., Harrington, J., Hardy, R. A., Stevenson, K. B., Nymeyer, S., Ragozzine, D., Lust, N. B., Anderson, D. R., Collier-Cameron, A., Blecic, J., Britt, C. B. T., Bowman, W. C., Wheatley, P. J., Loredo, T. J., Deming, D., Hebb, L., Hellier, C., Maxted, P. F. L., Pollaco, D., & West, R. G. (2011). *Astrophysical Journal*, *727*, 125.

Chan, T., Ingemyr, M., Winn, J. N., Holman, M. N., Sanchis-Ojeda, R., Esquerdo, G., & Everett, M. (2011). *Astrophysical Journal*, *141*, 179.

Cherenkov, A. A., Bisikalo, D. V., & Kaigorodov, P. V. (2014). *Astronomy Reports*, *58*, 679.

Fossati, L., Haswell, C. A., Froning, C. S., Hebb, L., Holmes, S., Kolb, U., Helling, C., Carter, A., Wheatley, P., Collier Cameron, A., Loeillet, B., Pollacco, D., Street, R., Stempels, H. C., Simpson, E., Udry, S., Joshi, Y. C., West, R. G., Skillen, I., &Wilson, D. (2010a). *Astrophysical Journal Letters*, *714*, L222.

Fossati, L., Bagnulo, S., Elmasli, A., Haswell, C. A., Holmes, S., Kochukhov, O., Shkolnik, E. L., Shulyak, D. V., Bohlender, D., Albayrak, B., Froning, C., & Hebb, L. (2010b). *Astrophysical Journal*, *720*, 872.

Fossati, L., Haswell, C. A., Linsky, J. L., & Kislyakova, K. G. (2014). In H. Lammer & M. L. Khodachenko (Eds.), *Characterizing stellar and exoplanetary environments* (pp. 59). Heidelberg/New York: Springer.

García Muñoz, A. (2007). *Planetary and Space Science*, *55*, 1426.

Haswell, C. A., Fossati, L., Ayres, T., France, K., Froning, C. S., Holmes, S., Kolb, U. C., Busuttil, R., Street, R. A., Hebb, L., Collier Cameron, A., Enoch, B., Burwitz, V., Rodriguez, J., West, R. G., Pollacco, D., Wheatley, P. J., & Carter, A. (2012). *Astrophysical Journal*, *760*, 79.

Hebb, L., Collier-Cameron, A., Loeillet, B., Pollacco, D., Hébrard, G., Street, R. A., Bouchy, F., Stempels, H. C., Moutou, C., Simpson, E., Udry, S., Joshi, Y. C., West, R. G., Skillen, I., Wilson, D. M., McDonald, I., Gibson, N. P., Aigrain, S., Anderson, D. R., Benn, C. R., Christian, D. J., Enoch, B., Haswell, C. A., Hellier, C., Horne, K., Irwin, J., Lister, T. A., Maxted, P., Mayor, M., Norton, A. J., Parley, N., Pont, F., Queloz, D., Smalley, B., & Wheatley, P. J. (2009). *Astrophysical Journal*, *693*, 1920.

Ionov, D. E., Bisikalo, D. V., Kaygorodov, P. V., Shematovich, V. i. (2012). In M. T. Richards & I. Hubeny (Eds.), *From interacting binaries to exoplanets: Essential modelling tools* (IAU symposium, Vol. 282, pp. 545). Cambridge: Cambridge University Press

Koskinen, T. T., Yelle, R. V., Lavvas, P., & Lewis, N. K. (2010). *Astrophysical Journal*, *723*, 116.

Koskinen, T. T., Harris, M. J., Yelle, R. V., & Lavvas, P. (2013). *Icarus 226*, 1678.

Lai, D., Helling, C., & van den Heuvel, E. P. J. (2010). *Astrophysical Journal*, *721*, 923.

Landau, L. D., & Lifshitz, E. M. (1966). *Hydrodynamik, Lehrbuch der theoretischen Physik*. Berlin: Akademie-Verlag.

Lecavelier Des Etangs, A., Ehrenreich, D., Vidal-Madjar, A., Ballester, G. E., Désert, J. M., Ferlet, R., Hébrard, G., Sing, D. K., Tchakoumegni, K. O., & Udry, S. (2010). *Astronomy and Astrophysics*, *514*, A72.

Li, S. L., Miller, N., Lin, D. N. C., & Fortney, J. J. (2010). *Nature*, *463*, 1054.

Linsky, J. L., Yang, H., France, K., Froning, C. S., Green, J. C., Stocke, J. T., & Osterman, S. N. (2010). *Astrophysical Journal*, *717*, 1291.

Lubow, S. H., & Shu, F. H. (1975). *Astrophysical Journal*, *198*, 383.

Murray-Clay, R. A., Chiang, E. I., & Murray, N. (2009). *Astrophysical Journal*, *693*, 23.

Pringle, J. E., & Wade, R. A. (1985). *Interacting binary stars* (Cambridge astrophysics series). Cambridge: Cambridge University Press.

Savonije, G. J. (1979). *Astronomy and Astrophysics*, *71*, 352.

Verigin, M., Slavin, J., Szabo, A., Gombosi, T., Kotova, G., Plochova, O., Szegö, K., Tátrallyay, M., Kabin, K., & Shugaev, F. (2003). *Journal of Geophysical Research*, *108*, 1323.

Vidal-Madjar, A., Lecavelier des Etangs, A., Désert, J. M., Ballester, G. E., Ferlet, R., Hébrard, G., & Mayor, M. (2003). *Nature*, *422*, 143.

Vidal-Madjar, A., Désert, J. M., Lecavelier des Etangs, A., Hébrard, G., Ballester, G. E., Ehrenreich, D., Ferlet, R., McConnell, J. C., Mayor, M., & Parkinson, C. D. (2004). *Astrophysical Journal Letters*, *604*, L69.

Vidal-Madjar, A., Lecavelier des Etangs, A., Désert, J. M., Ballester, G. E., Ferlet, R., Hébrard, G., & Mayor, M. (2008). *Astrophysical Journal Letters*, *676*, L57.

Vidotto, A. A., Jardine, M., Morin, J., Donati, J. F., Lang, P., & Russell, A. J. P. (2013). *Astronomy and Astrophysics*, *557*, A67.

Vidotto, A. A., Bisikalo, D. V., Fossati, L., & Llama, J. (2014). In H. Lammer & M. L. Khodachenko (Eds.), *Characterizing stellar and exoplanetary environments* (pp. 153). Heidelberg/New York: Springer.

Withbroe, G. L. (1988). *Astrophysical Journal*, *325*, 442.

Wood, B. E., Linsky, J. L., & Güdel, M. (2014). In H. Lammer & M. L. Khodachenko (Eds.), *Characterizing stellar and exoplanetary environments* (pp. 19). Heidelberg/New York: Springer.

Yelle, R. V. (2004). *Icarus*, *170*, 167.

第6章　系外行星受XUV加热并膨胀的大气层中的超热粒子

超热粒子（具有过量动能的粒子）是由于恒星远紫外辐射对系外行星富氢大气的光解作用而产生的，其主要成分有 H_2、H、He 电离产生的光电子，以及 H_2 分解和离解电离过程产生的氢原子。这些具有过量动能的粒子是富氢系外行星上层大气热能的重要来源。在目前的空间物理模型中，没有关于热氢原子和光电子的动力学和传输过程的详细计算，因为这需要求解玻耳兹曼方程以得到这些粒子的非热部分的情况。

本章估算了恒星远紫外辐射对富氢系外行星高层大气中 $H_2 \rightarrow H$ 过渡区超热粒子的生成的影响效果。计算了恒星远紫外辐射在 HD 209458b 星高层大气 $H_2 \rightarrow H$ 过渡区的光解过程局部沉积率。利用作者开发的蒙特卡罗模型，计算了 HD 209458b 星大气层的碰撞动力学和光电子传输等过程。利用该模型还计算了由电子碰撞过程导致的恒星 XUV 辐射的局部沉积速率，碰撞过程同样发生在 HD 209458b 星高层大气中的 $H_2 \rightarrow H$ 过渡区。利用这些计算结果可以估算系外行星高层大气的光电子对其大气气体的加热速率。首次计算了系外行星富氢大气层的加热效率 η，包括考虑 $H_2 \rightarrow H$ 过渡区光电子碰撞过程，以及不考虑该过程影响两种情况下的结果。利用热行星星冕的随机数值模型，研究了高层大气超热氢原子的动力学和传输过程，以及大气层蒸发出的原子的瞬时通量。在温和恒星活动的紫外辐射强度下，后者的估计值为 $5.8 \times 10^{12} cm^{-2} \cdot s^{-1}$，而此种情况下，$H_2$ 的分解过程导致的系外行星大气蒸发速率为 5.8×10^{9} g/s。该估算结果表明：在观测估算所得的 HD 209458b 星 10^{10} g/s 量级的大气损耗率中，超热氢原子占到了很大的比重。

6.1　引言：高层大气短波辐射效应

目前已知的太阳系外行星超过 1000 个（http：//exoplanets. eu）。在探测轨道半径小于 1AU 的富氢和富含挥发性物质的系外行星的过程中，引出了关于其高层大气的结构及存在气体逃逸时的稳定性的问题。由于在已发现的系外行星中，超过 40 % 的行星以小于水星轨道的距离环绕其恒星运行，因此这些星体的大气处于在比已知的太阳系中行星更为极端的环境中不断演变。在如此近的轨道距离上，更强烈的恒星 X 射线、软 X 射线、极紫外（波长为 1 ~100nm，包含软 X 射线和 EXU 的辐射称为 XUV）辐射和粒子流，会在很大程度上改变这些星体的高层大气结构。

恒星的极紫外辐射会引发低轨道系外行星富氢大气的光解，该过程导致超热粒子（具有过量动能的粒子）产生，主要有 H_2、H 、He 电离产生的光电子，以及 H_2分解和离解电离过程产生的氢原子。这些具有过量动能的粒子是富氢系外行星高层大气热能的重要来源。本章估算并概述了恒星远紫外辐射对富氢系外行星高层大气，以及高层大气 $H_2 \rightarrow H$ 过渡区超热粒子的生成的影响效果。

6.2　系外行星高层大气超热原子的高层大气物理学

通常认为超热的原子和分子是指动能超过 $5 \sim 10k_B T$（T 为环境大气气体温度）的粒子。超热（或热）粒子产生于多种物理和化学过程，这些过程的生成物具有过量动能，其成因是由光子、电子的放热化学过程，和太阳风及磁层扰动或拾取离子导致的大气溅射。电离复合过程、紫外光子和电子诱发的分解过程以及放热的化学反应都伴随着几个电子伏特量级的能量释放，其中一部分能量会作为生成物的内部激发能储存起来（Wayne，1991；Marovet 等，1996；Johnson 等，2008）。电荷交换以及高能等离子体诱发的大气溅射会产生更大的能量转移，生成具有高达几百电子伏特能量的热粒子（Johnson 等，2008）。如果这些典型超热粒子的生成速率高于其热化速率，它们就达到了稳定状态。

近年来关于超热粒子在系外行星和卫星高层大气的物理和化学变化中的角色的研究热度显著提升（Wayne，1991；Shizgal 和 Arkos，1996；Marov 等，1996；Johnson 等，2008）。特别是上层大气层产生的热粒子，已被证实在上层大气的化学和热力学过程中扮演了重要的角色。它们产生的具体效应包括如下三个方面：

（1）导致大气化学成分发生局部变化。因为超热粒子和环境大气气体发生的化学反应（尤其是高活化能反应）的不平衡系数，比普通活化能反应的更大（Shematovich 等，1994，1999）。

（2）使大气呈现非热喷射特征（Hubert 等，1999，2001）。

（3）产生热行星星冕（Nagy 等，1990；shematovich，等，1994，1999，2005）并加强非热大气损失效应（Shizgal 和 Arkos，1996；Johnson 等，2008）

Shematovich 等（1994）提出了用随机仿真的方法来研究热行星和卫星星冕中超热粒子的形成、动力学和传输过程。这种方法最早是用于研究热氧地冕的形成过程（Shematovich 等，1994，1999，2005），并考虑了放热化学反应（Gerard 等，1995）以及磁层质子和环电流中高能 O^+ 离子（Bisikalo 等，1995）的沉降等因素。随机模型方法还用于研究木星上由电子沉降及其诱导的放热化学反应而产生的热氢星冕现象（Bisikalo 等，1996）。

6.2.1 热行星星冕

在一个行星大气层的最上层，中性粒子的密度极低以至于几乎不存在，该层称为外逸层或行星星冕。由于大气不是完全被行星重力场束缚于行星周围，因此比较轻的原子如氢原子和氦原子，在具有足够大的速度时就会从高层大气层逃逸到行星间的空间中。这个过程称为金斯逃逸。它取决于在大气气体无实际碰撞的高度处（Chamberlain 和 Hunten，1987），即外逸层层底位置的环境大气温度。较重的碳、氮、氧原子只能通过非热过程从大气层逃逸，如光解离和电子碰撞解离、电荷交换、大气溅射以及离子拾取（Johnson 等，2008）等过程。目前关于行星星冕的理论主要以陆基和空间观测到的外逸层喷射特征为基础，例如 121.6 nm 拉曼 - α 射线和 102.6 nm 拉曼 - β 氢线，58.4 nm 氦线，以及 130.4 和 135.6 nm 原子氧线。Mariner 观测到的结果证实了热氢的存在，Pioneer Venus UV 光谱仪的光谱数据证明了金星上存在热氧和碳原子（Johnson 等，2008）。利用这些观测结果，加上原位质谱仪的测量值，就可以构造外逸层大气成分的密度和温度分布剖面图。测量结果揭示了行星星冕既包含平均动能与外逸层温度一致的热中性粒子，也包含平均动能远高于外逸层温度的热中性粒子（Marov 等，1996；Johnson 等，2008）。

与 Chamberlain 和 Hunten（1987）提出的行星外逸层非碰撞热模型不同，上述观测和模型的建立需要对行星最高大气进行新的物理描述。而热原子成分的存在表明行星和卫星大气层的非热过程是很重要的（Marov 等，1996；Johnson 等，2008）。

6.2.2 超热中性粒子

超热原子和分子产生于多种物理和化学过程，这些过程的生成物具有过量动能。行星大气的稀薄气体中超热粒子主要来源于以下过程：

（1）高能磁层离子和大气层中性气体组分之间的电荷交换。

（2）分子离子与大气层电子的电离复合过程。

（3）太阳紫外辐射和磁层等离子体导致的解离和离解电离过程。

（4）放热的离子型分子和中性化学反应。

（5）大气层气体在磁层等离子体作用下的溅射或撞击。

（6）从气溶胶或尘埃等组分表面非热性剥离。

电离复合过程、太阳紫外光子和高能电子的解离过程以及放热性化学反应过程可以用以下公式描述：

$$\begin{cases} AB^+ + \mathrm{e} \rightarrow A_{\mathrm{hot}}^* + B_{\mathrm{hot}}^* \\ AB + h\nu(\mathrm{e}) \rightarrow A_{\mathrm{hot}}^* + B_{\mathrm{hot}}^* + (\mathrm{e}) \\ C + D \rightarrow A_{\mathrm{hot}}^* + B_{\mathrm{hot}}^* \end{cases} \tag{6.1}$$

上述过程伴随着几个电子伏特级别的能量释放，其中的一部分作为生成物的内部激励能被储存起来（Wayne，1991）：

$$\begin{cases} A_{\mathrm{th}} + B_{\mathrm{hot}}^+(E) \rightarrow A_{\mathrm{th}}^+ + B_{\mathrm{hot}}(E) \\ A_{\mathrm{th}} + B_{\mathrm{hot}}^+(E) \rightarrow A_{\mathrm{th}}^+ + B_{\mathrm{hot}}(E' \leqslant E) \\ AC_{\mathrm{th}} + B_{\mathrm{hot}}^+(E) \rightarrow A_{\mathrm{th}}^+ + C_{\mathrm{hot}} + B_{\mathrm{hot}}(E' \leqslant E) \end{cases} \tag{6.2}$$

高能离子的电荷交换过程，以及大气气体在磁层等离子体作用下的溅射过程，会产生更高的能量，并生成具有几百电子伏特能量的热粒子。这些新生成的超热粒子在与外层大气的弹性碰撞和非弹性碰撞中失去其超量动能：

$$A_{\mathrm{th}} + B_{\mathrm{hot}}(E) \rightarrow A_{\mathrm{hot}}(E' \leqslant E) + B_{\mathrm{hot}}(E'' \leqslant E - E') \tag{6.3}$$

这些过程通常考虑线性近似的情况，即假设环境大气是热平衡的，而且其状态受到超热粒子的扰动很小。但是，如果超热粒子的生成速度很高，就要引入非线性动力学近似的方法（因为外逸层的二次粒子也是伴随着超高能量产生的）。于是，它们与环境气体的后续碰撞导致了新的热粒子的级联生成效应，其结果是对大气气体的热状态产生了显著的扰动。因此，只有在微观层面引入玻耳兹曼动力学方程，才能对热粒子的动力学过程进行较严谨的描述。

6.2.3 超热粒子的动力学描述

设行星大气的稀薄气体，在物理空间 V 内的原子和分子等组分用 $\alpha_i(i = 1,\cdots,S)$ 表示。气体成分中的每种粒子 α_i（原子、分子及其离子）具有质量 m_{i}、位置 $\boldsymbol{r}_i \in V$、速度 $\boldsymbol{c}_i$以及利用量子数 $\boldsymbol{z}_i$代表每种可能的内激发能级。这些在化学上有明显区分的组分以化学反应 $m = 1，\cdots，M > 1$ 相互碰撞作用，这些反应是与动力学图像相吻合的：

$$m: \alpha_i(\boldsymbol{c}_i, \boldsymbol{z}_i) + \alpha_j(\boldsymbol{c}_j, \boldsymbol{z}_j) \rightarrow \alpha_k(\boldsymbol{c}'_k, \boldsymbol{z}_k) + \alpha_l(\boldsymbol{c}'_l, \boldsymbol{z}_l) \tag{6.4}$$

为了体现上述化学反应系统的一般性，将式（6.4）中的反应视为一种碰撞过程，它既有弹性碰撞（$\alpha_i = \alpha_k$ 且 $\alpha_j = \alpha_l$），也有非弹性碰撞（$\alpha_i = \alpha_k$ 且 $\alpha_j = \alpha_l$，但 $\boldsymbol{z}_{\mathrm{i}} \neq \boldsymbol{z}_{\mathrm{k}}$ 且 $\boldsymbol{z}_{\mathrm{j}} \neq \boldsymbol{z}_{\mathrm{l}}$，即内部激励能级不同），还有化学反应碰撞（$\alpha_i \neq \alpha_k$ 或 $\alpha_j \neq \alpha_l$）。式（6.4）中不同的反应是由散射函数来定义的：

$$g_{ij}\mathrm{d}\sigma_m = |c_i - c_j|\mathrm{d}\sigma_m(|c_i - c_j|, \Omega)\mathrm{d}\Omega$$

式中：$\mathrm{d}\sigma_m$ 为式（6.4）中反应的微分散射截面；$g_{ij} = |c_i - c_j|$ 为反应速度，Ω 为立体散射角。

式（6.4）中不同类型的碰撞过程都有对应的散射截面（弹性碰撞 $\boldsymbol{\sigma}_m^{(\mathrm{el})}$、非

弹性碰撞 $\sigma_m^{(\mathrm{in})}$ 、化学碰撞 $\sigma_m^{(\mathrm{r})}$ ），而 $\sigma_m = \sigma_m^{(\mathrm{el})} + \sigma_m^{(\mathrm{in})} + \sigma_m^{(\mathrm{r})}$ 。反应式 m 生成的粒子的速度 c'_k、c'_j 可以通过相互作用的分子的质量、动量和总能量守恒定律来计算，而它们在实验室坐标系中的方向由概率密度 $\mathrm{d}\sigma_m/\sigma_m$ 确定。

描述微观层面的化学反应系统的演化，是通过求解如下玻耳兹曼动力学方程决定的：

$$\frac{\partial F_{\alpha i}}{\partial t} + \boldsymbol{c}\frac{\partial F_{\alpha i}}{\partial \boldsymbol{r}} + \frac{\boldsymbol{Y}}{m_\alpha}\frac{\partial F_{\alpha i}}{\partial \boldsymbol{c}} = Q_{\alpha i} + \sum J_m^{\alpha i}(F_{\alpha i}, F_{\alpha j}), i,j = 1,\cdots,S \tag{6.5}$$

求解过程需要结合空间 V 中大气层气体在行星外力场 Y 作用下的初始条件和边界条件，并且求解是基于两点物理假设，即气体为稀薄气体，且碰撞过程中粒子相互作用半径发生有限或快速的下降（Marov 等，1996）。通过气体粒子的速度和内部激发状态函数来对气体状态进行微观描述：

$$F_{\alpha i}(t,\boldsymbol{r},\boldsymbol{c}) = n_{\alpha i}(t,\boldsymbol{r},\boldsymbol{z}) f_{\alpha i}(t,\boldsymbol{r},\boldsymbol{c})$$

式中：$n_{\alpha i}(t,\boldsymbol{r},\boldsymbol{z})$ 为粒子在状态 z 下的数量密度；$f_{\alpha i}(t,\boldsymbol{r},\boldsymbol{c})$ 为标准化的单粒子速度分布函数。

源函数 $Q_{\alpha i}$ 确定了式（6.1）和式（6.2）描述的碰撞过程中超热粒子的产生速度。动力学方程右侧的碰撞积分描述的是由任意碰撞引发的粒子状态变化量，并且写成了标准形式。

稀薄大气气体在微观层次的化学动力学状态，完全是由分子碰撞过程的动力学特性和概率特性决定的，即碰撞粒子在平移自由度和内部自由度的散射函数和分布函数。存在超热粒子产生的大气气体化学演化过程有着非常复杂的动力学结构——粒子平动速率和内部能量交换的结构，即大气气体在热粒子的产生过程的化学演变现象，伴随着复杂的粒子平动和内部能量交换的动力学能级结构。可以根据以下典型情况进行辨别：

（1）线性情况：超热（热）粒子化学特性，此时超热粒子（高温子系统）对环境大气（热力学子系统）的热力学状态的扰动很小，是它的少量掺入组分，即式（6.5）中的原函数远小于碰撞积分。因此，热力学和高温子系统的热组分用气动平衡方程来描述，而超热组分用式（6.5）来描述，其中包含了不同子系统的粒子之间的部分平均碰撞积分。

（2）非线性情况：微观非平衡动力学特性，此时所有气体组分的参数变化时间量级是相当的，包括典型的微观和宏观层面。在这种情况下，气体状态是通过求解式（6.5）来确定的，相应的，分布函数也明显随时间变化。

要想精确地描述行星大气层的气体流动情况，使用混合动力学系统，或使用完全动力学系统（式（6.5）），前一个模型超热粒子对环境大气气体热状态的影响很小，而后一个模型这种影响很大。为研究气体在接近局部热平衡状态下的动力学和运动学情况，Bird（1994）提出了多种基于稀薄气体的分子运动理论的计算方法。高度非平衡系统由于其玻耳兹曼动力学方程的数学复杂性（非线性碰撞积分和高阶碰撞积分。碰撞积分为非线性且重数较高）而更加难以分析，需要在稀薄气体动力学领域发展出新的复杂方法加以解决。

6.2.4　超热粒子的随机动力学方程

离散数学模型是一种很有前景的方法，它用概率来解释全体模型粒子的碰撞情况。直接模拟蒙特卡罗方法（Bird，1994），以及它用于研究行星大气层非均衡过程的修正模型（Shematovich 等，1994；Marov 等，1996；Shamatovich，2004）属于此类方法。用于研究行星大气层超热粒子的生成、动力学以及传输过程的随机离散模型，需要考虑大气层气体的如下流动特性：

（1）应以超热粒子气体的局域平均自由时间和平均自由程的大小，来作为从分子层面描述行星冕气体的状态的时间尺度与空间尺度。

（2）从稠密层以分子碰撞为主的气体流动机制，向外逸层几乎无碰撞（自由分子）的流动机制转换的过程中，行星大气层气体的参数会发生剧烈变化。

（3）通常会观测到，化学反应和磁层等离子体溅射过程所产生的超热粒子的密度与环境大气气体的密度有很大差别。

因此，在构造热行星冕的数学模型时必须用到以下方法：

（1）将描述物理过程的动力学基础方程式（6.5）的求解分为若干计算步骤，在离散时间尺度上分别对行星冕上超热粒子的来源、碰撞热化过程以及自由分子的传输过程进行求解。

（2）利用模拟蒙特卡罗算法，代入统计权重，作为随机模拟超热粒子的形成与局域动力学过程的方法。

（3）利用有限差分算法计算行星星冕中超热粒子的运动轨迹。

基于随机过程理论，大气层气体超热粒子的生成、动力学以及传输过程可用以下随机动力学方程来描述（Shematovich 等，1994；Marov 等，1996；Shamatovich，2004）：

$$\frac{\partial}{\partial t}\varphi(\boldsymbol{X},t) = V^{-1}\sum_{m}\sum_{i,j}\int g_{ij}\mathrm{d}\sigma_m[\varphi(\boldsymbol{X}_{ij}^{m},t) - \varphi(\boldsymbol{X},t)] \tag{6.6}$$

该方程称为稀薄气体化学动力过程的随机（或主）动力学方程。它是一个线性方程，与状态 $\boldsymbol{X} = [\cdots,\boldsymbol{c}_i,\cdots,\boldsymbol{c}_j,\cdots]$ 的气体在时刻 t 下的概率密度分布 $\varphi(\boldsymbol{X},t)$ 线性相关。式（6.6）描述了均匀跳跃式马尔可夫扩散的演化过程。

6.2.5　求解随机动力学方程的模拟蒙特卡罗方法

随机动力学方程的直接解法，要对化学活性稀薄气体所有可能状态路径的概率，建立方程组并进行求解。不幸的是，这种直接过程只能用于少数很简单的化学系统（van Kampen，1984），而对实际的化学反应系统，计算难度非常大。蒙特卡罗方法在于建立化学活性气体状态的样本路径，是一种用随机逼近方法研究复杂化学系统的有效工具。样本路径生成过程则更简单，用合适的概率分布来描述化学活性气体的一系列状态转换过程，以及过渡转换次数即可。这个过程就是求解随机动力学过程的模拟蒙特卡罗方法（Marov 等，1996；Shamatovich，2004）。在随机模型的数值实现方面，通过直接蒙特卡罗模拟的理论和实践发展出来的方法如下：

（1）强函数频率有效近似法（Ivanov 和 Rogazinskij，1988；Shamatovich，2004），此方法中选定分子对的碰撞概率，是通过最大可能频率估算得到的。此方法被用于选择下一个转换过程。

（2）对于要实现的转换过程，考虑了选定反应的多通道性质，即认为转换过程同时发生所有可能的（弹性碰撞、非弹性碰撞、化学反应）变化。每种变化所占权重是根据该变化的局部截面积与碰撞过程总截面积之比确定的。

（3）针对超热粒子的计算步需要与原函数保持一致，并且能够描述碰撞过渡过程，由于该计算步伴随着新的模型粒子的产生，因此有必要在仿真模型中控制模型粒子的总数。为实现这种控制，模型粒子分类归并法是一种有效的方法，该方法将一些具有相似参数的模型粒子合并成一种粒子，该粒子参数为这些粒子参数的加权平均。这个过程可以确保模型粒子总数可控。

6.2.6 热原子星冕建模的研究进展

热 C、H、N 及 O 原子在类地行星上的生成以及向空间中损耗的过程，由以下因素引发：

（1）放热光化学反应：包括大气分子在光子和电子作用下的分解，放热的离子分子化学反应，尤为重要的是分子离子的离解复合过程。

分子在光子和电子作用下的分解过程，以及分子离子的离解复合过程，会导致类地行星的高层大气产生大量超热的 C、H、N 及 O 原子。这些热原子依次与环境大气气体发生作用并触发热原子化学反应。随后超热原子被输运到外逸层，这导致了包裹在金星、地球和火星周围的超热原子星冕的产生。实际观察和理论计算都已充分确认（Nagy 等，1990；Shizgal 和 Arkos，1996，Johnson 等，2008）：热原子是类地行星高层大气与外逸层之间的过渡区域的重要成分。

Johnson 等（2008）将大量理论模型计算出的热 H、C、N 及原子数量与直接观察得到的热 O 原子数量进行了对比。金星和地球上的膨胀中性星冕，在提供质量负载和降低太阳风速度方面扮演了重要角色。对于类地行星高层大气过渡区中的超热原子，其产生过程、碰撞能及传输过程的数值分析是基于玻耳兹曼动力学方程的求解（Shematovich 等，1994，1999）。在这些模型中，利用微分截面方法非常重要，因为在超热原子与环境大气气体碰撞的热化率的计算中，这些分子数据是关键参数。众所周知，计算得到的热原子与O、N_2、O_2等大气主要成分弹性碰撞的微分截面，其特点是在能量低于5eV时，小散射角度处有明显的峰值。随后，Krestyanikova 和 Shematovich（2005），Krestyanikova 和 Shematovich（2006），Gröller 等（2010）等均发现：对于弹性碰撞刚性球模型，利用这种散射角分布计算得到的结果，与散射角各向同性分布的结果相比（Fox 和 Ha′c，1997，2009），超热氧原子的能量损失率更低，因此逃逸率也更高。

（2）离子溅射：在星冕和电离层中产生的小部分离子，会有足够大的能量反作用于中性大气层，使其喷射出中性粒子。

这种沉降离子会导致大气的大量溅射（Johnson 等，2008）。这些离子作为外逸层的起源之一，被太阳风以及系内行星间磁场所加速。拾取离子在穿过金星与火星的磁场线作用下沿螺旋轨迹运动，有可能被带到他处，也有可能以极高的能量（高于1keV）反作用于大气层。通过动量传递碰撞，它们会激发大气层其他的原子和分子，因此增强了逃逸效果并导致了热星冕的产生。目前关于溅射对金星和火星大气影响的估计，有几种不确定性的来源，例如电离层拾取离子的能谱，以及对高能离子和大气成分碰撞微分截面的能量依赖程度。此外，决定逃逸程度的还有一种反馈机制，例如，膨胀的星冕原则上会导致更高的损失率，以及更多的拾取离子的生成，但同时太阳风等离子体在距离火星外逸层层底更远的地方就开始偏离，从而减少星冕的加热和扩张，因此对上述效果有所抵消。这一反馈过程的描述，对于确定大气层在早期时代的损失很关键。

（3）离子逃逸和电离层外流：通过光化电离、电子碰撞以及星冕电荷交换所产生的离子，会沿着行星外部的太阳磁场线运动，导致离子损耗。当电离层物质被太阳风诱发的对流电场所加速时，就会发生电离层外流现象。

当没有行星磁场屏蔽时，太阳风等离子体就会向高弹道轨迹的原子和离子传递动量，这样它们就会被太阳风从行星表面冲走。被太阳风拾取的新离子有两种主要的来源：一是星冕内部中性粒子在紫外光子、电子碰撞或电荷交换作用下的离子化，这种离子流主要由O^+、H^+和C^+组成；二是电离层行星风，是指在光化学平衡区之上，电离层顶之下产生的离子的外流。Fox 等（2008）提出的耦合电离层和热大气层模型，指出了离子外流过程导致大气损耗存在的局限，因为离子损失的相对比率是由离子中性化化学过程决定的。放热化学反应的杂质会导致热原子的产生，并且是通过涉及离子的过程实现的，例如，O_2^+、N_2^+、CO^+和NO^+等的离解复合过程，而该过程会产生含有超热能量的碎片。

6.3 热木星 HD 209458b 膨胀大气层中的超热粒子

近期发现的许多系外行星质量都相当大，并且与太阳系中的木星和土星有相似之处，然而它们绕恒星旋转的轨道半径通常小于0.1AU，因此这些巨型行星称为热木星。巨型系外行星的直接观测是很稀有的，因为行星信号很难从比它强得多的恒星信号中区别出来。但是有些系外行星的轨道处于地球视线的直线上，这就为研究当行星绕过恒星前面时的大气吸收光谱创造了条件（见第4章）。令人关注的行星大气吸收光谱成果是在紫外区得到的（Vidal-Madjar 等，2003，2004；Ben-Jaffel 2007；Ben-Jaffel 和 Hosseini，2010；Ehrenre reich 等，2008；Linsky 等，2010），观测对象是 HD 209458b 星，观测发现 HD 209458b 星对恒星射线在 HI 拉曼 - α 射线和130.5nm 的原子氧线，以及133.5nm 的电离碳位置处，有非常明显的吸收峰（见第4章）。在紫外共振线观察到的吸收量明显高于行星盘自己的吸收量，这证实了 HD 209458b 星周围存在膨胀大气层。行星本身只遮挡了恒星可见光波段辐射的1.5%（Ballester 等，2007），这意味着该行星被一层中性氢云包裹，其大小约为行星半径（R_p）的3.3倍。希尔球体（或称洛希瓣）半径决定了行星万有引力强于恒星万有引力的区域大小，该行星的希尔半径为4.08R_p，而观测到的膨胀氢大气层的大小也与此相当。到达希尔球边界的原子和分子将离开大气层，因此会发生强烈的外流现象（见第5章）。Ballester 等（2007）公布了利用哈勃太空望远镜上的成像摄谱仪观测数据，得到的HD 209458b星在紫外到可见光的宽阔谱段的结果。他们在行星大气吸收光谱的356～390nm 谱段发现了新特征吸收峰，他们认为行星高层大气的超热中性氢原子的巴尔末连续吸收导致了该新特征吸收峰。

为解释上面引用文献中提到的观测结果，研究人员开发了高层大气物理学模型，描述了热木星高层大气的物理和化学过程（Yelle，2004，2006；García Muñoz 2007；Penz 等，2008；Koskinen 等，2010，2013）。这些模型与 Lammer 等（2003，2009）的假设是相吻合的，其假设内容是：邻近富氢系外行星的动态大气层，其膨胀和外流到洛希瓣的质量损失率为（1～5）$\times 10^{10}$ g/s。基于观测和高层大气物理学模型的结果，关于 HD 209458b 星高层大气的物理状态和演变情况，有以下几种不同的解释：

（1）高层大气的蒸发：行星与其恒星极为贴近（0.045AU）会导致其高层大气受到强烈的恒星紫外辐照。Lammer 等（2003）首先提出系外行星高层大气模型，该模型基于求解行星热大气层热平衡方程的近似解，他们发现类木气态巨行星的富氢高层大气在轨道近恒星点处会被加热至10^4K，此时流体静力学条件不再有效（因为行星的高层大气会动态地向上膨胀）。膨胀的大气导致产生强烈的外流现象，如大气开始蒸发（Vidal-Madjar 等，2003，2008；Lecavelier des Etangs 等，2004，2010，2012；Bourrier 和 Lecave Lierdes Etangs，2013）。由于膨胀大气层的空间尺寸相当大，其在拉曼 - α 射线的光深度也很大。按该模型估算的大气质量损失率约为10^{10}g/s（Ehrenreich 等，2008；Linsky 等，2010）。

（2）恒星风和中性行星星冕之间的电荷交换反应：在行星高层大气受到强烈的恒星紫外辐照的情况下，外逸层层底可能移动到高于磁层顶位置，甚至到达洛希瓣位置（Lammer 等，2003，2009；Lecavelier des Etangs 等，2004；Erkaev 等，2007），因此向上流动的中性气体就会与密集的恒星等离子体流相互作用。观测得到的拉曼 – α 射线曲线结果，也可以用恒星风质子与行星大气中性原子的相互作用来解释。于是，恒星风的质子成为观测到的高速中性氢原子的重要来源（Holmström 等，2008；Ekenbäck 等，2010）。

（3）恒星风和中性行星星冕之间的气体动力学交互作用：通常热木星相对于恒星风的轨道速度是超声速的，导致形成一种弓激波。Bisikalo 等利用气动交互模型进行研究，结果表明热木星周围的气态包裹物可以按碰撞点的位置分为两类：如果碰撞点在洛希瓣以内，气态包裹物就具有传统大气层的类球形形状，在恒星影响下以及与恒星风的相互作用下略有变形；如果碰撞点在洛希瓣之外，拉格朗日点 L_1 和 L_2 点附近的流出物就会增加，气态包裹物事实上变得不对称。第二种包裹物还可以分为两种类型：如果恒星风气体动压足够大，能够阻止内拉格朗日点 L_1 附近最强烈的外流现象，就形成了封闭的非球形包裹物；如果恒星风不足以阻挡 L_1 的外流，就形成了开放的非球形包裹物。以典型热木星 HD 209458b 星为例，Bisikalo 等的研究表明，在估算的该行星参数范围内，这三种类型的包裹大气层都有可能存在。由于不同类型的包裹物具有不同的观测表征，因此确定 HD 209458b 星包裹物类型可以为该星参数估计提供附加约束条件。对于可能性最大的封闭非球形包裹物，其损失率估计为 4.0×10^9g/s（见第 5 章）。

目前，关于 HD 209458b 星膨胀高层大气的生成和演变情况，上述这些解释以及其他的一些猜想都在积极讨论中，但没有得到足够明晰的结论，还需要更多的行星凌星的观测结果。

6.4　以氢气为主的系外行星高层大气的加热效率

在以氢气为主要成分的系外行星大气层上方，恒星远紫外线喷射光子流会导致气体发生光致电离，产生高能光电子流并将能量再次沉积到气体中。在部分中性的介质中，电子电离、激发现象以及游离的原子和分子组分也会通过库仑碰撞对气体进行加热。在确认这些能量沉积事件时，必须解释高能电子所有可能的退化历程。当阻止介质只是部分中性，电子能量退化是由电子间相互作用导致的，相当一部分高速电子的能量以热能的形式储存到中性介质中。随着分级电离的升高，越来越多的电子能量用来加热气体，新的激发和电离反应也会减少。

关于系外热木星逃逸率的估算，大部分基于将吸收到的恒星远紫外能量完全转化为逃逸动力的基础上。因此，确定恒星远紫外辐射中用来加热系外巨行星高层大气的那部分能量，以及估算大气中某种光子（如极紫外谱段光子）能够在多大程度上持续释放其部分能量用来加热气体十分重要。为估算太阳型恒星在不同年龄远紫外辐射的效果，需要对辐射传输和光电子能量沉积过程进行准确描述。Cecchi-Pestellini 等的研究结果表明，X 射线对于加热以氢气为主要成分的行星大气起到了重要作用。

6.4.1 高层大气的光分解和电子碰撞过程

入射的恒星远紫外辐射流，受热大气层的吸收而有所减少，并导致大气分子的分解和电离，因此加热高层大气。恒星远紫外辐射被大气层气体吸收后，会导致大气层不同组分发生激发、分解、电离等反应。以 H_2、H、He 大气为例，会发生如下光分解过程：

$$H_2 + h\nu(e_p) \rightarrow \begin{cases} H(1s) + H(1s,2s,2p) + (e_p) \\ H_2^+ + e + (e_p) \\ H(1s) + H^+ + e + (e_p) \end{cases} \tag{6.7}$$

$$H,He + h\nu,(e_p) \rightarrow H^+,He^+ + e + (e_p) \tag{6.8}$$

在式（6.7）和式（6.8）所表示的光致电离过程中，会产生高能光电子，其能量足以在随后导致原子或分子氢发生电离和激发。电离量能量的定义是能量超过了电离势，超出的部分导致产生了动能过量的电子和处于激发态的离子。在高层大气的高度 z 处的微分光电子生成率 $q_e(E,z)$ 为

$$q_e(E,z) = \sum_k q_e^{(k)}(E,z)$$

$$q_e^{(k)} = \sum_l n_k(z)\int_0^{\lambda_i} d\lambda I_\infty \exp(-\tau(\lambda,z))\sigma_k^i p_k(\lambda,E_{k,l}) \tag{6.9}$$

式中：E 为生成光电子的能量，$E = E_\lambda - E_{k,l}$（其中，E_λ 为光子的能量，λ_k 为与第 k 种中性组分的电离势能相一致的波长）；$I_\infty(\lambda)$ 是入射恒星辐射在波长λ的辐射量；$q_e^{(k)}$ 为光电离过程中光电子生成率的偏微分（中性组分的）；τ 为光学厚度，且

$$\tau(\lambda,z) = \sum_k \sigma_k^a(\lambda)\int_z^\infty n_k(z')dz'$$

其中：n_k 为中性组分 k 的数量密度；$\sigma_k^i(\lambda)$、$\sigma_k^a(\lambda)$ 分别为电离和吸收横截面，取决于波长 λ。在式（6.9）中，用相对生成量 $p_k(\lambda, E_{k,l})$ 以及电离势能 $E_{k,l}$ 来描述离子的电子激发态。目前人们对于恒星远紫外辐射的光谱还不是很了解（Lammer等，2012），因此在下面的计算中，根据 Huebner 等的方法，用太阳辐射在 1 ~ 115nm 波长范围的光谱作为中等活跃程度的恒星光谱模型，并按比例缩放到 0.047AU 位置处，该长度为系外行星 HD 209458b 星的半长轴距离。关于激发

离子态、吸收以及电离截面等相关的量，采用的是以 H_2、H、He 为主要成分的大气中对应的量。从 Huebner 等引用的数值模型输入参数如图 6.1 所示。

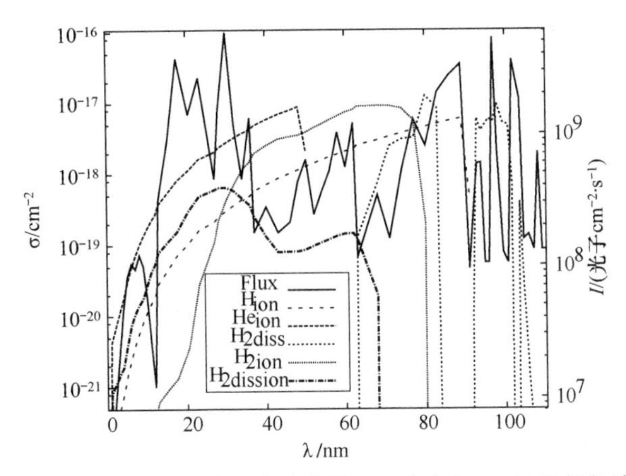

图 6.1 输入参数：HD209458b 轨道距离时中等活跃度太阳 XUV 辐射光谱模（实线）型；主要大气成分 H_2、H 和 He 的电离和吸收截面（Huebner，1992）

新生成的电子被输送到热大气层，在那里它们通过与环境大气气体的弹性、非弹性及电离碰撞等过程损失掉动能，表达式为

$$e(E)+X\rightarrow\begin{cases}e(E')+X\\e(E')+X^{*}\\e(E')+X^{+}+e(E_{s})\end{cases}\tag{6.10}$$

式中：E、$E'(<E)$ 为原电子发生碰撞前后的动能；$X=H_2$, H, He；X^* 和 X^+ 分别为处于激发态和电离态的大气组分；E_s 为在电离碰撞中生成的次级电子的能量。大气主要组分有如下中性激发状态：

激发以及解离激发 $H_2{}^*=H_2$（…）（腐、振动、电子状态 A^3，B^3，C^3，B'，C'，E'，B'，D'，D''，B''，π_s，Ly−2）

直接电离 $H_2\rightarrow H_2{}^+$

离解电离 $H_2\rightarrow H^++H$

激发过程 $He^*=He$（能量处于 20.61～23.91eV 的 21 个电子态）

直接电离 $He\rightarrow He^+$

激发过程 $H^*=H$（1s2p～1s10p 的 9 个电子态）

直接电离 $H\rightarrow H^+$

如果碰撞过程发生了电离，就会产生次级电子，其角度和能量都满足用 Green 和 Sawada（1972）及 Jackman 等（1977）等的积分形式公式计算出的随机各向同性分布，该公式利用了 Opal 等（1971）的实验数据：

$$\int_0^{E_s}\sigma_{i,j}(E_p,E')\,dE'=A(E_p)\Gamma(E_p)\left[\arctan\left(\frac{E_s-T_0(E_p)}{\Gamma(E_p)}\right)+c\right]$$

式中：$\sigma_{i,j}(E_p, E')$ 为处于状态 j 的组分 i 在初级电子能量为 E_p，次级电子能量为 E_s 时的状态特性积分截面；$A(E_p)$、$\Gamma(E_p)$ 和 $T_0(E_p)$ 是根据 Jackman 等的列表参数定义的拟合函数，而 $c = \arctan \dfrac{\Gamma_0(E_p)}{\Gamma(E_p)}$。电离碰撞产生的次级电子的能量 E_s 是按照 Garveyand Green（1976）、Jackman 等（1977）、Garvey 等（1977）描述的步骤计算出来的。对于非弹性碰撞，引入了前向散射近似方法：假设碰撞的相位函数在正方向上高度集中，以至于该过程的角度分布可忽略不计。当碰撞能量低于 100eV 时，可以认为是反向散射，尤其是当碰撞来自于禁止激发跃迁时；但是这种束流各向同性程度较高，而且其弹性截面的相对变得很大，以至于对最终的角度分布几乎没有影响。

6.4.2 动力学方程

新生成的电子在与环境大气粒子的碰撞过程中，损失掉其超出部分的动能。它们的动力学与传输过程可以用玻耳兹曼动力学方程来描述：

$$\frac{\partial}{\partial \boldsymbol{r}} f_e + \frac{\boldsymbol{Y}}{m_e} \frac{\partial}{\partial \boldsymbol{v}} f_e = Q_{e,\text{photo}}(\nu) + Q_{e,\text{secondary}}(\nu) + \sum_{M = \text{H},\text{He},\text{H}_2} J(f_e, f_M) \quad (6.11)$$

式中：$f_e(\boldsymbol{r}, \boldsymbol{v})$、$f_M(\boldsymbol{r}, \boldsymbol{v})$ 分别为电子和环境大气组分的速度分布函数。动力学方程左边描述的是电子在行星引力场 $\boldsymbol{Y}$ 作用下的输运过程；在方程右边，$Q_{e,\text{photo}}$ 光子部分表示光电离作用产生的初级电子的生成率，而 $Q_{e,\text{secondary}}$ 次级部分表示次级电子的生成率。电子与环境大气的弹性和非弹性碰撞的散射变量 J 写成了标准形式。另外，假设环境大气气体遵循局部麦克斯韦速度分布函数。

6.4.3 数值模型

直接模拟蒙特卡罗方法是一种有效的用随机逼近求解大气动力学系统的工具（Shematovich 等，1994；Bisikalo 等，1995；Gerard 等，2000）。而数值模型的算法实现的具体细节由更早期的 Shematovich 等（1994）和 Bisikalo 等（1995）提出。在数值仿真中，由碰撞和粒子输运过程导致的模型粒子系统的演变，其计算是从初始状态开始，到稳定状态结束。为使边界效应降到最低，下边界设置在大气以碰撞为主导的高度，而上边界设置在大气气体流动几乎无碰撞的高度。碰撞过程的相对重要性是由其截面决定的。电子和 H_2、He、H 之间会发生弹性、非弹性和电离碰撞，在特定模型的实现过程中，用到的碰撞截面和散射角分布的实验和计算数据，主要来源：①对于电子与 H_2 的碰撞用的是 AMDIS 数据库（https：//dbshino. nfs. ac. jp）以及 Shyn 和 Sharp 等（1981）的研究结果；②对于电子与 He 和氢原子的碰撞用的是 H2 NIST 数据库（ http：//physics. nist. gov/ PhysRef. Data/Ionization/）以及 Jackman 等（1977）和 Dalgarno 等（1999）的研究结果。

6.4.4　恒星软 X 射线和远紫外辐射的能量沉积

恒星的远紫外辐射被大气层气体吸收后，会导致大气不同组分发生激发、分解和电离等过程，并使大气加热。以 H_2、H、He 大气为例，式（6.7）和式（6.8）所描述的 HD209458b 星高层大气 $H_2 \to H$ 过渡区的光解过程，会导致的恒星远紫外辐射的局部沉积，该沉积速率的计算公式与式（6.9）形式一致：

$$W_{h\nu}(z) = \sum_k W_{h\nu}^{(k)}(z)$$

$$W_{h\nu}^{(k)} = \sum_l n_k(z) \int_0^{\lambda_i} \mathrm{d}\lambda E_\lambda I_\infty(\lambda) \exp(-\tau(\lambda, z)) \sigma_k^a p_k(\lambda, E_{k,l})$$

式中：$W_{h\nu}(z)$、$W_{h\nu}^{(k)}(z)$ 分别为恒星远紫外辐射在高层大气区域的全部和部分的沉积速率。

初级或新生的光电子的动能储存速率为

$$W_{pe}(z) = \sum_k W_{pe}^{(k)}(z)$$

$$W_{pe}^{(k)} = \sum_l n_k(z) \int_0^{\lambda_i} \mathrm{d}\lambda (E_\lambda - E_{k,l}) I_\infty(\lambda) \exp(-\tau(\lambda, z)) \sigma_k^i p_k(\lambda, E_{k,l})$$

式（6.10）所描述的系外行星高层大气 $H_2 \to H$ 过渡区的电子碰撞过程，会产生初级光电子，其伴随通量的能量部分沉积速率可以利用 Shematovich（2010）的蒙特卡罗模型计算。这使得我们可以计算光电子对行星高层大气的加热速率 W_T，以及高层大气物理学模型中的关键参数，即加热效率 η(Yelle 等, 2008)。加热效率是气体以热能形式吸收的能量与恒星辐射沉积的能量之比，即

$$\eta_{h\nu}(z) = \frac{W_T(z)}{W_{h\nu}(z)}$$

也可以用简化的 η 定义，近似为新生（或初级）光电子储存的动能与恒星辐射沉积的能量之比，即

$$\eta_{pe}(z) \approx \frac{W_{pe}(z)}{W_{h\nu}(z)}$$

6.4.5　加热效率高度分布的计算

计算了恒星远紫外辐射能量在 HD209458b 星高层大气 $H_2 \to H$ 过渡区（$1.04R_p < R < 1.2R_p$）的沉积。主要中性成分 H_2、H 和 He 的高度分布曲线来自于 Yelle 的模型。计算了每个光解反应和电子碰撞反应中恒星远紫外辐射及光电

子能量向大气气体内能转化的效率。对于转化为热能的超热光电子的能量也单独进行了计算。因此，仿真的结果使我们得以确定总的加热效率和光电子的加热效率，并便于理解哪个过程在最大程度上影响大气的加热。

图6.2显示了各大气成分对应的恒星软X射线和极紫外辐射沉积速率，其沉积是由发生在HD209458b星高层大气 $H_2 \to H$ 过渡区的光解过程（式（6.7）和式（6.8））导致的。可以看出，在过渡区的下边界附近，恒星远紫外辐射总能量沉积的主要渠道是 H_2 的光致解离和 H_2 及He的光致电离。

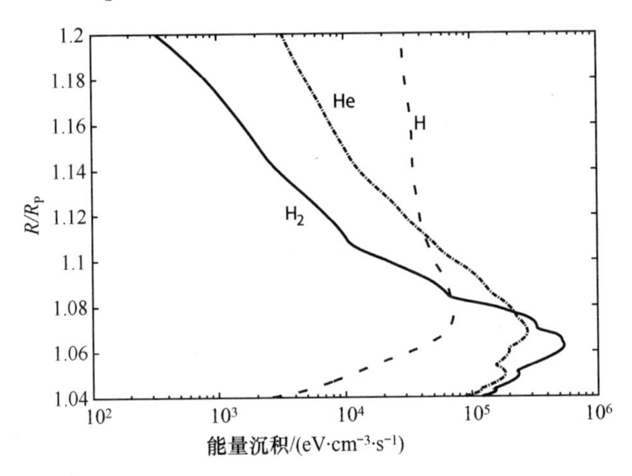

图6.2　由于光解过程引起的恒星XUV辐射的大气成分沉积率。式（6.7）和式（6.8）发生在HD209458b星高层大气中的 $H_2 \to H$ 过渡区。中性 $H_2/H/H_e$ 大气被Yelle（2004）的超高层大气模型所彩内。

图6.3显示了恒星软X射线和极紫外辐射总沉积速率 $W_{h\nu}$（实线）和新生光电子能量累积速率 W_{pe}（虚线），是根据在HD209458b星高层大气 $H_2 \to H$ 过渡区的光解过程（式（6.7）和式（6.8））计算得到的。

图6.4显示了恒星软X射线和极紫外辐射的部分沉积速率，是由在HD209458b星高层大气 $H_2 \to H$ 过渡区的光电子碰撞过程（式（6.10））导致的。可以看出，内部状态的激发和分子及原子氢的电离都是光电子能量沉积的主要渠道。

图6.5显示了光致电离过程（式（6.7）和式（6.8））的能量沉积速率 W_{pe}（实线）和光电子加热速率 W_T（虚线）的高度分布曲线。这些数据使我们得以计算严格定义的加热效率，即气体以热能形式吸收的能量与恒星辐射沉积的能量之比。因此，在图6.6中显示的是考虑了HD209458b星高层大气 $H_2 \to H$ 过渡区光电子碰撞过程（式（6.10））的加热效率 $\eta_{h\nu}$（实线），以及未考虑该过程的加热效率 η_{pe}（虚线）。可以看出总的加热效率是随高度变化的，其峰

值接近0.3。

通过上述结果可以看到，在考虑了有超热光电子参与的电子碰撞过程（式（6.10））的效果后，如何分析热木星高层大气受其恒星远紫外辐射加热的实现过程。有条理地计算出了恒星远紫外辐射的加热效率高度分布曲线。结果显示，在系外行星富氢大气层的 H_2→H 过渡区，加热效率几乎在各个位置都不超过0.2。准确考虑了光电子作用后加热效率下降了原来的1/4 ～1/3。

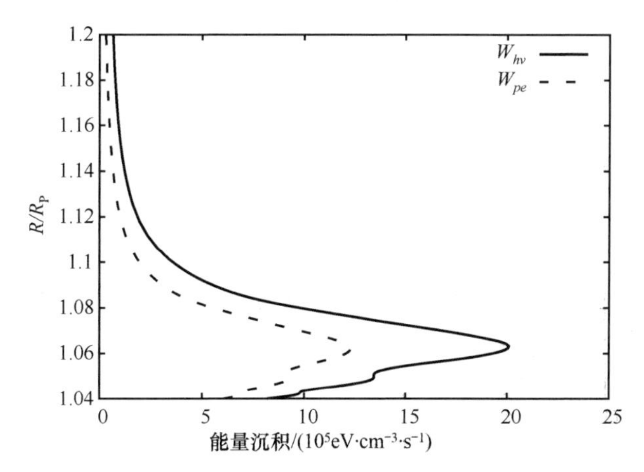

图6.3　恒星 XUV 辐射的总沉积速度率 $W_{h\nu}$（实线）和新生光电子能量累积速率 $W_{\beta e}$（虚线）。该光电子是由于发生在 HD209458b 星高层大气中的 H_2→H 过渡区中的式（6.7）和式（6.8）中的光解过程而产生

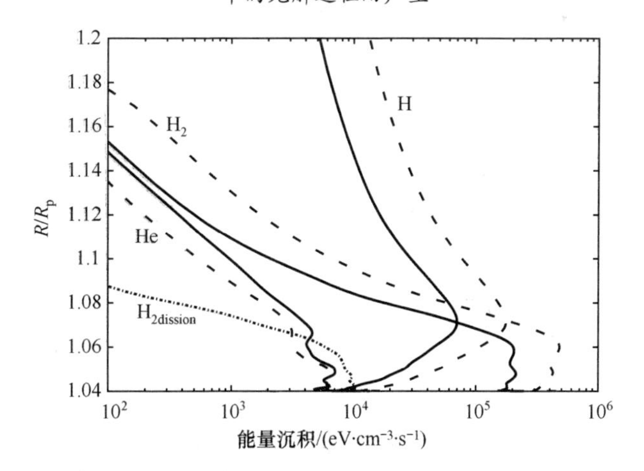

图6.4　由于发生在 HD209458b 星高层大气中的 H_2→H 过渡区中的电子撞击过程方程（6.10）而产生的 XUV 辐射的部分沉积速率。实线—电离，虚线—内部状态的激发，点画线—H_2 的解离离化

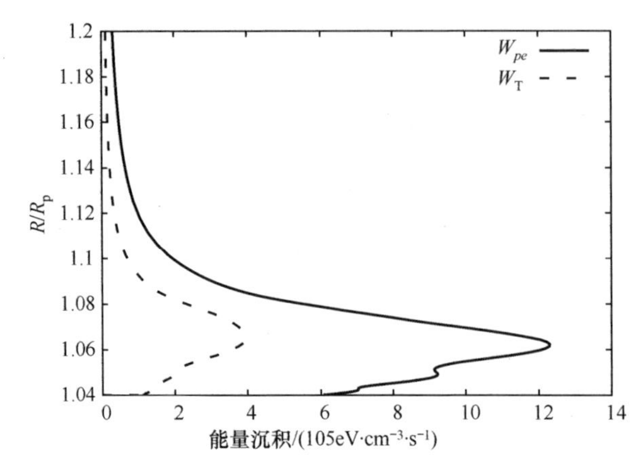

图 6.5　由 HD209458b 星上层大气 $H_2 \to H$ 过渡区的光电子引起的加热速率 W_T 和光电离过程引起的能量累积速率：W_{pe}

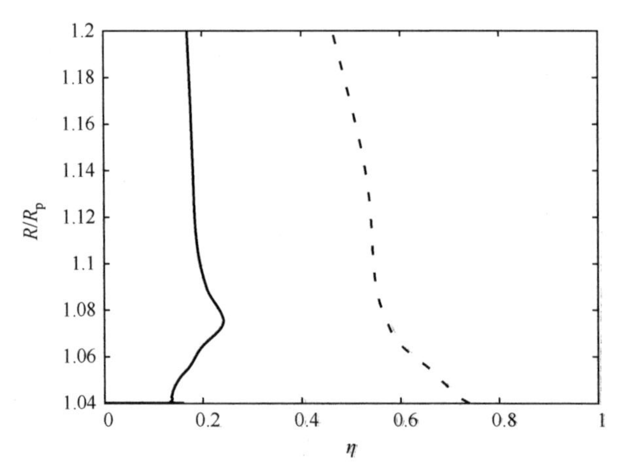

图 6.6　考虑了 HD209458b 星上层大气中 $H_2 \to H$ 过渡区域光电子碰撞过程的式（6.10）的加热效率 $\eta_{h\nu}$（实线），未考虑的情况为 η_{pe}（虚线）

6.5　原子氢的超热部分

HD209458b 星高层大气中超热氢原子的一个重要来源是分子氢在恒星 XUV 辐射下的分解和电离。关于超热氢原子的动力学和传输过程尚没有分子层面的详细研究（Yelle 等，2008），因为需要对玻耳兹曼方程进行数值求解。本项研究中，考虑了分子氢受紫外辐射分解及随之产生的光电子流，对于 HD209458b 星高层大气 $H_2 \to H$ 过渡区超热氢原子的生成，以及相关的输出流的影响。对此，计算了氢原子的生成速率和能谱，这些氢原子是在 H_2 的分解过程中伴随着过量的动能而产生的。然后利用 Shamatovich（2004）的随机热性星冕模型，来研究膨胀高层大气中超热氢原子的动力学和传输过程，并估计大气层的质量损失速率。

6.5.1 HD 209458b星高层大气中分子氢的分解过程

热木星大气层的热状态和逃逸速率显著地依赖于大气层的化学成分。在地质时间尺度范围，太阳系行星能够保持大气成分的稳定，与之相比，系外巨行星的大气层成分变化很快，这主要是受临近恒星强烈辐照的影响。此外，热状态和大气层成分通过加热和冷却过程紧密相关（Yelle，2004；García Muñoz，2007）。Yelle（2004）的高层大气物理学模型有如下假设：当粒子密度在$10^{10}\ cm^{-3}$数量级、温度达到数千开时，就会发生分子氢的热分解，$H_2 + M \rightarrow H + H + M$，并导致形成了系外行星内层大气层的$H_2 \rightarrow H$过渡区。在高层大气层区域，原子氢的光致电离开始扮演主要角色。相应的，高层大气层H_2、H、H^+的组成随高度发生变化，这也是形成膨胀大气层的一个额外因素，因为组成成分的变化会伴随着特征尺度的升高。以H_2、H和He为主要组分的高层中性大气模型引用自Yelle（2004），我们用它来追溯超热氢原子的动力学特性。García Muñoz（2007）的研究表明，在系外行星HD209458b附近观测到的原子氧和离子碳较为集中的区域，其所在高度比高层大气的高度低1个数量级。

分解过程，如光致解离、碰撞分解和离解电离等，是处于电子激发态粒子中的热和超热粒子的主要来源（Wayne，1991）。虽然氢分子结构很简单，但是由紫外或电子碰撞引起的氢气的分解可能有多种途径：

$$H_2 + h\nu(e_p) \rightarrow H_2^* \rightarrow H(1s) + H(1s,2s,2p,\cdots) + (e_p) + \Delta E_{dis} \quad (6.12)$$

如果吸收辐射，电子被激发到脱离束缚的轨道，并且其激发能超过了分子的结合能，分子就会分解。由这一机理可知，分子的光致解离可能被激发到连续束缚态，也可能是瞬时束缚（相斥）态。这个过程中的光解截面通常是波长的光滑函数，因此，可以用小波长谱段（0.05～0.1 nm）的入射通量和截面光谱分辨力数据来估算分解速率（Fox等，2008）。另一个重要的机理是预分解，是在被吸收的光子激发分子到电子激发束缚态时发生的，该过程后续可能发生向非束缚态的非辐射跃迁。分解速率取决于两个因素：一个是在选线过渡波长范围的辐射吸收率；另一个是发生预分解的概率（Fox等，2008）。

H_2的电离能为4.48 eV（对应波长为276.9 nm），但波长大于111.6 nm时的光吸收截面小到可以忽略不计。在行星大气层，在84.5～111.6 nm光谱范围的紫外光子的作用下H_2会发生光分解，主要是通过从基态$X^1\sum_g^+(v)$向激发态$B^1\sum_u^+(v')$、$C^1\prod_u(v')$、$B'^1\sum_u^+(v')$和$D^1\prod_u(v')$的偶极跃迁。H_2可以从这些状态跃迁到基态的离散能级，并辐射出过量能量；也可能跃迁到另一种基态，随后分解为两个处于基态的氢原子。对处于这些能级的氢分子来说，发生预分解的概率为0.1～0.15（Abgrall等，1997）。对于更短一点的84.5 nm波长的光子，被电子激发连续性所吸收的能量决定了光分解的过程。这些过程具有足够大的截面，因而分解过程产生一个处于基态H（1s）的氢原子和一个处于激发态H（2s，2p）的氢原子（Glass-Maujean，1986）。

分子模型在光分解过程（式(6.12)）中产生的原子的多余动能ΔE_{dis}，可以根据吸收紫外光子的能量、电子激发态的能量以及解离能的差值计算。对于氢气被光电子分解的过程，多余能量是通过Ajello等（1985）计算出的分布得到的。对于不同电子束能量计算得到的分布模型可以得出较低热能（0～1eV）的原子和高速高温（1～10eV，主峰值为4eV）原子的总数。光电子导致的离解电离过程：

$$H_2 + e_p \rightarrow H^+ + e + H(1s,2s,2p,\cdots) + (e_p) + \Delta E_{dis} \tag{6.13}$$

可通过vanZyl和Stephen（1994）计算的分布得到多余动能。式（6.12）和式（6.13）描述的过程中产生的超热氢原子，通过与环境大气气体中的中性组分弹性碰撞损失掉能量：

$$H_h(E) + H_{th}, He_{th}, H_{2th} \rightarrow Hh(E' < E) + H_{th}, He_{th}, H_{2th} \tag{6.14}$$

需要注意的是，对于氢原子的超热能量，热原子和超热原子通过弹性散射转换能量的效率主要由相位函数，即散射角分布函数决定。实验和数值仿真数据（Hodges和Breig，1991；Krstic′和Schultz 1999a，1999b）表明，尽管总的截面较大，但该分布的峰值位于小散射角处。因此，能量转换的效率在很大程度上取决于碰撞能量的大小。H_2、H和He之间弹性碰撞的这些特性，在很大程度上决定了HD 209458b星高层大气的超热氢原子的参数。

6.5.2 超热氢原子动力学特性

在氢气分解过程中产生的氢原子具有多余的动能，其在富氢系外行星大气层$H_2 \rightarrow H$过渡区的分布可由含光化学源函数的玻耳兹曼方程得到：

$$\frac{\partial F_H}{\partial t} + \boldsymbol{c}\frac{\partial F_H}{\partial \boldsymbol{r}} + \frac{\boldsymbol{Y}}{m_H}\frac{\partial F_H}{\partial \boldsymbol{c}} = \sum_s Q_s^H + \sum_m J_m^H(F_H, F_m) \tag{6.15}$$

大气层气体在体积V内的初始和边界条件受行星重力场Y的影响。与式（6.5）类似，用分布函数来对超热氢原子群体进行微观描述：

$$F_H(\boldsymbol{t},\boldsymbol{r},\boldsymbol{c}) = n_H(\boldsymbol{r})f_H(t,\boldsymbol{r},\boldsymbol{c})$$

式中：$n_H(t,\boldsymbol{r})$为超热粒子的数量密度；$f_H(t,r,c)$为标准化的单粒子速度分布函数。

原函数$Q_s^H(t,\boldsymbol{r},\boldsymbol{c})$表示光化学反应（式（6.12）和式（6.13））中超热原子的生成速率，通常写为

$$Q_s^H(t,\boldsymbol{r},\boldsymbol{c}) = q_s^H(E)f_s^H(t,\boldsymbol{r},\boldsymbol{c}) \tag{6.16}$$

式中：Q_s^H为某种光化学反应源s在粒子碰撞能为E时，超热氢原子生成速率的微分，$Q_s^H(E) = <|c_i - c_j|\sigma_s(E)>$；$f_H(t,\boldsymbol{r},\boldsymbol{c})$为新生成的具有过量动能的粒子的

归一化速度分布。

动力学方程右边的碰撞积分描述了化学反应所导致的气体状态变化：

$$J_m^H(F_H, F_m) = \int g_{ij} \mathrm{d}\sigma_m \mathrm{d}c_j [F_H(c'_i)F_m(c'_l) - F_H(c_i)F_m(c_j)] \qquad (6.17)$$

式中：g_{ij} 为相对速度；d σ_m 为超热氢原子与氢气和氦气弹性碰撞的弹性散射截面，该散射截面引用了 Hodges 和 Breig（1991）及 Krstic′和 Schultz（1999a，1999b）等的研究成果。对于热组分，用麦克斯韦分布来描述局部温度和密度，其参数是利用高层大气物理学模型计算而来的。

为了估算式（6.16），有必要计算恒星紫外辐射导致的大气气体分解和电离的速率，以及光电子生成速率，还有分子态氢在电子碰撞作用下的分解和离解电离速率。因此，H_2 在远紫外辐射下分解和离解电离而产生超热氢原子的速率 $q_s^H(E)$，可以分别通过使用光致解离和离解电离的横截面由式（6.9）计算出来。

6.5.3 计算结果

数值计算的对象是 HD209458b 星高层大气 $H_2 \to H$ 过渡区，其高度为（1.0~1.1）$R_p$km。在研究对象区域的下边界，氢原子的平均自由程远小于密度标高，因此超热氢原子在与环境大气气体的碰撞中被局部加热。在该区域的上边界，平均自由程接近该位置密度标高，因而当超热氢原子的动能大于该区域逃逸能时，就有可能发生逃逸。将计算区域划分成单元格，其尺寸约为超热氢原子的本征平均自由程。式（6.12）和式（6.13）表征的过程是由恒星紫外辐射和随之而来的光电子流导致的，其产生超热氢原子的生成率和能谱如图 6.7 所示。图 6.7（a）显示的是超热氢原子的生成速率，包括氢气分子在紫外光子（实线）和光电子（虚线）作用下的分解和离解电离两个部分。生成速率的峰值在 $1.07R_p$ 处，是由氢气的光致解离所导致的。图 6.7（b）显示的是在 $1.07R_p$ 高度处，H_2 在远紫外光子和光电子作用下分解与离解电离所产生的氢原子的能谱，可以看出，光电分解主要产生了动能小于 1eV 的氢原子（低速部分分解）。尽管如此，高速部分分解对于能量在 1~10eV 的氢原子的生成有明显的贡献。计算得到的生成速率和能谱被用于动力学玻耳兹曼方程（6.15）的原函数式（6.16）。利用 Shamatovich（2004）的随机模型，通过数值方法得到了动力学方程的解，计算是在日间高层大气星下点的稳态条件下展开的。

图 6.8 显示的是超热氢原子在 $1.1R_p$（图（a））和 $1.13R_p$（图（b））高度处向上运动时，单个粒子的分布函数。其中虚线表示原子态氢单个粒子的本征平衡分布，是根据 Yelle（2004）的模型中的温度曲线计算得到的，垂直的点画线表示氢原子在给定高度的逃逸能。由于我们关注的是 H_2 分解过程导致的氢原子的逃逸率，因此在图 6.8 中只显示了分布函数中超热能量大于 2eV 的部分。仿真结

果表明，分布函数显著地偏离了本征平衡分布。与本征平衡分布相比可以明显看到，在 $1.07R_p$ 高度处，即接近于 H_2分解生成氢原子速率最大的区域，产生了一部分能量很高（约为6.9eV），以至于可以逃离重力场的氢原子。图6.8所示的分布函数使我们得以估算 H_2分解过程产生的超热氢原子的数量密度，并且可以和大气热中性组分的高度分布做对比。超热氢原子（能量大于2eV）的高度分布曲线如图6.9所示，为了与之对比，还展示了根据 Yelle（2004）的模型得到的热氢原子和氢分子的密度。计算结果表明，能量大于2eV 的超热氢原子的稳态部分只会在过渡区的最外层生成，在这一区域超热氢原子与中性氢原子的碰撞是最多的。根据图6.8中的分布函数分析可知，由于 H_2分解导致的超热氢原子的浓度，比大气中能量大于2eV 的氢气的浓度高数倍。图6.8中分布函数的计算结果表明，式（6.12）和式（6.13）所表示的分子态氢的分解过程，会伴随着 $H_2 \rightarrow H$ 过渡区超热氢原子的生成，它们具有高于所在区逃逸能的能量并且向上移动到最外层大气层。图6.10展示了逃逸 HD209458b 星大气层的氢原子流的能谱，这些氢原子是由于分解过程而从过渡区上边界（高度约为 $1.2R_p$）逃逸的。对于温和恒星活动考虑范围内的紫外辐射，逃逸粒子的通量为 $5.8\times10^{12}\,cm^{-2}\cdot s^{-1}$。在高层大气中被平均之后，这个通量值对应的 H_2分解导致的大气质量损失率约为 5.8×10^9 g/s，这比 Ehrenreich 等（2008）观测估算得到的 10^{10} g/s 要低。

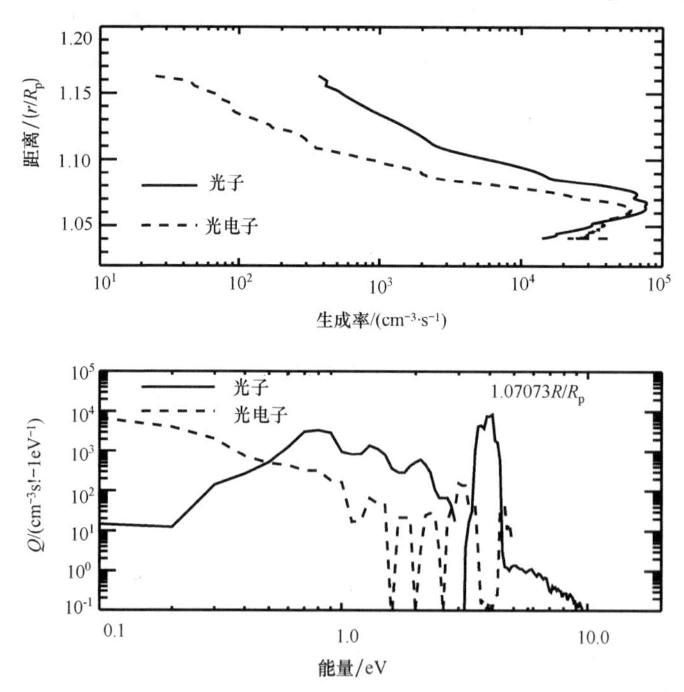

图6.7　上图：超热氢原子的生成率与紫外光子（实线）和光电子（虚线）引起的解离关系图。下图：在 $1.07R_p$ 高度处，由光子（实线）和电子（虚线）撞击氢而解离的超热原子的能谱。

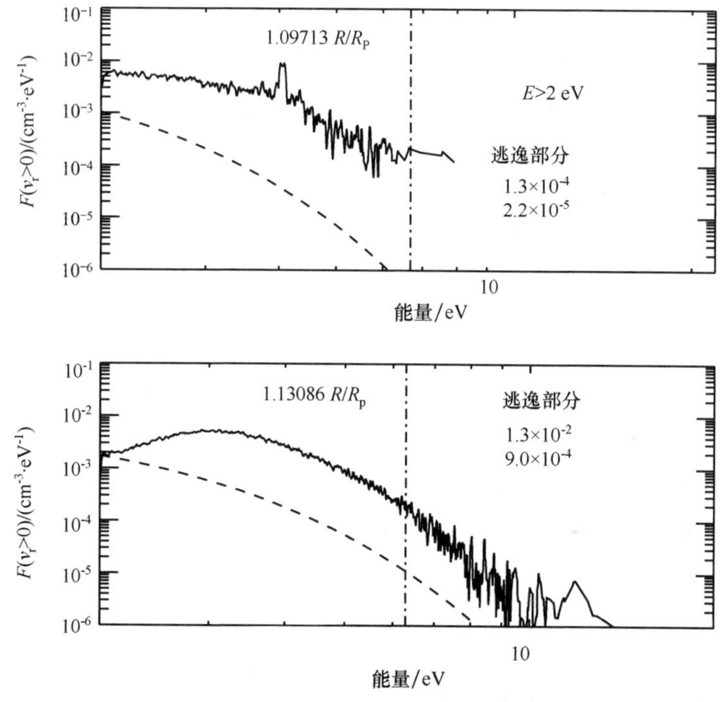

图 6.8　在 $1.1R_p$（上图）和 $1.13R_p$（下图）高度处，向上运动的超热氢原子的单个粒子分布函数。虚线表示原子态氢对应于 Yelle（2004）给出的模型参数的本征平衡分布。垂直点画线为给定高度的氢原子的逃逸能量。

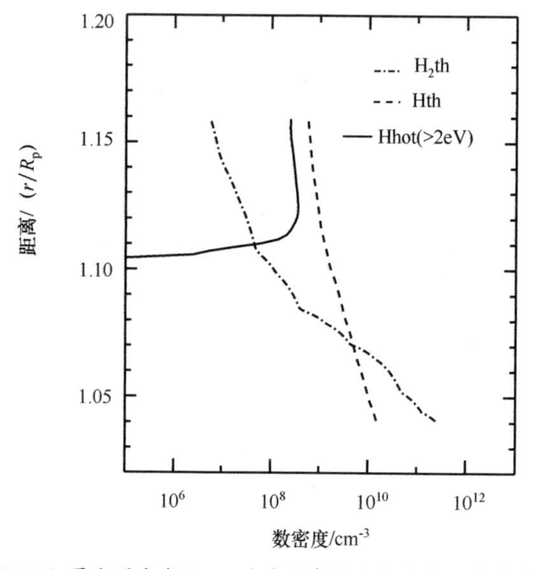

图 6.9　HD209458b 星上层大气 H_2→过渡区中热和超热氢的密度随高度的分布。

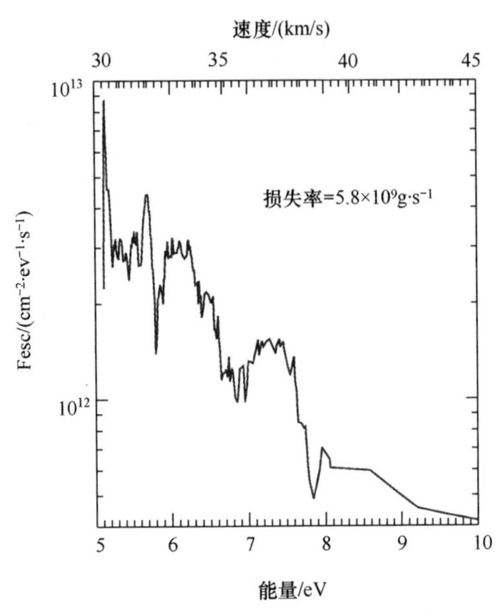

图 6.10 由于解离而逃离 HD209458b 星上层大气的超热 H 原子的能谱。

大气质量损失的估算可能有所偏低，这主要是因为仿真过程采用了恒星温和活动水平的紫外辐射，而且关于预分解的概率，我们取的是最小值 0.1。对于更高水平的远紫外辐射，H_2 在恒星远紫外辐射和随之而来的光电子流作用下的分解，会使氢原子的逃逸通量产生较明显的增长。

6.6 本章小结

氢和氦的分子及原子的在恒星远紫外辐射作用下的光致解离过程会生成超热粒子，主要是 H_2、H、He 电离产生的光电子，以及系外行星富氢大气层中 H_2 分解产生的氢原子。这些具有过量动能的粒子，是系外行星 HD209458b 星高层大气热能的重要来源之一。然而，在目前的高层大气物理学模型中，热氢原子和初级光电子的动力学及传输过程并未得到详细计算，这主要是因为需要求解玻耳兹曼方程以得到这些粒子的非热部分的情况。

本章指出并讨论了超热粒子在系外行星富氢大气层物理学过程中的重要性。建立了描述超热粒子动力学和传输过程的数值随机模型，该模型用来估算恒星远紫外辐射对富氢系外行星高层大气 $H_2 \to H$ 过渡区生成超热粒子的影响。利用 Shematovich (2008) 提出，并由 Shematovich (2010) 改编使之适用于氢气大气层计算的蒙特卡罗模型，计算了由于光解过程（式（6.7）和式（6.8））导致的恒星远紫外辐射的部分沉积率，该过程发生在热木星 HD209458b 星高层大气的 $H_2 \to H$ 过渡区。这使我们得以估算 HD209458b 星高层大气气体被光电子加热的速率，并首次计算了考虑光电子碰撞过程以及未考虑该过程两种情况下，HD 209458b星高层大气 $H_2 \rightarrow H$ 过渡区气体的加热效率。

利用Shamatovich（2004）为热木星星冕构造的数值随机模型，研究了高层大气超热氢原子的动力学和传输过程，以及从大气层蒸发出的原子的瞬时通量。在温和恒星活动的紫外辐射强度下，后者的估算值为 $5.8 \times 10^{12} cm^{-2} \cdot s^{-1}$，此种情况下 H_2 的分解过程导致的行星大气蒸发速率为 $5.8 \times 10^{9} g/s$。在目前的系外行星富氢大气层的物理学模型中，需要将这种额外的非热损失过程考虑进来。

参考文献

Abgrall, H., Roueff, E., Liu, X., & Shemansky, D. E. (1997). *Astrophysics Journal*, *481*, 557.

Ajello, J. M. Kanik, I., Ahmed, S. M., & Clarke, J. T. (1985). *Journal of Geophysical Research*, *100*, 26411.

Ballester, G. E., Sing, D. K., & Herbert, F. (2007). *Nature*, *445*, 511.

Ben-Jaffel, L. (2007). *Astrophysics Journal* (*Letters*), *671*, L61.

Ben-Jaffel, L., & Sona Hosseini, S. (2010). *Astrophysics Journal*, *709*, 1284.

Bird, G. A. (1994). *Molecular gas dynamics and direct simulation of gas flows*. New York: Oxford University Press.

Bisikalo, D. V., Shematovich, V. I., & Gerard, J. C., (1995). *Journal of Geophysical Research*, *100*, 3715.

Bisikalo, D. V., Shematovich, V. I., Gérard, J. C., Gladstone, G. R., & Waite, J. H. (1996). *Journal of Geophysical Research*, *101*, 21157.

Bisikalo, D. V., Kaygorodov, P. V., Ionov, D. E., Shematovich, V. I., Lammer, H., & Fossati, L. (2013a). *Astrophysics Journal*, *764*, 19.

Bisikalo, D. V., Kaygorodov, P. V., Ionov, D. E., & Shematovich, V. I. (2013b). *Astronomy Reports*, *57*, 715.

Bisikalo, D. V., Kaygorodov, P. V., Ionov, D. E., & Shematovich, V. I. (2014). In H. Lammer & M. L. Khodachenko (Eds.), *Characterizing stellar and exoplanetary environments* (pp. 81-104). Heidelberg/New York: Springer.

Bourrier, V., & Lecavelier des Etangs, A. (2013). *Astronomy and Astrophysics*, *551*, A124.

Cecchi-Pestellini, C., Ciaravella, A., & Micela, G. (2006). *Astronomy and Astrophysics*, *458*, L13.

Cecchi-Pestellini, C., Ciaravella, A., Micela, G., & Penz, T. (2009). *Astronomy and Astrophysics*, *496*, 863.

Chamberlain, J. W., & Hunten, D. M. (1987). *Theory of planetary atmospheres. An introduction to their physics and chemistry*. Orlando: Academic Press.

Dalgarno, A., Yan, M., Liu, W. (1999). *Astrophysics Journal Supplement*, *125*, 237.

Ehrenreich, D., Lecavelier des Etangs, A., Hébrard, G., Désert, J. M., Vidal-Madjar, A.,

McConnell, J. C., Parkinson, C. D., Ballester, G. E., & Ferlet, R. (2008). *Astronomy and Astrophysics*, *483*, 933.

Ekenbäck, A., Holmström, M., Wurz, P., Grießmeier, J. M., Lammer, H., Selsis, F., & Penz, T. (2010). *Astrophysics Journal*, *709*, 670.

Erkaev, N. V., Kulikov, Yu. N., Lammer, H., Selsis, F., Langmayr, D., Jaritz, G. F., & Biernat, H. K. (2007). *Astronomy and Astrophysics*, *472*, 329.

Fossati, L., Haswell, C. A., Linsky, J. L., & Kislyakova, K. G. (2014). In H. Lammer & M. L.

Khodachenko (Eds.), *Characterizing stellar and exoplanetary environments* (pp. 59-80).

Heidelberg/New York: Springer. Fox, J. L. & Ha'c A. (1997). *Journal of Geophysical Research*, *102*, 24005.

Fox, J. L., & Ha'c, A. B. (2009). *Icarus*, *204*, 527.

Fox, J. L., Galand, M. I., & Johnson, R. E. (2008). *Space Science Reviews*, *139*, 3.

García Muñoz, A. (2007). *Planetary and Space Science*, *55*, 1426.

Garvey, R. H., & Green, A. E. S. (1976). *Physical Review A*, *14*, 946.

Garvey, R. H., Porter, H. S., & Green, A. J. (1977). *Applied Physics*, *48*, 4353.

Gerard, J. C., Richards, P. G., Shematovich, V. I., & Bisikalo, D. V. (1995). *Geophysical Research Letters*, *22*, 279.

Gérard, J. C., Hubert, B., Bisikalo, D. V., & Shematovich, V. I. (2000). *Journal of Geophysical Research*, *105*, 15795.

Glass-Maujean, M. (1986). *Physical Review A*, *33*, 342.

Green, A. E. S., & Sawada, T. (1972). *Journal of Atmospheric and Terrestrial Physics*, *34*, 1719.

Gröller, H., Shematovich, V. I., Lichtenegger, H. I. M., Lammer, H., Pfleger, M., Kulikov, Yu. N.,

Macher, W., Amerstorfer, U. V., & Biernat, H. K. (2010). *Journal of Geophysical Research*, *115*, 12017.

Hodges, R. R. Jr., & Breig, E. L., (1991). *Journal of Geophysical Research*, *96*, 7697.

Holmström, M., Ekenbäck, A., Selsis, F., Penz, T., Lammer, H., & Wurz, P. (2008). *Nature*, *451*, 970.

Hubert, B., Gérard, J. C., Cotton, D. M., Bisikalo, D. V., & Shematovich, V. I. (1999). *Journal of Geophysical Research*, *104*, 17139.

Hubert, B., Gérard, J. C., Killeen, T. L., Wu, Q., Bisikalo, D. V., & Shematovich, V. I. (2001). *Journal of Geophysical Research*, *106*, 12753.

Huebner, W. F., Keady, J. J., & Lyon, S. P. (1992). *Astrophysics and Space Science*, *195*, 1.

Ivanov, M. S., & Rogazinskij, S. V. (1988). Sov. J. Numer. Anal. Math. Modell., 453.

Jackman, C. H., Garvey, R. H., & Green, A. E. S. (1977). *Journal of Geophysical Research*, *82*, 5081.

Johnson, R. E., Combi, M. R., Fox, J. L., Ip, W. H., Leblanc, F., & McGrath, M. A., Shematovich, V. I., Strobel, D. F., & Waite, J. H. (2008). *Space Science Reviews*, *139*, 355.

Kislyakova, K. G., Holmström, M., Lammer, H., Erkaev, N. V., (2014). In H. Lammer & M. L. Khodachenko (Eds.), *Characterizing stellar and exoplanetary environments* (pp. 137-150). Heidelberg/New York: Springer.

Koskinen, T. T., Yelle, R. V., Lavvas, P., & Lewis, N. K. (2010). *Astrophysics Journal*, *723*, 116.

Koskinen, T. T., Harris, M. J., Yelle, R. V., & Lavvas, P. (2013). *Icarus*, *226*, 1678.

Krestyanikova, M. A., & Shematovich, V. I. (2005). *Solar System Research*, *39*, 22.

Krestyanikova, M. A., & Shematovich, V. I. (2006). *Solar System Research*, *40*, 384.

Krsti'c, P. S., & Schultz, D. R. (1999a). *Physical Review A*, *60*, 2118.

Krsti'c, P. S., & Schultz, D. R. (1999b). *Journal of Physics B: Atomic and Molecular Physics*, *32*, 3485.

Lammer, H., Selsis, F., Ribas, I., Guinan, E. F., Bauer, S. J., & Weiss, W. W. W. (2003). *Astrophysics Journal (Letters)*, *598*, L121.

Lammer, H., Odert, P., Leitzinger, M., Khodachenko, M. L., Panchenko, M., Kulikov, Yu. N., Zhang, T. L., Lichtenegger, H. I. M., Erkaev, N. V.,Wuchterl, G., Micela, G., Penz, T., Biernat, H. K., Weingrill, J., Steller, M., Ottacher, H., Hasiba, J., & Hanslmeier, A. (2009). *Astronomy and Astrophysics*, *506*, 399.

Lammer, H., Kislyakova, K. G., Holmström, M., Khodachenko, M. L., & Grießmeier, J. M. (2011). *Astrophysics and Space Science*, *335*, 9.

Lammer, H., Güdel, M., Kulikov, Yu. N., Ribas, I., Zaqarashvili, T. V., Khodachenko, M. L., Kislyakova, K. G., Gröller, H., Odert, P., Leitzinger, M., Fichtinger, B., Krauss, S., Hausleitner, W., Holmström, M., Sanz-Forcada, J., Lichtenegger, H. I. M., Hanslmeier, A., Shematovich, V. I., Bisikalo, D. V., Rauer, H., Fridlund, M. (2012). *Earth Planets Space*, *64*, 179.

Lecavelier des Etangs, A., Vidal-Madjar, A., McConnell, J. C., & Hébrard, G. (2004). *Astronomy and Astrophysics*, *418*, L1.

Lecavelier Des Etangs, A., Ehrenreich, D., Vidal-Madjar, A., Ballester, G. E., Désert, J. M., Ferlet, R., Hébrard, G., Sing, D. K., Tchakoumegni, K. O., & Udry, S. (2010). *Astronomy and Astrophysics*, *514*, A72.

Lecavelier des Etangs, A., Bourrier, V., Wheatley, P. J., Dupuy, H., Ehrenreich, D., Vidal-Madjar, A., Hébrard, G., Ballester, G. E., Désert, J. M., Ferlet, R., Sing, & D. K. (2012). *Astronomy and Astrophysics*, *543*, L4.

Linsky, J. L., Yang, H., France, K., Froning, C. S., Green, J. C., Stocke, J. T., & Osterman, S. N. (2010). *Astrophysics Journal*, *717*, 1291.

Marov, M. Y., Shematovich, V. I., & Bisicalo, D. V. (1996). *Space Science Reviews*, *76*, 1.

Nagy, A. F., Kim, J., & Cravens, T. E. (1990). *Annales Geophysicae*, *8*, 251.

Opal, C. B., Peterson, W. K., & Beaty, E. C. (1971). *Journal of Chemical Physics*, *55*, 4100.

Penz, T., Erkaev, N. V., Kulikov, Yu. N., Langmayr, D., Lammer, H., Micela, G., Cecchi-Pestellini, C., Biernat, H. K., Selsis, F., Barge, P., Deleuil, M., & Léger, A. (2008). *Planetary and Space Science*, *56*, 1260.

Rjasanow, S., Schreiber, T., & Wagner, W. (1998). *Journal of Computational Physics*, *145*, 382.

Shematovich, V. I. (2004). *Solar System Research*, *38*, 28.

Shematovich, V. I. (2007). In Proceedings of 25th International Symposium on Rarefied Gas Dynamics, Siberian Branch of the Russian Academy of Sciences, 953.

Shematovich, V. I. (2008). In T. Abe (Ed.), American Institute of Physi Conference Series, (2008), 1084, 1047.

Shematovich, V. I. (2010). *Solar System Research*, 44, 96.

Shematovich, V. I., Bisikalo, D. V., & Gerard, J. C. (1994). *Journal of Geophysical Research*, *99*, 23217.

Shematovich, V., Gérard, J. C., Bisikalo, D. V., & Hubert, B. (1999). *Journal of Geophysical Research*, *104*, 4287.

Shematovich, V. I., Bisikalo, D. V., & Gérard, J. C. (2005). *Geophysical Research Letters*, *32*, L02105.

Shizgal, B. D., & Arkos, G. G. (1996). *Reviews of Geophysics*, *34*, 483.

Shyn, T. W., & Sharp, W. E. (1981). *Physical Review A*, *24*, 1734.

van Kampen, A. G. (1984). *Stochastic processes in physics and chemistry*. Amsterdam: North-Holland.

van Zyl, B., & Stephen, T. M. (1994). *Physical Review A*, *50*, 3164.

Vidal-Madjar, A., Lecavelier des Etangs, A., Désert, J. M., Ballester, G. E., Ferlet, R., Hébrard, G., & Mayor, M. (2003). *Nature*, *422*, 143.

Vidal-Madjar, A., Désert, J. M., Lecavelier des Etangs, A., Hébrard, G., Ballester, G. E., Ehrenreich, D., Ferlet, R., McConnell, J. C., Mayor, M., & Parkinson, C. D. (2004). *Astrophysics Journal (Letters)*, *604*, L69.

Vidal-Madjar, A., Lecavelier des Etangs, A., Désert, J. M., Ballester, G. E., Ferlet, R., Hébrard, G., & Mayor, M. (2008). *Astrophysics Journal (Letters)*, *676*, L57.

Wayne, R. P. (1991). *Chemistry of atmospheres*. Oxford: Clarendon Press.

Yelle, R. V. (2004). *Icarus*, *170*, 167.

Yelle, R. V. (2006). *Icarus*, *183*, 508.

Yelle, R. V., Lammer, H., & Ip, W. H. (2008). *Space Science Reviews*, *139*, 437.

第7章　恒星对系外富氢类地行星、超地球行星大气演化的驱动作用

本章将讨论恒星辐射和等离子体环境对富氢系外行星大气的逃逸和演化的影响。主要聚焦于从类地到超地球质量范围的行星的热和非热的大气逃逸过程。热损失机制的类型与逃逸参数有关，该参数是一个粒子的引力能量与自身热能的比值。当该参数值较小时，行星大气从经典的 Jeans 逃逸向修正的 Jeans 逃逸转变，最后以流体动力学形式喷出。在喷出的过程中，绝大多数大气粒子将释放足够的能量以逃脱行星重力场的束缚，这将导致大量的气体流失。研究表明，氢等较轻元素的非热损失从不会超过喷出逃逸，但对具有相对弱的 Jeans 逃逸的行星或者 O、C、N 等重粒子非热损失则是非常重要的。基于非热逃逸机制的多样性，在本章将聚焦于离子提取并讨论其他损耗机制的重要性。当行星损耗它的氢和/或富有挥发性的原始大气，逃逸过程将对系外行星大气的演化具有决定性的影响；否则，仍将不可能被看成可供潜在居住的迷你海王星。

7.1　引言：富氢类地系外行星

在当前系外行星科学中，仍需解决的重要问题之一是系外行星的可能进化模型，可用于解释当前观察到的类型。正如太阳系的行星一样，所有的系外行星均经历大气质损过程。有大量的太阳系类地行星（Lundin，2011）质量损失的观测和测量数据，以及热木星 HD 209458b 和 HD 189733b（Vidal-Madjar 等，2003；Lecavelier des Etangs 等，2010）、热海王星 GJ 436b（Kulow 等，2014），（参见第4章）的拉曼 - α 射线观测数据。拉曼 - α 射线的过量吸收被作为观测到质量损失的证据（Bourrier 和 Lecavelier des Etangs，2013）。

这里聚焦于从类地到超地球型的行星（在本章中都称其为类地行星），而不考虑巨大系外行星。根据当前模型，地球尺寸大小的行星在宇宙中是普遍存在的（Broeg，2009）。我们对这些中等大小尺寸行星的大气演变给予简短评述，阐述目前对该演化过程的理解。

类地行星的大气质量和组分首先由其形成状态定义，其次由恒星驱动的逃逸过程确定。大气可能起始于原始星云（Ikoma 和 Genda，2006；Lammer 等，

2013a, 2014)，通常认为原始星云是所有的系外行星诞生的地方，或者是来自于行星内部岩浆海洋固化过程中放出的气体（Elkins-Tanton 和 Seager，2008）。在第二种情况下，人们谈论的是次级大气。两种类型的大气形成模式都是重要的，并一起对大气演化作出贡献。

表7.1、表7.2给出了地球质量大小和巨地球行星的重力场及星云气体累积与原始星云关系函数的模拟结果。其中，行星处于类日恒星的宜居轨道，星云包裹在行星核周围，原始星云参数包括尘埃粒子耗损因子f_d以及行星由星云堆积成行星时的原始行星亮度。这些结果是基于解决用于原始行星星云的静力结构方程模型得到的（Lammer 等，2014）。根据星云特性如f_d、星子堆积率可以得到亮度，并判断类地岩核可以从1~1000个地球大小海洋（EO_H，1 $EO_H = 1.53 \times 10^{23}$ g）中少量百分比氢含量中俘获氢（Lammer 等，2014）。相比于一个地球质量的核，具有5 $M_\oplus$的超级地球核能够俘获的氢量呈数量级增长。即使对具有高沉积率和粉尘颗粒损耗因子的星云状态，超地球将俘获约170 EO_H。对$f_d = 0.001$的低沉积率，行星将俘获超过10^5 EO_H。这样，在超地球中的氢的壳层将涵盖超过1000 EO_H可能也是正常的。

表7.1　从具有1 $M_\oplus$质量的原始行星核类太阳恒星的居住区内部的地球尺寸的系外行星周围的原始行星星云俘获的氢的壳层（lammer，2014）　　单位：EO_H

$\frac{M_{acc}}{M_{pl}}$/年$^{-1}$	$f_d = 0.001$	$f_d = 0.01$	$f_d = 0.1$
10^{-5}	9.608	1.682	0.316
10^{-6}	44.6	12.8	2.313
10^{-7}	210.0	65.75	16.8
10^{-8}	1002	332.6	93.2

表7.2　从具有1.71 $R_\oplus$尺寸、5 $M_\oplus$质量的核的超地球周围的原始行星星云俘获的氢的壳层（lammer 2014）　　单位：EO_H

$\frac{M_{acc}}{M_{pl}}$/年$^{-1}$	$f_d = 0.001$	$f_d = 0.01$	$f_d = 0.1$
10^{-5}	9562	299	170
10^{-6}	4653	1600	690
10^{-7}	28620	8117	3250
10^{-8}	105816	103725	17810

欧洲南方天文台（ESO）的高精度径向速度行星搜索器（HARPS）和 NASA 的开普勒空间观测器从径向质量关系和超地球密度发现揭示，这些星体可能具有岩核，但被明显的 H/He、H_2O 或者同时被二者所环绕（HTTP：//www.exoplanet.eu）。这

些发现说明，即使系外行星具有地球的尺寸，它的演化仍可能与地球有很大区别，可以将其作为迷你海王星类型星体。这些发现带来了关于系外行星会发生的不同演化的问题，并非所有情况下系外行星均能摆脱它们的原始厚密大气壳层。在大气形成完成后，它的损耗和演化将受逃逸过程的强度所控制。

几种行星大气逃逸的机制是已知的。H 和 He 等较轻的气体是最容易逃逸的，然而，较重的气体也能损耗。Tian 等（2008a，b）、Lichtenegger 等（2010）、Lammer 等（2013a）等表明，当恒星到达 ZAMS 后，在恒星活动的第一个剧烈阶段，富氮大气层是很难保存下来的，这主要是由于大气剧烈膨胀。其他种类的气体由于逃逸氢的拖曳作用也可能失去，这也可以看做地球大气中 Xe 气成分的解释（Hunten 等，1987）。CO_2 气体将不会经历如此强烈的膨胀而更容易保持（Kulikov 等，2006），正如在金星中所看到的那样。

洛希瓣效应对膨胀的近区系外行星起到非常重要的作用，系外行星大气将填满洛希瓣，随后将丢失大量的质量（Erkaev 等，2007；Lecavelier des Etangs 等，2004）。近区系外行星损耗它们主要的氢的壳层相对容易，进化成类似 CoRoT-7b 没有大气的热物体。然而，在恒星宜居轨道空间上，亚地球到超地球的中等尺寸行星如何演化仍不清楚。它们是否经常演变成与地球类似的有氮大气层以及生命存活条件的一类居住区，或者它们可以进行别的演变？

本章总结了位于恒星宜居轨道的富氢类地系外行星的演化过程。考虑热和非热离子提取损失并讨论它们对行星演化的可能影响。主要的目标是分析行星原始氢壳层产生损耗并演变成一个具有类地大气系外行星的条件。

7.2　热逃逸

基于宿主星软 X 射线和 XUV 能量进入上层大气中，可以将逃逸分为两类：中性粒子的热逃逸，中性粒子和离子的非热逃逸。基于大气粒子的速度服从麦克斯韦分布，金斯逃逸被认为是典型的热逃逸机制。图 7.1 给出了上层大气的演化过程和它受太阳/恒星的 XUV 辐射的影响（参见第 6 章）。在逃逸层底的高度空间，分布在高尾的单个离子可能达到逃逸速度，那里的离子平均自由程非常高，可以与标高相当，以致可以逃离行星大气。当热球层的温度由于 XUV 辐射的加热而升高时，在该空间内的大气伴随着随后的绝热冷却而开始流体动力学膨胀。在该情况下，在逃逸层底的速度分布可由移位麦克斯韦分布来描述（Tian 等，2008a；Erkaev 等，2013）。该区域称为控制流体动力学逃逸，这更像是一个很强的金斯逃逸，但和经典的吹离相比仍然较弱，这里没有控制机制对逃逸气体有影响。如果 XUV 加热持续增加，将导致粒子重力能和热能的比率变得小于或等于 1.5，导致产生和金斯逃逸甚至是可控的流体动力学逃逸相比，更加强烈的逃逸，即吹离逃逸。正如 Erkaev 等（2013）给出的，根据可能的红外冷却分子和行星的平均密度，只有当 XUV 通量是当今太阳辐射的数十倍时，在可居住区域轨道内运行的富氢超地球星体才会达流体动力学吹点，这是一个太阳型恒星早期演化的情况（Güdel，2007）。这些行星在其一生的大部分时间内，其上部大气将经历非静力平衡的条件，而不是吹点。在这种情况下，上层大气动力膨胀，向上流动的气体发生损耗，导致可控的流体动力学逃逸。对质量类似于地球的富氢大气层略薄的行星，吹离阶段更容易达到。这些行星经历流体动力学喷出时间更长，吹离逃逸时期与可控的流体动力学逃逸时期的 XUV 变化比值是目前太阳的 10 倍以下。由于极紫外的加热和它们上层大气的膨胀，外地球和超地球将产生扩展的外层大气或者分布在由内磁场或诱导磁场产生的磁障之上氢环。在这种情况下，富氢上层大气将得不到类似当今地球的可能的磁层保护，但是可被恒星风等离子体流侵蚀，并以离子的形式损失（khodachenko 等，2007；kislyakova 等，2013）。

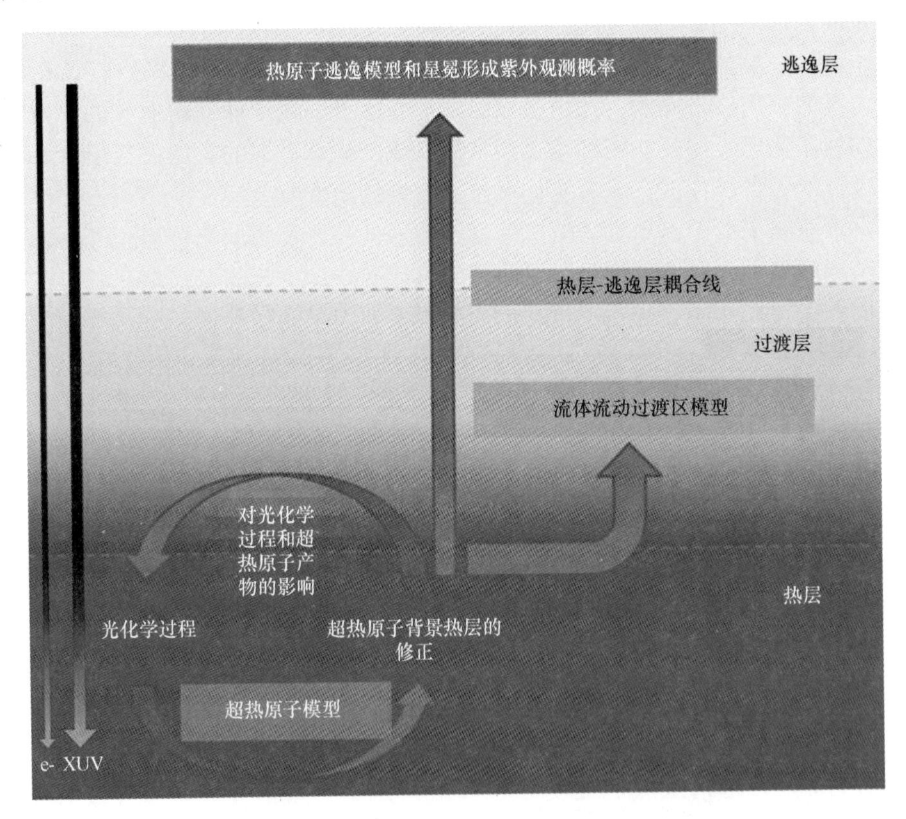

图 7.1　行星上层大气中演化过程示意图

注：由于太阳/恒星的 XUV 辐射、光电子、光化学过程和产生的超热原子的加热，将改变热层结构，反之亦然（见第 6 章等）。从流体静力学到流体动力学状态的过渡发生的温度与热层的组分相关，并将被高效的非热逃逸过程所影响。超热粒子的逃逸反过来与热层的物理结构和它的温度相关。

图7.2给出了行星的三个温度曲线，其质量为1 $M_{\oplus}$，但具有不同的大气。这些曲线已经用Erkaev等（2013）的流体动力学上层大气和恒星XUV辐射吸收模型处理过。点和短画线分别对应于氢大气壳层f_{evn}分别为0.001、0.01类地质量的行星。

$$f_{evn} = \frac{M_{at}}{M_{at} + M_c} \tag{7.1}$$

式中：M_{at}和M_c是大气和地核的质量。

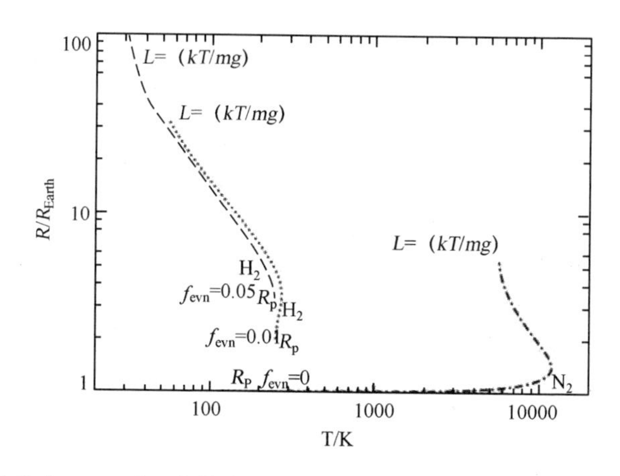

图7.2 核质量为1 $M_{\oplus}$的三个暴露于当今太阳10倍的恒星XUV辐射的类地行星的上层大气温度的比较

注：两个行星被氢包迹f_{evn}分别为0.01（点线）、0.05（虚线）所包围。第三个行星具有类地的氮气为主的大气。上面部分特征对应于外基水平（逃逸层底），大气的平均自由程L与均质大气高度H相似。

$R_p = R_c + z$是由凌星过程中获得半径。第三个星具有类似地球但大气为氮气的行星，$f_{evn} \approx 0$。在这三种情况下，大气的质量远低于地核的质量，所以$M_c \approx M_{pl} \approx M_{\oplus}$。然而，根据Mordasini等（2012）研究结果，f_{evn}为0.001、0.01的类似地球质量行星，其半径R_p远大于它们的地核半径R_c。其理由是：在氢气中，可见光由于瑞利散射而不能穿透进入表面（如木星、土星、天王星、海王星）（Lecavelier des Etangs等，2008）。这不是类地大气的情况。在富氢大气中，H_2分子是瑞利散射的介质。由H_2分子占主导的瑞利散射有效高度与平均密度和该高度上的总压力有关。正因为如此，行星半径R_p（参见式（7.2））对应于和波长λ相关的大气压力P可以写为

$$R_p = \frac{kT\mu g\tau^2}{P^2\sigma_{Rl}} \tag{7.2}$$

式中：σ_{Rl}为波长λ对应的瑞利散射截面；g为重力加速度；T为大气温度；τ为光学深度；μ为大气粒子的平均质量；k为玻耳兹曼常数。

因此，对图7.2中的两个富氢原行星，R_p 将大于它们的地核半径 R_c ，也大于富氮行星。这将导致图7.2中三个行星有不同的平均密度，尽管它们的质量是相同的。

从图7.2中可以看出，如果由恒星XUV辐射加热高于目前太阳光加热的10倍，则氮气的温度将超过氢气。主要原因是流体膨胀的绝热冷却过程在上层大气氢气占支配地位的情况下更有效。从图7.2也可以看出，XUV辐照的上层大气可扩展到几个行星半径。特性曲线在逃逸层底层结束，这里，气体的平均自由程 L 将达到比例高度 H ，这里 $H = kT/mg$ ，其中，m 为大气种类的平均质量。

计算原行星捕获的氢壳层的损失时，先假设它们的岩石核在星云气体散失前就已经形成，原行星的质量在类似地球体积和5 $M_\oplus$ 超地球体积的范围。在热逃逸计算时，聚焦于G星的可居住区域。这些结果已经被Lammer等（2014）证实。Erkaev等（2013）用相同的方法估算G星宜居轨道内地球类型和超级地球类型（ $M = M_\oplus$ ，$R = 2R_\oplus$ ）的富氢行星大气损失。相同的计算代码被Lammer等（2013b）使用，以评估5Kepler-11超地球行星的热致大气损失。

物质的流体动力学方程为

$$\frac{\partial \rho r^2}{\partial t} + \frac{\partial \rho v r^2}{\partial r} = 0 \tag{7.3}$$

动量为

$$\frac{\partial \rho v r^2}{\partial t} + \frac{\partial \left[r^2 (\rho v^2 + P) \right]}{\partial r} = - \rho g r^2 + 2pr \tag{7.4}$$

能量守恒方程为

$$\frac{\partial r^2 \left[\frac{\rho v^2}{2} + \frac{P}{\gamma - 1} \right]}{\partial t} + \frac{\partial v r^2 \left[\frac{\rho v^2}{2} + \frac{\gamma P_p}{\gamma - 1} \right]}{\partial r} = - \rho v r^2 g + q_{XUV} r^2 \tag{7.5}$$

式中：r 为从行星核的半径距离；ρ 、P 、T ，ν 分别为非静力大气向外流动的质量密度、压力、温度和速度；γ 为多元系数；g 为重力加速度；q_{XUV} 为XUV体加热速率。

表7.3和表7.4给出了由于流体动力学逃逸引起的原行星星云捕获氢大气壳层损失。针对的星体是类地球核行星、核尺寸为1.71 $R_\oplus$ 的超地球核行星，以及在以 EO_H 为单位的宿主恒星宜居轨道上核质量为5 $M_\oplus$ 的行星。氢壳层受到XUV辐照的通量是当今太阳在1AU距离处辐照量的100倍，这种情况是一颗年轻的类太阳行星早期XUV饱和阶段 Δt 时间内所应有的值（见第1章）。对G星来说，Δt 期望能够持续大约100My。这对F星来说就太少了，但对M矮星则又持续的太长了。计算是从低温直到极端温度 R_{crit} 的范围，采用克怒森数 Kn =0.1，使用加热效率15%来计算逃逸速率（见第6章）。由于超地球星具有较大的半径，其

发生氢逃逸的可能性是非常大的，但逃逸量太小，即使暴露时间达到10^3Myr，捕获氢的蒸发量也不能达到如表7.2所列的量值。正如Erkaev等（2013）和Kislyakova等（2013）所提出的，在宜居轨道内的行星，如果在其早期XUV饱和阶段的第一个90Myr内，行星没有丢失稠密的原始氢，在行星寿命的剩余时间内残存的气膜将消失是不可能的。这是导致微型海王星形成而不是超地球行星的原因。只有接近的巨型岩石类行星，如CoRoT-7B（如Leitzinger等，2011），在长期暴露于高XUV通量的辐照下，或者星云蒸发后生长为巨大的星体，才可能完全失去它们的氢壳层（Lammer等，2014）。从这些研究的结果可以发现，星云特性、原行星盘的生长时间、行星的质量、大小和恒星的辐射环境是初始状态，这就限定了行星是否能够进化到类地球的I类居住区（Lammer等，2009a）。在类太阳恒星的可居住区内的主星的活跃XUV饱和时期，核的质量小于1 $M_\oplus$的原行星可失去它们捕获的氢壳层（Lammer等，2014），而被称为超地球范围的岩核在其整个寿命期间很有可能无法摆脱它们的星云捕获氢壳层。我们的研究结果与太阳系类地行星在年轻太阳的XUV活性饱和阶段失去它们的星云基原始大气的建议是一致的。这些模型的结果也与即使在小于1AU轨道距离内的低密度氢和/或挥发性超级地球的发现是一致的。发现说明，这些行星不可能失去它们的原始大气。此外，研究结果表明，人们应该期待在类太阳恒星的可居住区可能存在许多迷你海王星。

表7.3　根据XUV通量是距离当今太阳1AU处的100倍，来自于可居住区，具有地球体积和质量大小的行星的氢壳层的热逃逸（Mordasini等，2012；Lammer等，2014）

f_{env}	z	Δt = 50My	Δt = 100My	Δt = 500My	Δt = 1000My
0.001	0.15 $R_\oplus$	0.95 EO_H	1.9 EO_H	9.5 EO_H	19 EO_H
0.01	1 $R_\oplus$	9.5 EO_H	19 EO_H	96.5 EO_H	193 EO_H

注：Δt为假定的辐照时间；z为对应于核－表面－半径的壳层

表7.4　根据XUV通量是距离当今太阳1AU处的100倍，来自于可居住区，核大小为1.71 $R_\oplus$，核质量为5 $M_\oplus$的超地球的氢壳层的热逃逸（Mordasini等，2012；Lammer等，2014）

f_{env}	z	Δt = 50My	Δt = 100My	Δt = 500My	Δt = 1000My
0.001	1.2 $R_\oplus$	3.5 EO_H	6.9 EO_H	34.5 EO_H	69 EO_H
0.01	1.5 $R_\oplus$	4.5 EO_H	9 EO_H	45 EO_H	90 EO_H
0.1	4 $R_\oplus$	22.4 EO_H	44.7 EO_H	223.7 EO_H	447.5 EO_H

7.3 离子加速

除了热逃逸，各种非热逃逸机制也对行星大气总质量损耗有重要贡献，应该充分考虑。非热逃逸过程可分为离子逃逸、光化学和可加速原子到逃逸能量的动力学过程。如果外球层不被强磁场保护并延伸到磁层顶之上，那离子就能够从上层大气逃逸。在这种情况下，外大气层中性原子能够与恒星等离子体环境相互作用。而且，由于离子球云中的等离子体不稳定性，行星离子可从电离层中分离出去（Terada 等，2002）。

本节估算离子加速损失，这是非热逃逸中最有效的一种方法（根据对金星快车和火星快车上的空间等离子体及高能原子分析仪（ASPERA）得到的进行和火星的数据的分析）。假设系外行星没有磁场以估计最大的可能损失。在我们的模型中，离子由与恒星质子的电荷交换、恒星光子的光子离化和太阳风中的电子间碰撞离化所产生。

恒星风质子和中性行星粒子间的电荷交换反应实现了电子在中性原子到质子间的转换，产生一个冷原子粒子和一个高能中性原子（ENA）。这一过程可由下面方程式描述：

$$H_{sw}^{+} + H_{pl} \rightarrow H_{pl}^{+} + H_{ENA}$$

使用直接模拟蒙特卡罗（DSMC）方法来模拟恒星风与行星上层大气间的反应。程序由内部边界 R_0 开始，这里 $Kn = 0.1$。详细的初始算法可在 Holmström 等（2008）中得到，更进一步的版本则由 Kislyakova 等（2013，2014）给出。这里仅对主程序进行综述。

程序包括中性氢原子和质子两个部分。作用在中性 H 原子上的过程或者力如下：

（1）如果粒子在行星阴影之外，那么将与紫外光子发生碰撞，导致氢原子从星体加速逃离。中性氢原子吸收一个紫外光子将紧接着在随机方向上再次辐射，导致径向速度改变。紫外碰撞率与速度有关，也与恒星拉曼 - α 射线通量和离行星的距离有关。

（2）恒星光子或者恒星风电子引起的电离。

（3）中性氢原子与恒星风质子间电荷交换。如果一个氢原子位于行星障碍物（磁层顶或者电离层顶）之外，它将与恒星风质子交换电荷。电荷交换截面可采用 $2 \times 10^{-19} m^2$（Lindsay 和 Stebbings 2005）。

（4）与另一个氢原子的弹性碰撞。这里，碰撞截面可采用 $10^{-21} m^2$（Izmodenov 等，2000）。

坐标系以行星中心为原点，x 轴指向系统的质量中心，y 轴指向行星运行的相反方向，z 轴指向行星轨道角速度矢量 $\boldsymbol{\Omega}$ 的平行方向。M_{st} 为行星主星的质量。模拟区域的外边界为 $x_{min} \leqslant x \leqslant x_{max}$ ，$y_{min} \leqslant y \leqslant y_{max}$ ，$z_{min} \leqslant z \leqslant z_{max}$ 。内边界是半径为 R_0 的球。

潮汐势、科氏力和离心力，与恒星和行星的重力一样，以下面的方式作用于氢中性原子（Chandrasekhar，1963）：

$$\begin{aligned}\frac{\mathrm{d}v_i}{\mathrm{d}t} = \frac{\partial}{\partial x_i}\Bigg[\frac{1}{2}\Omega^2(x_1^2 + x_2^2) + \mu\left(x_1^2 - \frac{1}{2}x_2^2 - \frac{1}{2}x_3^2\right) + \\ \left(\frac{GM_{st}}{R^2} - \frac{M_{st}R}{M_p + M_{st}}\Omega^2\right)x_1\Bigg] + 2\Omega\varepsilon_{il3}v_l\end{aligned} \tag{7.6}$$

式中：$x_1 = x$ ；$x_2 = y$ ；$x_3 = z$ ；v_i 为粒子速度向量的分量；G 为牛顿引力常数；R 为物体中心间的距离；ε_{il3} 为勒维－契维塔符号；$\mu = GM_{st}/R^3$ 。式（7.6）右边的第一部分表示离心力；第二部分是潮汐势；第三部分对应于行星主星和行星间引力；第四部分代表科氏力。粒子的自引力势能忽略。

电荷交换发生在障碍之外，与磁层顶或者离子层等位置相当。可假设为一个面，由下式描述：

$$x = R_s\left(1 - \frac{y^2 + z^2}{R_t^2}\right) \tag{7.7}$$

恒星风大气侵蚀的强度，在不同的恒星时代对行星演化的影响是不同的，因此，行星大气演化与恒星的演化具有密切的联系。Erkaev 等（2013）和 Kislyakova 等（2013）对此进行了讨论，晚期光谱类的恒星（红 K 星和 M 矮星）能保持高水平的 XUV 辐射。恒星风演化是更具有争议的（Wood 等，2005），但即使考虑了与持续恒星风相互作用，较高的 XUV 和 X 射线加热作用加强了大气的非热侵蚀。

图 7.3 给出了 5 个 Kepler-11 超地球星和一个具有 $M = 10M_{\oplus}$ ，$R = 2R_{\oplus}$ ，位于 M 矮星可居住区的超地球星周围的氢星冕 DSMC 模拟结果。可以看到，在每种情况下，均形成由来自于行星中性氢组成的巨大氢星冕，ENA 和 H 原子由辐射压力加速。

辐射压力效应是宿主恒星附近最重要的加速效应（Kepler-11b，Kepler-11c）。Bourrier 和 lecavelier DES etangs（2013）和 lecavelier DES etangs 等（2004）在研究热木星时，充分考虑了这类加速，这些效应甚至具有非常高的重要性。

以上情况考虑的是非磁化行星，其中由式（7.7）定义的磁性障碍物的位置非常接近于行星。此外，对系外行星可能的磁矩也进行了讨论，例如，Lammer 等（2009b）和 Kepler-11 b-f 认为磁矩是相当弱的。表 7.5 给出了离子的平均产生率 L_{ion} ，它取决于加热效率 η 。

在 Kepler-11 系统中，非热损失率近似比 Lammer 等（2013a）给出的相同行星的热损失小 1 个数量级（具体的比较与探讨见 kislyakova 等（2014））。这个比例与

kislyakova 等（2013）得到的结果和 Erkaev 等（2013）为类地球行星和一个 GJ436 类 M 型宿主星可居住区域的超级地球行星的得到的结果具有很好的一致性。

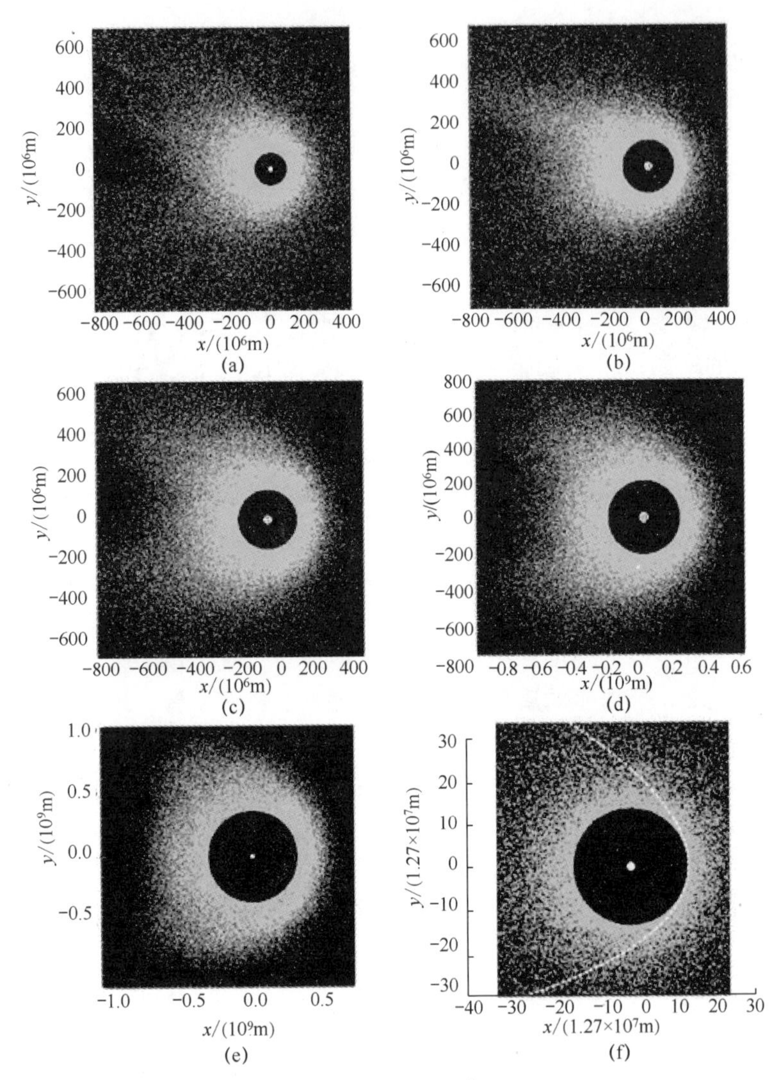

图 7.3 （a）～（e）：在加热效率 η = 40%，$-10^7 \leqslant z \leqslant 10^7$ 时，5 个 Kepler-11 超地球星周围模拟的 3D 氢原子星冕。黄色和绿色点对应于中性氢原子和氢离子，包括恒星风质子。中心的白点表示行星。行星周围的黑色区域表示 XUV 加热，流体动力学扩展到热球，高度可达 R_0，此时，Kn = 0.1（Kislyakova 等，2013，2014）。（f）在 M 星 0.24AU 的可居住区域内的超地球富氢行星周围所模拟的氢原子和恒星风星冕等离子体相互作用。XUV 通量时当今太阳的 50 倍，η = 15%；点画线表示行星障碍物

（a）Kepler-11b；（b）Kepler-11c；（c）Kepler-11d；（d）Kepler-11e；（e）Kepler-11f；（f）H-rich "Super-Earth"。

表 7.5　加热效率 η = 15% 时，Kepler-11 行星的离子提取的损失率（见第 6 章）　单位：g/s^{-1}

	η = 15%		η = 40%	
系外行星	L_{ion}	L_{th}	L_{ion}	L_{th}
Kepler-11b	$\approx 1.17 \times 10^7$	$\approx 1.15 \times 10^8$	$\approx 1.3 \times 10^7$	$\approx 2.0 \times 10^8$
Kepler-11c	$\approx 1.07 \times 10^7$	$\approx 4.0 \times 10^7$	$\approx 1.37 \times 10^7$	$\approx 1.3 \times 10^8$
Kepler-11d	$\approx 1.47 \times 10^7$	$\approx 1.0 \times 10^8$	$\approx 2.33 \times 10^7$	$\approx 2.5 \times 10^8$
Kepler-11e	$\approx 1.84 \times 10^7$	$\approx 1.1 \times 10^8$	$\approx 3.34 \times 10^7$	$\approx 2.5 \times 10^8$
Kepler-11f	$\approx 6.0 \times 10^7$	$\approx 4.0 \times 10^8$	$\approx 6.8 \times 10^7$	$\approx 4.5 \times 10^8$

7.4　本章小结

本章给出了以氢气为主的上层大气的热和非热大气逃逸速率及其对中等大小系外行星大气演化的影响。如果行星可能演化成类地行星，那么可以从多个方面进行限定，提出满足条件，如行星的大小、质量和距行星宿主星的距离以及恒星光谱类型等。初始累积的气体量，例如，原始星云的特性，同样起到了很大的作用（Lammer 等，2014；Ikoma 和 Genda，2006）。

一般来说，近轨道距离系外行星失去原始气层和二次大气并达到流体动力学吹离状态将更容易，经历这种逃逸状态也将更长（Lammer 等，2013b），它们也可能是由于洛希瓣溢出而失去大气（Erkaev 等，2007）。在可居住区的轨道距离，大气演化与行星质量和大气的类型密切相关。根据本章讨论的结果和 Lammer 等（2014）的研究，火星大小的星体和质量小于 0.5 $M_{\oplus}$ 的行星可能失去大量百分比甚至全部的以氢为主的原始大气。另外，被称为超级地球的星体在失去它们致密的主要由氢气等较轻气体组成原始气层将存在一定困难（Erkaev 等，2013；Lammer 等，2013b，2014）。

非热粒子加速逃逸也对整个大气的质量损失有非常大的贡献，但是这种逃逸主要在类似火星的小尺寸行星上体现最为明显。对于更大的行星，离子加速逃逸量只占总热逃逸和非热逃逸量的几个百分比，并不会对大行星大气演化起到明显作用（Kislyakova 等，2013，2014）。

一颗系外行星大气的进化也与其宿主恒星的演化密切相关。M 矮星寿命长，与太阳类型恒星相比演化缓慢，这意味着 M 矮星停留在非常活跃的 XUV 活性饱和期时间更长（见第 1 章）。如果一颗系外行星围绕 M 矮星运动，它将经历了严重的恒星辐射（高水平的 X 射线和 EUV 辐射，强烈的恒星风）且时间很长，与 G 星轨道同一类型行星相比，围绕 M 矮星的系外行星将有额外损失的大气质量损失（Erkaev 等，2013；kislyakova 等，2013）。

总结上述结果，一个类地行星演化形成氮气大气层需要其行星、宿主恒星具有几个限制条件。首先宿主恒星应该是一个长寿命星体，它不会长期处于高XUV活动阶段，否则将会导致行星大气以热或非热大气逃逸的形式剧烈损耗。后者使M矮星系统内的行星演化存在争议，然而，并不排除这些行星可能会进化为一个绕这些恒星运转的类地星体。至于这颗系外行星本身，它必须位于恒星恰当的距离，以在其形成过程中获得足够的质量和挥发物。在其寿命早期阶段，挥发性的气层应该足够厚以保护其大气免受恒星活动的影响，但也不能太厚以致不能失去。否则，这颗系外行星会演变成一个迷你海王星，其中，其百分之几的重量将为较轻的气体。

参考文献

Bourrier, V., & Lecavelier des Etangs, A. (2013). *Astronomy and Astrophysics*, *557*, A124.

Broeg, C. H. (2009). *Icarus*, *204*, 15.

Chandrasekhar, S. (1963). *Astrophysical Journal*, *138*, 1182.

Elkins-Tanton, L. T., & Seager, S. (2008). *Astrophysical Journal*, *685*, 1237.

Erkaev, N. V., Kulikov, Y. N., Lammer, H., Selsis, F., Langmayr, D., Jaritz, G. F., &Biernat, H. K. (2007). *Astronomy and Astrophysics*, *472*, 329.

Erkaev, N. V., Lammer, H., Odert, P., Kulikov, Y. N., Kislyakova, K. G., Khodachenko, M. L., Güdel, M., Hanslmeier, A., & Biernat, H. (2013). *Astrobiology*, *11*, 1-19.

Fossati, L., Haswell, C. A., Linsky, J. L., & Kislyakova, K. G. (2014). In H. Lammer & M. L. Khodachenko (Eds.), *Characterizing stellar and exoplanetary environments* (pp. 59).

Heidelberg/New York: Springer.

Fridlund, F., Rauer, H., & Erikson, A. (2014). In H. Lammer & M. L. Khodachenko (Eds.), *Characterizing stellar and exoplanetary environments* (pp. 253). Heidelberg/New York: Springer.

Güdel, M. (2007). *Living Reviews in Solar Physics*, *4*, 3.

Holmström, M. Ekenbäck, A. Selsis, F. Penz, T. Lammer, H. & Wurz, P. (2008). *Nature*, *451*, 970-972.

Hunten, D. M., Pepin, R. O., & Walker, J. C. G. (1987). *Icarus*, *69*, 532-549.

Ikoma, M., & Genda, H. (2006). *Astrophysical Journal*, *648*, 696.

Izmodenov, V. V., Malama, Y. G., Kalinin, A. P., Gruntman, M. Lallement, R., & Rodionova, I. P. (2000). *APSS*, *274*, 71-76.

Khodachenko, M. L., Ribas, I., Lammer, H., Grießmeier, J.-M., Leitner, M., Selsis, F., Eiroa, C., Hanslmeier, A., Biernat, H. K., Farrugia, C. J., & Rucker, H. O. (2007). *Astrobiology*, *7*, 167-184.

Kislyakova, K. G., Lammer, H., Holmström, M., Panchenko, M., Odert, P., Erkaev, N. V., Leitzinger, M., Khodachenko, M. L., Kulikov, Y. N., Güdel, M., Hanslmeier, A. (2013). *Astrobiology*, *11*, 1030-1048.

Kislyakova, K. G. , Johnstone, C. P. , Odert, P. , Erkaev, E. V. , Lammer, H. , Lüftinger, T. , Holmström. M. , Khodachenko, M. L. , & Güdel, M. (2014). *Astronomy and Astrophysics*, *562*, A116.

Kulikov, Yu. N. , Lammer, H. , Lichtenegger, H. I. M. , Terada, N. , Ribas, E. , Kolb, C. , Langmayr, D. , Lundin, R. , Guinan, E. F. , Barabash, S. , & Biernat, H. B. (2006). *PSS*, *54*, 1425.

Kulow, J. R. , France, K. , Linsky, J. , & Parke Loyd, R. O. (2014), *Astrophysical Journal*, *786*, 132 (9pp)

Lammer, H. , Bredehöft, J. H. , Coustenis, A. , Khodachenko, M. L. , Kaltenegger, L. , Grasset, O. , Prieur, D. , Raulin, F. , Ehrenfreund, P. , Yamauchi, M. , Wahlund, J. -E. , Grießmeier, J. -M. , Stangl, G. , Cockell, C. S. , Kulikov, Y. N. , Grenfell, J. L. , & Rauer, H. (2009a). *Astronomy and Astrophysics Review*, *17*, 181-249.

Lammer, H. , Odert, P. , Leitzinger,M. , Khodachenko, M. L. , Panchenko, M. , Kulikov, Y. N. , Zhang, T. L. , Lichtenegger, H. I. M. , Erkaev, N. V. , Wuchterl, G. , Micela, G. , Penz, T. , Biernat, H. K. , Weingrill, J. , Steller, M. , Ottacher, H. , Hasiba, J. , & Hanslmeier, A. (2009b). *Astronomy and Astrophysics*, *506*, 399.

Lammer, H. , Kislyakova, K. G. , Güdel, M. , Holmström, M. , Erkaev, N. V. , Odert, P. , & Khodachenko, M. L. (2013a). In J. M. Trigo-Rodriguez, F. Raulin, C. Muller & C. Nixon (Eds.), *The early evolution of the atmospheres of terrestrial planets*. Astrophysics and space science proceedings (p. 33). New York: Springer

Lammer, H. , Erkaev, N. V. , Odert, P. , Kislyakova, K. G. , Leitzinger, M. , & Khodachenko, M. L. , (2013b). *Monthly Notices of the Royal Astronomical Society*, *430*, 1247-1256.

Lammer, H. , Erkaev, N. V. , Odert, P. , Kislyakova, K. G. , Leitzinger, M. , & Khodachenko, M. L. (2014). *Monthly Notices of the Royal Astronomical Society*, *439*, 3225.

Lecavelier des Etangs, A. , Vidal-Madjar, A. , McConnell, J. C. , & Hébrard, G. (2004). *Astronomy and Astrophysics*, *418*, L1-L4.

Lecavelier des Etangs, A. , Pont, F. , Vidal-Madjar, A. , & Sing, D. (2008). *Astronomy and Astrophysics*, *481*, L83.

Lecavelier des Etangs, A. , Ehrenreich, D. , Vidal-Madjar, A. , Ballester, G. E. , Désert, J. -M. , Ferlet, R. , Hébrard, G. , Sing, D. K. , Tchakoumegni, K. -O. , & Udry, S. (2010). *Astronomy and Astrophysics*, *514*, A72.

Leitzinger, M. , Odert, P. , Kulikov, Y. N. , Lammer, H. , Wuchterl, G. , Penz, T. , Guarcello, M. G. , Micela, G. , Khodachenko, M. L. Weingrill, J. Hanslmeier, A. Biernat, H. K. , & Schneider, J. , (2011). *PSS*, *59*, 1472.

Lichtenegger, H. I. M. , Lammer, H. , Grießmeier, J. -M. , Kulikov, Y. N. , von Paris, P. , Hausleitner, W. , Krauss, S. , & Rauer, H. (2010). *Icarus*, *210*, 1.

Lindsay, B. G. & Stebbings, R. F. (2005). *Journal of Geophysical Research*, *110*, 12213.

Linsky, J. L. , & Güdel, M. , (2014). In H. Lammer & M. L. Khodachenko (Eds.), *Characterizing stellar and exoplanetary environments* (pp. 3). Heidelberg/New York: Springer. Lundin, R.

(2011). *SSR*, *162*, 309.

Mordasini, C., Alibert, Y., Georgy, C., Dittkrist, K.-M., & Henning, T. (2012). *Astronomy and Astrophysics*, *545*, A112.

Shematovich, V. I., Bisikalo, D. V., & Dmitry E. I. (2014). In H. Lammer & M. L. Khodachenko (Eds.), *Characterizing stellar and exoplanetary environments* (pp. 105).

Heidelberg/New York: Springer.

Tian, F., Kasting, J. F., Liu, H.-L., & Roble, R. G. (2008a). *Journal of Geophysical Research*, *113*, 5008.

Tian, F., Solomon, S. C., Quian, L., & Lei, J. (2008b). *Journal of Geophysical Research (Planets)*, *113*, 7005.

Terada, N., Machida, S., & Shinagawa, H. (2002). *Journal of Geophysical Research (Space Physics)*, *107*, 1471.

Vidal-Madjar, A., Lecavelier des Etangs, A., Désert, J.-M., Ballester, G. E., Ferlet, R., Hébrard, G., & Mayor, M. (2003). *Nature*, *422*, 143.

Wood, B. E., Müller, H.-R., Zank, G. P., Linsky, J. L., & Redfield, S. (2005). *Astrophysical Journal Letters*, *628*, L143.

第 8 章　对 WASP-12b 星近紫外观测结果的解释

Fossati 等对热木星 WASP-12b 的近紫外观测结果证实了非对称凌星光变曲线的存在，它在近紫外波段被报道的更多，而且在遭遇光学光变曲线之前更早时期的恒星上也有发现。WASP-12b 星凌星近紫外特性引发了多名建模工作者的兴趣，本章回顾了有关该星近紫外观测结果的不同解释。

8.1　引言：WASP-12b，蒸发中的热木星

在第 4 章中，Fossati 等（2014）综述了系外行星大气层的观测结果，并介绍了行星周围的环境。本节将注意力集中在 WASP-12b 星上，它是一颗正经过晚 F 主序星的热木星。

WASP-12b 星曾经数次被哈勃空间望远镜在近紫外波段观测到（Fossati 等，2010b；Haswell 等，2012）。该星的近紫外凌星有一个引人注目的特点，即和光学凌星的特征相比是非对称的，发生强烈吸收的时间要早于光学凌星，而结束时间与其相同。这种非对称凌星的观察特征归因于行星外逸层的不对称（Bisikalo 等，2014）。

根据 Li 等（2010）的预测，Fossati 等（2010b）推断这些观察到的非对称特性可能是因为星系盘流失了部分物质，这些物质是通过洛希瓣溢出效应从行星上损失掉的。

从那时开始，Fossati（2010b）观测到的非对称性引起了若干建模工作者的兴趣。例如，Lai 等（2010）深入研究了该系统中洛希瓣外流效应导致的质量转移过程。结果表明，当外溢气体穿过内拉格朗日点并且沿着一个狭窄的气流通道流动时，会形成一个吸积气流，与行星的气流相比，它具备投影面积和明显的光学深度。他们认为，这些物质不仅会导致 WASP-12b 星更早进入凌星阶段，并且会导致该星凌星过程中近紫外波段的吸收程度更深。

Lai 等（2010）还研究了行星周围是否存在弓激波，该弓激波是由于行星磁层和恒星风的相互作用导致的，并且是提前入食的起因。他们选取典型的恒星风质量损失率和恒星风特性，使用热驱动风力模型（Parker，1958），推导了在 WASP-12b 星位置处的恒星风速。他们发现在 WASP-12b 星轨道位置处风速依然是亚声速，表明在行星和恒星风的相互作用区没有产生弓激波。

这个论据随后遭到了 Vidotto 等（2010）的反驳，他们认为，如果将行星轨

道运动与周围介质的相对方位速度考虑进来，弓激波就会在行星周围形成。在他们的模型中，Vidotto 等（2010）假设弓激波形成于行星磁层周围，该部位的气压足够大以至可以限制住压缩的物质，其位置在观测到的激波均衡距离处（根据近紫外线入射时间推导而来）。

Bisikalo 等（2013b）进行的流体力学仿真进一步探索了“流出物”的想法，即从行星洛希瓣的过度充盈的部位流出的物质。在他们的模型中，是这种物质的冲击压力导致了激波的形成，这与 Vidotto 等（2010）的激波成因于磁层的观点是对立的。

目前所能得到的关于该系统的数据，不足以对这些不同的观点做区分。本章聚焦于后两种观点，即行星周围围绕着弓激波，而弓激波可能是行星磁层压力导致的（Vidotto 等，2010），也可能是流出物质的冲击压力导致的（Bisikalo 等，2013b）。

8.1.1 弓激波模型

当行星与恒星的星冕/恒星风的相对运动速度为超声速时，行星周围就会形成弓激波。这种激波的形式取决于到达行星的粒子流的方向。图 8.1 展示了激波形式的两种极端情况，其中 θ 为行星运动方位角方向的偏角，$\boldsymbol{n}$ 为激波外流方向的向量。从行星上看，$-\boldsymbol{n}$ 就是撞击物质的速度。第一种极限激波为光面激波，其出现条件：撞击行星的主粒子流来自于宿主星的以径向速度为主的恒星风。例如，超声速的太阳风的冲击，在地球磁层的光面（面对太阳的一面）形成了一个弓激波。这种情况如图 8.1（a）所示，其在 $u_r > c_s$ 时才会出现，其中，u_r, c_s 分别为本征径向恒星风速度和声速。

第二种激波的极限情况为前向激波（图 8.1（b）），其出现条件：撞击行星的主粒子流是由行星轨道运动和周围等离子体流之间的相对方位速度产生的。这种情况在行星轨道距离恒星很近时显得尤为重要，因此提出一种高开普勒速度 u_K。此情况下粒子相对行星的速度在满足以下条件时是超声速的：

$$\Delta u = | u_K - u_\varphi | > c_s \tag{8.1}$$

式中：u_φ 为行星星冕的方位速度，通常希望弓激波在中等方位角时形成。

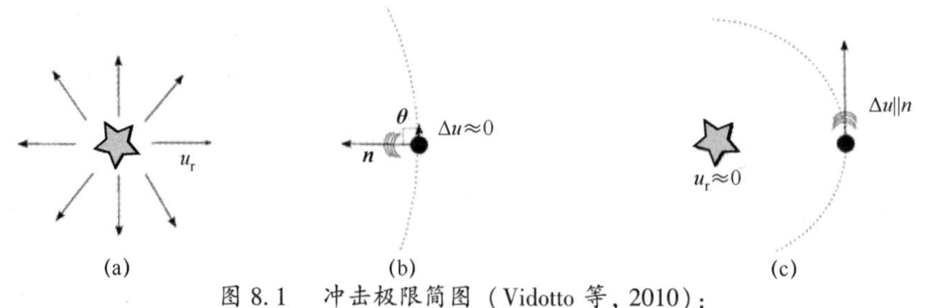

图 8.1 冲击极限简图（Vidotto 等，2010）：

（a）白昼侧冲击（θ = 90°）；（b）头部冲击（θ = 0°）。

注：箭头辐射离开恒星的方向勾画出了恒星风，点画线半圆给出了轨道路径，θ 为冲击垂直方向 n 和行星 Δu 的相对方位角速度间的偏向角。

8.2　环绕行星磁障的弓激波

WASP-12b 星围绕一个质量 $M_* = 1.35M_{\odot}$、半径 $R_* = 1.57R_{\odot}$的晚 F 期主序星旋转，其轨道半径 $a = 3.15R_*$（Hebb 等，2009）。由于其距离恒星很近，冲击到其上的恒星星冕粒子流应该主要来自方位角方向上，而该行星围绕恒星旋转的开普勒轨道速度 $u_K = (GM_*/a)^{1/2} \approx 230\text{km/s}$。因此，在行星轨道运动的前向位置会形成一个弓激波，该位置处恒星星冕物质被压缩。Vidotto 等（2010）认为是这些物质会吸收足够多的恒星辐射，从而导致在近紫外光变曲线上观察到提前入食现象初切，如图 8.2 所示。

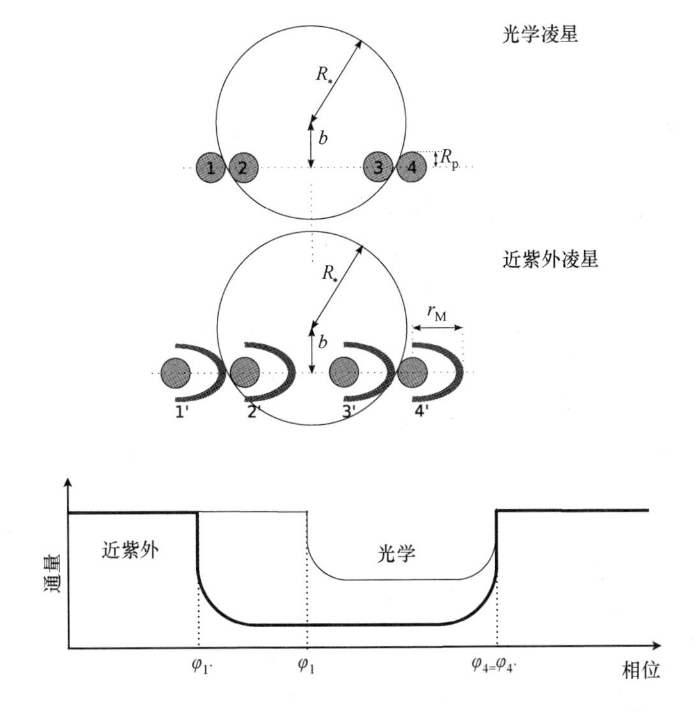

图 8.2　通过光学和近红外观测得到的光线曲线简图（图 Vidotto 等，2011b）

注：行星磁层周围的弓激波也能够吸收恒星辐射。

通过测量近紫外和光学凌星的初始相位，可以推导出激波到行星中心位置的平均距离。从几何学角度考虑，假设行星与恒星的圆盘面完全重叠，这对于行星半径很小，而且凌星参数也很小的情况是一种很好的近似。由图 8.2，行星（对于光学凌星）和行星 – 磁层系统（对于近紫外凌星）从凌星开始位置到光学凌星中间位置的投影距离 d_{op}和 d_{UV}分别为：

$$d_{op} = (R_*^2 - b^2)^{1/2} + R_p \tag{8.2}$$

$$d_{UV} = (R_*^2 - b^2)^{1/2} + r_M \tag{8.3}$$

式中：b 为通过凌星观测推导出的冲击系数；R_p为行星半径，r_M为激波尖（正面碰撞点）到行星中心位置处的距离。

光学凌星开始于相位 φ_1（图 8.2 中的点 1），而近紫外凌星开始于相位 $\varphi_{1'}$（图 8.2 中的点 1′）。设凌星中点的相位 $\varphi = \varphi_m = 1$，注意 d_{op} 与$(1 - \varphi_1)$成正比，而 d_{UV} 与$(1 - \varphi_{1'})$成正比。利用式（8.2）和式（8.3），可以根据观测到的变量推导出平衡距离 r_M：

$$\frac{r_M}{R_p} = \frac{1-\varphi_{1'}}{1-\varphi_1}\left[\sqrt{\left(\frac{R_*}{R_p}\right)^2 - \left(\frac{b}{R_p}\right)^2} + 1\right] - \sqrt{\left(\frac{R_*}{R_p}\right)^2 - \left(\frac{b}{R_p}\right)^2} \tag{8.4}$$

Vidotto 等（2010）提出了一个假设的平均距离以回溯行星磁层的范围，在磁层中，星冕总压力和行星总压力相平衡，即

$$\rho_c \Delta u^2 + \frac{[B_c(a)]^2}{8\pi} + p_c = \frac{[B_p(r_M)]^2}{8\pi} + p_p, \tag{8.5}$$

式中：ρ_c、p_c和 $B_c(a)$ 分别为本征星冕质量密度、热压力以及磁场强度；p_p和 $B_p(r_M)$ 分别为行星热压力和 r_M处的磁场强度。对于一个已经磁化的行星，其总压力通常取决于行星磁场的贡献（$p_p \approx 0$）。

Vidotto 等（2010）的研究表明，由于 WASP-12b 星距离其恒星很近，因此式（8.5）中的星冕等离子体的动能项可以忽略，同时忽略了热压力这一项，因此式（8.5）简化为 $B_c(a) \approx B_p(r_M)$。进一步假设恒星和行星的磁场是磁偶极的，可得

$$B_p = B_* \left(\frac{R_*/a}{R_p/r_M}\right)^3, \tag{8.6}$$

式中：B_*、B_p分别为恒星和行星表面的磁场强度。

式（8.6）表明，行星磁场可以通过观测推导量，即比值 a/R_*（根据光学凌星数据得到）、正常磁层的尺寸 r_M/R_p（根据光学凌星和近紫外凌星数据得到）以及恒星磁场等获得。对于 WASP-12b 星，通过近紫外凌星观测得到的均衡距离式为 $r_M = 4.2R_p$（Lai 等，2010），利用恒星磁场尺寸的上限 $B_* < 10\text{Gs}$，该数据是 Fossati 等（2010a）根据 Vidotto 等（2010）的预测推导出来的，并根据式（8.6）可以推导出，WASP-12b 星的磁场范围的上限为

$$B_p < 24\text{Gs}。$$

8.2.1 近紫外凌星的辐射传递仿真

为了验证的弓激波确实能够导致观测到的 WASP-12b 星光变曲线不对称这一

假设，Llama 等（2011）对 WASP-12b 星的近紫外凌星过程进行了蒙特卡罗辐射传递仿真。由 Vidotto 等（2010）建模的恒星星冕等离子体的特性（密度、速度及温度)，用于仿真过程中以推导出弓激波尖部的密度以及激波生成位置的角度。与 Vidotto（2010）相同，Llama 等（2011）也假设激波在绝热限中，激波后面的密度相对于激波前面（恒星星冕物质）的密度增长了 4 倍。

环绕行星的本征等离子体的特性是基于如下简单的模型推导得到的。Vidotto 等（2010）提出了两种情况：第一种情况认为星冕是符合流体静力的中性物质，因此与恒星同步旋转；第二种情况认为星冕充满了不断膨胀且恒温的风，这种情况下风的径向速度 u_r 可以通过对沿着径向坐标 r 的微分方程进行积分而得到，即

$$u_r \frac{\partial u_r}{\partial r} = -\frac{1}{\rho_c}\frac{\partial p_c}{\partial r} - \frac{GM_*}{r^2} \tag{8.7}$$

式中：G 为重力常数。

第一种情况的优点是可以得到解析解，第二种虽然缺乏解析结果，但是积分较容易实现。对于第一种情况，等离子体风没有径向速度，因此激波在行星前方形成，然而对于第二种情况，激波形成于一个中等方位角。这些角度被用于 Llama 等（2011）的仿真中。

为了计算近紫外光曲线，需要得到激波的三维几何特性。因此，需要确认激波几何参数的两个未知量，即立体角和厚度。为了找出这两个量的影响，Llama 等（2011）针对多组激波几何参数进行了仿真，结果发现不同的参数组合产生的结果是相似的。

为确定模型参数的范围，Llama 等（2011）采用了 Fossati 等（2010b）报道的关于近紫外光曲线的信息。通过分析不同模型，这些模型都能与 HST 数据很好地吻合，他们得到参数约束条件：① 近紫外入食的相位角 φ_1；激波物质的光学深度，与激波的范围和厚度相关。根据条件①，他们得到投影均衡距离为 $5.5R_p$，略大于 Lai 等（2010）推导出并被 Vidotto（2010）采用的结果。根据条件②，他们得到，激波物质并不需要有较大的光学深度，来导致近紫外 HST 光变曲线观测到的大量吸收现象。图 8.3 给出了他们其中一种仿真的结果，与 HST 数据很吻合。Llama 等（2011）的仿真结果支撑了弓激波会导致凌星提早入食的假设，这是因为弓激波的加入破坏了凌星光曲线的对称性。然而，目前的数据不足以充分检验这一预测，WASP-12b 星的近紫外观察结果（Vidotto 等，2011a）对于模型的检验和确定是很必要的。

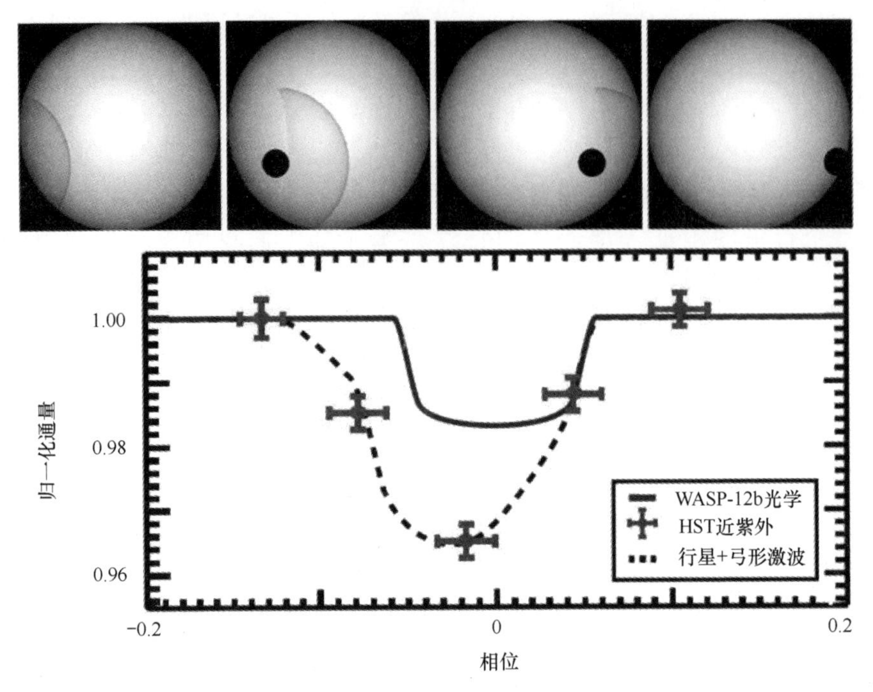

图 8.3　WASP-12b 的近紫外转移示意图（Llama 等，2011）

注：实线给出了 WASP-12b 的光学转移，虚线给出了行星及其近紫外区周围弓激波的模拟转移。利用 HST 观测到的近紫外转移为红色。

8.2.2　凌星多样性

WASP-12b 星近紫外凌星的后续观测结果（Haswell 等，2012）显示近紫外光线出现暂时性变动，这说明激波和行星之间的均衡距离可能在变化（见第 4 章）。这意味着，行星磁层的尺寸会随着其周围环境介质的变化而不断调整。Vidotto 等（2011b）研究了由于星冕物质的变化而导致凌星过程多样性的起因。可能导致行星周围环境介质变化的过程有：轨道的延长，非轴对称的恒星星冕，行星倾斜（可能使行星移动到恒星星冕的不同区域），恒星磁场的固有变化（导致恒星风变化、星冕物质喷射以及磁化循环）。Vidotto 等（2011b）得出结论，对于其激波可通过凌星光线观测检测到的星系，激波的变化是经常发生的。

特别的，恒星的磁场也被观测到随着星冕和恒星风而演变（见第 3 章等）。对于太阳系，其恒星磁场具有大约 22 年的变化周期，但其他星系可能具有更短的周期（Fares 等，2009）。不幸的是，WASP-12 星的表面磁场无法成像，意味着没有足够的信息来拓扑其磁场。然而，可以利用具有更强磁性约束的目标，来研究恒星磁场的演变是如何影响凌星多样性的。

Llama 等（2013）进行了 HD 189733 恒星风的详细建模，其建模中加入了根据 Fares 等（2010）推导出的该星不同世元的大比例尺表面地图的信息。他们利用恒星风模型的结果，来推导贯穿 HD 189733b 星轨道的本征恒星风的情况。用来计算行星周围的弓激波几何形状及厚度的弓激波模型与 Llama 等（2011）的模型相比得到了改进。以一个特性类似于木星磁层的磁层为例，Llama 等（2013）对光学凌星和近紫外凌星的光线进行了仿真。仿真结果表明，受恒星磁场本性以及由其恒星风的特性影响，与光学光线相比，凌星的持续时间和入食时间都会变化。因此，任意两个连续的近紫外凌星过程都可能不相似。

8.3 WASP-12b 星及其宿主恒星之间相互作用的气体动力学仿真

如果系外行星自身没有合适的磁场，将会发生什么？是否依然可以用弓激波来解释从 WASP-12b 星上观察到的提前入食？为了回答这个问题，Bisikalo 等（2013b）针对 WASP-12b 星壳层和恒星风之间的相互作用进行了三维气体动力学仿真，来对扩展了的行星高层大气的流动模式进行描述。特别的，Bisikalo 等（2013b）研究认为行星在恒星风内的超声速运动，会导致具有复杂形状的弓激波的形成。下面从更多细节上来考虑这个解释。

最初的关于 WASP-12b 星及其恒星之间相互作用的气体动力学仿真的尝试是由 Ionov 等（2012）做出的。他们假设行星不具有任何磁场，发现弓激波立即在高层大气的高度形成，虽然作者提出了量化的光变曲线模型，但激波所在的距离与观测结果有显著差异。接触间断处与行星中心点的距离可以通过接触间断处两边动态压力平衡时的解析解得到（Baranov 和 Krasnobaev，1977）。考虑无磁场情况，这个距离不应该大于 $1.88R_{pl}$，而且波阵面的位置约在距离行星中心位置 $2.23R_{pl}$处，这是观测所得到结果的 1/2。需要注意的是，这两个早期的弓激波模型（Vidotto 等，2010；Ionov 等，2012）都没有对外流大气层现象做出解释。由于存在外溢的洛希瓣，平衡方程应当考虑外流的大气层气体的动态压力和热压力（见第 5 章，Bisikalo 等，2014）。用这种方法，弓激波的位置和接触尖端处位置就可以由气体特性来确定。对于外流大气层，L_1点附近的气体会形成一个密度缓慢降低的气流，因此热压力的重要性进一步增加。更重要的是，L_1点的气流是在星体重力场中不断加速，其径向速度也以 $\sqrt{r}$ 的倍率增加。因此，气流的动态压力也会增加（正比于 r），然而磁场的重要程度以 r^{-3}的倍率减小（$B^2 \sim r^{-6}$）。这意味着，对于外流的大气层，这种气流在求解结果中的角色是极端重要的。

8.3.1 模型描述

目前对 WASP-12b 星大气层参数的了解还不是很充分，因此 Bisikalo 等

（2013b）假设存在一个温度 $T_{pl} = 10^4$K 的绝热的高层大气。该温度是根据恒星远紫外能量的沉积而确定的，而且也与其他热木星上得到的结果相近（Yelle，2004；Koskinen 等，2013）。注意到热层的这个假设温度与平衡温度，即2500K 是不相关的（Hebb 等，2009），而是与更低高度的热层，即接近目视半径并被恒星远紫外辐射加热的热层的温度相关（Yelle，2004；Koskinen 等，2013）。

Bisikalo 等（2013b）没有在模型中加入恒星的辐照，因为这仅会影响边界温度值。在仿真中，他们尝试重现观测距离上的提前入食过程，通过改变边界条件，来获得 L_1点出发的气流被观测距离上的恒星风阻挡而停止的位置。另外，边界温度对求解结果的影响也是相当重要的，因为它决定了 L_1点位置处的大气层气体的密度。这是一个关键的参数，由于它用来收集洛希瓣外溢的物质和 L_1点出发的气流能量的信息，因此决定了求解的结果。所以，为了建立一个自洽的气体动力学模型，需要包含关于恒星辐射的更加精确的描述。

Bisikalo 等（2013b）估算了低高度热层的密度，其估算的条件是沿着光线方向的光学深度 $\tau = n_{pl} \times l_{pl} \times k_{pl} = 1$，式中，$l_{pl}$为光线通过球壳面［$R_{pl}$ -（R_{pl} + H_{pl})］的路径（其中 H_{pl}是标高）。为了避免不透明体 k_{pl}的计算导致的不确定度，Bisikalo 等（2013b）假设 WASP-12b 星的大气是以氢气为主，这与 Vidal-Madjar 等（2003）对 HD209458b 星的假设是类似的，这种情况下光度半径处的氢分子数量密度约为$2 \times 10^{10}\mathrm{cm}^{-3}$（Murray-Clay 等，2009）。考虑到 WASP-12b 星要比 HD209458b 星重 2 倍，大 1.6 倍：他们估计在光度半径处氢的数密度 $n_{pl} \approx 1.6 \times 10^{10}\mathrm{cm}^{-3}$，对应的密度约为$2.7 \times 10^{-14}\mathrm{g/cm}^3$；定义了光度半径处得到的密度，其对应的范围为 $1.55R_{pl}$，与之相比，Lai 等（2010）定义的密度是在气压 1bar 下的，外基线为 $1.59R_{pl}$，这与 Bisikalo 等（2014）的近似相符合。

Bisikalo 等（2013b）提出了一个类似于双星系统的系统架构，由质量 $M_* = 1.35M_\odot$的恒星和质量 $M_{pl} = 1.3 \times 10^{-3}M_\odot$的 WASP-12b 星组成。根据观测的结果，Bisikalo 等（2013b）对双星系统的组成做出了假设，其轨道间隔 $A = 4.9R_\odot$，轨道运动的周期 $P_{orb} = 26$h，系统中行星的线速度为 230km/s。

这种气流可以用一个三维系统来描述，该系统由重力场气体动力学方程组成，并由全中性单原子气体状态方程作为边界条件。在这个模型中他们忽略了辐射加热和冷却等非绝热过程。结果分析表明壳层的密度相当大，所以壳层内各个地方的 $K_n < 1$。在求解结果中的重要区域（沿着气流的方向从 L_1到 L_2点）一般 $K_n < 0.1$，因此假定气体动力学方法在解决这个问题时是可行的。

为了求解这个气体动力学方程组成的系统，Bisikalo 等（2013b）使用了一种具有高阶近似的 Roe-Osher TVD 方案，并加入了 Einfeldt 修正。这种数值方法使我们得以研究显著密度差的气流（Boyarchuk 等，2002；Bisikalo 等，2004，2013a）。求解计算在旋转坐标系中进行，其中力场可以用洛希势能来描述：

$$\Phi = \frac{-GM_*}{\sqrt{x^2+y^2+z^2}} - \frac{GM_{pl}}{\sqrt{(x-A)^2+y^2+z^2}} - \frac{1}{2}\Omega^2\left[\left(x-\frac{AM_{pl}}{M_*+M_{pl}}\right)^2+y^2\right] \tag{8.8}$$

式中：Ω 为系统旋转的角速度。

坐标系的原点为恒星的中点位置，x 轴指向行星的方向，z 轴与系统的旋转轴一致，并与轨道面垂直，y 轴根据右手定则确定。计算采用矩形均匀网格划分，计算区域为（$25\times20\times10$）R_{pl}，网格分辨力为 $464\times363\times182$ 细格，采用的细格的尺寸为 $0.05R_{pl}$，这使我们可以研究行星附近所有主要的气流流动特征。

边界条件的设置：假设高层大气为恒温（$T_{pl}=10^4$ K），并处于流体静力学平衡状态，即高层大气气体的速度为0。在高度 $r=R_{pl}$ 的视觉半径处，设定密度值为 2.7×10^{-14}g/cm^3。在初始状况下，行星高层大气的密度是根据气压准则来确定的，该准则来自于气体密度小于恒星风密度位置的边界条件。在这个区域之外的计算域充满了恒星风的气体，他们对恒星风的处理与 Vidotto 等（2010）使用的方法相同。恒星风的粒子数密度设定为 5×10^6cm^{-3}（Vidotto 等，2010），WASP-12星的恒星风参数是未知的，因此 Bisikalo 等（2013b）使用太阳风的数据。即恒星风的温度设定为与距太阳对应距离处的温度相等，$T=10^6$K（Withbroe，1988）。假设恒星风的风速为 100km/s，这与太阳风在对应距离（WASP-12 星到其恒星的距离）处的风速也是相等的（Withbroe，1988）。由于风速加速机理依然是待研究的问题，Bisikalo 等（2013b）在模型中假设了一种类似于光压的风速加速机理。加入了上述因素后，Bisikalo 等（2013b）修正了洛希势能的表达式：

$$\Phi = \frac{-\Gamma GM_*}{\sqrt{x^2+y^2+z^2}} - \frac{GM_{pl}}{\sqrt{(x-A)^2+y^2+z^2}} - \frac{1}{2}\Omega^2\left[\left(x-\frac{AM_{pl}}{M_*+M_{pl}}\right)^2+y^2\right] \tag{8.9}$$

式中：Γ 为描述恒星风加速度的系数，在充满恒星风物质的区域内，其值应为 0，而在余下的计算区域内其值应为 1。这使得可以避开由于恒星重力导致的非物理的恒星风减速过程。恒星风的固有风速是次声速的，Ma = 0.85，然而，加上超声速的行星轨道运动之后（Ma = 1.97），行星相对于恒星风的总速度就变为具有相当大马赫数（Ma = 2.14）的超声速。

8.3.2　行星周围的气流结构

行星周围气流的一般形态如图 8.4 所示，图中给出了行星包层的密度分布和速度矢量。行星用实心圆来表示，并且逆时针运动，灰色实线表示来自恒星风的气体的流动线路。此外，还有白色实线所表示的洛希瓣，以及拉格朗日点 L_1 和 L_2。

考虑图 8.4 中的质量分布，Bisikalo 等（2013b）注意到行星的壳层具有非球形的复杂形状，在高层大气本身之外，还能看到流向 L_1 点和 L_2 点的气流。根据角动量守恒，这些气流分别向行星运动方向以及与之相反的方向偏移。行星的超声速运动以及恒星风的存在导致了弓激波的形成，其朝向是根据恒星风物质相对行星的总的速度矢量方向而确定的。弓激波和接触间断处的位置可以轻易地根据气流线的变化而确定。由此，激波正面碰撞点的位置是根据从 L_1 点出发的气流而确定的。行星中心位置到正面碰撞点的距离，其在恒星星体上的投影是行星半径 4.5 倍，这与 Lai 等（2010）的估计是相符的，他们推算的从行星表面看到的提前入食位置是行星半径的 3.2 倍。

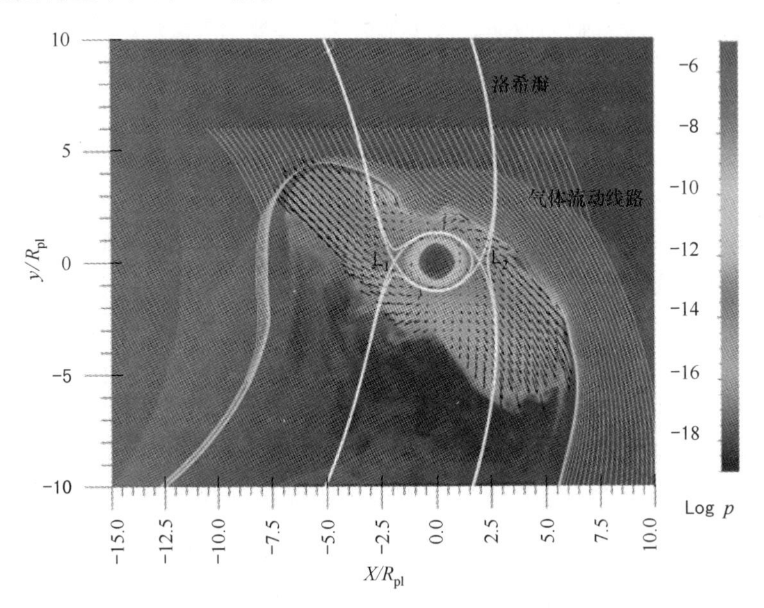

图 8.4　WASP-12b 磁层壳层中的密度分布和方向矢量（Bisikalo，2013b）。

注：行星被填满的圆圈勾划出轮廓，并且逆时针移动。灰色实线给出了恒星风中气体流向的曲线。白色实线给出了同股沟拉格朗日点 L_1 和 L_2 的洛希瓣等电势。

弓激波和接触间断处的形状都很复杂，行星壳层的不对称性，高层大气本身以及从 L_1 点和 L_2 点出发的两个气流（星珥），共同导致产生了一个可明显辨认的双峰结构的激波。激波正面碰撞点应处于 L_1 点方向的星珥的顶点位置，然而，当向接近行星的方向移动时，激波会由于行星大气层而产生弯曲，弯向远离行星的方向，这就导致激波形成了第二个驼峰。需要注意的是，从正面碰撞点向行星方向运动的物质流，在进入弓激波两个驼峰之间的凹腔时会经历强烈的扰动，特别是凹腔中还会形成旋涡。这个效应使得接触间断处变得平滑，并将恒星风和高层大气的物质混合到一起。

流向 L_1 点和 L_2 点的气流会延伸到距离行星的洛希瓣很远的地方。然而，在它们的仿真中壳层是一种准稳态的架构，也就是说基本上是封闭的。行星轨道运动所导致的恒星风和气流的动态压力，破坏了从 L_1 点和 L_2 点出发的气流的传播，并通过弓激波和接触间断处限制了行星气态壳层。以上简单介绍了数值仿真过程，更详细介绍的可见 Bisikalo 的论文，该数值仿真方法使我们可以对热木星周围超过了洛希瓣范围的封闭稳态气体包层壳层进行研究，如 WASP-12b 星的壳层。

8.3.3　纯气体动力学模型中的提前入食

利用三维数值仿真，Bisikalo 等（2013b）研究了系外行星 WASP-12b 星附近物质的流动模式，这些物质充满着洛希瓣并向外溢出。仿真结果表明，WASP-12b星的包层具有复杂的非球面外形。此外，系统中球状高层大气长出的两个隆凸，其中心方向是指向拉格朗日点 L_1 和 L_2 的。这些气流离开行星并被偏离轨道运动的方向。在恒星风动力学压力的作用下，这些气流减速并且在距离行星中心 4 ~6 倍行星半径的位置停止，形成一个静态的包层。

行星及其包层以 Ma = 2.14 的超声速在恒星风气体中运动，因此，恒星风的动压力不仅对静态包层的形成产生作用，还会导致弓激波和接触断面的形成，这划定了壳层的界限，而包层面具有复杂的双峰形状。在计算中发现的激波正面碰撞点位于由 L_1 点出发的气流的尖部，而从行星到正面碰撞点的距离，在恒星面上的投影为 4.5 倍行星半径，这使我们可以解释观测到的提早入食延伸范围。

需要注意描述行星氢壳层的模型的另外一个重要的特征，观测结果（Fossati 等，2010b）表明，在观察到的提前入食位置，光谱带的衰减是行星本身光谱带衰减的 2 倍（3.2% 对 1.7%）。对这一效应可能依然是由于存在弓激波。事实上，行星在恒星风中的运动是大大超过声速的，而且形成的弓激波也比行星高层大气温度高得多。气态壳层的加热，包括对 L_1 点发出气流的加热，导致了紫外光谱中附加谱线的激发和扩展。根据 Vidal-Madjar 等（2004）和 Ben-Jaffel（2007）研究结果，在给定谱段的凌星深度明显依赖于其带宽和存在强光谱线，给定谱段的谱线等效宽度越宽，该谱段对应的凌星深度越深。因此，弓激波对行星壳层的额外加热可以解释如下现象：发生于观察到提前入食位置处的光谱带光谱衰减，是行星自身光谱带的光谱衰减的 2 倍。

总之，Bisikalo 等（2013b）发现，通过对 WASP-12b 星及其恒星之间的恒星风相互作用过程进行纯气体动力学仿真，可以得到另外一种自适应的流动模式，该模式可以解释现有的观测数据。

8.4　本章小结

本章简要综述了热木星 WASP-12b 近紫外凌星提前入食现象，以及 Fossati 等

(2010b) 和 Haswell 等 (2012) 观测到的，近紫外凌星过程比光学凌星更深的现象。特别的，重点阐述了这种解释：以特定均衡距离环绕在行星周围的弓激波，会导致近紫外凌星的如上特征。对于第一种情况，认为弓激波形成于行星磁层周围，并且可以作为一种估算行星磁场的方法（式（8.6））。对于第二种情况，弓激波环绕着稠密的外逸层而形成，后者是由洛希瓣的外流而导致的。目前，系外恒星系统现有的数据不足以对这些解释和其他解释做出区分。需要对系外恒星系统进行重复观察，以更好地对模型添加约束，同时能加深对恒星星冕物质的结构和演变的理解。

参考文献

Baranov, V. B., & Krasnobaev, K. V. (1977). Hydrodynamic theory of a cosmic plasma, Moscow Izdatel Nauka.

Ben-Jaffel, L. (2007). *Astrophysical Journal*, *671*, L61.

Bisikalo, D. V., Boyarchuk, A. A., Kaigorodov, P. V., Kuznetsov, O. A., & Matsuda, T. (2004). *Astronomy Reports*, *48*, 449.

Bisikalo, D. V., Zhilkin, A. G., & Boyarchuk, A. A. (2013a). *Gas dynamic close binary stars* (*in Russian*). Moscow: Physmatlit.

Bisikalo, D., Kaygorodov, P., Ionov D., Shematovich, V., Lammer, H., & Fossati, L. (2013b). *Astrophysical Journal*, *764*, 19.

Bisikalo, D. V., Kaygorodov, P. V., Ionov, D. E., & Shematovich, V. I. (2014). In H. Lammer & M. L. Khodachenko (Eds.), *Characterizing stellar and exoplanetary environments* (pp. 81). Heidelberg/New York: Springer.

Boyarchuk, A. A., Bisikalo, D. V., Kuznetsov, O. A., & Chechetkin, V. M. (2002). Mass transfer in close binary stars, ESO.

Fares, R., Donati, J. F., Moutou, C., Bohlender, D., Catala, C., Deleuil, M., Shkolnik, E., Collier Cameron, A., Jardine, M. M., & Walker, G. A. H. (2009). *Monthly Notices of the Royal Astronomical Society*, *398*, 1383.

Fares, R., Donati, J. F., Moutou, C., Jardine, M. M., Grießmeier, J. M., Zarka, P., Shkolnik, E. L., Bohlender, D., Catala, C., & Collier Cameron, A. (2010). *Monthly Notices of the Royal Astronomical Society*, *406*, 409.

Fossati L., Bagnulo S., Elmasli. A, Haswell. C. A., Holmes S., Kochukhov O., Shkolnik E. L., Shulyak D. V., Bohlender D., Albayrak B., Froning C., & Hebb L. (2010a). *Astrophysical Journal*, *720*, 872.

Fossati, L., Haswell, C. A., Froning, C. S., Hebb, L., Holmes, S., Kolb, U., Helling, C., Carter, A., Wheatley, P., Collier Cameron, A., Loeillet, B., Pollacco, D., Street, R., Stempels, H. C., Simpson, E., Udry, S., Joshi, Y. C., West, R. G., Skillen, I., &Wilson, D. (2010b). *Astrophysical Journal*, *714*, L222.

Fossati, L., Haswell, C. A., Linsky, J. L., & Kislyakova, K. G. (2014). In H. Lammer, & M.

L. Khodachenko (Eds.), *Characterizing stellar and exoplanetary environments* (pp. 59). Heidelberg/New York: Springer.

Haswell, C. A., Fossati, L., Ayres, T., France, K., Froning, C. S., Holmes, S., Kolb, U. C., Busuttil, R., Street, R. A., Hebb, L., Collier Cameron, A., Enoch, B., Burwitz, V., Rodriguez, J., West, R. G., Pollacco, D., Wheatley, P. J., & Carter, A. (2012). *Astrophysical Journal*, *760*, 79.

Hebb, L., Collier-Cameron, A., Loeillet, B., Pollacco, D., Hébrard, G., Street, R. A., Bouchy, F., Stempels, H. C., Moutou, C., Simpson, E., Udry, S., Joshi, Y. C., West, R. G., Skillen, I., Wilson, D. M., McDonald, I., Gibson, N. P., Aigrain, S., Anderson, D. R., Benn, C. R., Christian, D. J., Enoch, B., Haswell, C. A., Hellier, C., Horne, K., Irwin, J., Lister, T. A.,

Maxted, P., Mayor, M., Norton, A. J., Parley, N., Pont, F., Queloz, D., Smalley, B., &Wheatley, P. J. (2009). *Astrophysical Journal*, *693*, 1920.

Ionov, D. E., Bisikalo, D. V., Kaygorodov, P. V., & Shematovich, V. I. (2012). In M T Richards & I Hubeny (Eds.), *IAU Symposium*, *vol. 282*, Tatranska Lomnica, 545.

Koskinen, T. T., Harris, M. J., Yelle, R. V., & Lavvas, P. (2013). *Icarus*, *226*, 1678.

Lai, D., Helling, C., & van den Heuvel, E. P. J. (2010). *Astrophysical Journal*, *721*, 923.

Li, S. L., Miller, N., Lin, D. N. C., & Fortney, J. J. (2010). *Nature*, *463*, 1054.

Llama, J. ,Wood, K., Jardine, M., Vidotto, A. A., Helling, C., Fossati, L., & Haswell, C. A. (2011). *Monthly Notices of the Royal Astronomical Society*, *416*, L41.

Llama, J., Vidotto, A. A., Jardine, M., Wood, K., Fares, R., & Gombosi, T. I. (2013). *Monthly Notices of the Royal Astronomical Society*, *436*, 2179.

Lüftinger, T., Vidotto, A. A., & Johnstone, C. P. (2014). In H. Lammer & M. L. Khodachenko (Eds.), *Characterizing stellar and exoplanetary environments* (pp. 37). Heidelberg/New York: Springer.

Murray-Clay, R. A., Chiang, E. I., & Murray, N. (2009). *Astrophysical Journal*, *693*, 23.

Parker, E. N. (1958). *Astrophysical Journal*, *128*, 664.

Vidal-Madjar, A., Lecavelier des Etangs, A., Désert, J. M., Ballester, G. E., Ferlet, R., Hébrard, G., & Mayor, M. (2003). *Nature*, *422*, 143.

Vidal-Madjar, A., Désert, J. M., Lecavelier des Etangs, A., Hébrard, G., Ballester, G. E., Ehrenreich, D., Ferlet, R., McConnell, J. C., Mayor, M., & Parkinson, C. D. (2004). *Astrophysical Journal*, *604*, L69.

Vidotto, A. A., Jardine, M., & Helling, C. (2010). *Astrophysical Journal*, *722*, L168.

Vidotto, A. A., Jardine, M., & Helling, C. (2011a). *Monthly Notices of the Royal Astronomical Society*, *411*, L46.

Vidotto, A. A., Jardine, M., & Helling, C. (2011b). *Monthly Notices of the Royal Astronomical Society*, *414*, 1573.

Withbroe, G. L. (1988). *Astrophysical Journal*, *325*, 442.

Yelle, R. V. (2004). *Icarus*, *170*, 167.

第9章　近区外行星对其宿主星的影响

在对 RS CVn 星模拟分析时，可以预期由于恒星和行星间的潮汐作用和磁相互作用，近区域行星可能影响恒星活动。恒星和行星间的潮汐和/或磁相互作用可对恒星的磁场产生影响，进而引起恒星风、星冕和色球的结构以及恒星表面黑子的变化。这些效应的观测是困难的，观测到的可能是混合效应的结果，这些结果在一定程度上可被这些现象的瞬态特征来解释。许多有近区域行星的恒星上都发现了行星对恒星影响的诱导效应。然而，最极端的星体是 WASP-18，它没有显现出任何诱导效应迹象。被认为是由诱导活动引发的活跃区域并不位于子行星点，而是经常位于子行星之前的70°~80°的区域。一些研究表明，近区星体、巨型系外行星在统计上更加活跃，但其他人则认为这种关联仅是选择性偏好的结果。基于 Kepler 卫星的研究表明，存在超级耀斑，但其并不是由恒星和行星的相互作用而引起。尽管是否在行星-恒星主序星系存在行星诱发恒星活动的争论仍在继续，但当恒星演化为巨行星时，行星的吞噬可能对恒星有巨大的影响。

9.1　引言：热木星诱发的恒星活动

具有15天或者更少周期的双星系，包括晚型星，由于恒星间的相互作用，通常表现较高水平的恒星活动。这样的双星称为猎犬 RS 型星（简称 RS CVn 星）。当发现在近区轨道有围绕晚型恒星运动的巨大行星时，人们意识到由于恒星与行星间的潮汐和磁相互作用可能导致恒星活动水平增高。正如 Cuntz 等（2000）所指出的，在假定潮汐作用的尺度为 $M_p/M_* d^{-3}$，磁相互作用为 $B^{4/3}(B_p/B_*)^{1/3}d^{-2}$ 时，有近区行星的恒星系所受到的效应要大于行星恒星间距大的恒星系。由于热木星的轨道在恒星的阿尔芬半径内，与恒星表面发生直接的磁相互作用是可能的（Preusse 等，2005）。这种相互作用可能改变恒星风、星冕、色球层、恒星黑子和谱斑区的结构。

在某种程度上，有近区行星的恒星与 RS CVn 星类似。对行星宿主恒星来说，这种诱导活动的特征应该是相似的，但在尺度上应该小得多。RS CVn 星的特性可作为我们应该去寻找什么的指导准则。对 RS CVn 星来说，下面的特征可以作为诱导活动（Hall，1992）的证据：

（1）在 Ca II 和其他色球线中出现增强辐射芯。

（2）在色球中出现增强的紫外辐射。

（3）从星冕层中出现增强的X射线和无线电辐射。

（4）增强的恒星风质量损失率。

（5）增大的恒星耀斑面积，也是一个非常大的磁场强度。

（6）在可见光、X射线和无线电波范围增强的类耀斑活动。

（7）较差自转减少（指一个天体在自转时，不同部位的角速度互不相同的现象）。

本章聚焦于星间相互作用的观测方面：9.2节将讨论支持和反对诱导活动的观测证据；9.3节将讨论可能的弓冲击探测以作为行星磁场的间接证据（参见第8、10、11章）；9.4节和9.5节将讨论行星可能对恒星的更大的影响，恒星自转速率的变化，以及行星被恒星吞噬现象对进化的影响。

恒星与巨大的、近区行星间相互作用的突出的例子如下：

（1）μ And 是具有 4 个已知行星的 F8V 星。最近的行星质量 $(0.62 \pm 0.09)M_{Jup}$，长半轴为 (0.059 ± 0.01)AU（Butler 等，1997）。

（2）τ Boo 是具有1个行星的 F7 星。行星的质量下限为 $(5.95 \pm 0.28)M_{Jup}$，长半轴为0.046AU（Butler 等，1997）。

（3）CoRoT－2b 是具有凌星行星的年轻 G7V 星。该凌星行星质量为 $(3.31 \pm 0.16)M_{Jup}$，长半轴为 (0.0281 ± 0.0009)AU（Alonso 等，2008）。

（4）GJ876 是具有4个已知非凌星行星的 M4V 星。这些行星质量下限分别为 $(2.2756 \pm 0.0045)M_{Jup}$（长半轴为 (0.208317 ± 0.00002)AU）、$(0.7142 \pm 0.0039)M_{Jup}$（长半轴为 (0.12959 ± 0.000024)AU）、$(0.021 \pm 0.001)M_{Jup}$（长半轴为 $(0.0208066 \pm 0.00000015)$AU）、$(0.046 \pm 0.005)M_{Jup}$（长半轴为 (0.3343 ± 0.0013)AU）（Wright 等，1997）。

（5）HD179949 是具有1个行星的 F8V 星。该行星具有质量下限为 $(0.95 \pm 0.04)M_{Jup}$，长半轴为 (0.045 ± 0.001)AU（Tinney 等，2001）。

（6）HD189733 是具有1个行星的 K1-K2 星。该行星质量下限为 $(1.150 \pm 0.028)M_{Jup}$，长半轴为 (0.03142 ± 0.0038)AU（Southworth 等，2010）。

（7）WASP－18 是具有1个凌星行星的 F6 星。该行星具有质量为 $(10.4 \pm 4)M_{Jup}$，长半轴为 (0.02047 ± 0.0038)AU（Hellier 等，2009）。

9.2　由近区行星引起的色球活动增强与黑子面积增加

9.2.1　Ca II 线

探测诱导的恒星活动的简单方法是寻找 Ca II 线随行星轨道周期的周期性变化。利用在849.8nm、854.2nm 和866.2 nm 的 Ca II 线，Saar 和 Cuntz（2001）

研究了 7 颗系外行星的宿主恒星，但并没有发现在行星轨道周期上的 Ca II 线有任何周期性变化。与此相反，Shkolnik 等（2003，2005，2008）和 Walker 等（2008）已经在一定数量的恒星中探测到存在 Ca II H & K 和其他线的辐射变化的周期性增强现象，最值得注意的是 v *And*，τBoo 和 HD 189733 星。有趣的是，最大发射并没有出现在子行星点，而是在东经 70° ~ 80°（HD 179949；图 9.1）位置处，在子行星点前面的 160°（v *And* 星）。

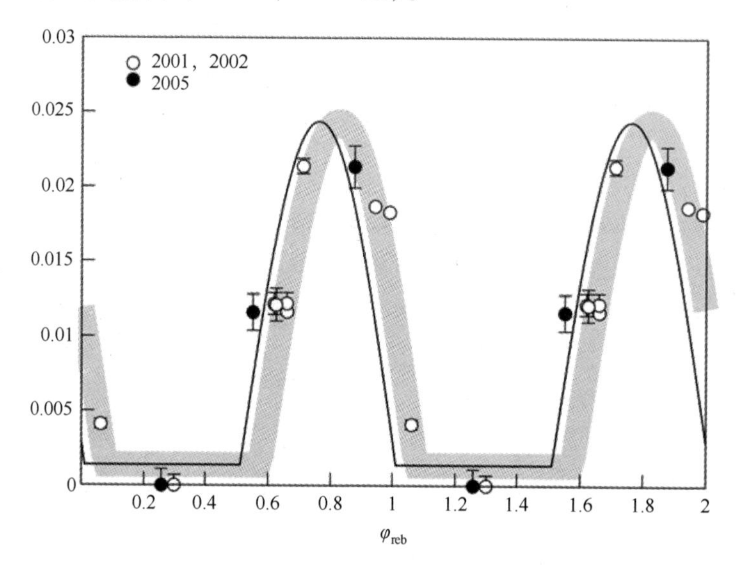

图 9.1　诱导活动的可能标志：显示的是作为轨道位相函数的 HD 179949 星的 Ca II K 线残差的积分通量（Shkolnik 等，2008）

注：灰线是对早期数据的最好拟合点模型，其厚度反映了位相偏移的误差。相对于 2005 年数据的最好拟合，黑线是相同的拟合，只是位相存在 -0.07 的漂移。

然而，诱导活动的迹象出现只占总时间的 50% ~60%（效应出现在 2001 年、2002 年、2005 年，没有出现在 2003 年、2006 年）。Walker 等（2008）研究了 τBoo 星的 Ca II 发射和光度变化。HD 179949 也是 Scandariato 等（2013）的研究对象，在其研究中，同时获得了 X 射线数据和 Ca II H & K 的光谱。与 Shkolnik 等（2003）、Shkolnik 等（2005）和 Shkolnik 等（2008）得到的结果不同，在行星轨道周期内，并没有发现受行星调制的变化。v *And* 星系统也没有诱导活动的迹象（Poppenhaeger 等，2011b）。Lenz 等（2011）使用 Ca II H & K 和/或 Hα 线等高分辨光谱对 7 颗具有近区大质量行星的恒星进行研究，结果发现没有迹象表明行星诱导恒星活动。Miller 等（2012）对 WASP - 18 星的 13 个光谱段的 CaII H & K研究，也没有发现存在诱导恒星活动的证据。由于这种行星诱导恒星活动现象是暂态的，负面的研究结果并不一定与正面的探测相矛盾。然而，事实是对大多数极大物体如 WASP-18 什么也没有发现，这就令人对先前的探测方法产生怀疑。

由 Canto Martins 等（2011）对系外行星宿主恒星的统计分析表明，和没有行星的恒星相比，系外行星宿主恒星通常没有较高的活动水平。然而，他们发现一些指征表明，具有近区域巨大行星的恒星似乎具有一个增强的色球活动。Hartman（2010）也宣称发现具有高表面重力轨道近区行星的恒星是更活跃的恒星的证据，但 Poppenhaeger 和 Schmitt（2011a）则认为这些结果只是由于选择偏差而引起的。

9.2.2　来自于色球的紫外辐射

增强的色球活动会导致来自于色球的紫外辐射增强。在一些谱线如近紫外线中的 Mg II 线中观察到凌星深度的增加，但这是一个行星周围扩展气体云的特征，而不是恒星的增强活动（Haswell 等，2012），因此，不是本节的研究行星诱导恒星活动增强事例。France 等（2012）利用哈勃太空望远镜观测 M4V 星 GJ876 在波长 115～314nm 范围的光谱。该星具有 4 个行星。最大的一个行星的质量为 2.2M_{Jup}，位于 0.2AU 处（周期为 61 天）。最近的一个行星的长半轴为 0.02AU（周期为 1.9 天），质量为 0.2M_{Jup}。这颗星体发生诱导活动不太可能，这个工作的主要目的是发现行星获得了多少紫外辐射以开发大气模型。结果发现，拉曼－α 射线通量的积分近似等于剩余谱线的积分通量（115～121nm，122～314nm），这就意味着该比率大约为太阳的 2500 倍。在紫外线中也观测到了耀斑的存在。在第二个研究中，France 等（2013）观测了 5 个系外行星宿主恒星和 1 个褐矮星的紫外辐射（GJ 581，M2.5V；GJ 876，M4V；GJ 436，M2.5V；GJ 832，M1.5V；GJ 667C，M1.5V；GJ 1214，BD）。在大多数的恒星中，拉曼－α 射线通量占 115～310nm 光谱范围通量的 37%～75%。在这些恒星中观测到的强紫外通量可能是这些类型恒星典型具有的，而不是一个增强活动的标志。根据 Knutson 等（2010）的研究，绕不活跃恒星运动的行星经常有较强的高空逆温和水发射谱线。活跃恒星的行星上未发现这一现象，原因是引起温度反演的混合物被活跃的恒星的紫外辐射线所破坏。

Shkolnik（2013）利用 NASA 的星系演化探测器（GALEX）获得的数据对 272 个行星宿主恒星的紫外辐射进行了统计研究。研究发现，紫外辐射强度与紫外发射半长轴，或行星的质量，或行星的质量除以半长轴之间没有明显的相关性，但指出要找到一个关联性也是非常困难的，即使对具有相同 T_{eff} 的恒星，远紫外也会以2～3的因子变化。然而，Shkolnik（2013）发现了一个初步的差异（2.3σ 的水平），与只有远区行星的恒星相比，具有近区行星的恒星是远紫外更活跃的。

9.2.3 星冕和恒星风

有色球的晚型星（晚 F、G、K 和 M 星）也有光环。如果色球活动会由恒星和行星之间的相互作用而增强，这些恒星的光环也应该表现出活动的增强。近区行星的轨道在其宿主星的阿尔芬半径范围内，这意味着在恒星和行星之间存在直接的磁相互作用是可能的。

Kashyap 等（2008）称已经发现有近区巨行星的恒星其 X 射线强度增强平均因子为 4。Scharf（2010）检查了 271 颗有行星的宿主恒星的 X 射线辐射，发现 X 射线的亮度和最近轨道系外行星的最小质量有确定的关联。在分析了 72 颗具有 30pc 范围行星的恒星 X 射线辐射后（Poppenhaeger 等，2010；Poppenhaeger 和 Schmitt, 2011a)，他们得到在 X 射线通量与行星质量或半长轴之间没有相关性的结论。他们进一步辩称，以前的结论是由于选择偏差而做出的错误判断。原因是，如果恒星是非常不活跃的，则大的轨道周期的低质量行星只能用径向速度法检测。由于不活跃恒星的 X 射线是昏暗的，则样本数据是有偏差的。Poppenhaeger 等（2011b）还研究了 ν And 星系 Ca II 发射和 X 射线。与 Shkolnik 等（2003）、Shkolnik 等（2005）、Shkolnik 等（2008）的结果相反，他们发现，Ca II 发射只是在恒星的自转周期内被调制，这与行星不相关。

HD 189733 系统由一个凌星热木星绕转的 K 型星和 M 型恒星组成。有趣的是，Pillitteri 等（2010）和 Poppenhaeger 等（2013）均发现在 HD189733b 二次凌星时存在 X 射线谱软化的现象。根据 Poppenhaeger 等（2013）的研究，主要的恒星食光谱在 X 射线也比光学的吸收更大（6% ~8% 比 2.1%）。作者认为，这意味着行星大气的最外层部分在可见光波段是透明的，但对 X 射线是不透明的。然而，光环的 X 射线辐射并不是来自均质的恒星盘，而是来自于非常不均匀的且随时间可变的发射区域。例如，冠帽比冠体更明亮。如果大部分的发射来自于位于赤道的冠帽和赤道上空的行星轨道，就会观察到一个很深的凌星过程，这与行星本身无关。事实上，X 射线凌星的深度的变化是由 7 次凌星观测数据平均值决定的，也表明恒星的辐射是不均匀的。来自于行星宿主恒星星冕的无线电发射将在第 11 章给予讨论。

有行星存在而导致星冕结构的改变会对恒星风产生影响。虽然许多理论研究给出了可能发生什么，但目前仍没有获得观察性证据（Cohen 等，2010）。

9.2.4 光球层和恒星黑子中的磁场

如果恒星的磁场发生变化，将对恒星风、星冕和色球层产生影响。研究行星和恒星之间的磁相互作用最直接的方式是研究这颗恒星的磁场结构。这可以通过测量在光球层的磁场拓扑结构，然后计算在色球层和星冕中的磁场线来获得。

Catala 等（2007）测绘了 τBoo 的磁场结构。利用旋转周期在 3 ~ 3.7 天之间的较差自转，使得数据得到很好重复。Donati 等（2008）测量了较差自转并且发现在恒星表面的旋转范围为 3 ~ 3.9 天。假设行星的轨道周期为（3.3135 ± 0.0014）天，则该行星的轨道周期在北纬 30° 附近与恒星的旋转同步。

Walker 等（2008）在 2004 年和 2005 年利用 MOST 卫星对 τBoo 进行光度观测，发现亮度呈现 1mmag 的降低，且每（3.5 ± 0.7）天重复一次。这一周期与行星的轨道周期一致。当光曲线相与该行星的轨道周期靠近时，调光在东经 68° 附近出现。这个点的这个位置与 Shkolnik 等（2008）在 2001 年、2002 年和 2005 年获得的 Ca II 观测结果一致。作者认为，活跃的区域可能与行星相关，因为它已经在超过 4 年的时间或 440 个行星轨道周期被观察到。他们同时认为相互作用一定是磁场而不是潮汐，这是因为只有一个点出现，而且这个点出现在子星点之前。在潮汐相互作用的情况下，将出现像地月系统中一样的两个潮汐隆起。

Fares 等（2009，2010，2012，2013）对 τBoo 的磁场拓扑进行了进一步的研究，研究表明恒星的旋转速率与在北纬 40° 的行星轨道周期一致。探测到的磁场非常弱，只有 5 ~ 10Gs。对 τBoo 磁场的一个有趣的研究结果是 2 年的磁周期长度非常短。作者认为，短周期可能是由于行星间的相互作用引起。然而，没有发现由行星引起的 Ca II H&K 或 Hα 活动增强的证据。这对 HD 189733 和 HD 179949 同样是正确的（Moutou 等，2007；Fares 等，2010，2012，2013）。

Fossati 等（2013）也对老的和非活跃的类太阳行星宿主恒星 HD 70642、HD 117207 和 HD 154088 进行了磁场强度和拓扑结构的测量，没有发现行星 - 恒星间的磁相互作用的证据。因此，诱导活动的唯一标志是 τBoo 的磁周期短。无论是电场强度还是行星宿主恒星的磁场拓扑结构，均与那些没有行星的恒星相同（图 3.2）。

早期大部分研究一个恒星和行星之间的相互作用时的问题是所关注的为非活跃恒星。大多数的径向速度测量倾向于非活跃恒星，这是因为活跃的恒星旋转非常快，利用径向速度测量法很难进行测量。凌星测量在原则上不会偏向于缓慢旋转的恒星，因此利用凌星方法发现了第一颗运行在相对年轻的（约 100 My）活跃的恒星轨道上的行星 CoRoT-2b（Alonso 等，2008）这颗行星的轨道周期是 1.7429964 天。在光球层研究磁场的间接方法是研究黑子。利用CoRoT得到的高超光变曲线，获得了一系列恒星黑子及其活动的研究结果。Pagano等（2009）发现了两个活跃的经度相差约 180°，旋转周期分别为4.5221 天和 4.5543 天的黑子。他们还发现，总的斑点面积周期性发生变化，周期约为 28.9 天。作者认为，恒星通量变化受行星的轨道周期调制，这可能表明，恒星活跃是由恒星 - 行星的磁相互作用引起的。Lanza（2011）也在 CoRoT-6b 的光线中发现了一些证据，行星在恒星活跃区的通道似乎与新磁场通量产生触发相关。这一发现是非常重要的，这是因为 CoRoT-6b 具有 8.9 天的相对长的轨道周期（Fridlund 等，2010）。与此相反，在年轻活跃的 K 型矮星 HD 63454 的光度研究中没有发现诱导活动的证据，该星有一个 2.82 天轨道周期的寄主木星（Kane 等，2011）。

9.2.5 耀斑

因为热木星轨道在恒星的阿尔芬半径范围内，电场线可以连接行星与恒星，这意味着可能会出现巨大的耀斑（Preusse 等，2005）。

近区巨行星可能引起大耀斑的观点首先由 Cuntz 等（2000）、Rubenstein 和 Schaefer（2000）、Schaefer 等（2000）最早提出并讨论的。使用更详细的模型，Lamza（2009）也预示具有近区行星的恒星可能会发生覆盖大部分恒星星冕的大耀斑。

事实上，Pillitteri 等（2010）在 HD 189733 系统中观察到了大耀斑，该耀斑似乎来自于对应子行星点的 75°～78° 的活跃地区。耀斑爆发区域的大小是恒星的半径量级。HD 189733 系统由一个凌星热木星绕转的 K 型星和 M 型恒星组成。Bentley 等（2009）也曾报道在 OGLE-TR-10b 星凌星期间观测到了一个耀斑。

利用各种天文数据，Rubenstein 和 Schaefer（2000）及 Schaefer 等（2000）给出了 9 个事例，认为正常 F8 和 G8 主星序恒星似乎曾有过一次耀斑，其能量是已知最大太阳耀斑的 10^2～10^7 倍，对应的能量为 10^{33}～10^{38} erg。9 颗星都是单星（或属于距离很远的双星），自旋缓慢，且不是年轻的星体。从这个数据，他们估计正常的类太阳恒星应该每 600 年有一个超级耀斑。由于在过去的 2000 年里，太阳似乎不太可能有过这样一个耀斑，他们给出了一个猜想，认为超级耀斑可能由主恒星和近区类木行星间的场发生磁重联引起的。然而，到目前为止，在这些恒星近区还没有发现大质量行星。

在上面讨论中，Rubenstein 和 Schaefer（2000）及 Schaefer 等（2000 年）使用了太阳在近 2000 年并没有特大耀斑这个论点。但这个论点是确定的吗？使用放射性碳数据，Solanki 等（2004）重建了过去 11000 年的太阳黑子数。他们发现，和现在相比，太阳在其大约 90% 的时间是不活跃的。然而，Schrijver 等（2012）发现，使用间接的方法估计太阳活动是非常困难的，并且认为最可靠的信息源是近 400 年获得的黑子数据点。为此，他们得出如下结论：在过去 4 个世纪的太阳耀斑并没有超过太空时代观测到的最大耀斑水平。过去的太阳活动及其对地球气候影响的综述已由 Solanki 等（2013）发表。

Usoskin 等（2013）指出，在 775 年观察到的一个事件可能是太阳上的一个巨大的耀斑。另一个线索是，“阿波罗”11 号任务发现太阳在过去可能有巨大的耀斑。在这个任务中发现，小的月球陨石坑内的土壤表面通常被玻璃釉块所覆盖，详细分析表明这种“玻璃”存在不超过 20000 年。Gold（1969）和 Zook 等

（1977）提出了一个猜想，认为“玻璃”可能是由一个巨大的太阳耀斑导致月球表面被加热到熔点而产生的。利用发电机模型，Shibata 等（2013）认为太阳会每 800 年发生一次能量高达 10^{34}erg 的超级耀斑，每 5000 年有一次能量达 10^{35}erg 的超级耀斑。然而，利用对过去 1Myr 年的月球岩石的宇宙成因核素测量结果的分析，Kovaltsov 和 Usoskin（2013）重建了与太阳高能粒子相关的极端事件的发生率。从这个数据他们得出的结论：强度是太空时代观测到的最大耀斑 4 倍以上的耀斑每 10000 年才会发生一次。这意味着，每 10000 年会有一次能量大约 2×10^{33} erg的耀斑事件发生。这就是说，在太阳上发生巨大的耀斑是是罕见的。

如果类太阳恒星每几百年会有一次超级耀斑，在开普勒数据中就有很多超级耀斑。相比于以前的研究，开普勒数据具有非常均匀和极好光度质量的巨大优势。在一个早期的研究中，Maehara 等（2012）使用 120 天的开普勒数据分析了 83000 个星的光变曲线，他们共发现了 365 次耀斑持续时间为小时量级，能量释放在 $10^{29}\sim10^{32}$erg 之间的超级耀斑。Shibayama 等（2013）使用 500 天的开普勒数据对统计数据进行了改进，发现了来自于 279 个 G 型矮星的 1547 次超级耀斑。数据分析表明，超级耀斑的发生率（dN/dE）与耀斑的能量（E）呈现幂指数分布 $dN/dE \sim E^{-\alpha}$，这里，$\alpha\approx2$。幂指数非常接近于太阳耀斑数。对类太阳恒星（T_{eff} 为 5600 ~ 6000K，自旋周期大于 10 天）来说，能量范围为 $10^{34}\sim10^{35}$erg的太阳耀斑的发生率是每 800 ~ 5000 年发生一次。他们还发现，具有高频率爆发耀斑的恒星通常也有较大的黑子。Notsu 等（2013）认为太阳耀斑的能量与恒星上黑子的覆盖范围有关。Maehara（2013）在早期的研究中也指出，具有超级耀斑的恒星中没有发现热凌星木星。然而，为了表明超级耀斑与近区行星无关，仍需要证明这些恒星根本没有热木星，而不仅仅是没有凌星热木星。

9.2.6　太阳系

假设在 0.1AU 或更近的距离内，太阳没有质量达到木星的行星，可认为没有必要讨论太阳系。令人惊讶的是，即使对太阳系，行星对太阳活动周期影响也存在争议。例如，Abreu 等（2012）称发现了宇宙线产生的同位素变化与由行星引起的力矩之间的关系。然而，Cameron 和 Schüssler（2013）表明该相关性是虚假的。

9.3　弓激波

Vidotto 等（2010）利用紫外成像装置对 WASP-12 凌星进行了观测，发现其入食比光学状态更早。他们认为这是冲击波前位于行星轨道前面的证据，这种冲击波的存在可以作为行星磁场存在的间接证据。在 WASP-12b 事例中，他们估计磁场强度 $B_p\approx24$Gs（见第 4、8 章）。

9.4 行星是否可以影响恒星旋转

如果一个行星的轨道周期小于恒星的旋转速度，则行星将向内移动，而恒星的旋转将加速。在极端情况下，行星甚至可能被恒星吞噬，这将在9.5小节进行讨论。同样的，如果这颗行星的轨道周期比恒星的自转速度（周期）长，则恒星的旋转将降低，而行星将向外移动。如果行星能够增强或减弱恒星风，则这颗恒星的自转速率也可能发生改变。人们对对恒星和逼近行星之间的潮汐相互作用进行了大量的研究，并讨论这些行星的命运（Pätzold 和 Rauer 2002；Jiang 等，2003 Mardling 和 Lin，2004；Pätzold 等，2004；Adams 和 Laughlin，2006；Carone 和 Pätzold 2007；Jiang 等，2007；Levrard 等，2009；Matsumura 等，2010；Deleuil 等，2012)。因此，恒星的旋转应该受到行星影响，但是有证据吗?

Lamza（2009）发现，旋转周期大于10天的具有近区行星的G型和K型恒星比没有行星的同龄恒星旋转速度要快。然而，Gonzalez（2011）质疑这两类恒星间存在不同。Cohen 等（2010）发现由于星际风与近区行星的磁场相互作用，星际风引起的恒星角动量损失减少了原来的1/4。这意味着，由于恒星风驱动的角动量损耗的减少可以与由于潮汐相互作用而引起的恒星自旋相当，甚至占主导地位。

利用 Rossiter-McLaughlin 效应，对多个系统使用的恒星旋转轴和行星的轨道旋转轴之间的投影角进行了测量。测量结果表明，许多系统恒星旋转轴和行星轨道旋转轴是不重合的。正如 Winn 等（2010）指出的，冷星通常具有相同取向的旋转轴，而有行星围绕运动的热星旋转轴经常是错开的。这一结果也被 Schlaufman（2010）证实，他发现过渡值为 T_{eff} = 6250K，这也是恒星对流层消失的有效温度。基本的观点是：冷星的对流层外壳层足够巨大，其产生的潮汐力，可以使该行星的轨道旋转轴与恒星自旋对直。热的恒星都有一个非常薄的对流层壳层或根本没有，初始自旋轨道角得到保存。如果这个观点是正确的，这就意味着恒星和行星的自转轴从根本上就是错开的。对冷星来说，它们将在若干年后变得取向一致。

造成这种错开系统的另一种情况是，行星的轨道由于受第三个相对巨大的物体的作用而倾斜，如褐矮星或另一个巨大的行星。在太阳系中，一些小的行星轨道相对于黄道出现严重倾斜，这是由于与巨大行星如木星间相互作用而造成的。这种机制称为 Kozai 机制（Kozai，1962）。Fabrycky 和 Tremaine（2007）及 Nagasawa 等（2008）表明，Kozai 机制对系外行星也是有效的，它可以解释失调系统旋转轴错开现象。

开普勒卫星已经发现了大量的凌星多行星系统，意味着这些系统的行星都大致绕同一平面轨道运行。有趣的是包含三个行星的 Kepler-30 系统，所有轨道均在同一平面，这一平面与恒星的赤道是对齐的（Scanchis-Ojeda 等，2012）。发现的第一个其行星的轨道所在的平面相对于恒星的赤道平面是倾斜的多行星系统是 Kepler-56。Huber 等（2013）研究表明，系统的两个行星是共面的。但利用星震学，他们能够证明恒星的自转轴与行星的轨道旋转轴是偏离的。如果这一说法得到证实，这一发现就可以解释失调系统是由于行星间的相互作用而导致的。然而，这一发现并不意味着此颗恒星对流区的自旋轴是由于行星间潮汐相互作用而导致的倾斜，这是因为旋转轴的倾斜也可能是由于混沌吸积引起的。

9.5 行星吞噬

Pätzold 和 Rauer（2002）认为非常巨大的近区行星是很少的，因为这样的行星将由于潮汐相互作用而螺旋进入主星。如果这个假设是正确的，这将意味着有可能有许多恒星已经吞并了一个行星。Jiang 等（2007）对系外行星的这种弱的正质量周期给予解释，发现大量的近区行星可能是因为主星的吞噬而消失。恒星吞噬行星后将引起恒星丰度的改变，这是因为行星将增加恒星外层重元素的数量。根据 Fossati 等（2010）的研究，WASP-12 是用来在恒星大气寻找污染标志的一个理想对象。他们对丰度随冷凝温度变化函数关系进行分析后，并将其与有行星的宿主星或无行星的恒星的丰度进行对比，发现了 WASP 12 光球中存在大气污染的线索。然而，一颗具有轨道周期为 0.94 天和 10 M_{Jup} 质量的行星WASP-18b的发现表明，至少存在几个非常巨大的近区行星（Hellier 等，2009）。和最初的建议相比，由于吞噬效应而不存在巨大行星的观点现在看起来是不大可能的。

一旦星球变得巨大，接近的行星肯定会被吞没。然而，哪个行星将被吞噬，是否行星能够逃避吞噬而以后仍能够出现，行星吞噬将对恒星有何影响等，仍将是该领域的研究热点。Kunitomo 等（2011）指出，与主序恒星相比，质量 1.5 ~ 3M_{sun}[①]的巨恒星在 0.6AU 范围内，没有发现一颗行星。HD 102956 例外，但这颗恒星是亚巨星，而不是巨星（Johnson 等，2010）。Kunitomo 等（2011）确定了关键的半长轴（或生存极限），在这个范围内行星最终被其主星吞噬，并且发现这个临界半长轴对质量为 1.7 ~ 2.1 M_{sun} 的恒星非常敏感。他们的结论是，所有已被探测到的围绕具有 G 和 K 光谱的巨星运转的行星均处于生存极限外。所有已知围绕质量大于 2.1 M_{sun} 的恒星运转的行星远超越生存极限。这意味着，恒星吞噬并不是没有观测到短周期巨行星的主要原因。

巨大恒星只在较大的轨道距离处存在行星的解释是：对行星而言，巨大恒星盘的寿命太短，因而不能形成行星和向内移动（Currie，2009）。Villaver 和 Livio（2007）计算了气态行星残余寿命，这些行星围绕质量在 1 ~ 5 M_{sun} 范围恒星运动，且恒星是从主序星演化过来的。他们的研究表明，如果位于最初的轨道距离小于 3 ~ 5AU，那么质量小于木星的行星在行星云阶段将不能生存下来。在距离 3AU 以外，在低质量恒星（在主序星上，$M_* < M_{sun}$）周围，质量比两个木星更大的行星将在行星云阶段生存下来。他们得出结论：在质量 $M_{WD} > 0.7M_{sun}$ 的白矮星周围的行星通常有大于 15AU 的轨道距离。

一个有趣的问题是，对一颗行星来说它被吞噬后将发生什么和这种效应将如何影响宿主恒星的演化。被广泛接受的是，双星间距离与一个太阳半径同量级的临近双星，只能在一个普通壳层（CE）阶段后形成，并且一个伴星将被一颗红巨星吞没（Lvanova 等，2013）。在这些情况下，伴星将足够多的轨道能量和角动量转化为喷射壳层并暴露临近双星残余物。在开始能出现这种现象的亚恒星伴星是一颗行星还是褐矮星尚不清楚。

Soker（1998）研究了红巨星吞噬亚恒星，发现质量大于 $10M_{sun}$ 的物体能够释放一个普通壳层并能够作为热的、氦燃烧核的红巨星的伴星而存活下来。人们发现了在褐矮星近轨道距离（$< 1R_{sun}$）有质量约 $60M_{Jup}$ 伴星的星系，称为热亚矮（sdB）星系（SDSSJ082053.53 + 00 0843.4，Geier 等，2011b；SDSSJ 162256.66 + 473051.1，Schaffenroth 等，2014），该星系的发现为上种情况提供了证据。质量小于 $10M_{Jup}$ 的类似热木星行星的亚恒星被认为要么在普通壳层中蒸发，要么在 CE 阶段或稍后被具有红巨核的星合并（Politano 等，2008）。已有两个独立的快速旋转热棕矮星被认为是这样一个 CE 合并后形成的。（EC 22081-1916，Geier 等，2011a；SB290，Geier 等，2011a，2013）。

事实上，所观察到的 sdB 星只有大约 50% 是近双星系统，在 sdB 星周围更宽轨道利用定时法所探测到行星是非常普通的（Silvotti 等，2007；Beuermann 等，2012），这可能暗示过去存在与更小的、现在已经蒸发的星的相互作用，这些星的消失对形成单 sdB 星是有帮助的。Charpinet 等（2011）发现与地球大小类似、运行在距离 KIC05807616 脉冲 sdB 星 0.0060 ~ 0.0076AU 的两个星体的反射。其中之一是具有致密核心的星体（Bear 和 Soker，2012），或者是两个挥发性巨行星（Charpinet 等，2011），这两个巨行星在吞噬过程中运动到更靠近恒星位置，造成大量质量损失，这些质量足以形成 sdB 星。

Nelemans 和 Tauris（1998）通过研究被吞噬的亚恒星伴星来解释明显的低质量（$< 0.4M_{sun}$）单氦白矮星（He-WD）的存在。在经典的影像中，这样的 He-WD不可能由单星演化形成，而是红巨星在一次普通的壳层相后，在氦燃烧开始前，失去壳层红巨星的核。虽然这些物体大多数确实在近双星（Brown 等，2013）被发现，有些看起来像单星（Maxted 和 Marsh，1998）。随后，一个绕低质量白矮星（WD0137 - 349；Maxted 等，2006）运转近轨道（$< 0.4R_{sun}$）褐矮星伴星（$53M_{Jup}$）被发现，这表明 Nelemans 和 Tauris（1998）提出的现象可能

是存在的。

Livio 和 Soker（2002）的计算表明，行星吞噬可能导致恒星的质量损失率显著提高。他们还指出，约3.5%的巨星将受到影响。Massarotti（2008）研究了后主序恒星在膨胀和吞食轨道行星后的旋转速度增加现象。他发现，约1%的具有太阳金属丰度和质量的水平分支星应该表现出异常的旋转，这可能是由行星吞噬引起的。

根据 Siess 和 Livio（1999a）的研究结果，褐矮星和巨大行星的吞噬效应可能是相当巨大的。计算结果表明，高吸积率（$\dot{M}_{acc} = M_{au} = 10^{-4}M_{sun}$/年）恒星将充分膨胀，恒星膨胀将引发对流壳层底部的热底部燃烧。棕矮星和行星的吸积（或增长）可以诱导巨星周围的星壳弹射，增加其表面的锂丰度并导致显著的自旋。Siess 和 Livio（1999b）重点研究渐近巨星分支（AGB）星。他们再次发现，棕矮星和巨行星的吸积导致恒星大幅膨胀，并可以激活热底燃烧。行星吞噬现象可能的观测标志包括壳体弹射、^{7}Li 的表面丰度的增加、重金属元素的富集、恒星的旋转速度的增加和磁场的生成。

Pasquimi 等（2007）对巨星的丰度分布图像进行了研究。他们发现，与主序恒星相比，有行星的宿主巨恒星并不显示很强的金属丰度。他们认为，如果在主序恒星中所观察到的金属丰度增强是由于行星吞噬引起的，那么这些巨恒星将不会显示出金属丰度增强，这是因为巨恒星的对流层非常大。

Maldonado 等（2013）对巨星的丰度分布图像进行了大量研究，结果表明实际情况比以前认为的更复杂。他们发现金属丰度分布和恒星质量之间存在非常强的关联性。对 $M_* \leq 1.5M_{sun}$ 的巨恒星来说，有行星的和没有行星的恒星之间没有不同；但对质量 $M_* > 1.5M_{sun}$ 的巨恒星，他们发现了显著的不同。对有行星的宿主亚巨星来说，金属性得到了增强。Pasquini 等（2007）也认为污染现象是巨恒星金属丰度分布差异的原因。有行星围绕的主序星和亚巨星金属丰度高，而质量 $M_* \leq 1.5M_{sun}$ 的行星宿主巨恒星金属丰度小，其原因就是污染。当恒星变得巨大时，污染物被稀释了，因而金属丰度低。但污染不能用于解释质量 $M_* > 1.5M_{sun}$ 的行星宿主巨星富含金属的原因。

一个有趣的问题是行星被吞噬后会发生了什么。正如 Charpinet 等（2011）指出的，具有轨道为0.116AU 的巨行星绕转的后红巨宿主星的发现，表明这些星体在吞噬后存活了下来。Charpinet 等（2011）也发现了两个在0.0060AU 和0.0076AU 轨道距离，围绕红巨后星、热 B 亚矮星旋转的接近地球大小的两个星体。他们认为，这些行星原本是被蒸发的巨行星的致密核，该巨行星在被吞噬的过程中运行到靠近恒星的位置，并损失足以形成热亚矮 B 星所必需的质量。

另一个有趣的是，行星状星云（PN）的形状也认为受行星吞噬的影响，当然存在这种影响是有条件的，即主星是一个近距离双星系统，或者主星有一个亚恒星伴星（Soker，1997；de Marco 和 Soker，2011）。Soker（1997）提出行星际作用对行星状星云形状有影响，因为没有足够的近双星来对非球形星云的大部分形状产生影响。只有当行星在与红巨支星间的相互作用中存活下来，行星才会对行星状星云形状产生影响。然而，为了解释尽管只有 4% 的主序星具有近区巨行星，但 20% 的行星状星云仍是高度对称的，de Marco 和 Soker（2011）假设只有 20% 的恒星能够发展出行星状星云，且这些恒星必须有近区行星。他们认为这是非常有意义的，因为近区行星增强了恒星的质量损失率，而只有增强质量损失率的恒星才能发展出行星状星云。

9.6 本章小结

虽然目前尚不清楚近区行星对主序恒星的影响到底有多大，但在进化后期的行星吞噬现象可能会产生巨大影响。不清楚起源的演化恒星，如 sdB、He-WD 等，其中相当一部分星体以及一些更特殊的 post-AGB 星体，很可能是由这样的恒星 - 行星相互作用形成的。

参考文献

Abreu, J. A., Beer, J., Ferriz-Mas, A., McCracken, K. G., & Steinhilber, F. (2012). *Astronomy and Astrophysics*, *548*, A88.

Adams, F. C., & Laughlin, G. (2006). *Astrophysical Journal*, *649*, 1004.

Alexeev, I. I., Grygoryan, M. S., Belenkaya, E. S., Kalegaev, V. V., & Khodachenko, M. L. (2014). In H. Lammer & M. L. Khodachenko (Eds.), *Characterizing stellar and exoplanetary environments* (pp. 189). Heidelberg/New York: Springer.

Alonso, R., Auvergne, M., Baglin, A., Ollivier, M., Moutou, C., Rouan, D., Deeg, H. J., & The CoRoT Team (2008). *Astronomy and Astrophysics*, *482*, L21.

Bear, E., & Soker, N. (2012). *Astrophysical Journal*, *749*, L14.

Bentley, S. J., Hellier, C., Maxted, P. F. L., Dhillon, V. S., Marsh, T. R., Copperwheat, C. M., & Littlefair, S. P (2009). *Astronomy and Astrophysics*, *505*, 901.

Beuermann, K., Dreizler, S., Hessman, F. V., & Deller, J. (2012). *Astronomy and Astrophysics*, *543*, 138.

Brown, W. R., Kilic, M., Allende Prieto, C., Gianninas, A., & Kenyon, S. J. (2013). *Astrophysical Journal*, *769*, 66.

Butler, R. P., Marcy, G. W., Williams, E., Hauser, H., & Shirts, P. (1997). *Astrophysical Journal Letters*, *474*, L115.

Cameron, R. H., & Schüssler M. (2013). *Astronomy and Astrophysics*, *557*, A83.

CantoMartins, B. L., Das Chagas, M. L., Alves, S., Leão,, I. C., de Souza Neto, L. P.,

&deMedeiros, J. R. (2011). *Astronomy and Astrophysics*, *530*, A73.

Carone, L., & Pätzold, M. (2007). *Planetary and Space Science*, *55*, 643.

Catala, C., Donati, J.-F., Shkolnik, E., Bohlender, D., & Alecian, E. (2007). *Monthly Notices of the Royal Astronomical Society*, *374*, L42.

Charpinet, S., Fontaine, G., Brassard, P., Green, E. M., Van Grootel, V., Randall, S. K., Silvotti, R., Baran, A. S., Østensen, R. H., Kawaler, S. D., & Telting, J. H. (2011). *Nature*, *480*, 496.

Cohen, O., Drake, J. J., Kashyap, V. L., Sokolov, I. V., & Gombosi, T. I. (2010). *Astrophysical Journal Letters*, *723*, L64.

Cuntz, M., Saar, S. H., & Musielak, Z. E. (2000). *Astrophysical Journal Letters*, *533*, L151.

Currie, T. (2009). *Astrophysical Journal Letters*, *694*, L171.

Deleuil, M., & The CoRoT Team (2012). *Astronomy and Astrophysics*, *538*, A145.

de Marco, O., & Soker, N. (2011). *Publications of the Astronomical Society of the Pacific*, *123*, 402.

Donati, J.-F., Moutou, C., Farés, R., Bohlender, D., Catala, C., Deleuil, M., Shkolnik, E., Collier Cameron, A., Jardine, M. M., & Walker, G. A. H. (2008). *Monthly Notices of the Royal Astronomical Society*, *385*, 1179.

Fabrycky, D., & Tremaine, S. (2007). *Astrophysical Journal*, *669*, 1298.

Fares, R., Donati, J.-F., Moutou, C., Bohlender, D., Catala, C., Deleuil, M., Shkolnik, E., Collier Cameron, A., Jardine, M. M., & Walker, G. A. H. (2009). *Monthly Notices of the Royal Astronomical Society*, *398*, 1383.

Fares, R., Donati, J.-F., Moutou, C., Jardine, M. M., Grießmeier, J.-M., Zarka, P., Shkolnik, E. L., Bohlender, D., Catala, C., & Collier Cameron, A. (2010). *Monthly Notices of the Royal Astronomical Society*, *406*, 409.

Fares, R., Donati, J.-F., Moutou, C., Jardine, M., Cameron, A. C., Lanza, A. F., Bohlender, D., Dieters, S., Martínez Fiorenzano, A. F., Maggio, A., Pagano, I., & Shkolnik, E. L. (2012). *Monthly Notices of the Royal Astronomical Society*, *423*, 1006.

Fares, R., Moutou, C., Donati, J.-F., Catala, C., Shkolnik, E. L., Jardine, M. M., Cameron, A. C., & Deleuil, M. (2013). *Monthly Notices of the Royal Astronomical Society*, *435*, 1451.

Fossati, L., Bagnulo, S., Elmasli, A., Haswell, C. A., Holmes, S., Kochukhov, O., Shkolnik, E. L., Shulyak, D. V., Bohlender, D., Albayrak, B., Froning, C., & Hebb, L. (2010). *Astrophysical Journal*, *720*, 872.

Fossati, L., Kochukhov, O., Jenkins, J. S., Stancliffe, R. J., Haswell, C. A., Elmasli, A., & Nickson, E. (2013). *Astronomy and Astrophysics*, *551*, A85.

Fossati, L., Haswell, C. A., Linsky, J. L., & Kislyakova, K. G. (2014). In H. Lammer, M. L. Khodachenko (Eds.), *Characterizing stellar and exoplanetary environments* (pp. 59). Heidelberg/New York: Springer.

France, K., Linsky, J. L., Tian, F., Froning, C. S., & Roberge, A. (2012). *Astrophysical Journal Letters*, *750*, L32.

France, K., Froning, C. S., Linsky, J. L., Roberge, A., Stocke, J. T., Tian, F., Bushinsky, R., Désert, J.-M., Mauas, P. Vieytes, M., & Walkowicz, L. M. (2013). *Astrophysical Journal*, *763*, 149.

Fridlund, M., Hébrard, G., Alonso, R., Deleuil, M., Gandolfi, D., Gillon, M., Bruntt, H., & The CoRoT Team (2010). *Astronomy and Astrophysics*, *512*, A14.

Geier, S., Classen, L., & Heber, U. (2011a). *Astrophysical Journal*, *733*, L13.

Geier, S., Schaffenroth, V., Drechsel, H., & The MUCHFUSS Team (2011b). *Astrophysical Journal*, *731*, L22.

Geier, S., Heber, U., Heuser, C., Classen, L., O'Toole, S. J., & Edelmann, H. (2013). *Astronomy and Astrophysics*, *551*, L4.

Gold, Th. (1969). *Science 165*, 1345.

Gonzalez, G. (2011). *Monthly Notices of the Royal Astronomical Society*, *416*, L80.

Grießmeier, J.-M. (2014). In H. Lammer & M. L. Khodachenko (Eds.), *Characterizing stellar and exoplanetary environments* (pp. 213). Heidelberg/New York: Springer.

Hall, D.S. (1992). Binary stars, RS Canum venaticorum type. In Maran (Ed.), *The astronomy and astrophysics encyclopaedia* (pp. 74). Cambridge: Cambridge University Press.

Hartman, J.D. (2010). *Astrophysical Journal Letters*, *717*, L138.

Haswell, C.A., Fossati, L., Ayres, T., France, K., Froning, C. S., Holmes, S., Kolb, U. C., Busuttil, R., Street, R. A., Hebb, L., Collier Cameron, A., Enoch, B., Burwitz, V., Rodriguez, J., West, R. G., Pollacco, D., Wheatley, P. J., & Carter, A. (2012). *Astrophysical Journal*, *760*, 79.

Hellier, C., Anderson, D.R., Collier Cameron, A., , Gillon, M., Hebb, L., Maxted, P. F. L., Queloz, D., Smalley, B., Triaud, A. H. M. J., West, R. G., Wilson, D. M., Bentley, S. J., Enoch, B., Horne, K., Irwin, J., Lister, T. A., Mayor, M., Parley, N., Pepe, F., Pollacco, D. L., Segransan, D., Udry, S., & Wheatley, P. J. (2009). *Nature*, *460*, 1098.

Huber, D., Carter, J.A., Barbieri, M., Miglio, A., Deck, K.M., Fabrycky, D. C., Montet, B. T., Buchhave, L. A., Chaplin, W. J., Hekker, S., Montalbán, J., Sanchis-Ojeda, R., Basu, S., Bedding, T. R., Campante, T. L., Christensen-Dalsgaard, Jørgen, Elsworth, Y. P., Stello, D., Arentoft, T., Ford, E. B., Gilliland, R. L., Handberg, R., Howard, A.W., Isaacson, H., Johnson, J. A., Karoff, Ch., Kawaler, St. D., Kjeldsen, H., Latham, D. W., Lund, M. N., Lundkvist, M., Marcy, G. W., Metcalfe, T. S., Silva Aguirre, V., & Winn, J. N. (2013). *Science*, *342*, 331.

Ivanova, N., Justham, C., Chen, X., De Marco, O., Fryer, C. L., Gaburov, E., Ge, H., Glebbeek, E., Han, Z., Li, X.-D., Lu, G., Marsh, T., Podsiadlowski, P., Potter, A., Soker, N., Taam, R., Tauris, T. M., van den Heuvel, E. P. J., & Webbink, R. F. (2013). *Annual Review of Astronomy and Astrophysics*, *21*, 59.

Jiang, I.-G., Ip, W.-H., & Yeh, L.-C. (2003). *Astrophysical Journal*, *582*, 449.

Jiang, I.-G., Yeh, L.-C., Chang, Y.-C., & Hung, W.-L. (2007). *Astronomical Journal*, *134*, 2061.

Johnson, J. A., Bowler, B. P., Howard, A. W., Henry, G. W., Marcy, G. W., Isaacson, H., Brewer, J. M., Fischer, D. A., Morton, T. D., & Crepp, J. R. (2010). *Astrophysical Journal Letters*, *721*, L153.

Kane, S. R., Dragomir, D., Ciardi, D. R., Lee, J.-W., Lo Curto, G., Lovis, Ch., Naef, D., Mahadevan, S., Pilyavsky, G., Udry, St., Wang, X., & Wright, J. (2011). *Astrophysical Journal*, *737*, 58.

Kashyap, V. L., Drake, J. J., & Saar, S. H. (2008). *Astrophysical Journal*, *687*, 1339.

Knutson, H. A., Howard, A. W., & Isaacson, H. (2010). *Astrophysical Journal*, *720*, 1569.

Kovaltsov, G. A., & Usoskin, I. G. (2013). *Solar Physics*, *182*.

Kozai, Y. (1962). *Astronomical Journal*, *67*, 591.

Kunitomo, M., Ikoma, M., Sato, B., Katsuta, Y., & Ida, S. (2011). *Astrophysical Journal*, *737*, 66.

Lanza, A. F. (2009). *Astronomy and Astrophysics*, *505*, 339.

Lanza, A. F. (2011). *Astrophysics and Space Science*, *336*, 303.

Lenz, L. F., Reiners, A., & Kürster, M. (2011). In 16*th cambridge workshop on cool stars, stellar systems, and the Sun*, Seattle (Vol. 448, pp. 1173).

Levrard, B., Winisdoerffer, C., & Chabrier, G. (2009). *Astrophysical Journal Letters*, *692*, L9.

Livio, M., & Soker, N. (2002). *Astrophysical Journal Letters*, *571*, L161.

Lüftinger, T., Vidotto, A. A., & Johnstone, C. P. (2014). In H. Lammer & M. L. Khodachenko (Eds.), *Characterizing stellar and exoplanetary environments* (pp. 37). Heidelberg/New York: Springer.

Maehara, H., Shibayama, T., Notsu, S., Notsu, Y., Nagao, T., Kusaba, S., Honda, S., Nogami, D., & Shibata, K. (2012). *Nature*, *485*, 478.

Maldonado, J., Villaver, E., & Eiroa, C. (2013). *Astronomy and Astrophysics*, *554*, A84.

Mardling, R. A., & Lin, D. N. C. (2004). *Astrophysical Journal*, *614*, 955.

Massarotti, A. (2008). *Astronomical Journal*, *135*, 2287.

Matsumura, S., Peale, S. J., & Rasio, F. A. (2010). *Astrophysical Journal*, *725*, 1995.

Maxted, P. F. L., & Marsh, T. R. (1998). *Monthly Notices of the Royal Astronomical Society*, *296*, 34.

Maxted, P. F. L., Napiwotzki, R., Dobbie, P., & Burleigh, M. R. (2006). *Nature*, *442*, 543.

Miller, B. P., Gallo, E., Wright, J. T., & Dupree, A. K. (2012). *Astrophysical Journal*, *754*, 137.

Nagasawa, M., Ida, S., & Bessho, T. (2008). *Astrophysical Journal*, *678*, 498.

Nelemans, G., & Tauris, T. (1998). *Astronomy and Astrophysics*, *335*, L85.

Notsu, Y., Shibayama, T., Maehara, H., Notsu, S., Nagao, T., Honda, S., Ishii, T. T., Nogami, D., & Shibata, K. (2013). *Astrophysical Journal*, *771*, 12.

Moutou, C., Donati, J.-F., Savalle, R., Hussain, G., Alecian, E., Bouchy, F., Catala, C., Collier Cameron, A., Udry, S., & Vidal-Madjar, A. (2007). *Astronomy and Astrophysics*, *473*, 651.

Pagano, I., Lanza, A. F., Leto, G., Messina, S., Barge, P., & Baglin, A. (2009). *Earth Moon and Planets*, *105*, 373.

Pasquini, L. , Döllinger M. P. , Weiss, A. , Girardi, L. , Chavero, C. ; Hatzes, A. P. , da Silva, L. , & Setiawan, J. (2007). *Astronomy and Astrophysics*, *473*, 979.

Pätzold, M. , & Rauer, H. (2002). *Astrophysical Journal Letters*, *568*, L117.

Pätzold, M. , Carone, L. , & Rauer, H. (2004). *Astronomy and Astrophysics*, *427*, 1075.

Perryman, M. (2011). *The exoplanet handbook*. Cambridge: Cambridge university press

Pillitteri, I. ,Wolk, S. J. , Cohen, O. , Kashyap, V. , Knutson, H. , Lisse, C. M. , & Henry, G. W. (2010). *Astrophysical Journal*, *722*, 1216.

Politano, M. , Taam, R. E. , van der Sluys, M. , & Willems, B. (2008). *Astrophysical Journal Letters*, *687*, L99.

Poppenhaeger, K. , Robrade, J. , & Schmitt, J. H. M. M. (2010). *Astronomy and Astrophysics*, *515*, A98.

Poppenhaeger, K. , & Schmitt, J. H. M. M. (2011a). *Astrophysical Journal*, *735*, 59.

Poppenhaeger, K. , Lenz, L. F. , Reiners, A. , Schmitt, J. H. M. M. , & Shkolnik, E. (2011b). *Astronomy and Astrophysics*, *528*, A58.

Poppenhaeger, K. , Schmitt, J. H. M. M. , & Wolk, S. J. (2013). *Astrophysical Journal*, *773*, 62.

Preusse, S. , Kopp, A. , Büchner, J. , & Motschmann, U. (2005). *Astronomy and Astrophysics*, *434*, 1191.

Rubenstein, E. P. , & Schaefer, B. E. (2000). *Astrophysical Journal*, *529*, 1031.

Saar, S. H. , & Cuntz, M. (2001). *Monthly Notices of the Royal Astronomical Society*, *325*, 55.

Sanchis-Ojeda, R. , Fabrycky, D. C. ,Winn, J. N. , Barclay, Th. , Clarke, B. D. , Ford, E. B. , Fortney, J. J. , Geary, J. C. , Holman, M. J. , Howard, A. W. , Jenkins, J. M. , Koch, D. , Lissauer, J. J. , Marcy, G. W. ,Mullally, F. , Ragozzine, D. , Seader, Sh. E. , Still, M. , & Thompson, S. E. (2012). *Nature*, *487*, 449.

Scandariato, G. , Maggio, A. , Lanza, A. F. , Pagano, I. , Fares, R. , Shkolnik, E. L. , Bohlender, D. , Cameron, A. C. , Dieters, S. , Donati, J. -F. , Martínez Fiorenzano, A. F. , Jardine, M. , & Moutou, C. (2013). *Astronomy and Astrophysics*, *552*, A7.

Schaefer, B. E. , King, J. R. , Deliyannis, C. P. (2000). *Astrophysical Journal*, *529*, 1026.

Schaffenroth, V. , Geier, S. , Heber, U. , Kupfer, T. , Ziegerer, E. , Heuser, C. , Classen, L. , Cordes, O. (2014), *Astronomy and Astrophysics*, *564*, A98.

Scharf, C. A. (2010). *Astrophysical Journal*, *722*, 1547.

Schlaufman, K. C. (2010). *Astrophysical Journal*, *719*, 602.

Schrijver, C. J. , Beer, J. , Baltensperger, U. , Cliver, E. W. , Güdel, M. , Hudson, H. S. , McCracken, K. G. , Osten, R. A. , Peter, T. , Soderblom, D. R. , Usoskin, I. G. , &Wolff, E. W. (2012). *Journal of Geophysical Research* (*Space Physics*), *117*, 8103.

Shibata, K. , Isobe, H. , Hillier, A. , Choudhuri, A. R. ,Maehara, H. , Ishii, T. T. , Shibayama, T. , Notsu, S. , Notsu, Y. , Nagao, T. , Honda, S. & Nogami, D. (2013). *Publications of the Astronomical Society of Japan*, *65*, 49.

Shibayama, T. , Maehara, H. , Notsu, S. , Nagao, T. , Honda, S. , Ishii, T. T. , Nogami, D. , &

Shibata, K. (2013). *Astrophysical Journal Supplement*, *209*, 5.

Shkolnik, E., Walker, G. A. H., & Bohlender, D. A. (2003). *Astrophysical Journal*, *597*, 1092.

Shkolnik, E., Walker, G. A. H., Bohlender, D. A., Gu, P.-G., & Kürster, M. (2005). *Astrophysical Journal*, *622*, 1075.

Shkolnik, E., Bohlender, D. A., Walker, G. A. H., & Collier Cameron, A. (2008). *Astrophysical Journal*, *676*, 628.

Shkolnik, E. L. (2013). *Astrophysical Journal*, *766*, 9.

Silvotti, R., Schuh, S., Janulis, R., Solheim, J.-E., Bernabei, S., Østensen, R., Oswalt, T. D., Bruni, I., Gualandi, R., Bonanno, A., Vauclair, G., Reed, M., Chen, C.-W., Leibowitz, E., Paparo, M., Baran, A., Charpinet, S., Dolez, N., Kawaler, S., Kurtz, D., Moskalik, P., Riddle, R., & Zola, S. (2007). *Nature*, *449*, 189.

Soker, N. (1997). *Astrophysical Journal Supplement*, *112*, 487.

Soker, N. (1998). *Astronomical Journal*, *116*, 1308.

Solanki, S. K., Usoskin, I. G., Kromer, B., Schüssler, M., & Beer, J. (2004). *Nature*, *431*, 1084.

Solanki, S. K., Krivova, N. A., & Haigh, J. D. (2013). *Annual Review of Astronomyand Astrophysics*, *51*, 311.

Southworth, J. (2010). *Monthly Notices of the Royal Astronomical Society*, *408*, 1689.

Siess, L., & Livio, M. (1999a). *Monthly Notices of the Royal Astronomical Society*, *308*, 1133.

Siess, L., & Livio, M. (1999b). *Monthly Notices of the Royal Astronomical Society*, *304*, 925.

Tinney, C. G., Butler, R. P., Marcy, G. W., Jones, H. R. A., Penny, A. J., Vogt, St. S., Apps, K., & Henry, G. W. (2001). *Astrophysical Journal*, *551*, 507.

Usoskin, I. G., Kromer, B., Ludlow, F., Beer, J., Friedrich, M., Kovaltsov, G. A., Solanki, S. K., & Wacker, L. (2013). *Astronomy and Astrophysics*, *552*, L3.

Vidotto, A. A., Jardine, M., & Helling, C. (2010). *Astrophysical Journal Letters*, *722*, L168.

Vidotto, A. A., Bisikalo, D. V., Fossati, L., & Llama, J., (2014). In H. Lammer & M. L. Khodachenko (Eds.), *Characterizing stellar and exoplanetary environments* (pp. 153). Heidelberg/ New York: Springer.

Villaver, E., & Livio, M. (2007). *Astrophysical Journal*, *661*, 1192.

Walker, G. A. H., Croll, B., Matthews, J. M., Kuschnig, R., Huber, D., Weiss, W. W., Shkolnik, E., Rucinski, S. M., Guenther, D. B., Moffat, A. F. J., & Sasselov, D. (2008). *Astronomy and Astrophysics*, *482*, 691.

Winn, J. N., Fabrycky, D., Albrecht, S., & Johnson, J. A. (2010). *Astrophysical Journal Letters*, *718*, L145.

Wright, J. T., Fakhouri, O., Marcy, G. W., Han, E., Feng, Y., Johnson, John Asher, Howard, A. W., Fischer, D. A., Valenti, J. A., Anderson, J., & Piskunov, N. (2011). *Publications of the Astronomical Society of the Pacific*, *123*, 412.

Zook, H. A., Hartung, J. B., & Storzer, D. (1977). *Icarus*, *32*, 106.

第3篇

系外行星和天体物理磁场

对系外行星磁场尚不了解。到目前为止，可采用比较的方式将已知的太阳系行星的磁场观测数据和模型应用于系外行星。对太阳系行星来说，利用直接数值模拟行星驱动机制能够很好地重现已观测的磁场。本章综述了行星磁的基本特性，以比较的方式给出了系外行星的行星动力学模型假设和主要结果。

第10章　从太阳系行星/卫星到系外行星的磁层环境

首先讨论太阳风等离子体与太阳系内具有本征磁场的行星如水星、地球、木星、土星的相互作用。这种相互作用，将产生与太阳风等离子体无关并被行星磁场充满的相互作用空腔。这些空腔通常称为磁层，并被磁层顶所包围。磁层顶能够保持穿透进入磁鞘的磁场，因此，对磁鞘等离子体流来说，穿透进入磁层是不可能的。磁鞘位于弓激波和磁层顶之间。弓激波形成了一个阻止无激波的超阿尔芬等离子流边界。正如对水星、地球、木星和土星的磁层顶分析所给出的，这些表面可以由具有不同日下点距离和喇叭锥顶角的抛物面来描述。基于这一事实，我们创建了一个行星磁层的通用模型。选择了位于内部磁层的行星，该内部磁层的磁场矢量已经用轨道航天器的磁强计进行了测量。所给出的模型对行星磁层的结构和动力学的基本物理过程给予了描述。除了内行星磁场，模型中也包含磁场的不同磁层源。最后对如何将这些磁层模型以一种类比的方法应用于系外行星进行了讨论。

10.1　引言：磁层

行星的磁层顶是由行星磁场和流经的太阳风等离子体间的冲击太阳风等离子体所形成的边界。行星磁层顶的形状和位置可以通过太阳风迎风面压力与起源于边界内部的热压力和磁压力的平衡关系来确定。本节讨论行星磁层顶形状和行星磁层顶通用模型（Slavin 等，1985；Alexeev 等，2008；Shue 等，1998；Joy 等，2002；Kivelson 和 Southwood，2003；Kanani 等，2010；Arridge 等，2006）。

利用牛顿压力平衡方程的形式，基准距的距离 R_{ss}，可以用压力 P_{sw} 的函数进行描述，R_{ss} 与 P_{sw} 呈幂指数关系，即 $R_{ss} \sim P_{sw}^{\alpha_m}$，式中，$P_{sw}$ 为太阳（恒星）风的动压。该指数与由数值磁流体模拟结果是一致的。幂指数 α 可以估算：对地球来说，$\alpha_E = -1/6.6$（Shue 等，1998）；对木星来说，$\alpha_J = -1/4$（Alexeev 和 Belenkaya，2005；Huddleston 等，1998）；对土星来说，$\alpha_S = -1/5$（Kanani 等，2010；Belenkaya 等，2006a，b）。直到现在，水星的类似方程仍不确定。在过去的55年中已经发射了多个航天器来直接测量太阳系行星磁层的磁场，结果发现，金星和火星没有磁场，水星、木星、土星、天王星和海王星具有像地球一样的本征磁场。行星磁场对入射的超声速太阳风等离子体流产生偏转并形成磁层，即几乎与太阳风等离子体无关的区域或空腔。“旅行者”2 号是唯一飞越天王星和海王星的航天器，所以到目前为止有足够的数据对其磁层结构模型进行检查（Herbert，2009）。然而，这里仅对具有磁性的行星如水星、地球、木星、土星进行研究，这些行星均被搭载了磁力计的轨道航天器所到访过。另外，在过去几年中，与遥远的行星相比，地球磁层已经利用大量航天器进行了详细的研究，这是很自然的事情。

10.2　地球、木星、土星的磁层

Alexeev（1986）最早开发了磁层磁场抛物面模型并对地球磁层进行了描述，后来该模型被进一步开发应用于金星（Alexeev 等，2008）、木星（Alexeev 和 Belenkaya，2005；Belenkaya，2004）和土星（Alexeev 等，2006）的研究。现有的地球磁层的抛物面模型已被用在水星、木星、土星（Arridge 等，2006）等不同的磁层顶宽模型中（Belenkaya 等，2005）。正如地球的一样，由于受来自于太阳风的动压变化的影响，行星磁层会经历膨胀和压缩过程。地球磁层顶的位置与太阳风的动压密切相关的思想是由 Chapman 和 Ferraro（1931）首次提出。

10.2.1　抛物面磁层模型：一般问题

该模型的名称是根据其关键性简化假设而来，即行星磁层顶可以用在恒星风的流动方向拉长的旋转抛物面代表。抛物面磁层模型可计算出位于行星磁层边界和边界内的各种流体系统生成的磁场。在通常情况下，对抛物面磁层模型中磁场的主要贡献来源有：

（1）行星本征偶极磁场；

（2）行星周围电流盘（磁盘）产生的磁场；

（3）对磁层顶内的偶极子场和磁盘场具有限定作用的磁层顶电流；

（4）跨尾电流及其在磁层顶上产生的壳层电流；

（5）由于与自身磁场重联而部分穿透进入磁层顶的星际磁场（IMF）。

由磁层电流、磁尾和磁盘电流产生的磁场可用 Alexeev（1978）开发的方法来计算。可以将不同磁层源产生的磁场限定在由抛物面形磁层划定的区域内。这可通过在磁层边界设置适当屏蔽势垒来实现。

抛物面磁层的模型在以行星 - 偶极子为中心的恒星磁层坐标系统（PSM）中进行描述，行星的磁偶极矩 M 坐落在 XZ 平面，X 轴指向太阳（恒星）。通常情况下，用于表征抛物面磁层模型中的行星磁层结构的参数（Alexeev 和

Bobrovnikov，1997；Alexeev 等，2003；Belenkaya 等，2005；Alexeev 和 Belenkaya，2005）如下：

（1）从行星中心分别到磁层顶和弓激波的日下点的距离 R_{ss} 和 R_{bs}。

（2）从行星中心到磁尾电流片内边缘的距离 R_2。

（3）相对于行星中心的磁盘外边缘和内边缘距离 R_{D1} 和 R_{D2}。

（4）在行星表面的赤道平面上的行星偶极子磁场的值 $B_{d0} = B_d(r = r_p, z = 0)$，$r_p$ 为行星半径。

（5）在磁盘外边缘由磁盘产生的磁场 $B_{DC} = B_{MD}(r = R_{D1}, z = 0)$。

（6）在磁尾电流片（如 $r = R_2$）的内边缘处电流片产生的磁场的值 B_{t0}。这里，抛物线坐标为 $\left\{\alpha = \alpha_0 = \sqrt{s^2 + (1 + s^2)\dfrac{R_2}{R_{ss}}}, \beta = 0, \phi = \pm\dfrac{\pi}{2}\right\}$。

（7）相对于 Z 轴的磁偶极子的倾斜角度 Ψ。

（8）相对于行星中心 $d_{dip} = \{dx, dy, dz\}$ 的偶极子的矢量偏移。

（9）相对磁赤道平面 $z = 0$ 的磁尾电流片的位移 z_0。

（10）穿透进入磁层的部分星际磁场 B 为星际磁场强度，b 为穿透进入磁层的磁场强度。这里，假设 $b = k_r B$，k_r 为重联效率系数（Slavin 和 Holtzer，1979）。

考虑抛物面磁层模型的简化版本，假设该行星磁偶极子与恒星风流方向正交（$\Psi = 0$），磁尾电流片无位移（$z = 0$），不考虑星际磁场。

这里研究行星磁层顶的各种延展情况，并概况金星、木星和土星的偶极子屏蔽电流场。从已知的边界条件，将获得一个基于磁层电流磁场的标量电势的拉普拉斯方程解。

基于地球磁层中耀斑随着太阳风参数和星际磁场发生显著变化的认识，可以认为其他行星的磁层将有相同的行为（到目前为止，尚没有足够的测量以得出关于磁层顶张角变化的明确结论）。在地球的磁层中，这样的行为是由磁层内与太阳风的密度、速度和磁场相关的电流源引起的。此外，自身的磁层动力学也发挥了重要作用。相较于地球，木星的内磁层源强度更大。因此，磁层内部电流的变化将导致磁层顶耀斑的显著变化。

对于行星的磁层不同磁层顶宽角度的计算结果，如图 10.1 所示。磁层中包括偶极子场以及磁层顶电流形成的场。在求解拉普拉斯方程时，模型中的磁场利用抛物面坐标中的分离变量法来计算（Alexeev 和 Shabansky，1972，Greene 和 Miller，1994）。采用的最简单的方法是，考虑抛物面模型中的磁层顶宽的变化将导致其在坐标系中的改变（Greene 和 Miller，1994）。坐标面是绕 X 轴旋转的共焦抛物面。无量纲抛物线参数（α, β, γ）和太阳磁层坐标系（x, y, z）之间的关系和逆变换由下式定义：

$$\begin{cases} x = \frac{R_1}{2}(\beta^2 - \alpha^2 + s^2), y = R_1 \alpha\beta \sin\varphi, z = R_1 \alpha\beta \cos\varphi \\ \alpha = \sqrt{\frac{R_f - x}{R_1} + \frac{s^2}{2}}, \beta = \sqrt{\frac{R_f + x}{R_1} - \frac{s^2}{2}}, \tan\varphi = \frac{y}{z} \end{cases} \tag{10.1}$$

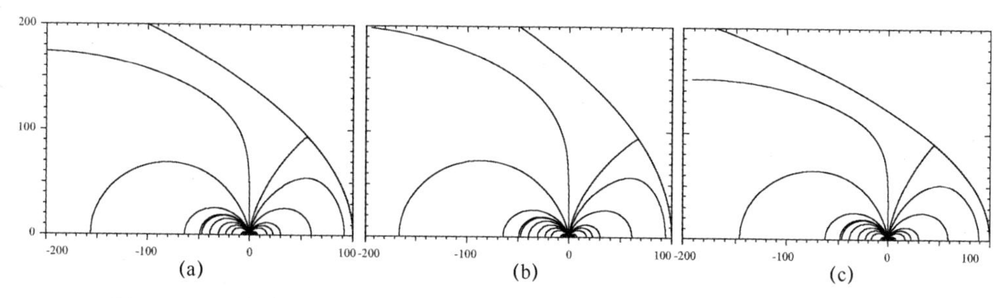

图10.1　不同磁层顶喇叭锥顶角值时，磁层顶电流屏蔽下的行星偶极子磁场
（a）地球，$S=-1$，轴尖尺寸为0.1 R_E；（b）土星，$S=0.67$，轴尖尺寸为0.22 R_s；
（c）木星，$S=1.25$，轴尖尺寸为0.1 R_J。

点（x,y,z）和位于（$x=\frac{s^2R_1}{2},0,0$）的坐标平面中心的距离为

$$R_f = \sqrt{\left(x - \frac{s^2R_1}{2}\right) + y^2 + z^2} = \frac{R_1}{2}(\alpha^2 + \beta^2)$$

X轴指向太阳，XZ表面包含行星偶极子，φ为绕X轴的方位角；s为无量纲常数，是对磁层顶扩张的测量；R_1为在日下点的磁层顶的曲率半径。该半径可由日下磁层顶距离R_{ss}和顶宽参数s确定，其值为

$$R_1 = 2R_{ss}(1+s^2)^{-1}$$

$$s = \sqrt{\frac{4R_{ss}^2}{{R_T}^2} - 1}, R_{ss} = \frac{R_1}{2}(1+s^2), \frac{R_T}{R_{ss}} = \frac{2}{\sqrt{1+s^2}} \tag{10.2}$$

这里，给出了当$\beta=1$时，在磁层顶中需要考虑的无量纲值旋转抛物面的顶宽，此时，坐标系中，(α、β、φ)是与式（10.1）中给出太阳磁层坐标系(x,y,z)相关的抛物面坐标系。顶宽参数s由晨－昏方向$x=0$时的磁层顶与行星中心的距离$R_T = y_{|x=0}$来决定。当$s=1$时，可以从抛物面模型得到一个普通的具有平局顶宽的地球磁层。这种情况下，$R_1 = R_{ss}$，$R_T = \sqrt{2}R_{ss}$。当$s>1$（或$s<1$）时，顶宽角是更小的（更高的）。磁层顶方程（表面$\beta=1$）由笛卡儿坐标系中旋转抛物面给出：

$$\frac{x_{mp}}{R_{ss}} + \frac{y_{mp}^2 + z_{mp}^2}{R_T^2} = 1 \tag{10.3}$$

式中：（x_{mp}，y_{mp}，z_{mp}）为磁层顶的笛卡儿坐标。笛卡儿坐标与抛物面坐标的变换以及与量纲尺度R_{ss}定义的变换一致（R_{ss}由式（10.2）给出）。Russell

(1977) 和 Slavin 等 (2009) 利用边界拟合对前面的磁层顶宽形状的合理性给予了支持。尤其是，基于 Mariner 的 10 次观测，Russell (1977) 发现，真实行星磁层顶的近抛物面形状由一个偏心 0.8 来表征，而实际的抛物线有 1.0 的偏心。磁层的抛物面模型是基于磁层磁场可以由两个电流系统支持的一个行星偶极场来描述的假设。他们中的一个对应于屏蔽偶极子场磁层电流，其垂直于磁层顶的磁场分量等于 0。另一个电流系统对应于磁尾电流，其将创造一个与磁层顶正切的磁场，并形成方向相反的两束磁场线。磁尾中的电流层将北部和南部的尾瓣分开，其中相反的磁力线几乎是相互平行的。尾电流形成一个位于磁层阴面的垂直于地 - 日线平面的 θ 形电流。由于表面的形状、抛物面的旋转和接近磁层顶 (Alexeev , 1986)，描述的磁层模型得到了“抛物面”的名字。

偶极子场将被流经磁层的太阳风压缩。因此可以预计，相较于不受干扰的偶极子场，向阳面的磁场线将压向地球。屏蔽偶极子磁场将大于偶极子磁场。正如我们计算所给出的，在夜面一侧 (L_n) 相当大的距离上是正确的 (图 10.2)。距离点 $x = -L_n$ 的尾向，磁层顶电流场改变了它的正、负号，总磁场值 (偶极 + 防护电流) 小于偶极场。$x = -89.7$ 是在距离地球一定位置处的总磁场相关的磁尾

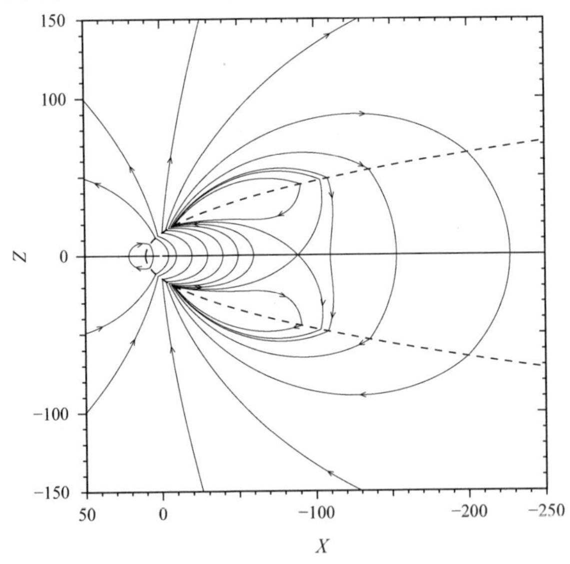

图 10.2 在地球磁层的中午 - 午夜平面上的磁层顶电流 (Chapman - Ferraro) 的电磁线 ($R_1 = 10, R_{ss} = 10, R_T = 14, L_n = 89.7, s = 1$)

注：虚线为磁层顶截面曲线 (抛物线 $\beta = 1.0$)。可以看到日下点距离 $R_{ss} = 10$，截止磁层顶半径 $R_T = \frac{2R_{ss}}{\sqrt{1+s^2}} = 14$。顶宽角参数 s = 1.0。对于 Chapman - Ferraro 电流场，在中午 - 午夜平面的 X 形中性线的位置由 $x = -89.7$，$z = 0$ 处的标志给出。这个点距离地球的距离为 L_n。所有的距离以地球的半径 $R_E = 6400\text{km}$ 为尺度给出。

方向的拐点。在较小的距离处，相较于偶极场 $\left(\frac{R_E}{r}\right)^3$，磁场 B_z 分量缓慢下降；但在更远距离处，B_z 分量呈现指数下降（近似于 $e^{-\frac{|x|}{L_n}}$）（Alexeev 等，1998a）。在某种意义上，这个距离可以用于评估磁层的磁尾长度。此时，包含尾电流系统的总磁层磁场与穿透的星际磁场存在远距离中性点。图 10.2 和图 10.3 给出了正在下降的磁层顶角，沿磁尾的磁层尺寸也下降。粗略地估计，L_n/R_{ss} 可由 R_T/R_{ss} 一定的比例给出，等于 $9.0/s$。

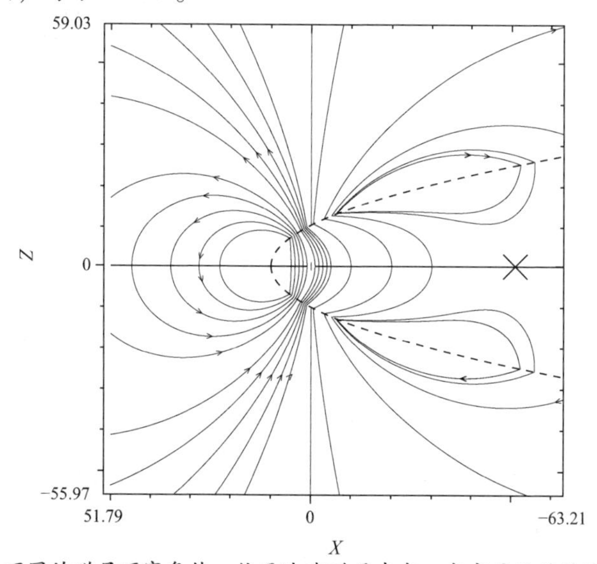

图 10.3　不同的磁层顶宽角值，位于地球磁层中午－午夜平面时的地球磁层的磁层顶电流的磁场线（$R_1 = 5, R_{ss} = 10, R_T = 10, L_n = 50.97, s = 1.73$）

注：顶宽角参数 $s = \sqrt{3} = 1.73$。虚线是磁层顶部分（抛物面 $\beta = 1.0$）。可以看到日下点距离 $R_{ss} = 10$（与图 10.2 中的一样），但是，截止磁层顶半径 $R_T = \frac{2R_{ss}}{\sqrt{1+s^2}} = R_{ss} = 10$。在中午－午夜平面的 X 形中性线的位置由十字标出，位于 $x = -L_n = -51.0$（与 $s = 1$，$L_n = 89.7$ 比较）。

10.2.2　水星磁层的抛物面模型

在讨论水星的抛物面磁层模型之前，将在太阳风吹过磁层的过程中，给 IMF 模型引入畸变的概念。定义空间的不受干扰的太阳风、磁鞘和磁层三个区域。行星际磁场由太阳风的两个均一的向量和表示（不受干扰的太阳风区域）（$\boldsymbol{B}_1 = \boldsymbol{B}_0 + \mathrm{b} =$ 常数）。这里，$\boldsymbol{B}_0$ 是 IMF 的屏蔽部分，它并不能穿透磁层。该场在磁鞘中压缩、扰动，并形成流向磁层顶的磁障。IMF 的剩余部分 $\boldsymbol{b}$，并无扰动，能够穿透进入磁层。对垂直于磁层顶（弓激波）的磁场分量，总磁场 $\boldsymbol{B}_1$ 和 $\boldsymbol{B}_2$ 满足连续性条件。在弓激波和磁层顶处规定的边界条件为

$$B_{1\beta} = B_{2\beta}\big|_{\beta=\beta_{bs}},\ B_{2\beta}\big|_{\beta=1} = b_{\beta} \tag{10.4}$$

式中：$\boldsymbol{B}_2$ 为磁鞘中的扰动IMF。坐标系表面 $\beta = 1$ 是定义磁层顶的表面，$\beta = \beta_{bs}$ 是定义弓激波的表面。采用 $\beta_{bs} = \sqrt{1.8} = 1.34$，对应于在沿 X 轴 $0.4R_{ss}$ 位置处（相较于 Fairfield（1971）获得的 $0.3R_{ss}$）的磁层顶和弓激波之间的距离。

假定磁层顶的磁鞘磁场中有可穿透边界的磁场分量为 $\boldsymbol{b}$，则存在一个旋转的不连续磁层顶。对于导电等离子体流，重连效率系数 $k_{r\perp}$ 与磁雷诺数 Rm（Alexeev，1986）是成比例的，$k_{r\perp} = 0.9R^{-\frac{1}{4}}m$。这里，磁雷诺数由 $Rm = \mu_0\sigma VR_{ss}$ 计算，其中，R_{ss} 为一个特征尺寸，σ 为在磁层顶的异常等离子体电导率，μ_0 为真空磁导率，V 为太阳风速。

Alexeev 和 Kalegaev（1995）对流过磁层的导电流体进行了研究，推导出了穿透进入磁层顶的磁鞘磁场分量 b：

$$b_x = \frac{2.5}{\sqrt{\pi}}k_r^2 \perp B_{0x},b_y = k_r \perp B_{0y},b_z = k_r \perp B_{0z} \tag{10.5}$$

对典型太阳风等离子体环境，$Rm = 10^4$，此时，$|b|$ 是 $|B_0|$ 的 1/10 倍。在对太阳风中的 MHD 不连续性的观测特征厚度和离子声波不稳定性的电流阈值认识的基础上，Alexeev（1986）对 Rm 进行了估算。图 10.4（非午夜平面）和图 10.5（赤道平面）给出了利用抛物面模型得到的水星总磁场强度。

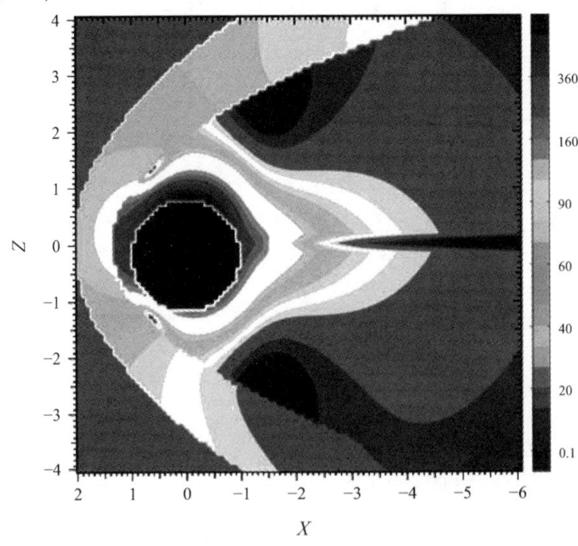

图 10.4　水星磁层磁场的磁场强度在中午－午夜平面为常数时的等高线

注：所有的行星磁层顶由子太阳磁层顶距离 $R_{ss} = 1.4R_M$ 来定位，截止磁层顶半径 $R_T = 2.0R_M$，拖尾到拐点的距离 $L_n = 12.6R_M$。水星半径 $R_M = 2439$km。耀斑参数 $s = 1.0$。

太阳风、磁鞘和磁层中的行星际磁场标量势 U 由拉普拉斯方程给出，且需满足边界条件式（10.4）：

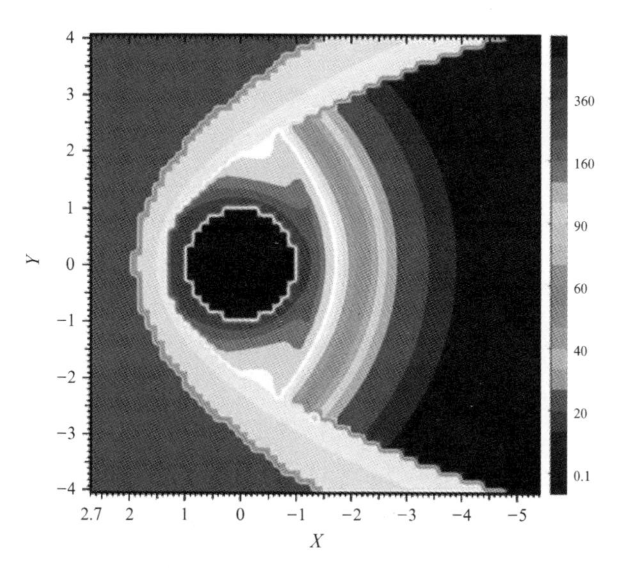

图 10.5　水星磁层磁场的磁场强度在赤道面为常数时的等高线

注：所有的行星磁层顶由子太阳磁层顶距离 $R_{ss}=1.4R_M$ 来定位，截止磁层顶半径 $R_T=2.0R_M$，夜尾长度 $L_n=12.6R_M$。水星半径 $R_M=2439\text{km}$。耀斑参数 $s=1.0$。

$$\begin{cases} U_1 = u + B_{ox}x + B_{oy}y + B_{oz}z, \beta > \beta_{bs} \\ U_2 = u + k[B_{ox}(x - R_1\ln\beta) + (B_{oy}y + B_{oz}z)(1 + \beta^{-2})], \beta_{bs} > \beta > 1 \\ U_3 = u, \beta < 1 \end{cases} \tag{10.6}$$

式中：u 为穿透磁层 IMF 的部分磁场标量电势，$u = b_x x + b_y y + b_z z$；参数 k 由 $k=\rho_2/\rho_1$ 给出，决定了弓激波处的太阳风等离子体的压缩（ρ_2、ρ_1 为相对于弓激波顺流和逆流的等离子体密度。Alexeev 等，2003）。设定的系数 k 是弓激波和磁层顶之间的距离，满足 $k = 1 + R_1/2\Delta$，式中，$\Delta = R_{bs} - R_{ss}$。根据 Spreiter 等（1966）的研究结果，$\Delta = 0.4R$ 和 $R_1/2\Delta = 1.125$ 时，$k = 2.125$（Alexeev 等，1986b）。

在抛物线坐标系中，在磁顶的磁鞘磁场由下式计算：

$$\begin{cases} B_{2\alpha} = k\dfrac{R_1}{R_f}[-\alpha B_{ox} + 2(B_{oy}\sin\varphi + B_{oz}\cos\varphi)] + b_\alpha \\ B_{2\beta} = b_\beta \\ B_{2\varphi} = 2k(B_{oy}\cos\varphi - B_{oz}\cos\varphi) + b_\varphi \end{cases} \tag{10.7}$$

垂直于太阳风的速度矢量的 IMF 的分量 $\boldsymbol{B}_\perp$ 与穿透进入磁层分量 $\boldsymbol{b}_\perp$ 的比值由 $b_\perp = k_{r\perp}\boldsymbol{B}_\perp$ 给出，式中，$k_{r\perp}$ 是垂直于等离子体流速磁场分量的重联效率系数，$k_{r\perp} = 0.9R^{-\frac{1}{4}}m$。对平行于等离子体流速的磁场分量，相应的系数为 $k_{r\parallel} = \dfrac{2}{\sqrt{\pi}}R^{-\frac{1}{2}}\text{m}$。后一个重联系数约为 $R^{-\frac{1}{4}}m$，小于 $k_{r\perp}$。原因是平行流速磁场并

没有被磁层顶压缩和拉长。

水星磁层的基线时间平均模型由 MESSENGER 航天器的 2011 年 3 月 24 日至 12 月 12 日的磁强计探测数据而来，包括 Johnson 等（2012）提出的该航天器绕最内行星运转的最初 3 个水星年数据。模型是在磁层形状可由抛物面旋转来近似的假设下构建的，包括两个外流系统（磁层顶和磁尾）和一个内电场（偶极），并允许重联。我们利用轨道磁强计数据的几何分布来估计模型所有参数（除了他们的范围，其范围可以通过观测获得）。这些参数作为 Alexeev 等（2003）给出的抛物面磁层模型的优先限定量，唯一剩余的参数偶极矩利用网格搜索法估算 $190\mathrm{nT}R_{\mathrm{M}}^3$。已经证实最合适的偶极矩在他们确定的范围内对其他参数变化不敏感。该模型对 MESSENGER 航天器观测提供了一阶拟合，总体上的均方根误差小于 20nT。结果表明，在北纬 60°观测点，向阳面和背阳面的磁层顶磁场强度范围为 10% ~50% 偶极子场强。从全球来看，到目前为止观测到的剩磁特性主要受磁层过程的结果主导，这确定了水星磁层的动力学本征特性。

MESSENGER 航天器第二年的轨道径迹与相应的磁场观测数据一致说明该模型总体上是成功的。与约 500nT 的最大信号相比，残差（数据减去模型）通常小于 50nT。对 MESSENGER 航天器的晨昏和午夜 - 中午轨道的 B_x、B_y、B_z 分量的模型预计与观测数值完美拟合。

Johnson 等（2012）计算了行星表面预示的磁顶、磁尾和偶极场的大小。由较强的北向偶极子偏转引起的内场中强烈的磁层北南不对称现象非常明显，在较高的北纬的场强高于 700nT，近似为对应南纬的 3 倍。正如预料的，磁层顶的磁场在向阳面是最强烈的。此外，偏转的偶极子导致一个磁层顶表面的产生，与对应的北纬相比，该表面在南纬更接近于行星表面。这种北南差异在中午时从低纬到中纬是非常巨大的，因此，在白昼时较低的南纬也发现了强烈的磁层顶磁场，这里的磁层顶磁场强度接近 80nT，约是这些位置的偶极场的 40%。

10.2.3 木星磁层

Huddleston 等（1998）对木星的磁层边界位置（尤其是木星日下点磁层的距离 R_{ss}）与太阳风动态迎风面压力 p_{sw} 之间的关系进行了研究。与 Slavin 等（1985）的结果具有很好的一致性，表明 R_{ss} 与 p_{sw} 关系中的幂指数为 -0.22 ± 0.04。Huddleston 等（1998）给出的结果可总结为下面的指数公式（Cowley 和 Bunce，2003）：

$$R_{\mathrm{ss}} = 35.5R_{\mathrm{J}}/p_{\mathrm{sw}}{}^{0.22}(\mathrm{nPa}) \tag{10.8}$$

根据 Alexeev 和 Belenkaya（2005）的研究，木星的磁层的大小与 $p_{\mathrm{sw}}^{-0.23}$ 成正比。这些方程式表明，其相关性比偶极子磁层的要强，偶极磁层的 R_{ss} 与 $p_{\mathrm{sw}}^{-1/6}$ 成正比（如同地球一样）。Huddleston 等（1998）指出，在木星磁层中，热的内部等离子体对决定了磁层顶位置的压力平衡做出了显著的贡献。此外，卫星Io的火山活动是剧烈的，这一过程也对木星磁层的大小产生影响。根据航天器的观测，在木星环境中，R_{ss} 在 $45R_J \sim 110R_J$ 之间发生变化。然而，对 R_{ss} 的每个值，在垂直于木星－太阳线（x 轴）的方向上，从行星中心到磁层顶的不同距离均可能存在。

地球磁层的抛物面模型存在一个模块化结构。利用比例关系可以调整地球磁层的磁层顶和磁尾电流系统，将其发展为适应用于水星、木星和土星。然而，对快速行星旋转（木星和土星的磁盘）引起的电流与地球磁层并没有类比性。磁盘是木星磁层磁场的主要来源，它的有效的磁矩是木星偶极磁矩大约2.6倍（Belenkaya，2004；Alexeev和Belenkaya，2005）。

行星的磁层的大小可能相差几千倍（见表10.1），但不同的行星具有相似的磁层顶形状。磁层的前部与旋转抛物面一致，该抛物面有一个连接行星和太阳的线作的对称轴。日下点的磁场可以从太阳风等离子体的动态压力和内部磁层磁场压力的平衡来测定。该场并不取决于行星的偶极子，而明显是由太阳风的动压确定。行星的磁偶极值决定了磁层 R_{ss} 的大小。对木星和土星的磁层，赤道磁盘是由其卫星的等离子体旋转上传而形成。作为结果，R_{ss} 不是取决于行星的偶极子，而是由大于行星偶极的某些“有效”偶极子决定的。

表10.1 太阳系行星磁层参数

参数	等式	水星	地球	木星	土星
日心距离/AU	r_0	0.38	1	5.2	9.5
赤道半径（$R_E = 6371$ km）	r_p	0.38	1	11.2	9.45
磁矩/（T·km³）	$B_0 \cdot r_p^3$	2.8×10^{-6}	0.008	150	4.6
地磁偶极角/（°）	ψ	0	10.5	10	0
赤道磁场/μT	B_0	0.196	30	420	20
半球磁偶极子流/GWb	$2\pi B_0 r_p^2$	0.0072	7.7	13.450	456
开放场线通量/GWb	$\pi B_0 r_p^2 \dfrac{r_p}{R_{ss}}$	0.0024	0.42	450	11.4
极圆半径/（°）	$\sin\theta = \sqrt{\dfrac{r_p}{R_{ss}}}$	55	20	15	13
平均IMF值/nT	$\dfrac{5\sqrt{1+r_0^2}}{\sqrt{2}\cdot r_0^2}$	10.2	5	1	0.5
名义帕克螺旋角 ϕ/（°）	$\tan\phi = \dfrac{1}{r_0}$	20.8	45	80	85

（续）

参数	等式	水星	地球	木星	土星
太阳风撞击压力/nPa	$\frac{1.7}{r_0^2}$	11.8	17	0.07	0.15
日下磁场强度/nT	$B_{ss}=\frac{74.5}{r_0}$	196	74.5	14.3	7.8
日下磁层顶距离 Rp	R_{ss}	1.4 R_M	10 R_E	70 R_J	22 R_S
磁层顶燃烧参数 s	$\frac{\sqrt{4R_{ss}^2-R_T^2}}{R_T}$	1	1	1.25	0.66
磁层顶曲率半径（RP）	$\frac{2R_{ss}}{1+s^2}$	1.4 R_M	10 R_E	55 R_J	31 R_S
终结磁层顶半径（RP）	$\frac{2R_{ss}}{\sqrt{1+s^2}}$	2 R_M	14 R_E	112 R_J	37 R_S
拐点距离（RP）	$\frac{8.97}{s}R_{ss}$	12.6 R_M	89.7 R_E	502 R_J	220 R_S
夜尾长（Rp）	$16.2R_{ss}$	22.7 R_M	162 R_E	1300 R_J	400 R_S

图 10.6 给出通用磁层模型下，午时至午夜面，水星和地球的偶极子和无尾电流场的屏蔽磁场电流所产生的磁力线。所有的行星磁层顶以 R_{ss} 为尺度。图 10.6中的圆分别对应于水星、地球、土星和木星。由于在选定坐标系中的旋转抛物线对水星和地球是一样的，其磁场线也是一致的。黄线被延伸至尖段（中性点）的磁场线所标记。

相较于地球磁层顶，木星的磁层顶向 X 轴压缩。土星的磁层顶（点画线）相较于地球更为扩展。图 10.6 中的虚线给出了 Shue 等（1998）所获得的最好的拟合磁层顶。

磁层顶和磁尾的电流强度与“有效”的行星偶极子的磁矩和磁层的大小相关。对利用模型得到的结果与水星的观测数据进行比较可知，上述两种电流系统足以描述它们的磁层磁场。对地球、木星、土星来说，内磁层环电流是重要的。不同的行星具有不同性质的环电流。在地球附近，环电流由俘获粒子形成，环电流增强决定了磁暴期间赤道磁场的抑制程度。对木星来说，该电流将计入在由木卫一 Io 火山的离子化喷发所形成的等离子体盘中。木星的快速旋转对冷等离子体驱动和加速，并将其扔进外磁层。由于等离子体盘的磁矩是木星磁矩的 2 倍以上，木星磁层的大小几乎是仅由行星偶极子形成的磁层的 2 倍。木星磁层等离子体的压力等于近中午的磁层磁场的压力。土星和木星具有相同的角速度旋转。这两颗行星的大小也相近。然而，土星的行星磁场几乎是木星的 1/20。因此，土星的“偶极增强效应”要比木星更弱，土星的等离子体盘对其有效磁矩增强大约 1.2 ~1.5 倍。

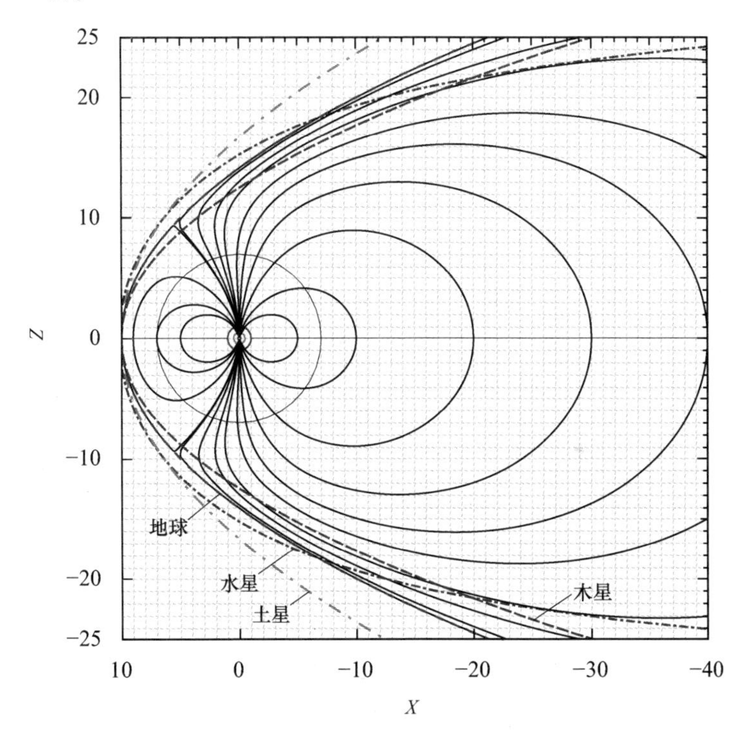

图 10.6　水星和地球在通用磁层模型下午夜面的偶极子磁场线和在无尾电流场下的屏蔽磁层电流

注：所有的行星磁层顶以 R_{ss} 为尺度，横坐标每个点是 0.1R_{ss}（R_{ss} = 10）。最大的圆给出了水星，其半径 $R_M = R_{ss}/1.4 = 7$ 。地球表面的半径 $R_E = R_{ss}/10 = 1$ ，土星表面的半径 $R_S = R_{ss}/22 = 0.45$ ，木星的半径为 10/70 = 0.14 。对水星和地球来说，$s = 1$；对木星和土星来说，s 分别为 1.25 和 0.66。

10.3　抛物面模型在热木星磁层中的应用

Alexeev 等（2003）、Alexeev 和 Belenkaya（2005）及 Alexeev 等（2010）对用于行星磁层研究的抛物面模型进行了详细的阐述以用于太阳系行星。这些通用模型已经成功被不同航天器（水星：MESSENGER。木星：Ulysses 。土星：Pioneer 11，Cassini）探测到的磁场数据进行了验证，结果表明抛物线磁层模型预示结果和原位探测数据之间具有较好的一致性。

因此，本节将抛物线磁层模型应用于近轨道巨型系外行星，以揭示在该类行星周围更真实的磁场构型，评估行星磁场影响的范围（参见 11 章）。在抛物面磁层模型（Khodachenko 等，2012）的基础上，在以前所描述的热木星的典型特征和周围恒星风等离子体环境将被用作这类系外行星磁层定量特征分析的输入参数。下面只重复磁层模型概念的一些基本点，阐述磁盘对热木星磁层大小的重要性。这项研究揭示更多的热木星－恒星风的相互作用问题和行星磁层对行星大气免受恒星风侵蚀的保护问题。

10.3.1 磁盘是热木星磁层的关键要素

根据模型，磁盘位于离中心距离为 $[R_{D2}, R_{D1}]$ 区间的赤道平面上。磁盘的形成由下列方式来判别。众所周知，只有在磁场强度足够高的阿尔芬面内，一个旋转的行星磁偶极子的磁场可带动内磁层等离子体围绕行星刚性顺转（Mestel, 1968；Vasyliunas, 1983）。阿尔芬面的赤道边界 R_A 可由等离子体的旋转运动的能量密度式 $\varepsilon_p = \rho_A \omega_p^2 R_A^2/2$ 和偶极磁场 $\varepsilon_B = M_d^2/2\mu_0 R_A^6$ 来确定，这里，$M_d = \mathscr{M}\dfrac{\mu_0}{4\pi}$（Mestel , 1968；Coroniti 和 Kennel，1977）。在阿尔芬面之外（$r > R_A$），例如，在旋转行星偶极磁场变得太弱而不能驱动等离子体刚性共转的区域，亚共旋物质将开始离心溢流。等离子体将以径向速度 V_{esc} 消失。因此，磁盘的内边缘可能近似与阿尔芬表面半径如 R_{D2} 重合。

Mestel（1968）研究了当磁盘模型与曾经讨论的模型类似时的一种情况。作者考虑了等离子体从磁化行星的逃逸并建议在恒星风中区分两个区：第一个是死区，恒星的磁场足够强，可以强迫等离子沿着磁场流动，并保持气体和恒星共转；第二个是风区，气流将沿着气流方向拖曳磁场，导致形成一个开口的磁场线区域。基于此，在 $r = R_A$ 处穿过赤道的阿尔芬面将区分这两个区。在这个工作中也给出了产生流出物质流量的两种可能：一个是与压力梯度驱动热风相关，这是由于膨胀恒星冕的高温所引起的。另一个是由于磁场控制的离心力将驱动离心风。如果冕的温度太低不能驱动热风，后者将变得很重要。在这种意义上讲，情况与这里考虑的热木星完全相似。此时，在旋转行星内磁偶极场的条件下，将发生加热的和离子化的行星上层大气的热膨胀。

在阿尔芬面内（$r < R_A$）沿内表面的磁力线移动的流出等离子体在赤道面附件被压缩并提供创造磁盘的源材料。沿着磁场线逃逸，穿透到阿尔芬面之外的等离子体，使本源行星磁偶极场变形，导致磁场线的径向延伸（Mestel , 1968），在赤道区域产生薄的盘型电流层。磁盘的形成和限定从本质上来说是不稳定的，和整个磁层一样，可由等离子体对磁盘的连续加载来表征。与此同时，在磁层边界的非热平衡机制造成系统内膨胀物质的损失。这包括 R_A 之外磁盘的主要细节。在这样一个动力学条件下，普通的力平衡方法是不适用的。Alexeev 等（1982）对围绕在旋转磁化球体周围的稳态电磁场和电流环境的类似情况运动模型给出了解析解，该磁化球体具有轴对称等离子体径向外流。获得的磁场构型清晰的表明有一层薄的赤道电流盘形成。

磁盘的环形电流由磁盘之上（或之下）的磁通量决定（Alexeev 和 Belenkaya, 2005）。该通量是行星偶极子总磁场通量的一部分，对应于扩展到阿尔芬面之外的偶极子磁场线，例如，在磁偶极未受干扰的情况下，磁场线将穿过阿尔芬面半径 R_A 之外的赤道平面。与偶极磁场情况相对应，这些磁力线几乎沿着与赤道面平行方向延展，并在高导电等离子体情况下，分量 $B_\theta \approx 0$ 。在考虑的磁盘模型中，磁盘之上（或之下）的磁通量假设是守恒的，也就是说，与距离无关。对非常高导电性（$\to \infty$）的磁盘等离子体来说确实是存在的。在这种情况下，可认为磁盘外磁场的压力与磁盘中心的等离子体的压力是一致的。

在磁盘内边缘的等离子体密度 ρ_A 可以利用行星的热失重 $\mathrm{d}M_p^{th}/\mathrm{d}t$ 来估计。假设总热逃逸材料有部分质量 $\gamma\mathrm{d}M_p^{th}/\mathrm{d}t$ 参与磁盘的形成。在这种情况下，有

$$\gamma\mathrm{d}M_p^{th}/\mathrm{d}t = 2\pi R_A^2\delta\theta\rho_A V_{esc}$$

式中：$\delta\theta$ 为磁盘的角厚度。

以上表达式也可写为

$$\rho_A = \frac{\gamma\mathrm{d}M_p^{th}/\mathrm{d}t}{2\pi R_A^2\delta\theta V_{esc}} \tag{10.9}$$

从上述定义的等离子旋转运动的能量密度和偶极子磁场相等关系，在行星的半径 r_p 中测量得到阿尔芬面的赤道半径 r_A 的表达式，或磁盘的内半径 R_{D2} ，其关系式为

$$r_A = \frac{R_{D2}}{r_p} = \left(\frac{2\pi R_A^3\delta\theta B_{d0}^2}{\mu_0\omega_p\gamma(\mathrm{d}M_p^{th}/\mathrm{d}t)}\right)^{1/6} \tag{10.10}$$

式中：$r_A = R_A/r_p$ 为无量纲阿尔芬半径；$B_{d0} = B_d(r = r_p, z = 0)$ 为赤道面内行星表面的行星偶极磁场。在式（10.10）中，认为 $M_d = B_{d0}r_p^3$ 。

这里忽略了逃逸上层大气物质的部分电离。它与近来在近轨道巨型行星的上层大气结构的超高层气流物理学计算结果一致（Yelle, 2004; García Mu^noz, 2007; Koskinen 等, 2010），即大气成分的主要光化学过程一致，且在高度 $3r_p$ 之上的膨胀物质几乎都被离化，其中，离子数和中性粒子的数量比约为 10（Yelle, 2004）。系数 γ 反映了一个事实：并不是所有的逃逸和离子化物质均对磁盘的产生有贡献，只有部分等离子体流沿着磁场线流失。由于逃逸等离子体的移动大多数沿着磁场线发生，则可以假设逃逸物质通量与磁场通量成比例。穿过高于行星半径 r_p 的赤道平面的非干扰磁偶极场的总通量为

$$F_0 = \int_0^{2\pi}\left\{\int_{r_p}^{\infty} B_z(r, z = 0)r\mathrm{d}r\right\}\mathrm{d}\varphi = 2\pi\int_{r_p}^{\infty}(B_{d0}r_p^3/r^3)r\mathrm{d}r = 2\pi B_{d0}r_p^2$$

那么，阿尔芬半径之外的偶极场通量可部分的以相同方式限定，为 $(r_p/R_A)F_0$ 。根据抛物面磁层模型的计算，该通量可以分为穿过磁盘的磁通量和到达外磁

层中的开放磁场线通量两个相等部分。因此，一部分等离子体流的沿开口磁场线损耗，将不再参与磁盘的形成，是总逃逸离子化物质流 $\left(\frac{dM_p^{th}}{dt}\right)$ 的 $(2r_A)^{-1}$ 。正如图 10.7 中所看到的，$2R_A \gg 1$ ，忽略开放磁场线物质通量是合理的，此时，$\gamma = 1$ 。这将可以得到阿尔芬表面赤道半径 r_A ：

$$r_A{}^5 = \frac{4\pi\delta\theta B_{d0}^2 r_p}{\mu_0\omega_p(dM_p^{th}/dt)} \tag{10.11}$$

图 10.7 给出了作为一个行星的热质量损失函数式（10.11）的求解过程，假设 $V_{esc} \approx V_{cor} = \omega_p r_A r_p$ 是阿尔芬表面的共转速度。这个假设是符合对于在确定性缘由下，阿尔芬表面之外的外流物质有一个主导型离心驱动自然特性。这当然是一种理想化的假设，在考虑热木星的等离子体和磁场参数的一些不确定性后，仍可以进行一个适当的简化。其他关于支持这种方法的讨论是与太阳系的木星进行类比，通过航天器探测数据表明，在木星阿尔芬面的半径 $R_{AJ} \sim 20R_J$ 之外将发生亚共转物质的外流。特别的，根据伽利略探测器的测量，$r > R_{AJ}$ 的等离子体速度模量有时变化很大，但其在 R_{AJ} 附近的平均速度仍将接近 200km/s（在 20 R_J 处的共转速度）。这样，等离子体速度的方位角分量随着距离的变化以 $1/r^2$ 的关系下降。这是典型的动量守恒下的自由物质外流的情况。类似的结果在大距离情况下也可由 Hill 模型获得（Hill，1979）。

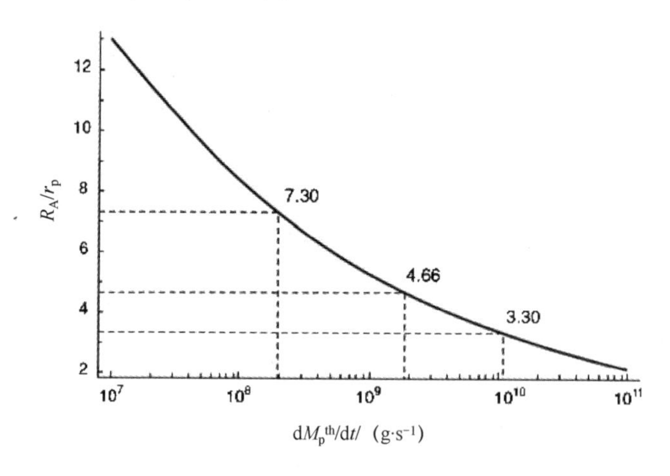

图 10.7　热木星赤道无量纲阿尔芬表面半径 r_A 与质量损失的关系

（Khodachenko 等，2012）

正如在图 10.7 中看到的，轨道距离在 0.045 ~0.3AU 的木星类行星，与其质量损失相对应的 R_A 值范围为 $3.3r_p \sim 7.3r_p$ ，该数值足够大，在利用式（10.11）时可以忽略 R_A 的 γ 因子。换句话说，沿着开口磁场线的等离子体损失并不会对

所考虑区域参数的磁盘质量负载总值产生较强影响。逃逸物质中的中性成分的效应也并不强。因此，可以采用

$$\gamma = 0.9\left(1 - \frac{1}{2r_A}\right) \approx 0.9 \approx 1$$

这在评估 R_A 的过程中不会产生较大偏差时，可用于对热木星 R_A 值的快速估计。利用式（10.11）得到的精确结果和利用式（10.12）得到的粗略估算结果之间即使存在误差，该误差也不会超过行星磁偶极矩几个百分比（3% ~6%），对特定 ω_p 的幂 k，可以写为

$$\frac{B_{d0}}{B_{d0J}} = \frac{\omega_p^k}{\omega_J^k}$$

式中：B_{d0J} 为赤道面中的行星表面的磁偶极场。

那么，对热木星和太阳系木星，利用评估式（10.12）并假设一个相似的磁盘几何参数（如 $\delta\theta$），可得

$$\frac{R_A}{R_{AJ}} = \left(\frac{\omega_J}{\omega_p}\right)^{(2k-1)/5} \left(\frac{dM_J/dt}{dM_p^{th}/dt}\right)^{1/5} \tag{10.12}$$

注意，在 $k = 1/2$ 时，利用 Stevenson（1983）的行星磁偶极缩放模型，根据式（10.12），R_A/R_{AJ} 只被质损速率所控制，而与行星角速度无关。

10.4　本章小结

基于地球和其他太阳系的磁性行星所构建的一般抛物面磁层模型（Alexeev, 1986）可用于系外行星研究（khodachenko 等，2012）。我们认为必须通过引入一个表征耀斑的新参数 s 来考虑磁层顶的形状变化。较高的太阳风等离子体电导率将阻止由内部磁层源磁场渗透进入磁鞘。已经给出更准确地计算行星偶极屏蔽磁层顶电流电场的方法，能够更有效地利用所提出的模型。

基于抛物面磁层模型的概念，在当前的研究中介绍了一个更完善的系外行星磁层的概念，应用于一个不断扩展和向外流动氢气的近轨道热木星。抛物面磁层模型的优势在于持续考虑整个磁层各种电流系统和磁场源。在系外行星物理中，特别重要的是相对于模拟对象的抛物面磁层模型的灵活运用，并可能将其应用于不同类型的系外行星的磁层重建。抛物面磁层模型已成功应用于太阳系行星的磁层研究，与航天器原位探测结果具有良好的一致性。然而，目前的工作是第一次将该模型应用于太阳系外行星。

本章考虑的热木星磁层的关键元素和主要细节包括磁盘区的存在，其起源于膨胀和一个近轨道巨大行星的扩展、逃逸大气物质，即显著地与质量损失有关。

逃逸的气体被恒星辐射所电离，并有助于建立一个围绕行星的磁盘。行星磁偶极子的旋转（即使很慢）对磁盘的形成起到重要的作用。

考虑的磁盘区假设位于阿尔芬面的外部，在其中实现了行星偶极磁场能量与共旋转等离子体动能相等。在此表面外，行星的旋转磁场并不能驱动赤道等离子体刚性共旋转，外流子共旋转等离子体通过创建一个薄的赤道电流盘片改变了磁场的拓扑结构。以热木星的热失重作为赤道等离子盘的物质来源，则要求粒子的逃逸高度小于磁盘的内半径。考虑到对近轨道热木星 HD209458b（Koskinen 等，2010）的上热层边界的最近评估，这种假设是接近真实状况的，这样得到的磁盘内半径约为行星半径的 3 倍。在这个高度上，HD209458b 的大气层大部分是被电离的。总之，热木星的热失重过程在磁盘区的建立和磁层的形成过程中起着重要的作用（作为主要的物质来源）。由于恒星风对离子的加速（见第 7 章），扩张的星冕环的产物，超热原子和高能中性氢原子（第 4、6 和 11 章）的产生，都对近轨道热木星的质量损失起到重要作用。系外行星磁层的实际尺寸和形状的信息对这些质量损失过程的效率有着非常大的影响。

Ip 等（2004）（极度接近恒星轨道情况，无冲击）和 Preusse 等（2007）利用电阻 MHD 方法对恒星风与热木星的相互作用进行了数值模拟。Lipatov 等（2005）、Johansson 等（2009）在混合码和漂移动力学近似的基础上，利用混合码对中等近轨道无磁类地系外行星的诱导磁层的形成进行了模拟。然而，在这些数值研究中，行星障被用作球状边界，此处，零粒子速度与恒定密度以及指定粒子移除和产生机制一起用于表面吸收和大气膨胀的建模。因此，旋转行星内磁场效应和相应的周围等离子体动力学，包括行星磁盘的形成并不适用这些模型。

图 10.8 给出了利用星下点压力平衡条件模拟的磁层结构。在磁层顶内部，总磁场的压力是由屏蔽磁偶极子、磁盘、磁尾磁盘等离子压力（PMP）联合产生。PMM 提供了一种自适应方法来计算行星磁层中的三维磁场结构，基于星下点总磁场的估值来确定 R_{ss}，包括所有上面提到过的模型（如磁盘、磁尾和磁层顶电流）组元的贡献。对一个在不同距离处围绕类太阳恒星旋转的木星类行星，其热木星磁层的 ZX 面的磁场线视图如图 10.8 所示。

已经进行的模拟清楚地表明：与太阳系行星（木星除外）磁层为偶极子占主导相比，一个磁盘占磁层主动地位的系外近轨道区巨行星，磁盘可以显著的改变其磁圈特征。在这个意义上，磁盘为主的磁层，典型的是具有较强质量损失的近轨道热木星，看起来是一个太阳系所未知的新型行星磁层，需要对其进一步调查。与简单偶极子类型情况相比，利用抛物面磁层模型预示的热木星磁层实际结构尺寸可能要大 40% ~70%（Khodachenko，2012）。

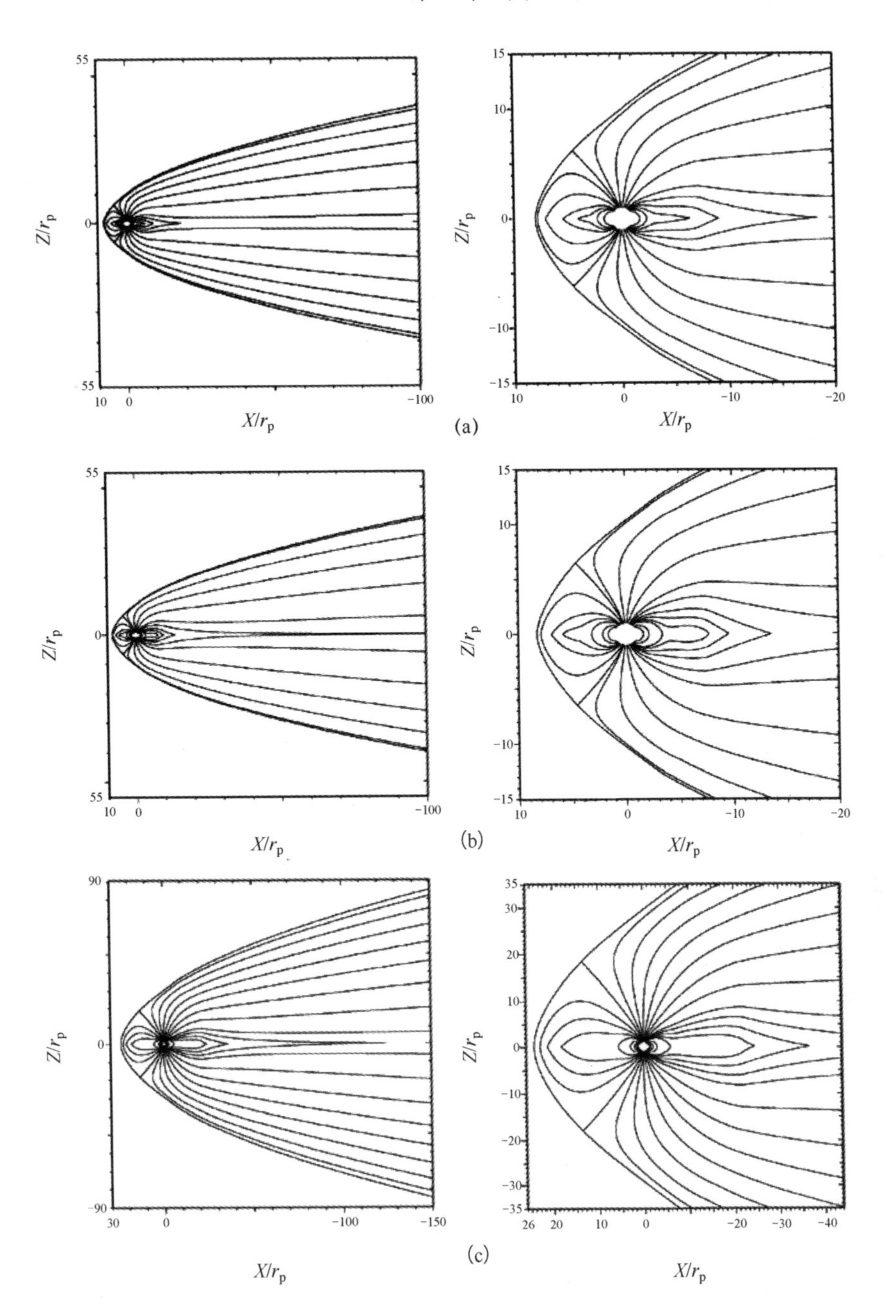

图 10.8 围绕类太阳的 G 型恒星在不同距离轨道上的木星类行星（$M_p = M_J$，$r_p = R_J$）的热木星磁层 ZX 面（$y=0$）的磁场线（左边给出了放大图）（Knodachenko 等，2012）

（a）0.045AU；（b）0.1AU；（c）0.3AU。

注：大气质损，$\dot{M}$ 为 10000kt/s、1800kt/s、184kt/s。在星下点的磁层顶基准距距离，R_{ss} 为 $8.0r_p$、$8.27r_p$、$24.2r_p$；磁层的尾区尺寸，L_n 为 $71.8r_p$、$74.2r_p$、$217.0r_p$。

参考文献

Alexeev, I. I. , & Shabansky, V. P. (1972). *Planetary and Space Science*, *20*, 117.

Alexeev, I. I. (1978). *Gemagnetizm i Aeronomiya*, *18* (in Russian); *Geomagnetism and Aeronomy*, *18*, 447 (in English).

Alexeev, I. I. , Kropotkin, A. P. , & Veselovsky, I. S. (1982). *Solar Physics*, *79*, 385.

Alexeev, I. I. (1986). *Journal of Geomagnetism and Geoelectricity*, *38*, 1199.

Alexeev, I. I. , & Kalegaev, V. V. (1995). *Journal of Geophysical Research*, *100*, 267.

Alexeev, I. I. , & Bobrovnikov, S. Y. (1997). *Geomagnetizm i Aeronomiya*, *37*(6), 24.

Alexeev, I. I. , Belenkaya, E. S. , & Sibeck, D. G. (1998), *Geomagnetizm i Aeronomiya*, *38*(1),9.

Alexeev, I. I. , Sibeck, D. G. , & Bobrovnikov, S. Y. (1998). *Journal of Geophysical Research*, *103*(A4), 6675.

Alexeev, I. I. , Belenkaya, E. S. , Bobrovnikov, S. Y. , & Kalegaev, V. V. (2003). *Space Science Reviews*, *107*, 7.

Alexeev, I. I. , & Belenkaya, E. S. (2005). *Annals of Geophysics*, *23*, 809.

Alexeev, I. I. , Kalegaev, V. V. , Belenkaya, E. S. , Bobrovnikov, S. Y. , Bunce, E. J. , Cowley, S. W. H. , & Nichols J. D. (2006). *Geophysical Research Letters*, *33*, L08101.

Alexeev, I. I. , Belenkaya, E. S. , Slavin, J. A. , Korth, H. , Erson, B. J. , Baker, D. N. , Boardsen, S. A. , Johnson, C. L. , Purucker, M. E. , Sarantos, M. , & Solomon, S. C. (2010). *Icarus*, *209*, 23.

Alexeev, I. I. , Belenkaya, E. S. , Bobrovnikov, S. Y. , Slavin, & J. A. , Sarantos, M. (2008). *Journal of Geophysical Research* , *113*, A12210.

Arridge, C. S. , Achilleos, N. , Dougherty, M. K. , Khurana, K. K. , Russell, C. T. (2006). *Journal of Geophysical Research*, *111*, A11227.

Belenkaya, E. S. (2004). *Planetary and Space Science*, *52*, 499.

Belenkaya, E. S. , Bobrovnikov, S. Y. , Alexeev, I. I. , Kalegaev, V. V. , & Cowley, S. W. H. (2005). *Planetary and Space Science*, *53*, 863.

Belenkaya, E. S. , Alexeev, I. I. , Kalegaev, V. V. , & Blokhina, M. S. (2006). *Annals of Geophysics*, *24*, 1145.

Belenkaya, E. S. , Cowley, S. W. H. , & Alexeev, I. I. (2006). *Annals of Geophysics*, *24*, 1649.

Chapman, S. , & Ferraro, V. C. A. (1931). *Journal of Geophysical Research* , *36*, 77.

Coroniti, F. V. , & Kennel, C. F. (1977). *Geophysical Research Letters*, *4*, 211.

Cowley, S. W. H. , & Bunce, E. J. (2003). *Planetary and Space Science*, *51*, 57.

Fairfield, D. H. (1971). *Journal of Geophysical Research*, *76*, 6700.

Fossati, L. , Haswell, C. A. , Linsky, J. L. , & Kislyakova, K. G. (2014). H. Lammer & M. L. Khodachenko (Eds.), *Characterizing stellar exoplanetary environments* (pp. 59). Heidelberg/ New York: Springer.

García Muñoz, A. (2007). *Planetary and Space Science*, *55*, 1426.

Greene, J. M., & Miller, R. L. (1994). *Planetary and Space Science*, *42*, 895.

Grießmeier, J.-M. (2014). H. Lammer & M. L. Khodachenko (Eds.), *Characterizing stellar exoplanetary environments* (pp. 213). Heidelberg/New York: Springer.

Herbert, F. (2009). *Journal of Geophysical Research*, *114*, A11206.

Hill, T. W. (1979). *Journal of Geophysical Research*, *84*, 6554.

Huddleston, D. E., Russel, C. T., Kivelson, M. G., Khurana, K. K., & Bennet, L. (1998). *Journal of Geophysical Research*, *103*, 20075.

Ip, W.-H., Kopp, A., & Hu, J.-H. (2004). *Astrophysical Journal*, *602*, L53. Johansson, E. P. G., Bagdonat, T., & Motschmann, U. (2009). *Astronomy and Astrophysics*, *496*, 869.

Joy, S. P., Kivelson, M. G., Walker, R. J., Khurana, K. K., Russell, C. T., & Ogino, T. (2002). *Journal of Geophysical Research*, *107*, 1309.

Johnson, C. L., Purucker, M. E., Korth, H., Erson, B. J., Winslow, R. M., Al Asad, M. M. H., Slavin, J. A., Alexeev, I. I., Phillips, R. J., Zuber, M. T., & Solomon, S. C. (2012). *Journal of Geophysical Research*, *117*, E00L14.

Kanani, S. J., Arridge, C. S., Jones, G. H., Fazakerley, A. N., Mcrews, H. J., Sergis, N., Krimigis, S. M., Dougherty, M. K., Coates, A. J., Young, D. T., Hansen, K. C., & Krupp, N. (2010). *Journalof Geophysical Research*, *115*, A06207.

Kislyakova, K. G., Holmström, M., Lammer, H., & Erkaev, N. V. (2014). H. Lammer, & M. L. Khodachenko (Eds.), *Characterizing stellar exoplanetary environments* (pp. 137). Heidelberg/New York: Springer.

Kivelson, M. G., & Southwood, D. J. (2003). *Planetary and Space Science*, *51*, 891.

Khodachenko, M. L., Alexeev, I., Belenkaya, E., Lammer, H., Grießmeier, J.-M., Leitzinger, M., Odert, P., Zaqarashvili, T., & Rucker, H. O. (2012). *Astrophysical Journal*, *744* (70), 16pp

Landau, L. D., & Lifshitz E. M. (1966). Fluid Mechanics (Volume 6 of Course of Theoretical Physics, 3rd rev. English ed., Chapter 13, paragraph 114, p 458, Eq. (114.1)). Oxford: Pergamon Press.

Landau, L. D. & Lifshitz E. M. (1966). Fluid Mechanics, Third revised English edition (Volume 6 of Course of Theoretical Physics) Pergamon Press.

Lipatov, A. S., Motschmann, U., Bagdonat, T., & Grießmeier, J.-M. (2005). *Planetary and Space Science*, *53*, 423.

Mestel, L. (1968). *Monthly Notices of the Royal Astronomical Society*, *138*, 359.

Preusse, S., Kopp, A., Büchner, J., & Motschmann, U. (2007). *Planetary and Space Science*, *55*, 589.

Russell, C. T. (1977). *Geophysical Research Letters*, *4*, 387.

Shematovich, V. I., Bisikalo, D. V., & Dmitry, E. I. (2014). H. Lammer & M. L. Khodachenko (Eds.), *Characterizing stellar exoplanetary environments* (pp. 105). Heidelberg/New York: Springer.

Shue, J.-H., Song, P., Russell, C. T., Steinberg, J. T., Chao, J. K., Zastenker, G., Vaisberg, O. L., Kokubun, S., Singer, H. J., Detman, T. R., & Kawano, H. (1998). *Journal of Geophysical Research*, *103*, 17961.

Slavin, J. A., & Holzer, R. E. (1979). *Journal of Geophysical Research*, *84*, 2076.

Slavin, J. A., Smith, E. J., Spreiter, J. R., & Stahara, S. S. (1985). *Journal of Geophysical Research*, *90*, 6275.

Slavin, J. A., Acuña, M. H., Erson, B. J., Baker, D. N., Benna, M., Boardsen, S. A., Gloeckler, G., Gold, R. E., Ho, G. C., Korth, H., Krimigis, S. M., McNutt, R. L., Raines, J. M., Sarantos, M., Schriver, D., Solomon, S. C., Trávníˇcek, P., & Zurbuchen, T. H. (2009). *Science*, *324*, 606.

Spreiter, J. R., Summers, A. L., & Alksne, A. Y. (1966). Hydromagnetic flow around the magnetosphere. Planetary and Space Science, 14, 223.

Stevenson, D. J. (1983). *Reports on Progress in Physics*, *46*, 555.

Vasyliunas, V. M. (1983). A. J. Dessler (Ed.) *Physics of the jovian magnetosphere* (p. 395). Cambridge: Cambridge University Press.

Yelle, R. V. (2004). *Icarus*, *170*, 167.

第 11 章　系外行星磁场的探测方法和实用性

类似于太阳系行星，大部分系外行星也应该存在一个由内部产生的固有磁场。行星磁场会对行星多个物理过程产生影响，因此，存在磁场的行星与不存在磁场的行星在运行状态、演化过程等方面存在差异，从而产生行星的多样性。然而，很难找到此类磁场的明确的观测证据，目前尚没有获得明确的探测数据。在过去几年里，提出了可以远距离探测系外行星磁场的许多方法，甚至一些方法可以定量探测系外行星磁场的强度。本章介绍行星磁场改变行星演化过程的不同作用方式，并回顾各种磁场探测方法。通过对比这些方法，评定出最具潜力的用于未来系外行星磁场探测的方法。

11.1　引言：行星磁场

在太阳系中，除了金星外其他行星都存在或者曾经存在由其内部产生的磁场。对于系外行星情况是类似的，多数也应存在一个本征磁场。但是，对于系外行星的观测经验表明，将太阳系的结果类推到系外行星的方法必须谨慎使用，行星本质上可能是多样化的。有大量分析系外行星磁场的理论，有些甚至获得了惊人的结论。然而，如果验证这些理论，必须获得实验探测数据。由于磁场可以通过多种方式影响行星的状态以及演化过程，因此，进行系外行星磁场探测实际上是可以实现的。磁场对行星的影响有的不明显、不直接，但是其他影响可以直接观测。目前，还没有明确证明系外行星磁场存在的单一测量结果，但提出了远距离探测这些磁场的许多方法，某些情况下甚至可以给出磁场的量值。

本章研究为什么探测和怎么探测两个系外行星磁场相关的问题。为回答这些问题，本章讨论磁场改变行星状态以及演化过程的可能方式。对于每一种相互作用方式，将需要回答以下问题：

（1）相互作用是否产生明显的效应，该作用是否被其他效应掩盖，只有存在明显效应时，相互作用的通道才能用于研究系外行星磁场。

（2）无行星磁场时是否存在相同的相互作用，只有排除了否定结果时，相互作用的通道才能用于定性研究系外行星磁场。

（3）即使没有相互作用是否也会存在磁场的情况，只有排除了否定结果时，相互作用的通道才能用于确定行星是否是无磁场的。

由此可见，不是所有存在可探测标志的效应都适用于磁场探测，这并不是说磁场对于该效应的影响小、不重要，而仅仅是意味着该效应不能直接用于磁场探测。

11.2 节将研究行星磁场对气态巨行星的作用方式，11.3 节研究类地行星，11.4 节将对所有相互作用方式进行对比分析。

11.2 磁场对气态巨行星的效应

11.2.1 气态巨行星：超级耀斑

在正常的 F 和 G 等级或非常接近的主星序恒星（Schaefer 等，2000）上，观测到过非常巨大的耀斑（能量达最大的太阳耀斑的 10^7 倍）。Rubenstein 和 Schaefer（2000）认为，超级耀斑是由恒星与磁化热木星间的磁场相互作用而产生的。宿主恒星与行星间磁场纠缠可以导致大规模磁重联事件，因而产生超级耀斑。第一个定量估算这种相互作用的 Cuntz 等（2000）发现，这种相互作用的强度与行星磁场强度成比例。随后 Cuntz 和 Shkolnik（2000）进一步提出这种磁相互作用的探测可证实系外行星磁层和动态活动的存在。数值仿真分析证实了磁重联能够提供巨大能量并产生超级耀斑。

Lanza（2009）提出了由邻近行星引发恒星巨大耀斑爆发的更详细模型。作者证明了恒星星冕磁场与行星磁场间的磁重联并不足以引发超级耀斑，而应是由另一种相互作用机制造成的。在这一模型中，热木星可以通过提升磁螺旋的耗散来增加磁螺旋，从而触发恒星星冕层中额外磁场能量的释放。但是，即使行星磁场可忽略，行星导电内壳电流也可以导致能量耗散。

Pillitteri 等（2010）在 HD189733 星系观测到一个大耀斑，似乎来自相对子行星点成 75°～78°的活跃区域。耀斑尺度与恒星半径相当。他们的发现与 MHD 模型（假设行星磁场强度是木星的 1/2）结果符合得很好。但是这一结论只是基于 2009 年一次观测结果，并不能完全确定该结论是否正确。

Kepler 卫星收集了大量光曲线，丰富了观测数据库。目前共观测到 279G 白矮星的 1547 次超级耀斑（Maehara 等，2012；Shibayama 等，2013）。根据 Schaefer 等（2000）的研究结果，观测到超级耀斑的恒星并不存在热木行星。这说明超级耀斑爆发与系外行星几乎没有关系。

结论：近期 Kepler 卫星观测数据表明，超级耀斑与磁化系外行星没有关系。

11.2.2 气态巨行星：行星迁移

研究认为巨行星磁场对新行星的迁移有着重要影响。利用 Weber Davis 恒星风模型（Weber 和 Davis，1967），Lovelace 等（2008）研究了磁化恒星风的方位角全压力对行星的影响。根据行星轨道速度与恒星转动角速度比值，这种撞击压力既可以提高行星角动量又可以降低行星角动量。换言之，行星轨道如果超过临界距离，恒星风将推远行星；如果行星轨道在临界距离内，则恒星风会拉近行星。这种行星迁移的时间尺度与行星有效横截面（如果无磁场，则为行星半径；否则，为磁层顶半径）成反比关系。相应地，磁层顶半径依赖于行星磁场。对表面磁场为 100Gs（木星表面最大磁场约 16Gs）的行星，这种效应相关的迁移时间尺度在 2～20M/r 量级。

Vidotto 等（2009，2010）研究了相同的效应，但是研究对象是弱化的 T 天牛座恒星。Vidotto 等（2009）分析了恒星磁偶极子与恒星旋转轴对齐的情况。他们利用弱场下的恒星风模型，发现了比 Lovelace 等（2008）的结果更大的时间尺度。Vidotto 等（2010）进一步研究了倾斜恒星磁层的情况。当磁场倾斜 30°时，迁移的时间尺度会降低 1/2。此外，即使对于极区表面磁场达到 100Gs 的行星，迁移时间尺度也比由其他过程（如原行星与星盘间的相互作用）产生的更大，因此行星磁场对其迁移过程的影响效应并不是起主导作用。

结论：其他效应可能在行星磁场对行星迁移历史影响中占支配地位。

11.2.3　气态巨行星：H_3^+ 辐射

H_3^+ 分子的红外辐射是木星热层主要的冷却机制。对于热木星，附近恒星的额外加热作用导致了更强的冷却作用，因此，H_3^+ 离子红外辐射强度在数量级上应比木星更大。美国航空航天局红外太空望远镜对此进行了观测，但是没有探测到辐射（Shkolnik 等，2006）。

研究认为，在行星磁场下，H_3^+ 离子红外辐射会被改变。磁场将沉降电子引向两极。这种增强作用原则上可以非常大（Shkolnik 等（2006）认为高出几个数量级）。但是，由于观测不能分辨行星星盘，这种分布是难以察觉的。至今尚不清楚星盘整体的 H_3^+ 离子信号是否受行星磁场影响以及影响程度有多大。同时，大气成分和结构也会影响 H_3^+ 信号的强度。因此，在磁场下确认 H_3^+ 辐射可能会出现假阳性和假阴性。

结论：H_3^+ 离子的红外辐射受行星磁场影响。空间分布也可能被改变，但是这一点很难测量。原则上，辐射强度可以被修正，但是需要仔细的理论研究以避免不同效应对结果的混淆。

11.2.4　气态巨行星：行星质损

热木星可以通过临近的宿主恒星进行表征。因此，热木星的大气会被恒星强烈地加热，导致大气膨胀到数倍行星半径（Lammer 等，2003，2009）。这会导致大气中的中性原子以及离化物质脱离而造成行星大气质量损失。在某些情况下，行星大气甚至能膨胀到洛希瓣。这种极度大气膨胀现象在新寄主恒星附件轨道的热木星上更容易发生，这是由于行星大气会受到恒星强 X 射线以及极紫外射线的强烈加热作用而扩展更多（Lammer 等，2003；Grieβmeier 等，2004；Ribas 等，2004）（也可参见第 1 章（Linsky 和 Güudel，2014））。同时，新恒星的恒星风密度更高、速度更快（Wood 等，2002；Wood，2007；Grieβmeier 等，2004；Wood 等，2005a，b；Wood，2006；Grieβmeier 等，2007a，b；Holtzwarth 和 Jardine，2007；Wood 和 Linsky，2010）（也可参见第 2 章（Wood 等，2014）），恒星有更为活跃的星冕物质抛射活动（Grieβmeier 等，2007a；Khodachenko 等，2007a）。综合这些因素，热木星会被恒星风和恒星星冕物质抛射物质强烈的冲蚀，特别是当恒星风或者恒星星冕物质抛射物可以到达扩张后的大气层时，这种作用更为严重。然而，如果行星被强的行星磁场所屏蔽，这种增强的粒子损失可能会减少。

行星磁场对行星质损的影响最早由 Grieβmeier 等（2004）开始研究。他们发现，当恒星风可以将磁层挤压到外层大气时，新恒星辐射的恒星风以及极紫外光子通量可以通过流体动力学膨胀导致巨大的质量损失。还有一部分质损是由于离子的提取作用造成的。大气被恒星星冕物质抛射造成的冲蚀是由 Khodachenko 等（2007a）最早研究的。

通过更详细的能量限制的质损计算以及理想加热过程有效因子分析，Lammer 等（2009）发现：在行星与普通恒星风或平均 CME 相互作用时，非热恒星等离子体导致的 H^+ 对弱磁化热木星的加速冲蚀在行星整个演化时间尺度上可以忽略。在行星的生命周期里，累积质损约小于行星总质量的 12.5%。但是，高速星冕物质抛射可以导致较快的非热逃逸速率。

行星磁场不仅可以屏蔽恒星风远离行星大气，还可以改变行星大气外流的拓扑结构并引导气流。根据 Adams（2011）的研究结果，如果行星附近的磁场强度高于 1Gs，磁场就会主导大气流动。在这种情况下，大气流动模型几何结构受磁场结构决定，质损速率会大大降低（Adams，2011）。对典型情况，他们发现行星表面只有 10% 的区域可以大气外流，质量损失降低到 1/3。

Lammer 等（2009）提出，对于巨行星，除非它与宿主恒星距离太近，否则即使不存在固有磁场，其大气也会受到感应磁场的部分保护。更为重要的是，在弱磁场屏蔽的情况下，增强粒子损失会导致星磁盘扩展，而扩展的星磁盘又会提供更好的防护来减轻恒星风以及星冕物质抛射对大气层的冲蚀（Khodachenko 等，2012a）。大量热木星行星观测数据表明，热木星可以在极端的条件下存在，如果没有保护作用是不可能的，这就证实了以上观点（Khodachenko 等，2012b）。这些行星有可能受到比以前预计更好的保护，但是这种保护是源于磁盘作用还是由于强本征磁场作用尚未可知。不管哪种情况，过去认为热木星没有磁场保护的假设是不现实的。

结论：现在人们对于热木星有无磁场防护的认识与过去有很大不同。弱磁场到中等强度磁场对行星质损速率的形象仍需要详细研究。在大部分情况下，质损与行星整体质量相比非常小，即使在行星整个生命周期内，这种质损也只是行星质量的极小一部分。如果行星的宿主恒星时常爆发强星冕物质抛射事件，则有可能存在不一样的现象。

11.2.5　气态巨行星：色球发射

行星与宿主恒星间磁场相互作用除可能引发超级耀斑外，Cuntz 和 Shkolnik（2000）还认为这种相互作用会导致为色球和星冕提供额外加热的非辐射能量增加，这会导致可探测的色球发射。

观测数据的首次研究利用了 Ca Ⅱ在 8662Å 处的红外三重谱线。人们观测了 7 个有行星的宿主恒星，但是没有在恒星色球发射中寻找到任何行星存在的证据（Saar 和 Cuntz，2001）。后续对 Ca Ⅱ H 和 K 在 3933Å 和 3968Å 处的光学共振谱线的观测更为成功，发现因受附近行星影响，HD 179949（Shkdnik 等，2003，2004）、νAnd（Shkolnik 等，2005）、τBoote 星（Walker 等，2008；Shkolnik 等，2008）以及 HD 189733 恒星（Shkolnik 等，2008）的色球有 1% ~2% 的变化。这些观测结果给出了每个行星轨道上最大点和恒星色球层的热点，在相位上分别领先于计算的行星通过点（子行星点）0.17 和 0.47，前置角分别为 60°和 169°。非零前置角的存在是合理的，因为恒星与行星间的磁力线不是直的而是弯曲的。后来对 HD 179949 和 νAnd 星的观测没有发现之前探测到的色球发射，说明色球发射是不定时的，并不是所有时间都发生（Shkolnik 等，2008）。Miller 等（2012）发现 WASP-18 星没有色球发射迹象。这引起人们的极大关注，因为这颗恒星是已知最极端的目标之一（其质量是木星 10 倍的行星，但轨道周期不到 1d）。但是，该恒星上没有观察到色球发射现象可以有其他原因解释：Miller 等（2012）认为色球发射是短暂性；Shkonik（2013）认为是由于恒星的弱磁场导致没有色球发射现象；Guenther 和 Geier（2014）认为根据这次色球没有发射现象，应该质疑以前观测结果。Guenther 和 Geier（2014）在第 9 章综述了不同的观测结果，并对这些结果进行了统计分析。

目前观测到的色球加热现象产生的确切机理还没有定论。现在提出了两种主要的机理模型，但每种都不能排除另一种来完全解释热球加热现象。在第一种模型中，恒星和星星都被磁化。依据磁场的方向，恒星和行星间磁力线会发生磁重联（Ip 等，2004），从而产生热等离子体。热等离子体沿着磁力线运行到恒星色球表面，为色球提供了额外的热量来源。如果这一想法是正确的，那么必然存在一个可以观察到的系外磁层（Cuntz 和 Shkolnik，2000）。

Saar 等（2004）首先提出可能存在另一种模型解释。这种模型认为，无磁化的行星就像木卫一一样是单极性磁感应体，同样会产生磁重联。有观察数据表明，色球发射源在接近恒星表面处，因此单极性磁感应体也有可能导致色球加热

(Saar 等，2004)。作者表明，观测到的色球热点和子行星点间的相位偏移利用单极性磁感应体模型很难解释。在后续研究中解决了这一困难：在这一模型的更详细版本中，使用解析阿尔芬翼模型（Preusse 等，2006）替换了单极性磁感应体模型，这样就可以利用理想恒星风参数解释 Shkolnik 等（2003，2005）观察到的前置角现象。Kopp 等（2011）利用数值仿真更加确定了这一模型的合理性。因此，观察到的磁场相互作用现象并不能作为存在行星偶极子磁场的证据。

结论：恒星的色球发射可由临近行星引发，但该行星并不一定是磁化的。因此，对色球发射变化的观测尝试不应作为系外行星磁场的证据。

11.2.6 气态巨行星：早期凌星入食和弓激波建模

HST/COS 对系外行星 WASP-12b 的凌星现象的观测发现，在入食早期，近紫外波段某一波长与 Mg Ⅱ 共振线中心对应（见第 4（Fossati 等，2014）、8 章（Vidotto 等，2014））。而凌星出食与光转换时间相符，说明在凌星入食时存在额外的 Mg Ⅱ 吸收峰（Fossati 等，2010）。

对应凌星过程入食和出食的不对称性，产生了不同的解释。其中一种解释认为，不对称性是由恒星风与行星（考虑了行星轨道运动）相对运动速度产生的弓激波造成的（Vidotto 等，2010）。Vidotto 等（2010）假设激波共同位于磁层顶，根据磁压力平衡的论点，只考虑恒星磁压（基于恒星磁偶极场）和行星磁压来确定激波位置。这样它们从额外吸收的深度计算了磁层顶的位置（假设其中充满 MgII)，并利用恒星磁层探测值的上限计算了恒星磁压。由此，估算出行星的磁场。弓激波可以揭示凌星早期入食现象的假设已经被蒙特卡罗辐射输运模拟结果定性证实（Llama 等，2011）。但是定量分析依赖于详细的等离子体参数(如成分、密度、温度等)。考虑到预期标志是恒星磁场和恒星太阳风变化时间尺度上的时间变量这一事实，进一步分析表明：与光学曲线相比，凌星持续时间以及入食时间都是可以发生变化的（Llama 等，2013）。因此，连续的近紫外波段凌星光谱线可能会发生显著变化。一方面，标志可以反映出恒星风的结构以及演化过程；另一方面，至少给出了这种多参量问题的定量处理方法。

然而，更大的问题在于其他解释（没有磁化的行星）也是可行的，因此，使用这种方法的行星磁场观测不能排除错误的结果。例如，Fossati 等（2010）推测行星周围弥散着吸收云，吸收云可以充满整个洛希瓣。不对称性产生的原因可能是由于行星前端物质被挤压。Lai 等（2010）提出了不对称性更好的解释模型，他们认为早期入食是由于质量从朗格朗日点向恒星方向移动造成的。

这一设想的有效性也得到了数值仿真的确认，仿真显示堆积的物质也可以产生相同的信号（Bisikalo 等，2013a，2013b）。利用 3D 气体动力学仿真方法，Bisikalo 等给出的结果表明：对于气体充满洛希瓣的行星，外层大气向 $\boldsymbol{L}_1$ 点、$\boldsymbol{L}_2$

点逃逸。这使得行星具有稳态非球性的外壳层（见第 5（Bisikalo 等，2014）、8 章（Vidotto 等，2014））。

弓激波对行星外壳层的加热作用也可以用于估计迁移深度，但是如何分辨无磁化行星的设想与上面描述的弓激波设想尚不清楚。

结论：凌星行星在 NUV 的早期进入被认为是行星磁场存在的标志（见第 8 章 Vidotto 等，2014）。但是定量计算行星磁场需要依靠详细的等离子体参数（如成分、密度、温度等）。更重要的是，其他一些理论解释也是可能的。因此，不能排除错误的结果。

11.2.7　气态巨行星：凌星剖面和拉曼 – α 射线吸收模型

对凌星行星 HD209458b 的观测结果发现，在行星凌星过程中存在恒星拉曼 – α发射的宽吸收带，说明行星大气中存在大量氢原子。观测结果同时揭示了距离行星很远的距离存在高速运动的氢原子。开始人们认为这可能是由流体动力学吹动下从行星大气中逃逸出来的，并被恒星辐射压加速。但是后来 Holmström 等（2008）认为这些原子可能是由于电荷交换而产生的，这一过程会导致能量中性原子的产生。

由于恒星风中的质子是能量中性原子的来源，因此可以通过观察中性原子来探测恒星风的参数。此外，变参量数值模拟可以研究外大气参数以及磁层顶位置对磁力线形状的影响。利用这种方法，Ekenbäck 等（2010）和 Lammer 等（2011）发现，约 40% 木星的行星磁偶极矩可以产生的磁障（磁层顶）可以最完美地解释 HD209458b 在凌星前和凌星中的拉曼 – α 射线吸收现象。由于吸收过程受多个不同参数的影响，这种方法不依赖于单个数据点，而是包含不同速度的粒子特性的信息的大量细致观察信息，这样可打破简并性。

结论：能量中性化原子可能是观测到的 HD209458b 的拉曼 – α 射线吸收的原因。吸收量的大小与磁障位置有关，而磁障是由恒星风与行星磁场强度决定的。该方法在探测行星磁场方面具有很大的潜力。虽然吸收由大量参数确定，但是利用对粒子速度的高分辨探测可以消除这种影响。

11.2.8　气态巨行星：射频电波发射

太阳系所有行星都通过回旋微波激射不稳定的方式向外辐射射频电波（Zarka，1998），辐射最大的是木星。射频辐射模型显示射频频率与本征回旋频率接近。因此，最大的射频频率为

$$f^{\max} = \frac{eB_{\mathrm{p}}^{\max}}{2\pi m_{\mathrm{e}}} \tag{11.1}$$

式中：m_{e}、e 分别为电子的质量和电荷；$B_{\mathrm{p}}^{\max}$ 为极区云团顶部最大磁场强度

(Farrell 等，1998)

由于太阳系其他行星的磁场都比木星弱很多，它们射频辐射的最大频率低于地球电离层的截止频率（约 10MHz）。因此，在地球上无法观测到这些行星的射频辐射。

人们认为，在系外行星上同样存在回旋微波激射不稳定性。由于系外行星与地球距离遥远（距离是太阳系行星到地球距离的 10^5 倍，这导致到达地球的辐射通量要低原来的 $1/10^{10}$），系外行星的辐射密度不可能被探测到，除非存在一种可以明显增强发射的机制。

理论研究表明，行星射频辐射增强机制是真实存在的。可以探测行星射频辐射的第二个条件是，恒星或者行星中必须有足够强的磁场。根据式（11.1），这样行星射频辐射最高频率才可能高于地球电离层截止频率。在满足以上两个条件的情况下，针对辐射强度和截止频率进行了许多理论研究。

11.2.8.1 理论分析

近年来进行了大量系外行星射频发射现象的研究，此处提及的重要结论如下：

（1）在大部分情况下，系外行星的射频发射超过了其宿主恒星的发射(Zarka 等，1997；Grieβmeier 等，2005a)。

（2）即使纯粹的行星射频辐射信号在一定程度上也将受恒星自转的调制(Fares 等，2010)，因此区分射频信号是来源于恒星还是行星变得复杂。

（3）对于某些行星，其射频辐射最大频率与恒星风中等离子体频率在同一个量级。在这种情况下，射频波从源向观测者方向的逃逸是不可能的(Grieβmeier 等，2007b；Hess 和 Zarka，2011)。

（4）对可以由地面探测到的发射，要求是磁化的行星，或者是强磁化的恒星（Zarka 等，2001；Zarka，2006a；Grieβmeier 等，2007b）。

（5）行星磁矩是估算行星射频辐射强度中不受约束但重要的参量。不同的理论研究逐渐形成两种主要分析方法：一种是假设行星磁矩可以利用力平衡计算，则可以得到依赖于行星自转速度的行星磁场（Farrell 等，1998；Grieβmeier 等，2004)；另一种是假设行星磁矩主要由行星核心释放的能通量驱动（Reiners 和 Christensen，2010）。因此认为磁场与行星自转角速度无关。但这种方法计算得到的磁场更强，更适合于对新行星的观测。行星射频辐射可能是区分这两种方法的一种途径。

存在强辐射的情况下，射频辐射强度与源提供的能量有关。能量源(Grieβmeier 等，2007b）主要有以下几种：

（1）太阳风质子撞击磁层顶的动力学能通量（Zarka 等，1997，2001；Farrell 等，1998；Lazio 等，2004；Stevens，2005；Grieβmeier 等，2005a，2007c，2007b)，研究早已表明，这种源是太阳系行星射频辐射的能量源（Desch 和 Kaiser，1984）。

（2）行星际磁场中的磁能通量或者电磁坡印廷通量（Zarka等，2001，2006b，2007；Grieβmeier等，2007b；Jardine和Cameron，2008）。从太阳系获得的数据分析，还不能判断这两个模型哪个更合适，因此，在进行分析时，这两个模型都需要考虑。

（3）单极相互作用，在这种情况下，恒星－行星系统可以看作放大的木星－木卫一系统。只有当恒星具有超强磁场时行星的射频辐射才可能会被探测到（Zarka等，2001，2006b，2007；Grieβmeier等，2007b）。

（4）撞击行星磁层的恒星星冕物质抛射的动能。在此类星冕物质抛射驱动的射频电波活动时期，射频辐射的通量远高于恒星平静期时的通量（Grieβmeier等，2006，2007c，2007b）。

（5）内部有很强等离子体源的行星，其快速自转也是能量源之一（Nichols，2011，2012）。

对于以上所有模型，预期许多行星的射频辐射能量都足够强，频率范围也在现在射电望远镜的探测范围内（图11.1），可以被探测到。

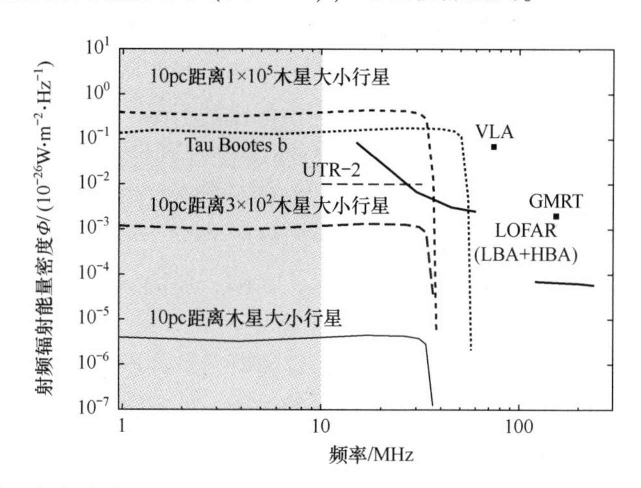

图11.1　行星射频辐射能量通量与现代低频射电望远镜探测极限对比（Grieβmeier等，2011）。
注：当射频辐射能量通量高于设备探测极限时，射频辐射可以被探测到。

进一步有如下结论：

（1）大部分模型更适用于内行星，特别是热木星（Zarka等，2001，2007；Grieβmeier等，2007b，2007c，2011）。但是，对于存在很强内部等离子体源的快速自转行星，即使距离宿主恒星有数个天文单位，它产生的射频辐射仍很强，可以被探测到（Nichols，2011，2012）。

（2）Jardine和Cameron（2008）计算电子的加速过程发现，在宿主恒星磁层内的行星，其射频发射功率存在一个饱和数值，而不是随着与恒星距离的减少而增加。

(3) 由于恒星风的参数与恒星年龄有密切关系，因此行星的射频辐射通量也与其宿主恒星的年龄有关（Stevens，2005；Grieβmeier 等，2005a）。新恒星系的行星与旧恒星系的行星相比，其射频辐射通量要高数个量级。

(4) 同样原因，在地球上探测到的射频辐射通量的不确定度主要受恒星年龄不确定度影响（Grieβmeier 等，2007c），而且不确定度是相当可观的。

(5) 由于射频辐射与太阳风参数相关，因此在分析过程中，必须考虑恒星风速度随轨道距离的变化情况（Grieβmeier 等，2007c）。

(6) Driscoll 和 Olson（2011）研究了类地行星的射频发射。他们认为，需要一个超强磁场（是最乐观估计的 3 倍），行星才有可能发射出高于地球电离层截止频率的射频辐射，并且预计辐射通量非常低。

(7) Hess 和 Zarka（2011）利用仿真方法研究了如何从射频辐射观测结果中提取出恒星 - 行星系统的物理信息。他们指出，利用重复射频辐射观测数据，可以获得相互作用模型（行星诱发恒星辐射与行星射频辐射关系）和轨道倾角等信息。

(8) 人们不仅对主序恒星的行星有极大兴趣，很多其他太阳系外环境也被大量研究，包括白矮星周围的类地行星（Willes 和 Wu，2005）、零龄冷华主序后恒星周围的行星（Ignace 等，2010）以及 T 金牛座恒星周围的行星（Vidotto 等，2010）。Vanhamäki（2011）还研究了星际中漂流的行星。

(9) 理论分析是非常重要的，理论分析不仅可以提前预示射频辐射强度是否足够强可以被地面设备探测到，还可以指导观测程序的制定，挑选最合适的探测目标。以上理论分析结果已经作为系统性对比已知系外行星系统的基准，其中列出了最感兴趣的目标行星（Lazio 等，2004；Grieβmeier 等，2007b，2011；Nichols 2012）。

结论：理论研究表明，预计的行星射频辐射通量接近于目前射电望远镜的探测极限。截止频率可以用来说明行星磁场的强度，进行定量计算。虽然不能排除假隐身的探测结果，但假阳性结果也是不可能的，因此，人们对于探测射频辐射有着极大的动力。

11.2.8.2 探测活动的尝试

除以上理论研究外，也进行了大量观测尝试。令人惊奇的是，对系外行星射频电波辐射的探测至少可追溯到 1977 年（Yantis 等，1986）。截至目前，对系外行星探测共采用了三种不同的策略：

(1) 早期的系外行星射频辐射观测缺乏引导，这是由于当时系外行星还没有被发现或者没有被大量发现。因此，早期的观测主要针对没有行星存在的恒星，如在 Clark Lake（Yantis 等，1986）、VLA（Winglee 等，1986）和 UTR-2（Zarka 等，1997）进行的探测。

（2）在随后的观测中，已经发现大量系外行星系统，因此，这一时期的观察主要选择有已知行星的恒星系作为观测对象。如在 UTR-2（Zarka 等，1997，2011；Rayabov 等，2004）、VLA（Bastian 等，2000；Farrell 等，2003，2004a；Lazio 和 Farrel，2007；Lazio 等，2010a）利用 Guenther 的 Effelsberg 射频望远镜（Grieβmeier 等，2005b）、Mizusawa 望远镜（Shiratori 等，2006）、GMRT（Winterhalter 等，2006；Majid 等，2005；George 和 Stevens，2007；Lecavelier des Etangs 等，2009，2011，2013；Hallinan 等，2013）、GBT（Smith 等，2009）进行的观测。

（3）在某些情况下，主要通过对已整理的档案数据进行分析来寻找地外行星。此类观测利用了 VLA（Lazio 等，2004，2010b）和 GMRT（Sirothia 等，2014）的数据。

在某些情况下，报道了试验性的不确定的探测结果（Smith 等，2009；Lecavelier des Etangs 等，2013；Sirothia 等，2014），但到目前为止，没有得到清晰的探测结果。目前，对不能发现行星射频辐射存在多种解释（Bastian 等，2000；Farrell 等，2004b），因此，不能简单地将无检测结果转换为有意义的上限。同时，在合适频段开展的探测活动时间非常有限，利用超大阵列（VLA）、巨型米波射电望远镜（GMRT）、乌克兰 T 型射电望远镜 2 号（UTR-2）、LOFAR（低频阵列）等以及计划中的探测活动都不足以提供充足的探测时间（Zarka 2011；Grieβmeier 等，2011）。

结论：行星射频发射还没有获得清晰的观测结果。目前，利用多个射电望远镜正在开展观测活动，搜寻系外行星磁场的射频发射信号。

11.3　磁场对类地行星的效应

在本节，我们将对行星磁场对类地行星的演化的影响进行探讨。

11.3.1　类地行星：大气逃逸

与气态巨行星类似（见 11.2.4 节），强磁偶极矩的缺乏对类地行星的大气造成严重威胁。在大气强烈侵蚀的情况下，将会导致其他完美的可居住的世界不再适合居住（见第 7 章；Kislyakova 等，2014）。

11.3.1.1　太阳系目前状况

行星的磁场会使入射的太阳风沿磁力线偏转而保护其大气（见第 10 章；Alexeev 等，2014）。简而言之，太阳风中的粒子被完全偏转而不会与行星大气产生相互作用。在这种情况下，强磁场会大量减少大气逃逸。更为现实的状况是，太阳风中的粒子向两极偏转，其中一部分与行星大气相互作用。在太阳系，通过对金星、地球、火星的观测，可测试简单的直觉能保持多远。这些观测数据的对比表明：目前地球上氧的逃逸速率比金星或者火星低 1 个数量级（Seki 等，2001），这一结果说明了在当前条件下磁场的屏蔽效应。磁场对大气的保护作用至少部分源于粒子的回流：磁层内测量的 O^+ 损失量比极区电离层中 O^+ 的流出量小 1 个量级（Seki 等，2001）。看上去似乎大部分从大气中逃离的离子最后都被回收并重新进入大气系统，这也对大气起到了保护作用。

Driscoll 和 Bercovici（2013）的研究更加确定了行星磁场对现代太阳系状态的重要作用。他们对气体逃逸引入了一个新的限制。磁场的限制与众所周知的能量（或流体动力学）限制逃逸和扩散限制逃逸一起综合作用和竞争。根据这一概念，Driscoll 和 Bercovici（2013）利用数值仿真方法计算了金星类型行星的气体逃逸。他们利用 Kelvin-Helmholtz 不稳定运算方法计算了磁层顶附近离子的损失，对比了有强磁场和无磁场两种情况。结果表明，当不存在强磁场时，金星全部水汽会快速逃逸、损失掉（即使没有恒星演化），这与观测到的情况相符。而具有类地磁场的类似行星，可以在数亿年的演化过程中仍然保留大部分水汽。

11.3.1.2 恒星风

如果对早期的太阳系或者年轻恒星周围的行星进行观测，就会发现其状态与现在看到的太阳系状态有很大不同。主要有以下两个原因。

（1）年轻恒星活动剧烈，与现在的太阳比会产生多得多的 X 射线和极紫外射线（Ribas 等，2004），这会导致恒星强烈的气体膨胀（Lammer 等，2003；Grieβmeier 等，2004；Kulikov 等，2007）。逃逸层底高度升高，可以接近甚至超过行星的轨道半径（见第 7 章）。

（2）年轻恒星的恒星风密度大得多，速度也快得多，可以挤压磁层顶（Grieβmeier 等，2004，2007c，2010）。两种效应综合使得逃逸层高度比现代的地球更接近磁层顶。作为第三个要素，如果行星磁场比较弱，则磁层会非常接近大气层，从而导致大量气体被冲刷掉。

Grieβmeier 等（2010）对恒星风和恒星星冕物质抛射将磁层压缩到的高度区域进行了探索。他们分析了在什么情况下恒星风可以将磁层压缩到大约 1.15 倍地球半径，距离行星地面高度 1000km。这一情况与太阳 XUV 辐射强度比现在高 70 多倍时逃逸层底高度相当，可认为是强大气冲蚀的典型限制（Khodachenko 等，2007b；Lammer 等，2007）。在这些条件下，Grieβmeier 等（2010）发现弱磁行星存在强大气冲蚀现象，特别在恒星年龄小于 0.7Gy 时。

利用大气模型模拟仿真，Kulikov 等（2007）分析了地球、火星、金星在太阳系早期的演化过程。他们计算了大气膨胀外延的程度，发现其逃逸层底的高度与弱磁化行星的磁冷淡距离接近。这表明，磁场对大气层的保护起到重要作用。

他们还发现大气中 CO_2 的含量也起着重要作用。大气中的 CO_2 是高效的制冷剂。在太阳强 XUV 辐射的加热下，CO_2 可以降低逃逸层底的温度，从而抑制大气层的膨胀。当逃逸层底接近行星磁层顶时，这种效应会减少大气剥蚀。根据 Lichtenegger 等（2010）的研究结果，在陆地行星形成早期，其大气层会受益于 CO_2的冷却作用，而主要成份为 N_2 的大气很快会被剥蚀。

结论：即使不存在恒星演化，磁场的存在也会改变金星大气的成分。此外，在宿主恒星演化早期，强磁场似乎对保护行星大气免受强恒星风冲蚀起着至关重要的作用。如果行星大气没有被磁场保护，行星大气层就会很快被完全冲蚀，致使行星不适于居住。

11.3.1.3　恒星星冕物质抛射

与恒星风的效应类似，恒星星冕物质抛射会强烈地压缩行星磁层，使其接近因强烈的恒星 XUV 加热而膨胀的上层大气。在恒星演化早期，恒星星冕物质抛射事件会经常发生，围绕 M 恒星的宜居内行星可能会被准恒定的星冕物质抛射轰击：当行星恒星距离小于 0.1AU 时，所有朝向行星抛射的星冕物质都会对行星产生影响；当距离达到 1AU 时，大约只有 20% 足够强的星冕物质抛射会产生明显的效应（Khodachenko 等，2007b）。

利用离子提取模拟仿真，Lammer 等（2007）计算了行星大气质损与偏转恒星风的障碍物位置的关系。例如，障碍物可能是磁化行星的磁层顶或者无磁化行星的电离层顶。他们发现：在强星冕物质抛射的情况下，类似地球的弱磁化系外行星会经受数量级达几十巴、几百巴甚至几千巴的极高的非热大气质损率。在恒星风冲蚀条件下，大气中 CO_2的含量有着非常重要的作用，它可以作为高效冷却剂。

Khodachenko 等（2007b）和 Grieβmeier 等（2010）对恒星星冕物质抛射将磁层压缩到的高度区域进行了探索。他们研究了在什么情况下恒星风可以将磁层压缩到大约 1.15 倍地球半径，近似距离行星地面高度为 1000km。这一限制可认为是强大气冲蚀的典型限制（Khodachenko 等，2007b；Lammer 等，2007）。对于强的太阳星冕抛射，Grieβmeier 等（2010）发现，M 恒星宜居区域内的所有弱磁行星，其大气层都存在被强大气冲蚀的现象。

结论：强磁场同样在保护内陆地行星大气层免受恒星强星冕物质抛射冲蚀方面起到重要作用，特别是在 CME 频繁的恒星生命早期。如果没有磁场保护，行星大气就可能被完全冲蚀，导致行星不宜居住。

11.3.2　类地行星：对宇宙射线的防护

宇宙空间中充斥着大量高能粒子，称为宇宙射线。幸运的是，宇宙射线不会不受阻碍地到达陆地行星的表面。总的来说，有三种主要防护层来减少粒子通量：星心球（由恒星风粒子通量以及行星际磁场决定）、行星磁层（由行星磁场强度决定）以及行星大气（由行星大气层厚度决定）。由于本综述的目的，因此这里主要介绍行星磁场对宇宙射线的防护效应。特别地，弱磁场会导致大量宇宙射线入射到行星大气层顶，对行星环境造成不同的影响。下面主要分析两种宇宙射线源的防护。

11.3.2.1　银河宇宙射线

银河宇宙射线（GCR）是高能量的粒子，由天体物理源加速形成，其主要产生于超新星残余物（Aharonian 等，2004，2013）。太阳系中来自于所有宇宙源的银河宇宙射线呈现出积分效应，可以认为是各项同性的。穿过星心球后，银河宇宙射线在0.5 ~1GeV 能量范围内存在相当宽的辐射强度峰值（图 11.2）。对银河宇宙射线穿过地外行星磁层的传输进行了数值仿真分析。Grieβmeier 等（2005c）研究了磁场对宇宙射线屏蔽作用对恒星年龄的依赖性，恒星年龄是恒星风参数的决定性参数。Grieβmeier 等（2005c，2009）还研究了行星轨道距离的影响以及潮汐锁定通过对行星磁场的影响而造成的效应。通过估计磁场，Grieβmeier 等（2009）还探讨性地讨论了行星大小和类型的影响。

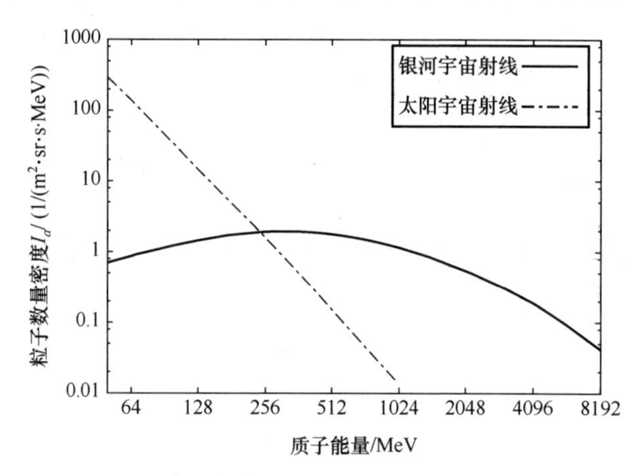

图 11.2　宇宙射线粒子辐射强度随粒子能量关系

Grieβmeier 等（2014a，2014b）采用一种不同的方法系统研究了行星磁场的影响。他们不是利用模型去估计行星磁矩，而是建立了磁场屏蔽作用与行星磁偶极矩的关系。他们评估了磁层对银河宇宙射线的屏蔽作用的效率随射线能量（16 ~ 500GeV）以及行星磁场大小（$0M_{\oplus} \leqslant M \leqslant 10M_{\oplus}$）的变化。这些研究表明，如果没有强磁场，到达行星大气层的银河宇宙射线通量将大大提高（能量小于 256MeV 的粒子数量最多提高 2 个数量级）。

Grenfell 等（2007）和 Grieβmeier 等（2014b）研究了银河宇宙射线通量的这种增强对大气化学性质的改变以及对大气生物特征、生物标志的相关破坏作用。特别是，他们发现高度 40km 处大气中臭氧含量将损失 20%，这一损失利用分光光度计可能很难观察到。Grieβmeier 等（2005c）定量分析了银河宇宙射线的潜在生物效应。Atri 等（2013）和 Griemeier（2014b）对此效应又进行了更定量分析，计算了行星表面的生物剂量率与宇宙射线通量的关系，并评估了行星表面的 UV 辐照强度。

他们发现，在极小磁场情况下行星表面生物吸收剂量率提高了 2 倍。与之相比，发现行星大气对银河宇宙射线的屏蔽相对更有效率（对于稀薄大气层，行星表面的生物剂量率升高了数百倍）。

结论：在银河宇宙射线辐照下，大气层中的臭氧会被损失约 20%，但这种损失程度很难利用分光光谱仪探测到。从生物吸收剂量率分析可知，行星表面处对银河宇宙射线屏蔽起主导作用的是行星大气而不是磁层。

11.3.2.2　恒星宇宙射线

宇宙射线能量粒子的另一个来源是行星的宿主恒星。恒星宇宙射线是伴随着恒星耀斑和星冕物质抛射过程产生的，行星上的恒星宇宙射线的通量是高度各向异性的。与银河宇宙射线相比，恒星宇宙射线通量能谱更为陡峭（图 11.2）。因此，能量在 200MeV 以下时恒星宇宙射线占主导地位；而对更高能量的粒子，其通量与银河宇宙射线相比可以忽略不计。针对无磁化卫星已经研究了恒星宇宙射线对系外行星的效应。Seguar 等（2010）和 Grenfell 等（2012）估算了恒星宇宙射线对大气化学性质的改变以及对生物信号、生物分子结构等的破坏作用。他们发现，在一次强恒星耀斑期间，大气层中的臭氧将被去除超过 90%。Tabataba-Vakili 等（2014）的研究考虑了更新的离子对产生率和正在研究中的 HO_x 化学，结果表明，这种效应被 HO_x 化学部分弥补了。

结论：由于恒星宇宙射线粒子通量很大，对行星大气层产生的潜在影响要强于银河宇宙射线。一次强恒星耀斑就可以对行星大气造成严重影响，改变行星的光谱，不仅仅是完全移除臭氧的谱线。目前，太阳宇宙射线对行星大气改变的程度仍在研究之中。

11.3.3　类地行星：类彗星外逸层

对超级类地内行星的凌星观测，可以获得有关行星磁层的信息（Mura 等，2011）。这个想法是：中性原子如 Na，会被辐射压力直接吹离行星，而离子则会在行星磁层中累积，其运动轨迹是不同的，主要由恒星风相对于行星的速度决定。

基于这一想法，Mura 等（2011）针对 CoRoT-7b 行星利用数值模型模拟了不同辐射粒子通量下外逸层与磁层的分布情况，包括中性钠原子、钙离子、镁离子等。CoRoT-7b 是第一个被发现的超类地行星，它的轨道半径只有 0.017AU，是目前已知的最极端星体之一。由于 CoRoT-7b 极其接近恒星且温度极高，其外逸层是极端膨胀的，因此，CoRoT-7b 成为目前主要的观测目标。巨大的辐射压加速作用导致行星后部形成了中性钠原子尾流，从行星表面延伸到背向恒星的一面。外逸层中的 Ca 原子会被恒星光子快速电离，形成的 Ca II 离子在恒星风的作用下运动（Mg II 也是很好的观察对象，因为 Mg 在行星表面含量很高）。假设行星横向运动速度很高，离子形成的尾流方向与行星－恒星连线方向或者凌星期间视线方向成45°角。因此，通过对 Na I 和 Ca II 的综合观测可以推算出磁层相关信息，从而获得 CoRoT-7b 的磁场数据。

这一设想很快被付诸实践：Guenther 等（2011）利用 VLT 的 UVES 设备观察了凌星期间及之后的 CoRoT-7b。他们寻找来源于行星外逸层的辐射和吸收谱线，重点在 Ca I、Ca II、Na 的谱线。尽管他们的测量设备非常灵敏，但是没有找到来源于行星的光谱。这种情况下，不得不怀疑我们是否已经完全了解 CoRoT-7b。尽管如此，这种方法还是很有前景的，因为其信号足够强，可以较容易探测到。

结论：充满粒子的磁层可以改变特定波长的凌星光谱特性。理论计算表明，这一现象很可能是探测系外行星磁层的很好的途径，但是微弱信号探测仍是一个挑战。

11.4 本章小结

探测系外行星磁场的方法见表 11.1。从表 11.1 可以看出，一些方法可以获得假阴性结果，也就是即使行星存在磁场，也没有相关效应。更重要的是，大多数方法会获得假阳性结果，也就是这些方法探测的信号可能是错误的，却用来作为行星磁场存在的证据。值得期望的方法是探测系外行星的射频发射，这种方法可以排除假阳性结果。此外，这种方法不仅可以获得定性探测结果，还可以定量分析行星磁场的强度。这种方法仍是研究人员观测、研究系外行星磁场最有希望的方法。

表 11.1 系外行星磁场探测各种潜在方法的对比

观测方法	章节	期望效应	假阳性	假阴性	是否合适
超级耀斑	11.2.1	弱，或无	是	是	否
行星迁移	11.2.2	弱	是	是	否
H_3^+ 辐射	11.2.3	可能有	是	是	否
气态巨行星质损	11.2.4	有	是	是	否
色球发射	11.2.5	有	是	是	否
日食早期入食	11.2.6	有	是	否	否
凌星特征	11.2.7	有	否	否	—
射频发射	11.2.8	有	否	是	是
大气质损	11.3.1	有	是	是	否
宇宙射线	11.3.2	有	是	是	否
类彗星外逸层	11.3.3	有	否	是	—

参考文献

Ackermann, M. et al. (2013). Science, 339, 807.

Adams, F. C. (2011). Astrophysical Journal, 730, 27.

Aharonian, F. A. et al. (2004). Nature, 432, 75.

Alexeev, I. I., Grygoryan, M. S., Belenkaya, E. S., Kalegaev, V. V., & Khodachenko, M. L. (2014). In H. Lammer & M. L. Khodachenko (Eds.), Characterizing stellar and exoplanetary environments (pp. 189). Heidelberg/New York: Springer.

Atri, D., Hariharan, B., & Grießmeier, J.-M. (2013). Astrobiology, 13, 910.

Bastian, T. S., Dulk, G. A., & Leblanc, Y. (2000). Astrophysical Journal, 545, 1058.

Bisikalo, D. V., Kaigorodov, P. V., Ionov, D. E., & Shematovich, V. I. (2013a). Astronomy Reports, 90(10), 779.

Bisikalo, D. V., Kaygorodov, P. V., Ionov, D. E., Shematovich, V. I., Lammer, H., & Fossati, L. (2013b). Astrophysical Journal, 764, 19.

Connerney, J. E. P., Acuña, M. H., Ness, N. F., & Satoh, T. (1998). Journal of Geophysical Research, 103(A6), 11929.

Cuntz, M., & Shkolnik, E. (2000). Astronomische Nachrichten, 323, 387.

Cuntz, M., Saar, S. H., & Musielak, Z. E. (2000). Astrophysical Journal, 533, L151.

Desch, M. D., & Kaiser, M. L. (1984). Nature, 310, 755.

Driscoll, P., & Olson, P. (2011). Icarus, 213, 12.

Driscoll, P., & Bercovici, D. (2013). Icarus, 226, 1447.

Ekenbäck, A., Holmström, M., Wurz, P., Grießmeier, J.-M., Lammer, H., Selsis, F., & Penz, T. (2010). Astrophysical Journal, 709, 670.

Erkaev, N. V., Penz, T., Lammer, H., Lichtenegger, H. I. M., Biernat, H. K., Wurz, P., rießmeier, J.-M., & Weiss, W. W. (2005). Astrophysical Journal Supplement, 157, 396.

Fares, R., Donati, J. F., Moutou, C., Jardine, M. M., Grießmeier, J.-M., Zarka, P., Shkolnik, E. L.,

Bohlender, D., Catala, C.,&Cameron, A. C. (2010). Monthly Notices of the Royal Astronomical Society, 406, 409.

Farrell, W. M., Desch, M. D., & Zarka, P. (1998). Journal of Geophysical Research, 104(E6), 14025.

Farrell, W. M., Desch, M. D., Lazio, T. J., Bastian, T., & Zarka, P. (2003). In D. Deming & S. Seager (Eds.), Scientific frontiers in research of extrasolar planets (ASP, Vol. 294, pp. 151). San Francisco: Astronomical Society of the Pacific.

Farrell, W. M., Lazio, T. J. W., Desch, M. D., Bastian, T. S., & Zarka, P. (2004a). In R. Norris & F. Stootman (Eds.), Bioastronomy 2002: life among the stars (IAU Symposium, Vol. 213, pp. 73). San Francisco: Astronomical Society of the Pacific.

Farrell, W. M., Lazio, T. J. W., Zarka, P., Bastian, T. J., Desch, M. D., & Ryabov, B. P. (2004b). Planetary and Space Science, 52(15), 1469.

Fossati, L., Haswell, C. A., Froning, C. S., Hebb, L., Holmes, S., Kolb, U., Helling, C., Carter, A., Wheatley, P., Cameron, A. C., Loeillet, B., Pollacco, D., Street, R., Stempels, H. C., Simpson, E., Udry, S., Joshi, Y. C., West, R. G., Skillen, I., & Wilson, D. (2010). Astrophysical Journal, 714, L222.

Fossati, L., Haswell, C. A., Linsky, J. L., & Kislyakova, K. G. (2014). In H. Lammer & M. L. Khodachenko (Eds.), Characterizing stellar and exoplanetary environments (pp. 59). Heidelberg/New York: Springer.

George, S. J., & Stevens, I. R. (2007). Monthly Notices of the Royal Astronomical Society, 382, 455.

Grenfell, J. L., Grießmeier, J.-M., Patzer, B., Rauer, H., Segura, A., Stadelmann, A., Stracke, B., Titz, R., & von Paris, P. (2007). Astrobiology, 7, 208.

Grenfell, J. L., Grießmeier, J.-M., von Paris, P., Patzer, A. B. C., Lammer, H., Stracke, B., Gebauer, S., Schreier, F., & Rauer, H. (2012). Astrobiology, 12, 1109.

Grießmeier, J. M., Stadelmann, A., Penz, T., H. Lammer, H., Selsis, F., Ribas, I., Guinan, E. F., Motschmann, U., Biernat, H. K., & Weiss, W. W. (2004). Astronomy and Astrophysics, 425, 753.

Grießmeier, J.-M., Motschmann, U., Mann, G., & Rucker, H. O. (2005a). Astronomy and Astrophysics, 437, 717.

Grießmeier, J.-M., Motschmann, U., Glassmeier, K. H., Mann, G., & Rucker, H. O. (2005b). In L. Arnold, F. Bouchy, & C. Moutou (Eds.), Tenth anniversary of 51 Peg-b: Status of and prospects for hot Jupiter studies (Vol. 259). Paris: Platypus Press.

Grießmeier, J.-M., Stadelmann, A., Motschmann, U., Belisheva, N. K., Lammer, H., & Biernat, H. K. (2005c). Astrobiology, 5, 587.

Grießmeier, J.-M.,Motschmann, U., Khodachenko, M. L.,& Rucker, H. O. (2006). In H. O. Rucker,W. S. Kurth, & G. Mann (Eds.) *Planetary radio emissions VI* (Vol. 571). Austrian Academy of Sciences Press, Vienna.

Grießmeier, J.-M., Preusse, S., Khodachenko, M. L., Motschmann, U., Mann, G., & Rucker, H. O. (2007a). *Planetary and Space Science*, *55*, 618.

Grießmeier, J.-M., Zarka, P., & Spreeuw, H. (2007b). *Astronomy and Astrophysics*, *475*, 359.

Grießmeier, J.-M., Preusse, S., Khodachenko, M. L., Motschmann, U., Mann, G., & Rucker, H. O. (2007c). *Planetary and Space Science*, *55*, 618.

Grießmeier, J.-M., Stadelmann, A., Grenfell, J. L., Lammer, H., &Motschmann, U. (2009). *Icarus*, *199*, 526.

Grießmeier, J.-M., Khodachenko, M. L., Lammer, H., Grenfell, J. L., Stadelmann, A., & Motschmann, U. (2010). In A. G. Kosovichev, A. H. Andrei, & J. P. Rozelot (Eds.), *IAU Symposium 264: Solar and stellar variability: Impact on Earth and Planets*, Rio de Janeiro p. 385 - 394. Cambridge: Cambridge University Press.

Grießmeier, J.-M., Zarka, P., & Girard, J. N. (2011). *Radio Science*, *46*, RS0F09.

Grießmeier, J.-M., Tabataba-Vakili, F., Stadelmann, A., Grenfell, J. L., & Atri, D. (2014a). Astronomy & Astrophysics, to be submitted.

Grießmeier, J.-M., Tabataba-Vakili, F., Stadelmann, A., Grenfell, J. L., & Atri, D. (2014b). Astronomy & Astrophysics, to be submitted.

Guenther, E. W., Geier, S. (2014). *In characterizing stellar and exoplanetary environments* (pp. 169). Heidelberg/New York: Springer.

Guenther, E. W., Cabrera, J., Erikson, A., Fridlund, M., Lammer, H., Mura, A., Rauer, H., Schneider, J., Tulej, M., von Paris, P., & Wurz, P. (2011). *Astronomy and Astrophysics*, *525*, A24.

Hallinan, G., Gopal-Krishna, S. K. Sirothia, Antonova, A., Ishwara-Chandra, C. H., Bourke, S., Doyle, J. G., Hartman, J., & Golden, A. (2013). *Astrophysical Journal*, *762*, 34.

Hess, S. L. G., & Zarka, P. (2011). *Astronomy and Astrophysics*, *531*, A29.

Holmström, M., Ekenbäck, A., Selsis, F., Penz, T., Lammer, H., & Wurz, P. (2008). *Nature*, *451*, 970.

Holzwarth, V., & Jardine, M. (2007). *Astronomy and Astrophysics*, *463*, 11.

Ignace, R., Giroux, M. L., & Luttermoser, D. G. (2010). *Monthly Notices of the Royal Astronomical Society*, *402*, 2609.

Ip, W. H., Kopp, A., & Hu, J. H. (2004). *Astrophysical Journal*, *602*, L53.

Jardine, M., & Cameron, A. C. (2008). *Astronomy and Astrophysics*, *490*, 843.

Khodachenko, M. L., Lammer, H., Lichtenegger, H. I. M., Langmayr, D., Erkaev, N. V., Grießmeier, J.-M., Leitner, M., Penz, T., Biernat, H. K., Motschmann, U., & Rucker, H. O. (2007a). *Planetary and Space Science*, *55*, 631.

Khodachenko, M. L., Ribas, I., Lammer, H., Grießmeier, J.-M., Leitner, M., Selsis, F., Eiroa, C., Hanslmeier, A., Biernat, H. K., Farrugia, C. J., & Rucker, H. O. (2007b). *Astrobiology*, *7*(1), 167.

Khodachenko, M. L., Alexeev, I., Belenkaya, E., Lammer, H., Grießmeier, J.-M., Leitzinger, M., Odert, P., Zaqarashvili, T., & Rucker, H. O. (2012a). *Astrophysical Journal*, *744*, 70.

Khodachenko, M. L., Alexeev, I. I., Belenkaya, E. S., & Lammer, H. (2012b). In C. Stehlé C. Joblin, & L. d'Hendecourt (Eds.) *European conference on laboratory astrophysics - ECLA*, Paris (EAS publications series, Vol. 58, pp. 233).

Kislyakova, K. G., Holmström, M., Lammer, H., & Erkaev, N. V. (2014). In H. Lammer & M. L. Khodachenko (Eds.), *Characterizing stellar and exoplanetary environments* (pp. 137). Heidelberg/New York: Springer.

Kopp, A., Schilp, S., & Preusse, S. (2011). *Astrophysical Journal*, *729*, 116.

Kulikov, Yu. N., Lammer, H., Lichtenegger, H. I. M., Penz, T., Breuer, D., Spohn, T., Lundin, R., & Biernat, H. K. (2007). *Space Science Reviews*, *129*, 207.

Lai, D., Helling, C., & van den Heuvel, E. P. J. (2010). *Astrophysical Journal*, *721*, 923.

Lammer, H., Selsis, F., Ribas, I., Guinan, E. F., Bauer, S. J., & Weiss, W. W. (2003). *As-*

trophysical Journal, *598*, L121.

Lammer, H. , Lichtenegger, H. I. M. , Kulikov, Yu. N. , Grießmeier, J. -M. , Terada, N. , Erkaev, N. V. , Biernat, H. K. , Khodachenko, M. L. , Ribas, I. , Penz, T. , & Selsis, F. (2007). *Astrobiology*, *7*, 185.

Lammer, H. , Odert, P. , Leitzinger, M. , Khodachenko, M. L. , Panchenko, M. , Kulikov, Yu. N. , Zhang, T. Z. , Lichtenegger, H. I. M. , Erkaev, N. V. , Wuchterl, G. , Micela, G. , Penz, T. , Biernat, H. K. , Weingrill, J. , Steller, M. , Ottacher, H. , Hasiba, J. , & Hanslmeier, A. (2009). *Astronomy and Astrophysics*, *506*, 399.

Lammer, H. , Kislyakova, K. G. , Holmström, M. , Khodachenko, M. L. , Grießmeier, J. -M. , Wurz, P. , Selsis, F. , & Hanslmeier, A. (2011). In H. O. Rucker, W. S. Kurth, P. Louarn, & G. Fischer (Eds.), *Planetary radio emissions VII* (Vol. 303). Austrian Academy of Sciences Press, Vienna. Lanza, A. F. (2009). *Astronomy and Astrophysics*, *505*, 339.

Lazio, T. J. W. , Farrell, W. M. , Dietrick, J. , Greenless, E. , Hogan, E. , Jones, C. , & Hennig, L. A. (2004). *Astrophysical Journal*, *612*, 511.

Lazio, T. J. W. , & Farrell, W. M. (2007). *Astrophysical Journal*, *668*, 1182.

Lazio, T. J. W. , Shankland, P. D. , Farrell, W. M. , & Blank, D. L. (2010a). *Astronomical Journal*, *140*, 1929.

Lazio, T. J. W. , Carmichael, S. , Clark, J. , Elkins, E. , Gudmundsen, P. , Mott, Z. , Szwajkowski, M. , & Hennig, L. A. (2010b). *Astronomical Journal*, *139*, 96.

Lecavelier des Etangs, A. , Gopal-Krishna, S. K. Sirothia, & Zarka, P. (2009). *Astronomy and Astrophysics*, *500*, L51.

Lecavelier des Etangs, A. , Gopal-Krishna, S. K. Sirothia, & Zarka, P. (2011). *Astronomy and Astrophysics*, *533*, A50.

Lecavelier des Etangs, A. , Gopal-Krishna, S. K. Sirothia, Zarka, P. (2013). *Astronomy and Astrophysics*, *552*, A65.

Lichtenegger, H. I. M. , Lammer, H. , Grießmeier, J. -M. , Kulikov, Yu. N. , von Paris, P. , Hausleitner, W. Krauss, S. , & Rauer, H. (2010). *Icarus*, 210, 1. Linsky, J. L. , & Güdel, M. (2014). In H. Lammer & M. L. Khodachenko (Eds.), *Characterizingstellar and exoplanetary environments* (pp. 3). Heidelberg/New York: Springer.

Llama, J. , Wood, K. , Jardine, M. , Vidotto, A. A. , Helling, C. , Fossati, L. , & Haswell C. A. (2011). *Monthly Notices of the Royal Astronomical Society*, *416*, L41.

Llama, J. , Vidotto, A. A. , Jardine, M. , Wood, K. , Fares, R. , & Gombosi, T. I. (2013). *Monthly Notices of the Royal Astronomical Society*, *436*, 2179.

Lovelace, R. V. E. , Romanova, M. M. , & Barnard, A. W. (2008). *Monthly Notices of the Royal Astronomical Society*, *389*, 1233.

Maehara, H. , Shibayama, T. , Notsu, S. , Notsu, Y. , Nagao, T. , Kusaba, S. , Honda, S. , Nogami, D. , & Shibata, K. (2012). *Nature*, *485*, 478.

Majid, W. , Winterhalter, D. , Chandra, I. , Kuiper, T. , Lazio, J. , Naudet, C. , & Zarka, P. (2005). In H. O. Rucker, W. S. Kurth, G. Mann (Eds.), *Planetary radio emissions VI* (Vol.

589). Austrian Academy of Sciences Press, Vienna.

Miller, B. P., Gallo, E., Wright, J. T., & Dupree, A. K. (2012). *Astrophysical Journal*, *754*, 137.

Mura, A., Wurz, P., Schneider, J., Lammer, H., Grießmeier, J.-M., Khodachenko, M. L., Weingrill, J., Guenther, E., Cabrera, J., Erikson, A., Fridlund, M., Milillo, A., Rauer, H., & von Paris, P. (2011). *Icarus*, *211*, 1.

Nichols, J. D. (2011). *Monthly Notices of the Royal Astronomical Society*, *414*, 2125.

Nichols, J. D. (2012). *Monthly Notices of the Royal Astronomical Society*, *427*, L75.

Pillitteri, I.,Wolk, S. J., Cohen, O., Kashyap, V., Knutson, H., Lisse, C. M., & Henry, G. W. (2010). *Astrophysical Journal*, *722*, 1216.

Preusse, S., Kopp, A., Büchner, J., & Motschmann, U. (2006). *Astronomy and Astrophysics*, *460*, 317.

Reiners, A., & Christensen, U. R. (2010). *Astronomy and Astrophysics*, *522*, A13.

Ribas, I., Guinan, E. F., Güdel, M., & Audard, M. (2004). *Astrophysical Journal*, *622*, 680.

Rubenstein, E. P., & Schaefer, B. E. (2000). *Astrophysical Journal*, *529*, 1031.

Ryabov, V. B., Zarka, P., & Ryabov, B. P. (2004). *Planetary and Space Science*, *52* (15), 1479.

Saar, S. H., & Cuntz, M. (2001). *Monthly Notices of the Royal Astronomical Society*, *325*, 55.

Saar, S. H., Cuntz, M., & Shkolnik, E. (2004). In A. K. Dupree & A. O. Benz (Eds.), *Stars as suns: Activity, evolution, and planets* (IAU Symposium, Vol. 219, pp. 355).

Schaefer, B. E., King, J. R., & Deliyannis, C. P. (2000). *Astrophysical Journal*, *529*, 1026.

Segura, A., Walkowicz, L. M., Meadows, V., Kasting, J., & Hawley, S. (2010). *Astrobiology*, *10*, 751.

Seki, K., Elphic, R. C., Hirahara, M., Terasawa, T., & Mukai, T. (2001). *Science*, *291*, 1939.

Shibayama, T., Maehara, H., Notsu, S., Notsu, Y., Nagao, T., Honda, S., Ishii, T. T., Nogami, D., & Shibata, K. (2013). *Astrophysical Journal Suppliment Series*, *209*, 5.

Shiratori, Y., Yokoo, H., Sasao, T., Kameya, O., Iwadate, K., & Asari, K. (2006). In L. Arnold, F. Bouchy, & C. Moutou (Eds.), *Tenth anniversary of* 51 *Peg-b*: *Status of and prospects for hot Jupiter studies* (Vol. 290). Platypus Press: Paris.

Shkolnik, E., Walker, G. A. H., & Bohlender, D. A. (2003). *Astrophysical Journal*, *597*, 1092.

Shkolnik, E., Walker, G. A. H., & Bohlender, D. A. (2004). *Astrophysical Journal*, *609*, 1197.

Shkolnik, E., Walker, G. A. H., Bohlender, D. A., Gu, P. G., & Kürster, M. (2005). *Astrophysical Journal*, *622*, 1075.

Shkolnik, E., Gaidos, E., & Moskovitz, N. (2006). *Astronomical Journal*, *132*, 1267.

Shkolnik, E., Bohlender, D., Walker, G. A. H., & Collier Cameron A. (2008). *Astrophysical Journal*, *676*, 628.

Shkolnik, E. L. (2013). *Astrophysical Journal*, *766*, 9.

Sirothia, S. K., Lecavelier des Etangs, A., Gopal-Krishna, S. K. Sirothia, Kantharia, N. G., &

Ishwar-Chandra, C. H. (2014). *Astronomy and Astrophysics*, *562*, A108.

Smith, A. M. S., Collier Cameron, A., Greaves, J., Jardine, M., Langston, G., & Backer, D. (2009). *Monthly Notices of the Royal Astronomical Society*, *395*, 335.

Stevens, I. R. (2005). *Monthly Notices of the Royal Astronomical Society*, *356*, 1053.

Stevenson, D. J. (2003). *Earth and Planetary Science Letters*, *208*, 1.

Tabataba-Vakili, F. Grenfell, J. L. Grießmeier, J.-M. & Rauer, H. (2014). Astronomy & Astrophysics, to be submitted

Vanhamäki, H. (2011). *Planetary and Space Science*, *59*, 862.

Vidotto, A. A., Opher, M., Jatenco-Pereira, V., & Gombosi, T. I. (2009). *Astrophysical Journal*, *703*, 1734.

Vidotto, A. A., Opher, M., Jatenco-Pereira, V., & Gombosi, T. I. (2010). *Astrophysical Journal*, *720*, 1262.

Vidotto, A. A., Bisikalo, D. V., Fossati, L., & Llama, J. (2014). In H. Lammer & M. L. Khodachenko (Eds.), *Characterizing stellar and exoplanetary environments* (pp. 153). Heidelberg/New York: Springer.

Walker, G. A. H., B. Croll, B., Matthews, J. M., Kuschnig, R., Huber, D., Weiss, W. W., Shkolnik, E. Rucinski, S. M., Guenther, D. B., Moffat, A. F. J., & Sasselov, D. (2008). *Astronomy and Astrophysics*, *482*, 691.

Weber, E. J., & Davis, Jr. L. (1967). *Astrophysical Journal*, *148*, 217.

Willes, A. J., & Wu, K. (2005). *Astronomy and Astrophysics*, *432*, 1091.

Winglee, R. M., Dulk, G. A., & Bastian, T. S. (1986). *Astrophysical Journal*, *209*, L59.

Winterhalter, D., Kuiper, T., Majid, W., Chandra, I., Lazio, J., Zarka, P., Naudet, C., Bryden, G., Gonzales, W., & Treumann, R. (2006). In H. O. Rucker, W. S. Kurth, & G. Mann (Eds.), *Planetary radio emissions VI* (Vol. 595). Austrian Academy of Sciences Press, Vienna.

Wood, B. E. (2006). *Space Science Reviews*, *126*, 3.

Wood, B. E. (2007). *Living Review Solar Physics*, *1*, 2.

Wood, B. E., & Linsky, J. L. (2010). *Astrophysical Journal*, *717*, 1279.

Wood, B. E., Müller, H. R., Zank, G. P., & Linsky, J. L. (2002). *Astrophysical Journal*, *574*, 412.

Wood, B. E., Redfield, S., Linsky, J. L., Müller, H. R., & Zank, G. P. (2005a). *Astrophysical Journal Supplement*, *159*, 118.

Wood, B. E., Müller, H. R., Zank, G. P., Linsky, J. L., & Redfield, S. (2005b). *Astrophysical Journal*, *628*, L143.

Yantis, W. F., Sullivan III., W. T., & Erickson, W. C. (1977). *Bulletin of the American Astronomical Society*, *9*, 453.

Zarka, P. (1998). *Journal of Geophysical Research*, *103*(E9), 20159.

Zarka, P. (2006a). *Planetary and Space Science*, *55*, 598.

Zarka, P. (2006b). In H. O. Rucker, W. S. Kurth, & G. Mann (Eds.), *Planetary radio emissions VI* (Vol. 543). Austrian Academy of Sciences Press, Vienna.

Zarka, P. (2007). *Planetary and Space Science*, *55*, 598.

Zarka, P. (2011). In H. O. Rucker, W. S. Kurth, P. Louarn, & G. Fischer (Eds.), *Planetary radio emissions VII* (Vol. 287). Austrian Academy of Sciences Press, Vienna.

Zarka, P., Queinnec, J., Ryabov, B. P., Ryabov, V. B., Shevchenko, V. A., Arkhipov, A. V., Rucker, H. O., Denis, L., Gerbault, A., Dierich, P., & Rosolen, C. (1997). In H. O. Rucker, S. J. Bauer & A. Lecacheux (Eds.), *Planetary radio emissions IV* (Vol. 101). Austrian Academy of Sciences Press, Vienna.

Zarka, P., Treumann, R. A., Ryabov, B. P., & Ryabov, V. B. (2001). *Astrophysics and Space Science*, *277*, 293.

第 12 章　阿尔芬半径：天体物理磁层的关键参数

阿尔芬半径是磁能密度与动能密度相同时的距离，或者当体速度与阿尔芬速度相同时的距离。本章将讨论不同类型磁层和磁层—磁盘系统的阿尔芬半径的作用。这里考虑的天体磁盘包括围绕在太阳系内地外行星（木星、土星）以及系外行星的磁盘、日球电流片、中子星的吸积盘、脉冲星、毫秒 X 射线脉冲星、白矮星和黑洞、X 射线双星的星盘、新恒星和活动星系核（AGN）的星盘。必须指出，在磁层—星盘系统中，存在强磁场的天体的星盘（独立于来源、运动方向以及材料）内边缘位置非常接近阿尔芬半径。对于磁化行星，阿尔芬半径的概念是描述行星与太阳风、恒星风相互作用的重要参数，对解释磁层交互作用也有重要意义。

12.1　引言：阿尔芬半径和天体物理磁环境

天体物理星盘是非常复杂和多变的。天体物理星盘包括多种天体，像太阳系内的地外行星（土星、木星）、系外行星、太阳，以及年轻恒星、脉冲星、毫秒 X 射线脉冲星、X 射线双星、中子星、黑洞、活动星系内核等。本节主要研究这些天文星盘的共同特征：在存在强磁场的情况下，这些天文星盘的内边缘位置接近阿尔芬半径（Belenkaya 等，2011，2012；Belenkaya 和 Khodachenko，2012）。

天文星盘内边缘位置在许多物理过程中扮演重要角色，例如，星盘亮度增加与之有关，星盘喷射物质位置以及星盘内的最大温度都受其控制。该参数还影响辐射的位置以及辐射的波频。在日光层电流片和木星磁盘中的场向电流集中在这些携带电流星盘的内边缘附近，这暗示了围绕黑洞的星盘内边缘与最后的稳定轨道非常接近（Shakura 和 Sunyaev，1973）。因此，确定星盘内边缘位置对于很多任务都是至关重要的（Belenkaya 等，2011，2012；Belenkaya 和 Khodachenko，2012）。

行星和致密天体被磁层包围着（Vasyliunas 1979；Bagenal 1992；Belenkaya 2009；Beskin 2010）。如果一个天体具有本征磁场，则会在天体周围形成磁层（见第 11 章），磁层的大小由压力平衡关系决定（Vasyliunas，1979）。Vasyliunas

（1979）认为，在一个有磁致密天体的磁层内，等离子体流动方向与恒星风相反。Istomin 和 Komberg（2002）认为，当振动冲击白矮星或者中子星的磁场时，会沿着振动波传播方向延伸出一个磁尾。他们的研究结果还显示：在致密天体的磁层内，阿尔芬半径（磁压与等离子体压力相等时的距离）决定了磁层的主要特征参数。

如果一个致密天体被星盘包围，则星盘与磁层边缘在磁层之外相连（Fu 和 Lai, 2012）。如果一个行星拥有星盘，则星盘应该位于行星磁层以内。本章介绍了强磁场下磁层的一些共同性质，并着重分析阿尔芬半径和阿尔芬速度对磁场所起的作用。

12.2　在磁化行星磁层中的非局域阿尔芬半径

阿尔芬速度可认为是每个粒子的磁能密度（Burton 等，1970），即

$$V_{\mathrm{A}} = B(\mu_0 p)^{-1/2}$$

式中：B 为磁场强度；ρ 为等离子体密度；μ_0 为真空磁导率，$\mu_0 = 4\pi \cdot 10^{-7}$ H/m。

阿尔芬速度是阿尔芬波沿磁场方向传播的速度。由于受局域参数的影响，阿尔芬速度在行星磁层内变化很大。Burton 等（1970）称地球磁层内阿尔芬速度从等离子体层顶外的4800km/s 变化到等离子层内赤道位置的490km/s。

陆地行星磁层在太阳风流中形成，其边界（磁层顶）将空间分为内部空间和外部空间，并阻止场和物质穿透进入内层（但部分的场和物质的穿透现象还是会发生）。在地球磁层内，决定磁层大小的特征尺度是到磁层顶日下点的距离 R_1。对这一点的粗略近似，太阳风的动态压力 p_{sw} 等于地球磁层产生的磁压 $B_{\mathrm{m}}^2/2\mu_0$，即

$$p_{\mathrm{sw}} = B_{\mathrm{m}}^2/2\mu_0 \tag{12.1}$$

式中：B_{m} 为近磁层顶磁层磁场的 z 轴方向分量。该磁场强度主要包括地球磁偶极场和磁层顶屏蔽电流形成的磁场。太阳风压 $p_{\mathrm{sw}} = k\rho_{\mathrm{sw}}V_{\mathrm{sw}}^2$，其中，$\rho_{\mathrm{sw}}$ 和 V_{sw} 分别为太阳风密度和速度。根据气动力学模型，$k = 0.88$。需要说明的是：当 $k = 2$ 时，$p_{\mathrm{sw}} = 2\rho_{\mathrm{sw}}V_{\mathrm{sw}}^2$，代表太阳风在磁层顶与磁层发生的是弹性碰撞；当 $k = 1$ 时，$p_{\mathrm{sw}} = \rho_{\mathrm{sw}}V_{\mathrm{sw}}^2$，代表太阳风粒子完全吸附到了磁层顶。Shue 等（2011）指出，动态压力的缩减因子 k 决定了在正午方向地球磁层顶处支撑磁层压力的真实压力。按照太阳风参数平均值（密度为 $5\mathrm{cm}^{-3}$，速度为400km/s）计算得到太阳风产生的动力学压力 $\rho_{\mathrm{sw}}V_{\mathrm{sw}}^2$ 约为1.3nPa，日下点磁层顶距离 $R_1 \approx 11R_{\mathrm{E}}$。

由压力平衡条件可得 $V_{\mathrm{sw}} = (B_{\mathrm{m}}^2/k\mu_0\rho_{\mathrm{sw}})^{1/2}$，$k = 0.88$ 代入上式，可得

$$V_{\mathrm{sw}} = k^{-1/2}B_{\mathrm{m}}(\mu_0\rho_{\mathrm{sw}})^{-1/2} \approx 1.1B_{\mathrm{m}}(\mu_0\rho_{\mathrm{sw}})^{-1/2} \tag{12.2}$$

根据式（12.2）估算的太阳风速度与阿尔芬速度公式的结果几乎一致（精

度在 $k^{-1/2}$内)，此时磁场强度是在正午磁层顶进行测量得到的，而等离子体速度和密度是取地球附近平静太阳风的参数。这样计算的速度称为非局域阿尔芬速度（V_{nl-A}），且

$$V_{nl-A} = B_m(\mu_0\rho_{sw})^{-1/2} \tag{12.3}$$

对于水星磁层也是相同的。Slavin 等（2009）也取 $k=0.88$ 代入正午磁层顶日下点压力平衡方程。他们认为，磁层顶外压力等于太阳风动态压力，而内部压力则等于磁层磁偶极子的磁场压力（实际上磁层顶屏蔽电流也对磁层磁场有贡献）。水星中心距离磁层顶日下点距离约为 1.4 倍水星半径。因此，水星上太阳风速度与非局域阿尔芬速度关系有 $V_{sw}=1.1V_{nl-A}$，其中 V_{nl-A}由式（12.3）决定，它建立了水星轨道平静期太阳风等离子体密度与日间磁层顶磁层磁场强度的关系。

对于木星和土星的磁层，磁层顶日下点（太阳风流停止的位置）位置处于内部磁层压力与外部行星际介质压力相平衡处。对于地球和水星，太阳风压力主要等于其行星外轨道的动力学压力（$p_{sw}=k\rho_{sw}V_{sw}^2$），但是近正午磁层顶磁层压力不仅仅包括磁层产生的磁场压力 $B_m^2/2\mu_0$（注意木星和土星星盘和环形电流将对压力产生很大贡献），还包括磁层等离子体产生的压力（p_{pl}）。对于木星这一点尤其重要，因这两者产生的压力是同一量级的（Slavin 等，1985）。因此，正午磁层顶处压力平衡关系应修正为

$$p_{sw} = p_{pt} + B_m^2/2\mu_0 \tag{12.4}$$

若引入系数 $\beta = p_{pt}/(B_m^2/2\mu_0)$，则式（12.4）可以写为

$$p_{sw} = (\beta+1)B_m^2/2\mu_0 \tag{12.5}$$

Krimigis 等（1979）分析了 Voyager 2 探测数据，他们研究报告中认为木星磁层外径可达 30 倍木星半径，其中充满了热等离子体，如氢、氧、硫等。在正午磁层顶的木星磁层磁场是由木星偶极磁场、磁层顶屏蔽电流磁场、环绕木星的磁盘的磁场以及磁层顶处被屏蔽电流产生的磁场矢量叠加的磁场（Belenkaya, 2004；Alexeev 和 Belenkaya, 2005）。磁盘磁场产生的磁力矩约超出木星磁偶极矩 2.6 倍（Belenkaya, 2004，2009），因此，木星磁层磁场主要是由磁盘产生的，而行星的高速转动以及磁层内部大量等离子体是增强磁盘磁场强度的原因（人们认为木卫一是庞大等离子体数量的主要来源）。基于 Pioneer 和 Voyager 的探测数据，Slavin 等（1985）发现木星磁层顶平均距离约为木星半径的 68 倍。

在正午木星磁层顶，$\beta\approx1$，根据式（12.5）可得

$$p_{sw} = B_m^2/\mu_0$$

或

$$k\rho_{sw}V_{sw}^2 = B_m^2/\mu_0, V_{sw} = (B_m^2/k\mu_0\rho_{sw})^{1/2}$$

对于木星和土星，Slavin 等（1985）发现 $k=1.16$，因此，根据式（12.3），木星日下点磁层顶处 $V_{sw}\approx 0.9V_{nl-A}$，这说明木星附近太阳风速度几乎等于非局域阿尔芬速度。

在土星上同样存在磁层等离子体内源，其中主要的内源是土卫二。此外，土星和土卫六的大气以及冰月与冰环也对等离子体的产生有贡献。但是磁层顶日下点内等离子体参数 $\beta\approx 0.1$，甚至更小（Slavin 等，1985），因此，Slavin 等认为在正午磁层顶磁层压力主要是由磁场决定的，土星磁层顶平均距离约为 19 倍木星半径。（土星系统最大的卫星土卫六所处位置是 20.3 倍土星半径处，因此，有时会离开土星磁层）。对于土星，正午磁层顶压力平衡关系式可以按照式（12.4），当 $\beta<10^{-1}$时，代入式（12.1），其中 $p_{sw}=k\rho_{sw}V_{sw}^2$，$k=1.16$，从而可得 $1.16\rho_{sw}V_{sw}^2=B_m^2/2\mu_0$，或 $V_{sw}=B_m(2.32\mu_0\rho_{sw})^{1/2}=0.7V_{nl-A}$。

金星没有磁场，火星的本征磁场非常弱，因此这些行星拥有诱导磁层。当物质流经非磁化行星时，电流会通过电离层进入诱导磁层或者行星表面。在诱导磁层的正午边界，压力平衡条件主要是由外部动态压力和内部热等离子体压力决定的。金星有向上的弓激波，但磁层磁场只以太阳风磁场扰动的形式存在。火星也有一个由弓激波诱导的磁层，太阳风对火星电离层同样存在作用。

总之，在磁层顶日下点处，在同一量级系数的准确度范围内，磁层磁场强度与到达行星轨道的平静太阳风的速度和低密度有关，测量太阳风的速度和密度，根据式（12.3）就可以计算出非局域阿尔芬速度。此外，根据式（12.2），在该位置处，太阳风速度约为非局域阿尔芬速度。通过类比阿尔芬半径，行星磁层基准距离可称为非局域阿尔芬半径。

行星不仅存在于太阳周围，也存在于其他恒星附近（系外行星）。磁化的系外行星也有磁层。在磁层顶星下点，压力平衡条件是恒星风压力与系外行星磁层压力相等，而二者产生的压力都包括磁场压力和等离子体压力（Khodachenko 等，2012）。系外行星磁层中磁场压力为 $B_m^2/2\mu_0$，磁层等离子体产生压力为 $\rho_{msph}V_{msphth}^2$，式中 ρ_{msph} 为磁层等离子体密度，V_{msphth} 为热磁层运动速度，$V_{msphth}^2=(k_BT_{msph}/m_{msph})^{1/2}$（其中 k_B 为波耳兹曼常数，$k_B=1.38\times10^{-23}\,\mathrm{kg\cdot m^2\cdot s^{-2}}$，$T_{msph}$、$m_{msph}$分别为磁层中每个粒子的平均温度和质量）。恒星风产生的压力包括动力学压力 $k_B\rho_{stw}V_{stw}^2$，其中，ρ_{stw} 为恒星风密度，V_{stw} 为恒星风与系外行星间的相对运动速度，V_{stw} 还包括行星轨道运动速度分量（Khodachenko 等，2012）。IMF 产生的磁压为 $B_{stw}^2/2\mu_0$，其中 B_{stw} 为恒星风磁场。因此，磁层顶星下点处的压力平衡关系为

$$k_B\rho_{stw}V_{stw}^2+\frac{B_{stw}^2}{2\mu_0}=\frac{B_m^2}{2\mu_0}+\rho_{msph}V_{msphth}^2/2 \tag{12.6}$$

假设，对于系外行星忽略行星际磁场产生的压力和磁层等离子产生的压力，

则可得

$$k_{B}\rho_{stw}V_{stw}^{2} = \frac{B_{m}^{2}}{2\mu_{0}}$$

即

$$V_{stw} = (B_{m}^{2}/2\mu_{0}k\rho_{stw})^{1/2} = (B_{m}^{2}/2\mu_{0}k\rho_{stw})^{1/2} = (1/2k)^{1/2}V_{nl-A}$$

因此，在该近似情况下，系外行星磁层顶星下点距离可认为是非局域阿尔芬半径。在该距离行星轨道上平静太阳风的相对运动速度和等离子体密度可以用包含磁层顶内磁场的阿尔芬速度公式进行描述。

12.3 有磁盘的磁化行星磁层中的阿尔芬半径

Belenkaya 等（2012）及 Belenkaya 和 Khodachenko（2012）依据阿尔芬半径描述了木星和土星磁层内携带电流的星盘的位置。这些磁盘形成的原因是行星高速自转以及内部存在磁层等离子体源。这些磁盘内部的主要运动在方位角方向(共同旋转效应)，选取方位角的磁层等离子体速度来计算这些区域内的体速度。Hill 等（1974，1979）指出：磁场可以扩展到阿尔芬半径之外形成类似星盘的形状。

有关结果显示，在气态巨行星磁层内，方位角流的运动速度等于磁盘内边缘处的阿尔芬速度（对于木星，磁盘称为磁盘区；对于土星，称为环电流）。对这些行星的观测结果以及构建的抛物面磁层磁场模型的理论计算结果进行了对比，Alexeev 和 Belenkaya 等（2005，2006）给出了到木星和土星磁盘内边缘的距离分别是 18.4 倍木星半径及 6.5 倍土星半径。在航天器原位探测中也发现木星磁场磁力线延伸到了约 20 倍木星半径之外并形成星盘形状，在该位置处等离子体参数 β 超过了 1。对于土星，Pioneer 11 探测器在距离土星中心 6 ~ 8 倍土星半径处记录到了等离子的外流现象，此位置等离子体的 β 接近于 1。磁化星盘造成磁力线结构的重组。因此，在由方位角速度确定的阿尔芬半径之外，在木星和 Kronian 磁层内出现了携带电流的星盘。

Khodachenko 等（2012）对距离其宿主恒星 0.5AU 以内、质量与木星在一个量级的磁化系外行星也做出了同样的假设。在这种情况下，假设磁层等离子体的来源与被恒星辐射加热和电离而形成的行星上层大气的逃逸层有关。系外行星磁层中存在携带电流星盘的假设可以很好地解释热木星磁层有更大的尺度（见第 10 章），磁层磁场强度更大，对屏蔽恒星风侵蚀、保护系外行星大气层的作用更好。在阿尔芬半径处，方向性磁层等离子体速度接近局域阿尔芬速度，磁力线像盘状延展。

12.4　磁化恒星磁层中的阿尔芬半径

在磁化的恒星周围区域，如果起主导作用的磁场是恒星磁场，那么可认为这个区域是恒星的磁层。Townsend（2008）描述了富氦恒星的高速自转磁层模型，在恒星内近刚性磁力线上的恒星风等离子体会累积到最小重力势和离心势能的位置，结果形成卷曲星盘的磁层。Bespalov 和 Zheleznyakov（1990）认为，在热恒星（新白矮星或新中子星）周围的磁盘形成是重力之上主导的超高光压。他们把这种星盘称为辐射盘。与 Townsend（2008）的描述类似，等离子体在磁力线上最遥远的位置累积，形成赤道星盘。在辐射盘中等离子体缓慢向星盘边缘移动。

新恒星周围被原始行星星盘包围。人们认为缓慢自转的经典金牛座 T 恒星有着不断增长的星盘（原行星星盘）。金牛座 T 恒星磁层与周围增长星盘之间的边界与阿尔芬半径吻合。在该位置会发生超高速射流现象（Pudritz 等，2006）。Abubekerov 和 Lipunov（2003）还认为金牛座 T 恒星的磁层边界受阿尔芬半径限制。

日球层电流片总电流约为 3×10^{9}A，位于日球内。阿尔芬把太阳当成产生这些电流的单极发射器。在一个相当距离的星盘中，电流与沿磁力线、回到太阳高纬度大气层的电流形成回路；而在内部边缘，电流则是从太阳极区到达星盘形成回路。Zhao 和 Koeksema（2010）指出：日球的内边缘是阿尔芬星冕膨胀与超阿尔芬太阳风之间的边界。基于 2008 年 STEREO（太阳地球关系天文台）A 和 B 的数据，他们发现该边界距离大约是 14 倍太阳半径。超出阿尔芬半径后周围磁场中径向分量占优势，而在阿尔芬半径以内磁场是一个多极结构。因此，星冕多极磁场一直存在，直至确定太阳磁层边界的阿尔芬半径，超过阿尔芬半径后主要是携带电流的日球片。

12.5　强磁场下致密物体磁层中的阿尔芬半径

天体物理中致密物体有白矮星、中子星、黑洞以及超大质量黑洞（已知的最致密物体）。致密物体是孤立的或者存在于一个二元系统中。它们是恒星演化后形成的超高密度遗留物。在它们周围会产生高能 X 射线、γ 射线、高频振动、相对论射流。在黑洞附近应使用爱因斯坦广义相对论理论。

在超新星膨胀之后，外部壳层被甩掉，而恒星核坍塌为致密物体，如果该物体质量是 1.4～3 倍太阳质量，则可能形成中子星，其中太阳质量为 2×10^{30}kg。一些中子星有着吸积而成的星盘，而另外的则直接从恒星风中吸积物质。如果角

动量 l 大于中子星表面开尔文角动量 l_K，则可能形成星盘，其中 $l_K = (GM^* R^*)^{1/2}$，M^*为恒星质量，R^*为其半径，G 为万有引力常数，$G = 6.673 \times 10^{-11} m^3/(kg \cdot s^2)$。

星盘内边缘位置与中子星磁场相关。对于无磁中子星，星盘内边缘位置可以到达中子星表面。对于有强磁场的中子星，Ghosh 和 Lamb（1979a，1979b）发现星盘内边缘位置，在该位置附近，作用在盘体上的整体磁应力、与材料应力、内部径向漂移力以及等离子体轨迹运动力之和相等。因此，考虑星盘中等离子体与中子星偶极磁场的相互作用，Ghosh 和 Lamb（1979a，1979b）发现星盘内边缘大致与阿尔芬半径相当。这个结论在 Cheng 等（1993）对中子星吸积盘系统的研究中得到了印证。一般来说，围绕磁化物体的吸积盘星盘内边缘位置 R_0，$R_0 = \xi R_A$，其中 R_A为球形堆积物的阿尔芬半径，ξ 与延展到星盘的恒星磁通量分量有关，一般 $\xi = 0.5$（Frank 等，1992）。吸积盘内边缘位置还与吸积速率有关，当吸积速率升高，星盘则接近恒星。

中子星与其周围的星盘相互作用模型是由星盘内边缘位置与其他主要特征半径的相对关系决定的，其他主要特征半径有顺转半径 R_c 和光柱半径 R_L 。顺转半径 $R_c = (GM^*/\Omega^{*2})^{1/3}$，其中，星盘角速度与恒星角速度 Ω^*是一样的。光柱半径：$R_L = c/\Omega^*$，其中，c 为光速。中子星与周围星盘的相互作用有吸积、推进和喷射三种模式（Shvartsman，1970a，1970 b；Illarionov 和 Sunyaev，1975）。如果星盘内边缘半径超过顺转半径但小于光柱半径，则系统处于推进状态。如果星盘内边缘半径超过顺转半径和光柱半径，则系统处于喷射状态。当系统处于吸积状态时，盘内边缘半径小于光柱半径，而且当顺转半径超过阿尔芬半径时，将产生对内部物质的吸积现象。这种吸积现象直到星体磁场压力与粒子流动力学压力相同时才会停止（Shvartsman，1970 a，1970b），或者当吸积半径与阿尔芬半径相当时停止。

在推进状态下，受离心势垒作用，降落的物质穿透星盘到达阿尔芬半径处。对于喷射状态，相对向外流的动量通量比周围物质产生的冲压要大。Possenti 等（1998）分析了中子星从喷射态到吸积态的状态变化，他们发现，流向中子星的等离子体被中子星中心星体辐射压力驱赶远离，直到恒星外部包围的等离子体压力超过中子星动量通量才会停止。此后，等离子体开始流向中子星，形成吸积态。这个过程伴随着中心星体的自旋坍塌。Shvartsman（1970a，1970b）认为快速自转的中子星首先呈现喷射态（射频脉冲星），然后随着自旋速度降低慢慢转变为推进态，最后自旋速度进一步降低，自旋缓慢的中子星变成吸积态。吸积作用的形成与等离子体角动量的损失有关（Beskin，2010）。

脉冲星是一种体积很小、密度极高、自旋速度极快（一般典型自旋周期为 0.1 ~5s）的中子星。它的磁偶极轴与自旋轴方向并不重合，脉冲星沿着磁偶极方向会向外辐射窄射束电磁波。脉冲星有着非常强的磁偶极场（10^{11} ~ 10^{15} Gs）。特别的，在磁偶极轴相对于旋转轴倾斜的快速自旋中子星的吸积中，可获得 X 射线脉冲星的效应。射频脉冲星（主要是单中子星系统）在脉冲星中占的数量最多。毫秒脉冲星（50% 的毫秒脉冲星是二元系统）自旋周期为 1 ~ 10ms，磁场强度为 10^8 ~ 10^9 Gs。Zhang 和 Dai（2010）称在阿尔芬半径之内（阿尔芬半径位置位于吸积物质产生的撞击压力与磁场压力平衡位置），磁盘是热不稳定的，而在超过阿尔芬半径后则是稳定的。吸积恒星的磁层尺度与阿尔芬半径相当（Abubekerov 和 Lipunov，2003）。

黑洞（质量大于 3 倍太阳质量）是巨型恒星内核坍塌而形成的。在黑洞附近会形成快速旋转的星盘。尽管在事实上黑洞自身没有磁场，黑洞周围的等离子体（包括吸积星盘）都会产生磁场。对于 Schwarzschild 黑洞，Shakur 和 Sunyaev（1973）假设星盘内边缘半径是 $3R_G$，因为在黑洞附近小于 $3R_G$ 距离处是不可能存在稳定圆形轨道的。这里 R_G 是 Schwarzschild 重力场半径，$R_G = 2GM^*/c^2$。Fendt 和 Greiner（2001），以及 Pudritz 等（2006）认为在阿尔芬半径距离处，星盘会被损坏，等离子体会加速并产生射流喷射出去。对于明亮的 AGN，星盘内边缘位置同样接近阿尔芬半径。

12.6　本章小结

如果行星与宿主恒星的恒星风之间的相对速度是亚磁声速和亚阿尔芬速度，则会产生一个阿尔芬翼型磁层。如果相对速度是超级阿尔芬速度，则会形成一个有着弓激波、磁层顶和磁尾的磁层。太阳风或者恒星风与磁化行星的相互作用可以产生特有的性质，而这些特性与具体行星有关。本章总结了在耦合过程中的共同特性。磁层的特征尺度（磁层顶基准距离）可以认为长度在非局域阿尔芬半径量级，在该距离下靠近正午磁层顶的磁层磁场强度与阿尔芬速度公式确定的行星轨道上原状上升流中太阳风/恒星风的速度和密度有关。

如果磁化行星磁层内有一个星盘，则其内边缘的位置位于阿尔芬半径处，这一半径由磁层等离子体的方位角（顺转）速度确定的。

对于磁化中子星和脉冲星，磁层边界也与阿尔芬半径相符合。如果中子星或者脉冲星被吸积盘包围，则星盘内边缘也位于这个位置。对于有强磁场的 X 射线脉冲星、射频脉冲星、白矮星、黑洞等星体，它们周围星盘内边缘距离接近它们的阿尔芬半径。这种效应由以下事实引起的：星体中心附近的强磁场使得星盘内部的等离子体独立于星盘的构建物质，并操纵星盘内物质的运动方向。因此，在磁场控制等离子体的地方星盘会消失。当磁能密度与动力学能量密度相等时，星盘形成或者分裂，出现的情况依赖于星盘中物质的主要运动形式，这些都发生在阿尔芬半径处。

参考文献

Abubekerov, M. K. , & Lipunov, V. M. (2003). Astronomy Reports, 47, 679.

Alexeev, I. I, & Belenkaya, E. S. (2005). Annales Geophysicae, 23/3, 809.

Alexeev, I. I. , Kalegaev, V. V. , Belenkaya, E. S. , Bobrovnikov, S. Z. , Bunce, E. J. , Cowley, S. W. H. , & Nichols, J. D. (2006). Geophysical Research Letters, 33, L08101.

Alexeev, I. I. , Grygoryan, M. S. , Belenkaya, E. S. , Kalegaev, V. V. , & Khodachenko, M. L. (2014). In H. Lammer & M. L. Khodachenko (Eds.), Characterizing stellar and exoplanetary environments (pp. 189). Heidelberg/New York: Springer.

Bagenal, F. (1992). Annual Review of Earth and Planetary Sciences, 20, 289.

Belenkaya, E. S. (2004). Planetary and Space Science, 52, 499.

Belenkaya, E. S. (2009). Physics Uspekhi, 52/8, 765.

Belenkaya, E. S. , Alexeev, I. I. , & Khodachenko, M. L. (2011). EPSC-DPS Joint Meeting 2011 6, EPSC-DPS2011-4-1.

Belenkaya, E. S. , Alexeev, I. I. , & Khodachenko, M. L. (2012). *Astrophysics and Space Science Proceedings*, *33*, 217.

Belenkaya, E. S. , & Khodachenko, M. L. (2012). *International Journal of Astronomy and Astrophysics*, *2*, 81.

Beskin, V. S. (2010). Astron. Astrophys. Library (Springer, Berlin/Heidelberg) doi:10. 1007/978-3-642-01290-7.

Bespalov, P. A. , & Zhelyaznyakov, V. V. (1990). *Pis' ma v Astronomicheskii Zhurnal*, *16*, 1030.

Burton, R. K. , Russell, C. R. , & Chappell, C. R. (1970). *Journal of Geophysical Research*, *75/28*,5582.

Cheng, K. S. , Yu, K. N. , & Ding, K. Y. (1993). *Astronomy and Astrophysics*, *275*, 53.

Fendt, C. , & Greiner, J. (2001). *Astronomy and Astrophysics*, *369*, 308.

Frank, L. A. , Burek, B. G. , Ackerson, K. L. , Wolfe, J. H. , & Mihalov, J. D. (1980). *Journal of Geophysical Research*, *85*, 5695.

Frank, J. , King, A. R. , & Raine, D. (1992). Accretion Power in Astrophysics, 2nd edition. Cambridge University Press, Cambridge.

Fu, W. , & Lai, D. (2012). *Monthly Notices of the Royal Astronomical Society*, *423*, 831.

Ghosh, P. , & Lamb, F. K. (1979a). *Astrophysics Journal*, *232*, 259.

Ghosh, P. , & Lamb, F. K. (1979b). *Astrophysics Journal*, *234*, 296.

Grießmeier, J. -M. (2014). In H. Lammer & M. L. Khodachenko (Eds.), *Characterizing stellar and exoplanetary environments* (pp. 213). Heidelberg/New York: Springer.

Illarionov, A. F. , & Sunyaev, R. A. (1975). *Astronomy and Astrophysics*, *39*, 185.

Istomin, Ya. N. , & Komberg, B. V. (2002). *Astronomy Reports*, *46*, 908.

Hill, T. W. (1979). *Journal of Geophysical Research*, *84*, 6554.

Hill, T. W., Dessler, A. J., & Michel, F. C. (1974). *Geophysical Research Letters*, *1*, 3.

Khodachenko, M. L., Alexeev, I. I., Belenkaya, E. S., Lammer, H., Grießmeier, J.-M., Leitzinger, M., Odert, P., Zaqarashvili, T. V., & Rucker, H. O. (2012). *Astrophysics Journal*, *744*, 70.

Krimigis, S. M., Armstrong, T. P., Axford, W. I., Bostrom, C. O., Fan, C. Y., Gloeckler, G., Lanzerotti, L. J., Keath, E. P., Zwickl, R. D., Carbary, J. F., & Hamilton, D. C. (1979). *Science*, *206*, 977.

Possenti, A., Colpi, M., D'Amico, N., & Burderi, L. (1998). *Astrophysics Journal*, *497*, L97.

Pudritz, R. E., Ouyed, R., Fendt C., & Brenburg, A. (2006). Protostars Planets V, University of Arizona Press, Tucson, 277.

Shakura, N. I., & Sunyaev, R. A. (1973). *Astronomy and Astrophysics*, *24*, 337.

Shue, J.-H., Chen, Y.-S., Hsieh, W.-C., Nowada, M., Lee, B. S., Song, P., Russell, C. T., Angelopoulos, V., Glassmeier, K. H., McFadden, J. P., & Larson, D. (2011). *Journal of Geophysical Research*, *116*, A02203.

Shvartsman, V. F. (1970a). Radiofizika. Izvestiya Vyzshich Uchebnych Zavedeniy, 12, 1852.

Shvartsman, V. F. (1970b). *Astronomicheskii Zhurnal*, *47/3*, 660.

Slavin, J. A., Smith, E. J., Spreiter, J. R., & Stahara, S. S. (1985). *Journal of Geophysical Research*, *90*, 6275.

Slavin, J. A., Erson, B. J., Zurbuchen, T. H., Baker, D. N., Krimigis, S. M., Acuna, M. H., Benna, M., Boardsen, S. A., Gloeckler, G., Gold, R. E., Ho, G. C., Korth, H., McNutt Jr., R. L., Raines, J. M., Sarantos, M., Schriver, D., Solomon, S. C., & Travnicek, P. (2009). *Geophysical Research Letters*, *36*, L02101.

Townsend, R. H. D. (2008). *Monthly Notices of the Royal Astronomical Society*, *389*, 559.

Vasyliunas, V. M. (1979). *Space Science Reviews*, *24*, 603.

Zhang, D., & Dai, Z. G. (2010). *Astrophysics Journal*, *718*, 841.

Zhao, X. P., & Hoeksema, J. T. (2010). *Solar Physics*, *266*, 379.

第4篇

天基和地基系外行星观测与表征工具

许多空间机构认识到，研究地外是否存在生命，首先必须确定系列行星是否存在。在此基础上对系外行星系统、演化过程、大气、磁场、等离子体环境等特性进行表征，最终实现恒星附近类地行星以及承载生命的能力的探测，将是天体物理学在未来数十年面临的重要挑战之一。本篇主要介绍未来十年计划建造的和正在建造的用于系外行星观测的天基、地基项目。介绍天基、地基天文望远镜，将大大增强人们对银河系邻居中类地行星的观察与研究水平。由于紫外波段的观测对行星的上层大气、等离子体和磁场环境以及非静力学特性和相关的大气逃逸具有至关重要的相关性，将重点介绍紫外观测中哈勃望远镜（HST）的接替者——WSO-UV天文望远镜。

第 13 章 与星同在:未来天基系外行星搜寻和表征任务

人们对系外行星的研究已经开展了 20 多年。在最初第一颗真正意义上的系外行星被探测到以来，发现探测到的超过 1700 个物体具有明显的多样性。虽然已开始对这些围绕其他恒星运行的行星利用物理手段进行表征，但是，在未来的探测过程中，提高对系外行星物性探测的灵敏性和分辨率，可为实际意义上的比较行星学提供数据，即直接比较太阳系内的外行星之间以及其与太阳系行星之间的差别。本章将简要介绍目前在轨的以及不久将来发射的天基探测器，也包括确定开展的中期远景的项目。

13.1 背景介绍

Carl Sagan 曾经展示了他认为的从宇宙大爆炸到目前状态的整个演化过程，而人类的演化出现在银河系边缘的一个多岩石行星上，并开始质询自身演化中的问题。他认为这是氢原子所做的事，一个 150 亿年的演化过程。

这个过程包含着很多人类在不断探寻答案的永恒的问题和事件，主要可以概括为：

(1) 我们如何理解自身?

(2) 我们从哪里来?

(3) 我们将去何处?

(4) 生命在宇宙中产生、演化并相互作用的条件是什么?

为了能够解释这些哲学问题，并在理解自身上取得进展，我们必须明确阐述可通过试验回答的研究问题。一系列可能的问题如下：

(1) 地球是独一无二的吗? 其他星球是否有生命存在?

(2) 什么条件使得一个行星适于居住?

(3) 行星系统是如何形成和演化的?

这里假设生命只能在行星表面或者靠近行星表面的地方形成并进化。英国著名科学家 Fred Hoyle 在 19 世纪 60 年代写了一部小说，假想生命也可以在分子构成的星际云团中形成，这也是宇宙中生命产生的普遍过程，而地球是一个例外情况。但此处不考虑这一想法，而假设生命是在岩石行星的表面或其周围介质（包括大气、海洋深处等）中形成。

这样，可以把上面列出的问题更为具体化、细节化：

（1）地球是在一个特别的地方或者在一个特殊的环境下形成的吗？

（2）行星和行星系统的多样化程度如何？

（3）不同恒星系内适于居住的陆地行星一般有什么特征？

（4）作为一个系统，恒星和行星是如何演化的？恒星是如何影响行星的？反之亦然。

为了理解上面阐述的问题，这些还远远不够。与 Carl Sagan 在 19 世纪 80 年代工作一样，我们也需要从宇宙大爆炸开始，对宇宙基本自然规律的理解进行规范。需要理解太阳系的运作模式，因为这是唯一可以原位进行研究的系统。首先，需要理解气体和尘埃是如何形成恒星与行星的，在宇宙中行星是如何普遍存在的，生命在太阳系中是如何产生和演化的。这些问题正在被研究人员通过现代天体物理学和空间观测数据进行研究和解释，但是一个很重要的突破是，自 Sagan 以来的 20 年中已经确实发现了系外行星。截止本书编写时，人们已经发现的系外恒星数量已将达到 2000 个（Marcy 等，2014）。

为了继续扩展我们的认识，并对太阳系进行位置标定，需要在星际空间尺度上采用比较行星学方法。这需要定义用于此类比较的可观测的参数，通过观测大量天体进行统计。这样，就可以对系外系统以及可进行原位观测的太阳系相关天体进行合适的比较。

但是我们不能满足于仅仅对行星的学习，太阳系的例子告诉我们，我们确实生活在恒星系统中正如美国空间管理机构 NASA 所描述的。对恒星与行星联系的认识在许多领域都是极其重要的，例如：

（1）形成过程是如何影响恒星及其行星的？

（2）恒星演化对行星演化有什么影响？反之亦然。

（3）恒星及其演化过程是如何影响行星生命存在环境条件以及行星上生命的？

为了开展上面提及的观测以及分析工作，需要找到和研究各种类型的系外行星。特别是寻找小的、尺寸与地球相仿的或者超过地球尺寸的星体。对于这些行星，需要高精度地确定其尽可能多的物理参数，包括质量 M_p、半径 R_p 和年龄等，并需要大量的样本。为了获得这些数据，同样需要其宿主恒星的精确参数数据。因此，需要大量的不同类型、不同年龄的恒星样本。

13.1.1　对系外行星物理参数的了解

可以利用多种方法来研究系外行星，本节将简要描述这些方法，重点介绍它们在空间平台上的应用。

千百年来，科学家和哲学家一直推测存在系外行星，然而直到 1992 年人类才第一次有在太阳系外存在行星的确凿证据。行星的发现并没有给人们带来太多意外，因为科学家认为系外行星存在是必然的。这颗行星并不是研究附近类日恒星系统时发现的，如 α 半人马座。事实上，第一个数倍于地球质量的类地行星是在脉冲星 PSR B1257 +12 轨道上发现的。这些类地行星更像是恒星超新星爆发时抛射出来的碎片形成的，而不是一个恒星系统自然演化过程形成的（恒星系统自然演化过程中，行星是由恒星外的星际介质逐渐堆积形成的）。这些行星是通过对脉冲星信号的定时探测而发现的，因脉冲星信号的固有稳定性而可能探测中子星重力影响导致的射频脉冲的微弱变化来探测行星（Wolszczan 和 Frail，1992）。

1992 年行星的发现并没有引发太大的惊奇，虽然该行星是在不应该出现的位置被发现的，而且发现的方法也不是用于系外行星探测的推荐方法。这是因为人们对系外行星的探测已经开展了 60 余年。早在 19 世纪就有宣称进行了系外行星的探测，在 20 世纪中叶报道的可能是系外行星的目标数量在不断增加。这些探测方法本质上是利用天体测绘技术，当行星围绕恒星运动时，会造成恒星的引力弯曲，通过测量引力弯曲，就能发现行星。虽然这些发现中没有一个星体被确认是行星（而不是由于没有完全了解整个系统），但这些技术的可用性以及精度都接近成熟水平，探测系外行星具有明确的可能性——只要存在相当大数量的类似系统。

天体测量偏离的检测是非常困难的，需要测量数据保持微角秒量级的精确度和稳定度。而 20 多年前大部分普通的行星观测技术都是系外行星径向速度（RV，恒星运动沿观测方向上的速度分量）偏转测量法，这种方法可以用来探测行星和其宿主恒星轨道都是围绕系统的质心（在太阳系，系统的质心与太阳几何中心的偏离主要受到木星的影响，也与其他行星轨道位置有关。质心位置可能在太阳系内，也可能在太阳系外）。行星和恒星围绕质心运动，会造成恒星 RV 的变化，这种变化正比于恒星和行星的质量，在地球上利用光谱仪测量其多普勒效应就可探测这种变化。Struve 在 1952 年首先提出了利用这种方法来探测系外行星，同时还基于二元恒星系统的观测数据提出第一个可能被探测到的行星应该是与木星质量相当甚至更大，其轨道应该非常靠近宿主恒星。（在 Sturve 提出预测的 1952 年这一时期，木星造成太阳 RV 的变化量是 12m/s，还不能够被观察到，但是如果行星质量更大，轨道更接近宿主恒星，恒星 RV 变化量确实是可以被探测到的）。

1988 年，加拿大天文学家 Campbell、Walker 和 Yang 报道了对数十个太阳类型恒星的径向速度观测结果，他们宣布在其中的 7 个恒星系中存在有木星质量大小星体的迹象（Campbell 等，1988）。但是，当时大部分天文学家忽视了这一“迹象”，因为所有探测结果都是临界的。而在这 7 个星系中，2003 年确认了存在围绕 γ 仙王座的行星。

在 1989 年 5 月，Dave Latham 及其合作者发表了一篇题为“HD 114762 看不见的同伴——可能的褐矮星”的文章（Latham等，1989），该文章也没有造成大的影响。他们发现一个11倍木星质量的星体以84天的周期围绕类日恒星运行。在摘要中，Latham说：“研究表明，这颗伴随恒星运动的星体可能是一个褐矮星，或者是一个巨行星。”

在那一时期，天文学家完全基于理论来对星体进行特征判断，这一理论就是质量大于太阳质量13倍的星体是典型的褐矮星，因为它可能从多种类型核反应中产生能量。一个小些的星体可能是行星，因为它自身不产生任何明显的能量。这里必须指出：径向速度方法只能够提供轨道上任何星体的最小质量，因为该方法不能够给出星系的倾斜度，因此不能给出沿观察方向行星的真实空间速度是多少。后来证实，Latham分析的HD 114762b星体确实有一个很小的倾角，因此，其质量约为11倍木星质量。HD 114762b和γ仙王座b星被认为是人类探测到的最早的系外行星。

被第一次发现并立即确认的真正行星是在1995年秋季报道的（Mayor和Queloz，1995）。它是围绕飞马座51恒星的一颗行星，被命名为飞马座51b行星（51 Peg b）。飞马座51b行星质量与木星相当，轨道周期只有几天，因此，引起的速度偏移在1995年非常容易被探测到。接下来发现的行星，处女座70b行星和大熊座47b行星也是同样类型的行星（Marcy和Butler，1996；Butler和Marcy，1996）。当时，人们对于这些发现是有疑惑的，因为这些发现显示出系外恒星、行星系统与太阳系非常类似，就如同哲学上所说的太阳系外没有特别之处。但是，真实情况是RV方法偏重于轨道极其靠近宿主恒星的大行星的探测，最终在当时只有那些与太阳系相似的恒星、行星系统才能够被识别出来。

从1995年以来，利用RV方法成功地发现了越来越多、质量越来越小的行星。径向速度的探测极限1σ从50年前开始的50～200m/s，到现在的低于0.7m/s。数以百计的更小行星被发现，记录在案的行星最小质量为一个或几个地球质量的量级。

1952年，Struve发表的报告（Struve，1952）指出，系外恒星、行星系统应该存在日食现象或者凌星现象。如果系外行星轨道穿过观察点与其宿主恒星连线，则系外行星有可能会横越宿主恒星表面。行星封闭轨道的随机方向有超过5%的可能性产生凌星现象，行星有规律地横越宿主恒星表面，可以造成地球上观测到的恒星光强降低约2%，这在当时（1952年）利用新的光电探测器很容易探测。

在2000年Brown等（2001）第一次发现凌星物体后，真正成百上千的类似物体被相继发现（见13.2节中的CoRoT和Kepler空间任务）。现在我们知道对准概率从0.5%到百分之几十，对于距离类太阳恒星1AU，半径1 $R_{\oplus}$的行星，其概率为0.5%；对于轨道靠近红矮星的气态巨行星，其概率为百分之几十。通过观测行星横越恒星表面时的恒星光强，得到光强曲线的形状和强度大小，可以获得行星及恒星尺寸及其他有关物理参数。此外，行星凌星过程中，行星轨道倾角被强制约束，因此可以通过其径向速度曲线获得行星真实质量。通过测量行星遮盖恒星面积以及相关的径向速度曲线，可以精确测量行星质量和半径，从而确定行星的平均密度，得到其主要矿物质组成信息。这种方法通常称为凌星方法。需要有对准发生概率，利用该方法进行任何系统的研究，都需要同时对大量星体进行尽可能长时间的观测，并尽可能提高观察期的占空因子。

Struve 在 1952 年（Struve，1952）就基本上给出了寻找系外行星的现代方法。再次阅读他在 1952 年发表的论文时，不仅会疑问为什么在有探测方法之后，仍然经过许多年后，直到 1995 年和 2000 年才分别实现利用 RV 方法和凌星方法探测到行星。答案可能是探测器上的困难，RV 方法需要观测对象在感光平面成像，而凌星方法对恒星进行逐一观察时几乎没有机会能够观察到行星，这些都要求探测活动具有一定的精度和数量。此外，人们偏向于所有恒星系统或多或少应该与太阳系相似。这一想法让人们对系外行星的探测走向歧途，阻碍了人们更早观察到系外行星。

现在，已经知道了围绕太阳之外其他恒星运行的约 2000 个系外行星（以及更多的待定对象）。也已经发展了多种搜索行星的方法，其中，很大比例的行星是利用天基仪器观测到的。而天基发现的行星几乎是利用 NASA 的开普勒空间望远镜以及法国航空航天局－欧洲的 CoRoT 任务探测到的，这两个空间探测任务都采用了凌星方法。这种方法的缺点是：从地球上（或其附近）看，围绕恒星运行的所有星体中只有很小比例能在其宿主恒星前方发生横越。然而，系外行星更多的仍然是利用径向速度方法发现的，即使宿主恒星的亮度足够高，这种方法仍然可以发现不是在横越恒星过程中的行星。因为这种方法需要大口径、稳定的、高精度的光谱仪，只有在地面可以建造这样的设备，所以专门用于地基观测。

尽管凌星方法可以测量系外行星的半径，而径向速度方法可以测量行星的质量，这两个参数都是以其宿主恒星的对应参数表示的。这是问题的关键。为了能详细研究系外行星，需要获得精确的行星关键物理参数，包括尺寸、地质概况、进化过程等，而这与能够得到的其宿主恒星参数的精确度密切相关。在这方面，恒星物理学存在问题。恒星的质量和半径一般来说很难达到需要的精度，为了测定恒星半径和质量，显然不能获得需要的精度（半径精确度为 ±1%，质量精确度为 ±5%，见图 13.1 和图 13.2）。

那么从近 2000 个系外行星的发现和观察中获得了什么呢？迄今为止，从地基、天基进行的观测活动中，人们认识到的最基础的事实就是系外行星具有巨大的多样性。而在 1995 年之前，还没有获得真正的行星观察结果时，认为系外行星系统或多或少与太阳系是类似的。事实证明过去的想法是错误的，现在可以说虽然在个别星体或者系统中（但很少两者都有）存在个别的相似性，但是，到目前为止还没有发现与太阳系相似的系统。目前最接近太阳系的系统可能是 Kepler 90 系，它有 7 颗行星，其中 2 颗与地球尺寸相当，轨道周期分别为 7 天和 9 天；3 颗超地球行星（2 ~ 3 倍地球半径），轨道周期分别为 60 天、90 天、125 天；1 颗土星大小的行星，轨道周期为 210 天，一颗木星大小的行星，距离 Kepler90 约 1AU，轨道周期为 331 天（Cabrera 等，2014）。

我们还发现，有一些行星在很多方面表现得与地球类似，尽管对于多数星体只能在尺寸和质量中获得一个可靠参数，而缺乏星体其他参数。即使在最好的情况下，仍然由于缺乏准确的恒星参数，从而不能得到行星的准确参数。从图 13.1 可以清楚地看出行星参数的不确定度。图 13.3 给出了对半径小于 8 倍地球半径、质量小于 30 倍地球质量的行星的认识，其中行星的半径和质量都已经被测量过。图中误差线是 1 σ 。

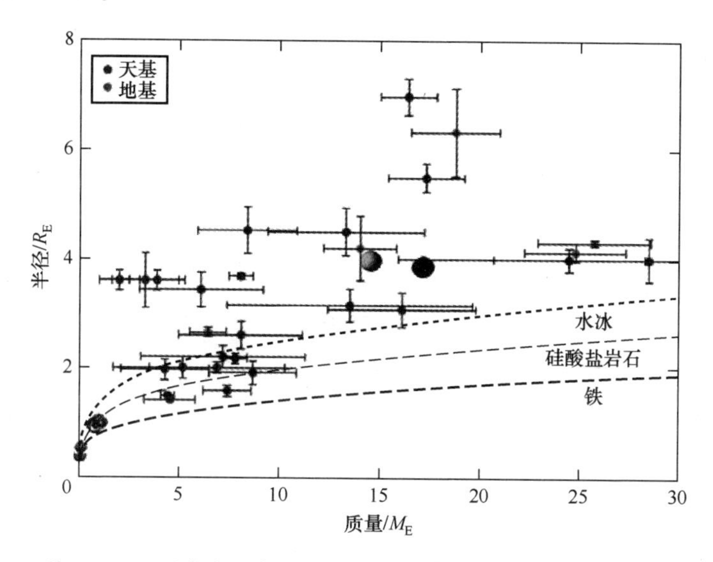

图 13.1　不同成分组成行星的质量—半径图（Rauer 等，2013）

注：水冰、硅酸盐岩石、铁成分行星（Wagner 等，2011）与已知的低质量行星对比（1σ 标准误差）。

当星体演化研究受到关注后，情况开始变坏。在我们重点关注的主序列类日恒星系中，宿主恒星演化状态的误差可能高达数十亿年。

为了进一步扩充迄今为止已经获得的结果，为什么我们需要精确的质量、半径、年龄等参数呢？这可以从图 13.2 和图 13.3 中得到答案：如果想分辨岩石类行星的主要成分和内部结构，就需要能够得到比现在更加精确的数据。提高行星物理参数的精度，也是为了能正确地解释可能的光谱观测数据。如果不知道行星的结构（包括其平均密度），即使发现行星上 O_2 或者 O_3，也不可能把其作为生物标记。因为无法识别行星上氧气分子存在的位置是在行星表面，还是在行星大气层顶部。如果在行星大气层顶部，则是不可能由生物产生的。正如下面将要介绍的，需要一种全新的技术，即 ESA 选中的新 PLATO2.0 任务（见 13.3 节）。然而，提高对行星宿主恒星半径、质量、演化年龄等参数的观测精度，还对研究恒星演化理论有重要帮助。

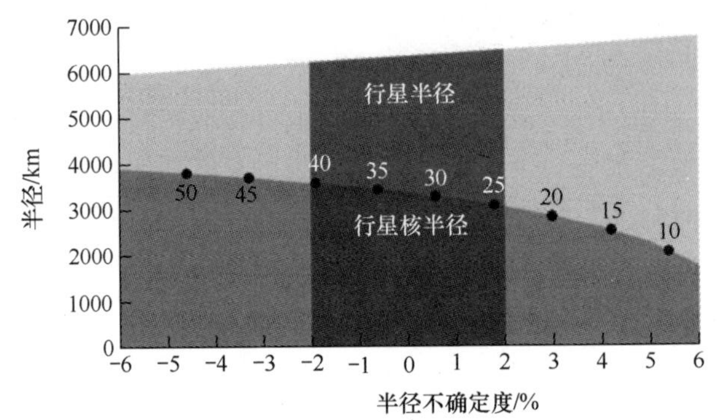

图 13.2 行星半径及其核心半径与行星半径不确定度的关系

注：假设行星质量为 1 个地球质量，半径变化。

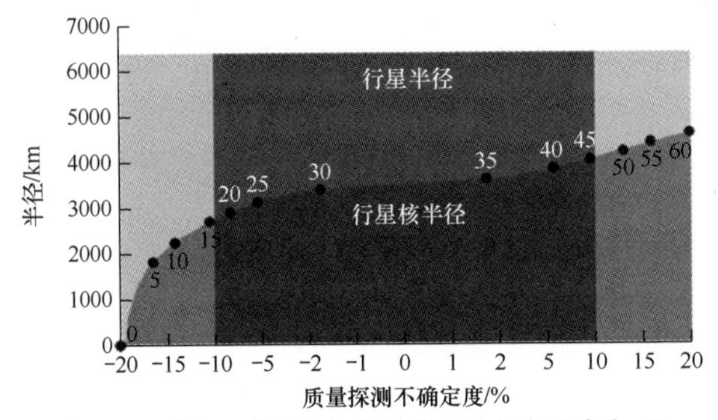

图 13.3 行星半径以及其核心半径与行星质量不确定度的关系（Rauer 等，2013）

注：保持行星半径为固定值（地球半径），变化行星质量在当前的不确定度范围内（±20%）。黑色点上的数字代表行星核心质量占总质量的百分比。黑色阴影区是图解预期 PLATO2.0 精确度（半径 ±2%，质量 ±10%。对应最微弱的宿主恒星最差的情况）。

13.2 当前和不久的将来的天基观测任务

本节将介绍目前正在开展的和将要进行的对重要系外行星目标的天基观测任务。

13.2.1 哈勃太空望远镜

多年来，NASA 发射的 2.6m 口径哈勃太空望远镜（HST）已经对系外行星进行了一系列的重要的调查研究，包括行星光谱分析。HST 由于是第一次从空间中发现了系外行星，享有很高的声誉。至今，因为已经发现了约 2000 个系外行星，人们可能已经忘记，在最初发现 51 Peg b 行星和 47 Uma b 行星的几年里，对行星存在仍然存在许多质疑。包括 Gray 和 Hatzes（1997）等提出径向速度探测受恒星黑子以及恒星表面其他活动影响，事实上观测到的是恒星旋转或者谐波。Charbonneau 等（2000）和 Brown 等（2001）利用 HST 以及地面设备观察到 RV 方法探测到的 HD209458b 行星横越恒星过程，这一探测结果确定在这些情况下天文学家观测到的星体（RV 方法探测到的）就是行星，从此消除了人们对于发现系外行星的怀疑。尽管这些系外行星系统与太阳系有着非常大的区别。

HST 开展了许多系外巨行星横越恒星时恒星透射光谱的观测，发现巨行星中存在镁、钠、水等物质（Nikolov 等，2014；Vidal-Madjar 等，2013；Huitson 等，2013）。一个非常令人兴奋的应用是 HST 上使用精细导航传感器（FGS）对诸如 γ 和 C 和 D 之类的系外行星和其他系统（包括上限）引发的天体测量偏移进行定位，也证实了后来如 Gaia 之类的天体测量任务以及近地天文望远镜（NEAT）（ESA）的可能性。

HST 具有很高的分辨力和分光能力，这对研究气态行星、尘埃盘以及从新恒星中喷射出来的物质是非常有价值的。

13.2.1.1　MOST

恒星微变和振荡望远镜（MOST）是加拿大在 2003 年发射的一颗小卫星，质量仅为 53kg，配备一个装有两块帧传递 CCD 的 150mm 口径望远镜，其中一个用于跟踪目标，另一个用于科学探测。MOST 于 2003 年 6 月 30 日发射到低轨太阳同步轨道，可以最多连续 60 天观察倾角范围为 $-19° \sim +36°$的恒星。这是第一颗用于研究星震学的航天器，同样可以用来搜寻已知的系外行星的凌星。MOST 进行了许多非常重要的观测活动，进一步证实了以前利用 RV 方法进行的探测结果，但在类似 CoRoT-7b 的小行星的探测上受到了挑战。这些行星是岩石类行星，轨道周期非常短，质量属于超地球类。然而，也报道了围绕亮度非常高的 55CnC 恒星（$m_v \approx 5$）（Dragomir 等，2013a）和 HD 97658 星（$m_v \approx 5$）（Dragomir 等，2013b）的此类物体的观测结果。

13.2.1.2　SPITZER

美国 NASA 的 Spitzer 空间望远镜原是用于对银河系以及银河系以外星系进行红外光谱观测，特别用来研究恒星的形成过程、新恒星周围的尘埃星盘等。在 Spitzer 空间望远镜在轨工作 10 年之后，被用作研究系外行星的先进设备。在 20 世纪 90 年代后期当 Spitzer 被设计完成时，第一个系外行星刚被发现，这时想改变 Spitzer 的设计，增加探测系外行星功能是不可能的。万幸的是，Spitzer 有着非凡的、超出设计水平的热稳定性，在入轨之后，又进行了一些改进，因此，Spitzer 可以实现一些原先设计中没有的功能。特别是后来，当 Spitzer 上携带的冷却剂耗尽后，Spitzer 不得不在 -240℃ 下工作，这一温度远高于其设计的工作温度，因此称为温暖 Spitzer 任务。在这种情况下，红外相机功能转变，使得望远镜成为一个极好的研究系外行星横越过程的天文观测台，还可以探测系外行星大气和表面辐射出来的红外光。Spitzer 观测到的系外行星结果非常多而且珍贵，其中包括 2005 年第一次探测到的二级日食（Deming 等，2005）。Spitzer 目前仍在继续工作并获得大量系外行星。Spitzer 的结果可用于行星大气动力学的热相曲线和星云（Demory 等，2011）热传输限制理论（Knutson 等，2012），以及 55 Cnc e 凌星（见 13.2.1.1 节；Demory 等，2011）的连续观测。预计 Spitzer 还可以在轨工作数年。

13.2.2 CoRoT：第一个专门用于系外行星探测的空间任务

第一个专门用于系外行星探测的空间望远镜（CoRoT）（对流、旋转和行星凌星），由法国空间局（CNE）、欧洲空间局（ESA）以及其他国际合作伙伴共同开发，用于发现和研究凌星过程中的系外行星。CoRoT 于 2006 年 10 月由联盟号 2.1b 火箭发射升空（Baglin 和 Fridlund，2006；Baglin 等，2009）。CoRoT 在 2007 年 2 月 2 日开始获取数据，之后数年里一直下传观测数据，直到 2012 年 11 月 2 日，CoRoT 的最后一个数据处理单元由于电源问题失效。CoRoT 任务有两个主要科学目标：一是搜寻轨道周期短的系外行星，特别是那些体积巨大的陆地行星；二是测量恒星的类似太阳的谐振，开展星震学研究。CoRoT 是一个 27cm 的离焦望远镜，由 4 个 CCD 组成的探测器包，每两个 CCD 为一组用来完成一个科学目标。CoRoT 可以在沿银河系中心矢量方向上和天空对面的麒麟星座矢量方向上分别 10°角宽的区域内，观测 4 deg^2 面积的区域。每个区域最长观测 180 天，需要完成指向上 180°的变化，然后对下一个区域进行观测。这是由于地球轨道运动造成的，在这一周期后，太阳散射光会进入到望远镜的遮光罩内，给光度测量造成影响。每个观测周期，CoRoT 可以追踪 10000 ~ 11000 个物体。在其任务中，获得了单独星体的约 150000 幅光曲线（在 30 天与最多 180 天之间以约 95% 的节奏监测）。

在 2007 年，CoRoT 发现了第一个行星，即 CoRoT-1b，随后它又记录了超过 35 颗行星以及围绕运行的褐矮星，并估计了这些行星的质量。这些行星已经被多种观测方法确认存在，包括测量恒星的径向速度信号方法。在这些确定的行星中，CoRoT-7b 是第一颗凌星的陆地行星，CoRoT 研究团队成功测量了这颗行星的基本物理参数（Léger 等，2009；Queloz 等，2009；Hatzes 等，2010）。CoRoT 这一天基设备具有的敏锐的光度灵敏性，从而首次在可见光波段观测到二次凌星和相位曲线（Snellen 等，2009；Alonso 等，2009；Borucki 等，2009）。

约有 250 个潜在的星体需要被跟踪观测，这些星体大部分亮度低于 16 量级，目前还没有光谱仪可以观察如此低亮度的星体，至少对所关注的小行星是如此。这些观测任务只能等待 8m 口径的望远镜配有更高精度光谱仪启用后来完成，如配有 ESPRESSO 光谱仪的 ESO 甚大天文望远镜。

13.2.3　开普勒

NASA 主导的开普勒任务是 CoRoT 任务（http://kepler.nasa.gov）的后续，与 CoRoT 任务目标很相似。开普勒望远镜于 2009 年 3 月发射（Borucki 等，2009），但直到 2013 年中期才成功工作。开普勒望远镜与 CoRoT 望远镜不同之处是其口径更大，达到 95cm，视场也更大，达到了 100 deg^2，而 CoRoT 只有 4 deg^2。这意味着可以观测更多更明亮的目标星体，能够发现更小的凌星行星。此外，观测方法也有不同，开普勒望远镜在整个观测周期内采用固定视场（天鹅座星群方向）。该视场内大约有 150000 个目标恒星（这比 CoRoT 观测目标的亮度高 1 ~2 个量级）。开普勒任务要从这些目标星体中确定 250 个行星（Rowe 等（2014）和 Lissauer 等（2014）近来，利用统计学方法确认了 750 多颗行星），并且登记了 3000 个候选对象。开普勒任务已经发现了有 5 ~7 个行星的恒星系，包括气体巨行星、热海王星、小型行星等（Borucki 等，2010；Fridlund 等，2014；Cabrera 等，2014；Borucki 等，2013）。

CoRoT 和开普勒任务虽然只是空间探测任务的初级阶段，但这些任务在很大程度上改变了传统系外行星学研究，奠定了现在系外行星学研究的基础。这两个任务都开展了星震学、系外行星学、发现红巨星 p 模谐振等研究工作。第一次在银河系内能够确认回转年代学的相关要素，并在这个新领域中获得许多其他发现。开普勒任务还尝试测量第一个行星——宿主恒星 HAT-P7-b 的星震标志（Christensen-Dalsgaard 等，2010）。因此，开普勒任务也可认为是 PLATO 任务（见 13.3 节）的先驱。CoRoT 和开普勒任务也为 ESA 下一个中等任务 PLATO 以及 NASA 探测级任务 TESS 奠定了基础。

13.2.4　盖亚：体积观测

盖亚（Gaia）是 ESA 的下一代天体测量卫星，于 2013 年 12 月发射成功，目前正在 L2 点轨道试运行。盖亚的先导任务是 ESA 在 1989—1993 年开展的 Hipparcos 任务。盖亚要实现的基本目标是：绘制出极高精度的三维图像，包括银河系内外约 10 亿颗恒星的运动。

盖亚任务的科学测量涵盖三个主要领域，分别为天体测量学、光度学、分光学。后一个必须具有足够高的性能以获得星球径向速度、天体物理参数等数据。在与宇宙的起源、结构和演化历史相关的问题中，从天体测量的抖动和光度测量得到的凌星观测的高精度数据可以用来探测成千上万的海王星相当尺寸或者更大尺寸的系外行星。因此，盖亚可能是第一个通过体积观测发现系外行星的空间任务。哈勃望远镜（见 13.2.1 节）在此之前已经利用高精度导航传感器开展了相对天体的测定工作，对少量合适的目标系统进行了观测。

盖亚可以获得未来 PLATO 任务目标的高精度恒星距离参数，这对后者（见 13.3 节）有巨大的帮助，通过将系外行星宿主恒星的某些性能作为自由参数去除后，可改善 PLATO 获得的天体振动数据。举一个重要的例子，由于目标天体距离的测量非常准确，可以在获取天体振动参数时将发光度、等效温度、星体半径等参数固定下来，从而进一步提高行星其他物理参数的准确性。

13.2.5 近期的探测任务：TESS、CHEOPS 和 James Webb 空间望远镜

13.2.5.1 凌星系外行星观测卫星：TESS

TESS 任务是 NASA 探测计划中的一项，计划在 2017 年发射。它配有 4 台宽张角 10cm 口径望远镜，每个望远镜配备 67×10^6 像素 CCD 相机作为成像系统。该卫星每个视场可以观察到 10000 颗恒星，数据每两周下传至地球一次。

值得注意的是，NASA 将首次采用月球共振轨道（或 P/2）作为 TESS 的轨道。它是一个 100000km×375000km 的椭圆轨道，只要轨道的远地点定时远离月球就非常稳定。P/2 轨道与 CoRoT 或者 MOST 等卫星轨道相比，最大的优势是其运行在范·艾伦辐射带的外面，不会受到辐射带粒子辐射的破坏作用。TESS 的数据会在近地点时下传到地球，这样就保证了数据传输的高速率。

TESS 将观测整个天空，每个视场观测 1 ~2 个月，重点观测 G 型和 K 型恒星以及 1000 颗左右最亮的红矮星。TESS 可以发现亮度大于 12 等的恒星，因此可以发现大量的海王星尺寸、超级地球尺寸的系外行星，对于最亮的恒星系统甚至还可以发现地球尺寸的系外行星，这些行星的轨道周期可能长达 1 个月。这些天体也是 JWST 任务的首要目标，将尝试获取海王星尺寸大小的凌星系外行星过程中的大气光谱特征。

13.2.5.2 CHEOPS

ESA 的 CHEOPS 任务是 ESA 小型探测任务系列中的首发探测卫星。小型探测任务项目由 ESA 成员国发起，总投入不超过 5000 万欧元，研制周期不超过 3.5 ~4 年。CHEOPS 任务致力于对径向速度法发现的系外行星以及附近的恒星进行光度测量跟踪，利用径向速度偏转测量法可以识别这些参数，这些参数表明行星的凌星可能显现。对行星凌星光谱曲线的精确测量，可以准确测定行星参数。CHEOPS 任务期望对超级地球至海王星尺寸范围内系外行星半径测量的不确定度小于 10%。测量目标较为明亮，在 2024 年 PLATO 2.0（见 13.3 节）发射之前精度将是最好的。CHEOPS 计划于 2017 年发射。

CHEOPS 任务的主要科学目标是研究半径在 1 ~6 倍地球半径之间的系外行星，特别是具有以下特征的行星：

（1）质量 – 半径关系在行星质量范围内，目前已有的数据很少，且精度不

高的行星；

（2）超出行星质量范围且有明显大气的行星的确认；

（3）利用盖亚获得的行星与宿主恒星的距离以及恒星参数；

（4）在行星的形成和演化过程中可能存在的迁移路径上的位置约束；

（5）已知热木星大气探测；

（6）为具备光谱观测能力的未来地基（如E-ELT（欧洲极大望远镜））和天基（如JWST）观测提供特殊的观测对象。

CHEOPS是一个三轴稳定的小型卫星，发射总质量约为250kg，指向精度为8″。它是在标准小卫星平台基础上加以改进设计、制造出来的。CHEOPS的设计基线是使用了标准的小型卫星平台并做了一些修改。航天器的设计将在未来的A/B1研究阶段固化，这一阶段的研究将决定平台的选择。CHEOPS配备一个0.3m孔径中型尺寸望远镜，因此CHEOPS的望远镜与CoRoT任务的望远镜相似。但是CHEOPS望远镜的目标为6～12等星，而CORoT的目标为11～16等星，因此CHEOPS望远镜的灵敏度比CoRoT的高1～2个数量级（CoRoT对6～9等星范围内的目标灵敏度可达到光度的（1～20）$\times 10^{-6}$，但是这只对天体振动目标，在此精度下观测不到凌星系外行星及宿主恒星）。

卫星平台的所有要求都围绕着实现、支撑卫星望远镜系统功能和光度测量精度来设计制造。卫星平台主要指标是指向能力和对载荷的热控能力。卫星设计方案要求采用Vega或者“联盟号”宇宙飞船发射。卫星轨道采用太阳同步轨道，轨道高度为650～800km，升交点平均本地时间为06:00。这一轨道选择让卫星背面永远指向太阳，使其能进行不间断的观测，保证卫星上热变化以及照射到卫星上的地球杂散光最小化，卫星轨道平面尽可能靠近晨昏分界线。

13.2.5.3　詹姆斯韦伯空间望远镜：JWST

JWST天文台由被动冷却望远镜组成，对近红外波段（2～5μm）的衍射限制性能进行了优化，并向两端扩展至可见光波段（0.6～2μm）和中红外波段（5～28μm）进行探测。JWST天文台主要由集成科学仪器模块（ISIM）、光学望远镜单元（OTE）、卫星平台（包括卫星总线以及太阳屏蔽罩等）三部分组成。

JWST的主镜的直径为6.5m，由18块镀金铍镜片组成，并利用一个巨大的屏蔽罩（22m×12m）保护望远镜以及仪器不受太阳光的影响。JWST的科学仪器探测波长为0.6～28μm（可见光至中红外），而哈勃望远镜的探测波长为0.1～2.5μm。

JWST的总质量为6500kg，由欧洲阿里安5号火箭发射升空后，JWST将被送至拉格朗日L_2轨道运行，距离地球约150万km。与哈勃望远镜相比，JWST选择L_2点作为轨道使得JWST的操作以及指向精度和稳定性的要求更加简单。

JWST的科学目标主要包括四大类，即实现如下观测：

（1）当第一代恒星开始形成并发光、宇宙重新电离化时，宇宙的演化过程。

（2）早期星系、星系群的初次形成。

（3）对恒星及其伴随的行星系统的形成进行详细观测。

（4）“行星系统与生命起源”项目对系外行星大气以及伴随恒星形成过程的星际介质中的复杂分子首次进行高灵敏度分光观测。

13.3　ESA 下阶段任务：PLATO 2.0

第二代行星“发现者”PLATO 2.0 系外行星研究卫星在 2014 年 2 月由 ESA 立项，作为未来中期发展规划任务，计划在第三个发射窗口 2024 年发射。PLATO 2.0 主要用于研究以下基础问题：行星系统是如何形成和演化的？其他恒星行星系是否存在与地球类似的行星，并且这些行星是否能够孕育生命？PLATO 2.0 由总线系统、34 个 12cm 小口径望远镜组成，可以完成宽视角探测以及大光度范围探测。PLATO 2.0 主要探测明亮的恒星（m_v为 4 ~ 13），以便利用凌星光度法发现和表征恒星系中地球尺寸大小的行星，这些行星的质量可以利用地基雷达追踪测速方法获得。

星震学可以研究 $m_v < 11.5$ 的恒星，获得高精度恒星参数数据，包括恒星质量和年龄。将光度目标探测和星震学探测结合起来，可以获得体行星参数的准确数值：行星半径、质量和年龄的测量误差分别小于 2%、4% ~ 10% 和 10%。在可以预见的基础观测阶段包括两个长期的目标观测任务，每个大概持续 2 ~ 3 年，以发现和表征类太阳系的恒星系中适于居住的行星，特别是地球大小的行星。还有一个附加任务，在设计的 6 年任务周期内，分步分阶段对天空进行探测，要覆盖整个天空的 50%（如果探测器寿命能够延长到 8 年甚至更长时间，则探测区域可以覆盖天空的 70% ~ 80%）。PLATO 2.0 计划在任务周期内能够完成对 1000000 颗恒星的观察，对数以百计的地球至超级地球大小范围内的行星进行表征，对数以千计的海王星到气态巨行星类别的在并不适于居住的轨道范围内的行星进行表征，并发现更多的行星且能对其部分参数进行表征。

因此，PLATO 2.0 将提供大目录范围行星的参数信息，包括半径、质量、平均密度和年龄，并且数据的精度足以开展进一步的详细分析。探测的行星目录范围包括处于中间轨道距离的类地行星，行星表面的温度是适中的。细致表征的行星的统计数据确定的这一参数的覆盖范围是 PLATO 2.0 任务的独特之处。首先，PLATO 2.0 将对小行星进行普查。任务的结果可以完善小质量和大质量行星（轨道距离在几个天文单位以内的）的多样性知识，并修正根据行星形成理论预测的行星平均质量与轨道距离的关系。其他可以开展的研究工作包括多体系统中行星移动、散射的约束理论，揭示行星和行星系统参数变化与宿主恒星特性的关系，如类型、金属丰度、年龄。PLATO 2.0 研究目录范围较大，还有助于开展不同演化阶段的行星和行星系研究。研究人员可以识别那些仍然保留其原始氢气大气的星体以及一般具有此类低质量、低密度行星的典型特征。由于 PLATO 2.0 探测目标主要是明亮的恒星，PLATO 2.0 发现的行星可以作为未来光谱探测任务的探测目标，来探测其大气环境。此外，PLATO 2.0 还可能发现系外卫星、行星环、双星和 Trojan（特罗央群）行星。PLATO 2.0 通过星震学、各种可见恒星光谱、不同年龄恒星云团的观测和研究，可以对恒星科学和银河系科学造成影响，从而促进行星科学的发展。PLATO 2.0 将提高恒星模型水平，促进恒星研究活动。大量已知年龄的红色巨恒星可以探查银河系的结构和演化。恒星不同演化阶段的明亮恒星星震年龄研究可以标定恒星年龄 - 自转的关系。PLATO 2.0 与 ESA 的盖亚任务将为行星、恒星、银河系科学研究提供大量数据，其探测成果将是一笔宝贵的财富。

最重要的是，由于探测器的高精度和高灵敏度，PLATO 2.0 任务会进行首次独特的观测，有望将系外行星学带入到一个新时代：可以对类地行星开展行星物理学研究，并将观测数据与太阳系的数据对比，进行比较行星学研究。同时，对系外行星宿主恒星的观测可以给出系外星系年龄的准确数据，帮助人们建立星系的演化图如图 13.4 所示，并能更好地理解我们所生活世界的来龙去脉。

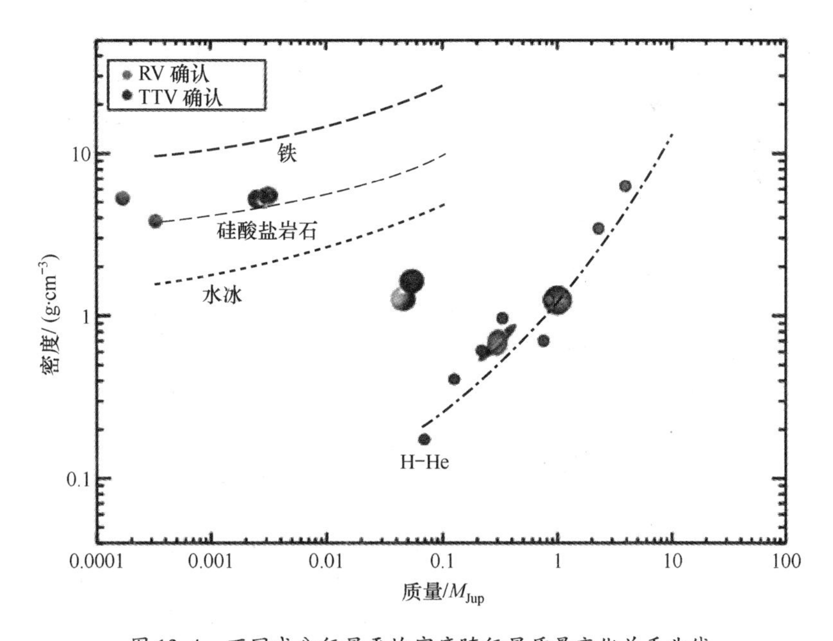

图 13.4　不同成分行星平均密度随行星质量变化关系曲线

注：行星轨道周期大于 50 天。对于巨大质量类别行星，其多样化很明显。在该图中补充各种不同质量（特别是低质量行星）的行星，并与不同精度、不同时期的恒星比较，就可以研究行星的演化。

13.4 NASA 下阶段任务：WFIRST，星冕成像仪和遮光体

NASA 计划在 PLATO 2.0 同期或者稍后也发射一颗天文观测卫星宽场红外探测望远镜（WFIRST），设计用于将天空的近红外光进行宽场成像和无缝分光光谱探测。目前 WFIRSR 的设计构想是利用现有的一个 2.4m 口径空间望远镜（天文物理聚焦望远镜组件，AFTA）。WFIRST-AFTA 目的是解决目前系外行星和暗物质研究中存在的问题。这台望远镜将是天文学和天体物理学领域内在新世界、新视野、10 年研究内最高水平的大型空间探测任务。WFIRSR 搭载的主要仪器是一个宽场多滤镜 NIR 成像仪，带有可选的棱栅分光镜。由于望远镜孔径达到了 2.4m，把光冕成像仪也加入到载荷中去，对系外行星和碎片云盘进行直接成像。

WFIRST 的 2.4m 口径望远镜，并配有星冕观测仪，可以达到光对比度 10^{-9}，内工作角小于 0.2″，能够对 200 多个最近的恒星进行观测。这一观测将对几十颗已知的高径向速度行星直接成像，还可能发现数十颗以前未知的冰态、气态巨行星。这些行星中的大部分还可以利用波长范围为 400 ~ 1000nm、光谱分辨力约为 70 个波数的积分场光谱仪进行表征。对这些光谱数据进行研究，可以用于发现甲烷、水、碱金属等希望探测到的物质的特征信息，揭示行星大气瑞利散射信号，并能很容易地区分各种行星的等级（如类海王星等级和类木星等级的行星辨别），以及各种行星不同的金属丰度。

行星形成的内核吸积理论认为，大部分行星要比气态巨行星质量小很多，理解行星形成的关键区域是刚刚超过雪线的区域，范围为 1.5 ~ 4AU，在这个区域内，显微成像技术具有最高的灵敏度（Ida 和 Lin，2005）。WFIRST 将把现有的显微技术的灵敏度进一步提高，达到能测量轨道间距在 0.5AU、质量只有地球质量 1/10 的行星的能力。其他的探测任务，如 CoRoT（见 13.2.2 节）、Kepler（见 13.2.3 节）和 PLATO 2.0（见 13.3 节）等只对临近恒星的行星有比较高的探测灵敏度（CoRoT 周期小于 90 天；Kepler 周期约 180 天；PLATO 2.0 周期约 1 年），而不适于识别轨道距离更远的行星。WFIRST 是对临近恒星卫星感知能力较差，但是对于轨道距离超过 0.5AU 的卫星，WFIRST 比上述其他任务具有很大的优势。WFIRST 可以感知的区域甚至可以达到几乎不受恒星引力作用的行星，从而给出对这类行星的数量和质量的限制。其他方法，包括地基的显微方法，都不可能达到如此高的灵敏度。

天基微重力透镜方法可以提供关于不同等级行星数量的最全面的数据，本质上它观测的行星距离是后续任务无法（如 PLATO 任务）达到的。微重力透镜方法探测任务的统计意义是其探测目标天体的距离远，可以预见在未来不可能再探测到这些行星。

13.5　更远未来的任务：达尔文，TPE和新世界探测

研究系外可以孕育生命行星的探索活动在1996—2007年开展很少，但是未来以这方面探索为主要任务的研究工作将有序开展。这些研究包括ESA的达尔文（Darwin）计划以及NASA的类地行星发现者（TPF）计划，大多数情况下是两个组织联合开展。这些研究将获得的结果是建立多种技术手段，可以对围绕在恒星周围、距离恒星至少30~50pc的满足居住条件轨道的小行星发出来的光进行直接地探测研究。

对于距离宿主恒星非常近（小于0.1″）的类地行星，其与宿主恒星的对比度会达到10^{10}，为了克服这一问题，必须开发光学装置抑制恒星光，以能分辨出行星上反射出来的光。除了这一目标相关的光学设计挑战之外，为保持星冕光谱仪所需要的亚纳米波阵面稳定性，波阵面控制技术是必不可少的。波阵面为了实现高对比度成像，需要设计微振动的望远镜，这就需要发展振动隔离、微振动反应轮、振动主动感知与控制等技术。如果这些技术攻克难度太大或者花费太高，则利用外部遮光罩来提高对比度。对于大型天文望远镜，实现外部遮光罩技术目前也是一个巨大的技术挑战，主要包括遮光罩的尺寸、距离、重新指向所需要的大量能源等。此外，未来这些探测器还需要基于破坏性干扰的干涉仪、内部和外部星冕观测仪。自2007年以来，这些探测任务的一些前期关键技术已经开展研究，但是大部分技术工作明显缓慢下来。NASA主持的关于星冕观测仪项目一些研究工作还在开展。此外，新世界任务也在开展，其中已开展了恒星光遮蔽装置的展开方法研究，即在望远镜数万千米外飞行的遮光罩。在欧洲，瑞典的棱镜结构已经成功完成了飞行试验，使用了为ESA的达尔文项目而开发的技术，是自由飞行干涉仪所必需的关键技术。

达尔文项目的第一个目标是在目标恒星中适于生存的轨道空间内寻找行星。目标恒星主要是主序列恒星，主要为F、G、K、M等类型，颜色在B~V范围，发光度等级在Ⅳ~Ⅴ级或者Ⅴ级，目视等级小于12等的恒星。达尔文项目第二个目标是对已经发现的行星进行详细分析，包括测定行星的物理参数，如轨道、温度、演化状态等。如果行星存在大气，则利用分光光谱仪对其大气成分进行分析。达尔文项目的第三个补充目标是进行干涉成像。通过分析行星大气中的生物标记物，达尔文项目可以分辨出该行星是否与地球类似，具备孕育生命的环境，如果发现有生命迹象，达尔文项目则可以确定生命进化的阶段。因此，达尔文项目对理解人类自身的进化过程有着深远意义。

13.6 本章小结

在经过第一阶段20余年对系外行星的观测后，系外行星学基本成熟，目前已在1096个星系中发现了1771颗行星（http://exoplanets.eu），而且新发现的行星数量几乎每天都在变化。经过发现行星的第一阶段后，下一阶段对系外行星观测的主要目的是开展详细研究工作，最终能够得到围绕宿主恒星运动的系外行星的详细物理参数。在这一阶段，对单一宿主恒星的认知和对太阳系太阳的认知意义同等重要。现在，多个空间机构正在为下一阶段的空间探测任务积极准备相关设备和探测器。在未来，系外行星探测在天文科学这一重要的领域将有望更快的发展。

参考文献

Alonso, R., Alapini, A., Aigrain, S. (2009). *A&A*, *506*, 353A.

Baglin, A., & Fridlund, M. (2006). CoRoT: From stars to habitable planets. Pre-launch studies. In M. Fridlund, A. Baglin, J. Lochard, & L. Conroy (Eds.), *The CoRoT mission pre-launch status - stellar seismology and planet finding ESA SP-1306* (p. 11). Noordwijk: ESA Publications Division.

Baglin, A., & The CoRoT Exoplanet Science Team (2009). In *Transiting planets*, *proceedings of the international astronomical union*, *IAU symposium* (Vol. 253, p. 71). Cambridge/New York: Cambridge University Press.

Borucki, W. J., & The Kepler Team (2010). *Astrophysical Journal*, *713*, 126B.

Borucki, W. J., & The Kepler team (2013). *Science*, *340*, 587.

Borucki, W. J., Koch, D., Jenkins, J. (2009). *Science*, *325*, 709B.

Brown, T. M., Charbonneau, D., Gilliland, D., Noyes, R. L., & Burrows A. (2001). *Astrophysical Journal*, *552*, 699.

Butler, R. P., & Marcy, G. W. (1996). *Astrophysical Journal*, *464*, 153.

Cabrera, J., Csizmadia, S., Lehman, H., Dvorak, R., Gandolfi, D., Rauer, H., Erikson, A., Dreyer, C., Eigmüller, Ph., & Hatzes, A. (2014). *Astrophysical Journal*, *781*, 18.

Campbell, B., Walker, G. A. H., & Yang, S. (1988). *Astrophysical Journal*, *331*, 902.

Charbonneau, D., Brown, T. M., Latham, D. W., & Mayor, M. (2000). *Astrophysical Journal*, *529*, 45.

Christensen-Dalsgaard, J., Kjeldsen, H., Brown, T., Gilliland R. L., Arentoft, T., Frandsen, S., Quirion, P.-O., Borucki, W. J., Koch, D., & Jenkins, J. M. (2010). *Astrophysical Journal*, *713*, 164.

Deming, D., Seager, S., Richardson, L. J., & Harrington, J. (2005). *Nature*, *434*, 740.

Demory, B. -O. , de Wit, J. , Lewis, N. , Fortney, J. , Zsom, A, Seager, S. , Knutson, H. , Heng, K. , Madhusudhan, N. , Gillon, M. , Barclay, T. , Désert, J. -M. , Parmentier, V. , & Cowan, N. B. (2013). *Astrophysical Journal*, *776*, 25.

Demory, B. -O. , Gillon, M. , Deming, D. , Valencia, D. , Seager, S. , Benneke, B. , Lovis, C. , Cubillos, P. , Harrington, J. , Stevenson, K. B. , Mayor, M. , Pepe, F. , Queloz, D. , Ségransan, D. , & Udry, S. (2011). *Astronomy and Astrophysics*, *533*, 114.

Dragomir, D. , & The MOST Team (2013a). 2013arXiv1302.3321D

Dragomir, D. , & The MOST Team (2013b). *Astrophysical Journal*, *772*, 2.

Fridlund,M. , Cabrera, J. , Csizmadia, S. , Lehman, H. , Dvorak, R. , Gandolfi, D. , Rauer, H. , Erikson, A. , Dreyer, C. , Eigmueller, P. , & Hatzes, A. (2014). *American Astronomical Society Meeting*, *223*, 348.22.

Gray, D. F. , & Hatzes A. P. (1997). *Astrophysical Journal*, *464*, 412.

Hatzes, A. P. , Dvorak, R. , Wuchterl, G. (2010). *A&A*, *520*, 93H.

Huitson, C. M. , Sing, D. K. , Pont, F. , Fortney, J. J. , Burrows, A. S. , Wilson, P. A. , Ballester, G. E. , Nikolov, N. , Gibson, N. P. , Deming, D. , Aigrain, S. , Evans, T. M. , Henry, G. W. , Lecavelier des Etangs, A. , Showman, A. P. , Vidal-Madjar, A. , & Zahnle, K. (2013). *Monthly Notices of the Royal Astronomical Society*, *434*, 3252.

Ida, S. , & Lin, D. N. C. (2005). In *Protostars and planets V* (LPI contribution No 1286, pp.8141).

Houston: Lunar and Planetary Institute. Knutson, H. A. , Lewis, N. , Fortney, J. J. , Burrows, A. , Showman, A. P. , Cowan, N. B. , Agol, E. , Aigrain, S. , Charbonneau, D. , Deming, D. , Dêsert, J. -M. , Henry, G. W. , Langton, J. & Laughlin, G. (2012). *Astrophysical Journal*, *754*, 22.

Latham, D. W. , Stefanik, R. P. , Mazeh, T. , Mayor, M. , & Burki, G. (1989). *Nature*, *339*, 38.

Léger, A. , Rouan, D. , Schneider, J. (2009). *A&A*, *506*, 287L.

Lissauer, J. J. , Marcy, G. W. , Bryson, S. T. , Rowe, J. F. , Jontof-Hutter, D. , Agol, E. , Borucki, W. J. , Carter, J. A. , Ford, E. B. , Gilliland, R. L. , Kolbl, R. , Star, K. M. , Steffen, J. H. , & Torres, G. (2014). *Astrophysical Journal*, *784*, 44.

Marcy, G. W. , & Butler R. P. (1996). *Astrophysical Journal*, *464*, 147.

Marcy, G. W. , & The Kepler Team (2014). *Astrophysical Journal Supplement*, *210*, 20.

Mayor, M. , & Queloz, D. (1995). *Nature*, *378*, 355.

McArthur, B. E. , Benedict, G. F. , Barnes, R. , Martioli, E. , Korzennik, S. , Nelan, E. , & Butler, R. P. (2010). *Astrophysical Journal*, *715*, 1203.

Nikolov, N. , Sing, S. K. , Pont, F. , Burrows A. S. , Fortney, J. J. , Ballester, G. E. , Evans, T. M. , Huitson, C. M. , Wakeford, H. R. , Wilson, P. A. , Aigrain, S. , Deming, D. , Gibson, N. P. , Henry, G. W. , Knutson, H. , Lecavelier des Etangs, A. , Showman, A. P. , Vidal-Madjar, A. , & Zahnle, K. (2014). *Monthly Notices of the Royal Astronomical Society*, *437*, 46.

Queloz, D. , Bouchy, F. , Moutou, C. (2009). *A&A*, *506*, 303Q.

Rauer, H. , & The PLATO Team (2013). 2013arXiv1310.0696R.

Rowe, J. F., Bryson, S. T., Marcy, G. W., Lissauer, J. J., Jontof-Hutter, D., Mullally, F., Gilliland, R. L., Issacson, H., Ford, E., Howell, S. B., W. J., Haas, M., Huber, D., Steffen, J. H., Thompson, S. E., Quintana, E., Barclay, T., Still, M., Fortney, J., Gautier, T. N., III, Hunter, R., Caldwell, D. A., Ciardi, D. R., Devore, E., Cochran, W., Jenkins, J., Agol, E., Carter, J. A., & Geary, J. (2014). *Astrophysical Journal*, *784*, 45.

Snellen, I., de Mooij, E. J. W., Albrecht, S. (2009). *Nature*, *459*, 543S.

Struve, O. (1952). *The Observatory*, *12*, 3.

Vidal-Madjar, A., Huitson, C. M., Bourrier, V., Desert, J.-M., Ballester, G., Lecavelier des Etangs, A., Sing, D. K., Ehrenreich, D., Ferlet, R., Hêbrard, G., & McConnell, J. C. (2013). *Astronomy and Astrophysics*, *560*, 54.

Wagner, F. W., Sohl, F., Hussmann, H., Grott, M., & Rauer, H. (2011). *Icarus*, *214*, 366.

Wolszczan, A., & Frail, D. A. (1992). *Nature*, *355*, 145.

第 14 章 系外行星科学研究的工具：世界空间天文台——紫外工程

在过去的 30 年里，天体物理学家一直努力希望获取 100～300nm 波长范围的探测数据，利用地基探测设备无法探测到该波长范围的数据。如果可以获得该波段的数据，天体物理过程的研究能力将会达到空前水平。国际紫外操测（IUE）天文台的成功建立，以及俄罗斯 ASTRON 探测任务和装载在哈勃望远镜上的 COS、STIS 光谱仪等的后续探测设备，将证实紫外波段观测对现代天文学的重大影响。许多系外行星学研究已经在紫外波段开展，包括近紫外和远紫外。这个波段包含许多常见元素的共振线如拉曼 - α 射线，为研究行星大气的物理和化学性质提供唯一的可能性。未来的天基天文台项目将会非常有限。在下一个 10 年的后哈勃望远镜时代，WSO-UV 项目将是唯一用于紫外波段探测的大型望远镜项目，用于紫外成像观测和紫外波段分光光谱探测。WSO-UV 的应用与哈勃望远镜类似，但是所有观测时间都可用于紫外天文学。本章简要概述 WSO-UV 项目的原型、主要仪器、科学任务规划以及在其寿命周期内有望解决的核心科学问题，这些信息将有助于系外行星研究人员及早做好利用 WSO-UV 开展未来观测研究的准备工作。

14.1 引言：HST 之后的紫外系外行星天文学

行星凌星过程中的光谱是研究系外行星大气的一个强大工具。利用光谱数据可以获得系外行星的大气化学成分、温度剖面，为分析大气动力学和大气化学变化过程提供依据。

空间观测为系外行星科学研究提供了重要的初始数据（见 13 章），紫外波段观测将为系外行星研究开辟一个新的重要研究方向（Haswell 等，2012；Fossati 等，2014）。目前，只有哈勃望远镜上的 STIS 和 COS 设备可以在远紫外与近紫外波段开展极高信噪比（S/N）的行星凌星光谱观测，能够探测和详查行星大气成分。NASA 的哈勃空间望远镜是在 1990 年发射的，目前仍然工作状态良好，主管官员曾在 2013 年 1 月透露，他们计划将一直对哈勃望远镜进行运行，直至哈勃空间望远镜的仪器设备彻底无法工作为止，这样哈勃空间望远镜有望工作至 2018 年。6.5m 主口径的下一代空间望远镜——JWST 望远镜计划于

2018 年发射，它主要是在近红外和中红外波段进行观测。NASA 计划用于接替哈勃望远镜、补充 JWST 探测能力的 4m 口径可见光/紫外天文望远镜计划在于 2025 年发射，主要用于系外可居住行星研究和星际/银河系间天文学研究，因此，该望远镜称为宜居系外行星和恒星际/星系际天文望远镜（THEIA）。设想 THEIA 利用直径 40m 的遮光罩来遮挡恒星发出的光，就可以直接对系外行星成像。NASA 已经批准了 TESS 任务。TESS 主要目的是确认那些围绕附近恒星运动的陆地行星。TESS 项目团队估计 TESS 探测任务将会发现 2700 颗以上行星，包括数百个地球大小的行星。TESS 计划于 2017 年发射。CHEOPS 项目是 ESA 科学计划第一批 S 级（小型）空间探测任务，是在 2012 年从 26 个候选项目中选择出来的，计划于 2017 年发射。CHEOPS 携带一个口径 30cm 光学 Ritchey-Chrétien 望远镜，平台采用标准小卫星平台，运行轨道是 800km 太阳同步轨道，它主要开展星体的光度测量。

WSO-UV 将是唯一一个口径为 2m、只用于 UV 波段光谱观测的项目，可以对目标进行光度和光谱测量，以用于系外行星研究。本章将介绍 WSO-UV 项目的总体目标、主要特性、仪器设备的技术细节和状态、WSO-UV 项目的地面站、科学管理计划以及在系外行星观测上预期获得的成果等。

14.2 WSO-UV 任务

WSO-UV 的主要仪器设备是一个口径为 1.7m 的望远镜，通过对设备的精确设计与加工，可以开展高分辨力光谱探测、长狭缝低分辨力光谱探测和天空直接成像探测等（Sachkov 等，2014a）。

T-170M 望远镜（图 14.1）具有强大的聚光能力，可以实现在 115 ~310nm 波段的光谱测量和直接成像（Sachkov 等，2014a）。它采用 Ritchey-Chrétien 反射光学设计，焦距达到 17m。可以在焦平面上很容易达到 30′视场角（Sachkov 等，2014a）。T-170M 望远镜继承了苏联 ASREON 项目的成功研制经验，由俄罗斯负责建造。WSO-UV 项目已经发展成为一个携带 UV 成像和光谱探测设备的多探测目标、多观测类型的任务（Shustov 等，2011）（图 14.2）。

图 14.1　T－170M 望远镜示意图

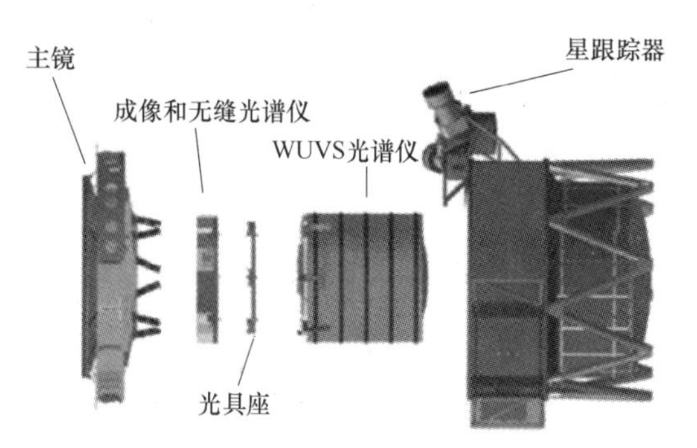

图 14.2　WSO-UV 仪器设备舱段示意图

14.3　WUVS：WSO-UV 光谱仪

WSO-UV 光谱仪（WUVS）（Werner 等，2009；Reutlinger 等，2011）主要由以下三部分设备构成（图 14.3）：

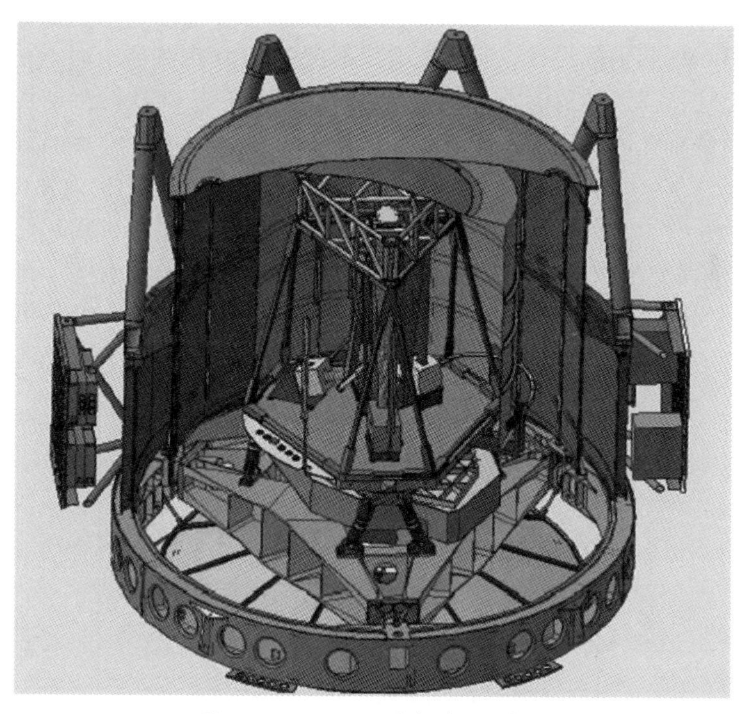

图 14.3　WSO-UV 的光谱仪示意图

（1）远紫外高分辨力光谱仪（VUVES），主要用于开展阶梯光谱分析，在 115～176nm 波段分辨力达到 50000。

（2）近紫外高分辨力光谱仪（UVES），主要用于开展阶梯光谱分析，在

174～310nm波段分辨力达到50000。

（3）长狭缝光谱仪（LSS），主要用于在115～305nm光谱范围内提供低分辨力（$R=1000$）、长狭缝光谱分析，空间分辨力为0.5″。

WUVS设备主要由俄罗斯负责制造，主要性能见表14.1。

表14.1 WUVS主要性能

参数	VUVES	UVES	LSS
波长范围/nm	115～176	174～310	115～305
光谱分辨力	50000	50000	1000
探测器	CCD	CCD	CCD
曝光时间/s	1～3600	1～3600	1～3600
暗电流/电子数/（像素·h）	3	3	3
有效面积/cm^2	250（130nm），300（176nm）	1000（175nm），1000（250nm）	500（150nm），2000（220nm）

14.4 WSO-UV和HST光谱仪效率对比

根据WUVS目前的设计，所有光谱仪都配备CCD探测器，而不是之前计划使用的MCP探测器（Kappelmann等，2006）。WUVS的CCD探测器可以满足对$V=17^m$天体详细光谱观测和分析的需求（Klochkova等，2009）。Sachkov（2010）详细分析了WSO-UV在光谱研究中可实现的成果。WUVS通道的效率可以通过计算其光路上所有元件相关参数的乘积获得，这些参数包括Al＋MgF_2涂层的反射率、UV探测器上MgF_2窗口的透射率、光栅效率和CCD的灵敏度（量子产额）。将WUVS的分级光栅光谱仪、长狭缝光谱仪的有效面积与COS/HST和STIS/HST的有效面积进行对比，如图14.4和图14.5所示，图中所使用的数据不是理论值

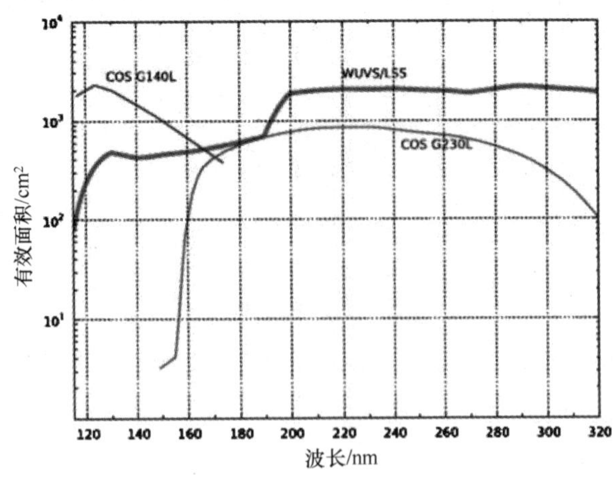

图14.4 WSO-UV光谱仪LSS与COS/HST的有效面积对比

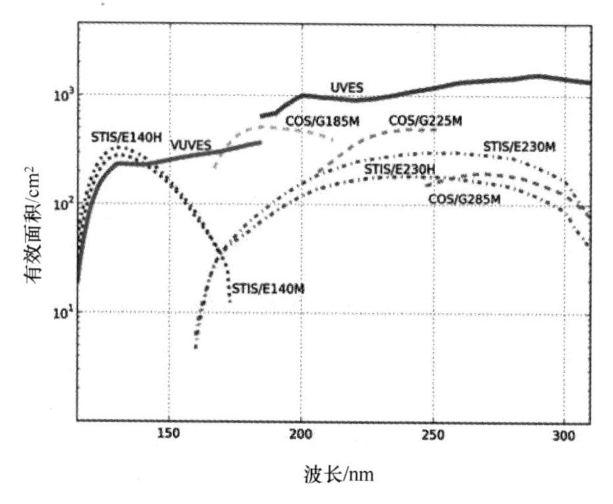

图 14.5　WSO-UV 光谱仪 UVES、VUVES 与 COS/HST、STIS/HST 的有效面积对比

而是测量值。VUVES/WUVS 和 UVES/WUVS 的光谱分辨力与采用 E140 和 E230 分级光栅、中等分辨力下的 STIS/HST 的光谱分辨力基本相似，但是比 COS/HST 的最大分辨力（$R=20000$）还要高。需要指出，与 WUVS 有效面积进行对比的 HST 性能数据是其入轨时的初始数据，此时 HST 的性能还没有因轨道环境作用而产生性能退化。以上分析可见，WSO-UV光谱仪在拉曼 - α 射线波长范围内具有高灵敏度。

14.5　ISSIS：探测用成像和无缝光谱仪

WSO-UV 的探测用成像和无缝光谱仪（ISSIS）是一个多目标探测设备，配有一个模式选择转轮，可以允许探测设备在 115 ~ 320nm 波长范围内成像和无缝分光（Gómez de Castro 等，2013）。ISSIS 有两个 MCP 探测器，分别是用于远紫外和近紫外观测的 CsI 和 CsTe 光电探测器。无缝分光模式的光谱分辨力约为 500，空间分辨力小于 0.1″。ISSIS 将是如此高的轨道上的第一个 UV 图像成像设备，轨道高度超过了地冕辐射的范围，这样就显著降低了 UV 背景辐射。ISSIS 的设计（图 14.6）在 2012 年 6 月的初步方案评审中被批准通过。根据由联邦空间局（Roscosmos，俄罗斯）以及工业、能源与旅游部（西班牙）达成的国际合作协议，ISSIS 设备的结构由西班牙负责建造。ISSIS 设备主要指标见表 14.2。系外行星与其宿主恒星相互作用的研究中的一个关键问题是恒星磁场活动对测量过程以及大气演化的影响。装载在 WSO-UV 的 ISSIS 设备配有光子计数探测器，该探测器可以记录当系外行星发生凌星现象时的恒星活动数据，以及恒星活动对系外行星大气的作用。

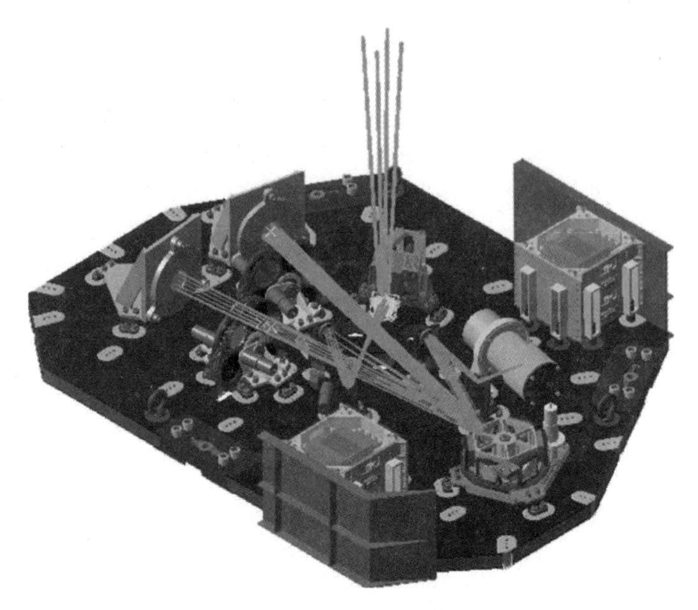

图 14.6　ISSIS 结构

表 14.2　ISSIS 主要指标

参数	远紫外通道	近紫外通道
波长范围/nm	115 ~ 175	185 ~ 320
视场角	70″ × 75″	70″ × 75″
分辨力/（″）/像素	0.037	0.037
探测器	CsI MCP	CsTe MCP

14.6　WSO-UV 轨道

WSO-UV 的优势之一是采用更高效率的地球同步轨道，轨道倾角为 51.6°（图 14.7），能够对 HST 和 WSO-UV 在信号收集面的 2 倍差分因子进行补偿（Boyarchuk 等，2013）。在该轨道，地球阴影时间短，在一个轨道周期内可以有更长的时间进行监测，对目标进行快速探测。选择地球同步轨道主要是考虑运载能力、经过地球辐射带的时间长短、连续可视区域、处于地球阴影区时间最短、轨道稳定性、可用于微波通信的地面和空间技术设备能力等。WSO-UV 将采用俄罗斯的 NAVIGATOR 平台（Sachkov 2007），该平台由俄罗斯的 Lavochkin Science & Technology Association 公司设计，是一个标准的平台，已用于多个科学探测器，包括 2011 年成功发射的 Radioastron 探测器、2015 年发射的 Spektrum-Roentgen-

Gamma 探测器以及 WSO-UV 探测器。该平台还用于多颗商业卫星，是一个经过验证的可靠平台。NAVIGATOR 平台的质量为 1300kg，可装载的有效载荷为 1600kg。利用精确导航系统，平台可达到的指向精度约为 0.03″。所有设备的总线功率为 300W，下行数据传输速率为 4Mb/s。WSO-UV 将在拜科努尔（哈萨克斯坦）发射场利用质子号火箭发射。NAVIGATOR 平台主要指标见表 14.3。

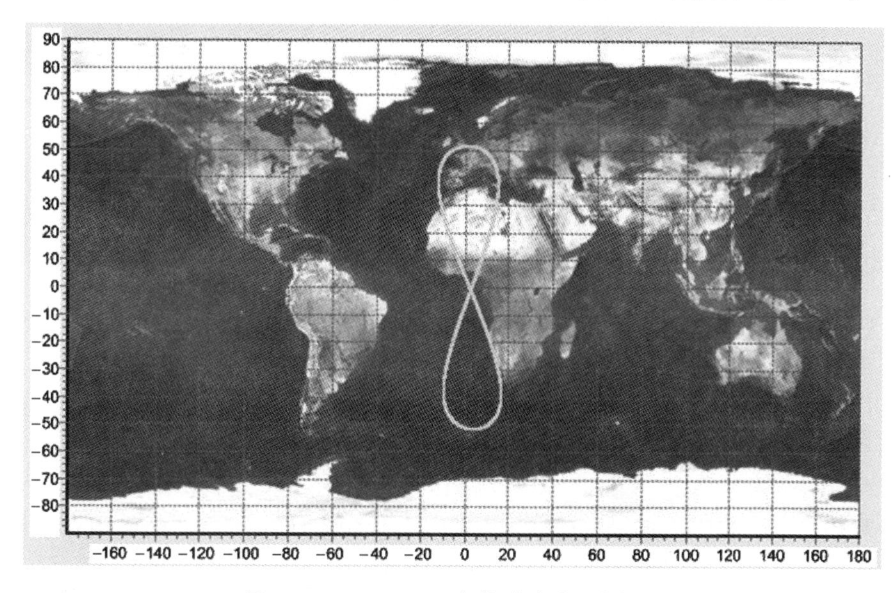

图 14.7　WSO-UV 运行轨道的星下点轨迹

表 14.3　NAVIGATOR 平台指标

参数	指标
寿命/年	>5
航天器总质量（含推进剂）/kg	2900
平台质量/kg	1600
有效载荷功率/W	750
数据传输速率/（Mb/s）	2
使用精确导航系统数据的稳定性和指向精度/（″）	0.1（3σ）

14.7　WSO-UV 科学管理计划

WSO-UV 作为一个有着明确目标的空间天文台，不仅有核心探测任务，还为世界范围研究机构和项目参与国（资金资助方）的任务提供了一个开放性的研究平台（Malkov 等，2011）。WSO-UV 科学观测的核心项目（CP）是指具有很高影响力的或者有继承性的科学研究项目，将给予这些探测任务大量的观测时间。

CP 任务是基于科学项目的先进性进行挑选的。开放项目（OP）主要是由天文学家利用 WSO-UV 开展的天文观测任务，无论天文学家是否属于 WSO-UV 的国际合作方。资金赞助方项目（ FBP）是要确保每一个 WSO-UV 项目资金赞助国都获得一定的 WSO-UV 使用时间。为了从 CP 和 OP 任务中选取科学项目，WSO-UV 项目的管理机构专门成立了一个时间协调委员会（TAV）进行项目挑选工作。OP TAC 成员每两年补充一次。在 WSO-UV 任务的最初两年，CP TAC 成员与选择的 OP TAC 成员相同。WSO-UV 项目每个成员国的国家时间协调委员会将承担为 FBP 选择科学项目的责任。

WSO-UV 天文观测的时间分配主要依据下列方案：

（1）WSO-UV 任务的第一年和第二年，全部观测时间的 50% 将分配给 CP，48% 分配给 FBP，2% 分配给 WSO-UV 管理机构作为管理机构自由使用时间（DDT）。CP 将在 WSO-UV 任务的前两年内全部完成。

（2）在 WSO-UV 任务执行满两年后，58% 的探测时间将分配给 FBP，40% 分配给 OT，2% 分配给 DDT。

目前，WSO-UV 的科学委员会决定，CP 的主要研究课题，即 WSO－UV 天文观测台的主要科学任务目标（Gómez de Castro 等，2009）如下：

（1）确定宇宙中扩散的重子含量和其化学演化过程。主要研究课题将研究温暖和热星系际物质中重子含量、减弱的拉曼－α 射线系统星芒的作用和星系形成的作用。

（2）吸积和外流的物理机制。吸积机制控制着恒星、黑洞等所有此类天体。主要对这些现象的效率和时间尺度开展研究，同时需要考虑辐射压和星盘不稳定性在此过程中的作用。

（3）银河形成和演化的研究。可以根据观测数据并结合 GAIA（全球天文测量干涉仪）任务的观测数据，对银河的形成演化历史进行研究。

（4）系外行星的大气以及在强紫外辐射环境下的天体化学的研究。

由于天文机构对系外行星的大气观测有着强烈的兴趣，WSO-UV 项目的管理机构决定将其列入 WSO-UV 项目的核心项目中。

14.8　2014 年 WSO-UV 项目进展状态

在 2014 年，WSO-UV 项目已经进入 C 阶段（Sachkov 等，2014b）。T-170M 望远镜已经在 2012 年经过振动和噪声试验（图 14.8）以及转场试验。WSO-UV 团队对 T-170M 的光学质量极为关注，特别是衍射限制。主镜与辅镜的微观粗糙度约为 0.75nm（RMS）。T-170M 望远镜的光学玻璃镀膜在俄罗斯专门为 WSO-UV 项目建立的一台专用设备中进行，该设备有一个直径 2.6m 的 Denton 真空镀膜室。在镀 115nm 以上波长的高反射率膜时，选择常用的 MgF_2 保护 Al 膜。镀膜设备的真空室设计 2. 6m，可以实现在 2m 级别光学镜上镀均匀光学膜。镀膜过程采用离子束辅助沉积技术。由西班牙研究团队负责建造的 WSO-UV 项目的地面站也已经于 2012—2013 年在莫斯科完成了第一版的调试安装，所有评估试验均获得成功。WSO-UV 主要仪器设备，光谱仪和相机等均通过了初样阶段测试。两个主要设备 WUVS 和 ISSIS 的结构 – 热模型已经移交给莫斯科方面（Lavochkin Science & Technology Association），俄罗斯将把 T-170M 望远镜的模型与 WUVS 和 ISSIS 的模型关联在一起。在 2014 年计划完成热真空试验。WSO-UV 的负载以及飞行器将于 2017 年初全部完成，预计在 2017 年底到 2018 年初发射。

图 14. 8　在拉沃奇金科技协会开展振动试验的 T-170M 望远镜模型

14. 9　WSO-UV 地面站

WSO-UV 探测器地面站包括 WSO-UV 任务研制和工作期间包含的所有基础设施和设备，主要完成航天器、望远镜和仪器设备的实时监测和控制，以及科学数据的接收、处理和存储。WSO-UV 主要有两个完备的地面站：俄罗斯的坐落于莫斯科（拉沃奇金科学技术协会和 RAS 的天文研究所），西班牙的坐落于马德里。WSO-UV 卫星的操控权由这两个地面控制中心共同享有，按照一定的规则，这两个地面控制中心轮流对 WSO-UV 卫星进行控制。

科学操作系统和一部分任务操作系统是西班牙方面在 WSO-UV 中的贡献之一。遥测目标建议系统、科学数据处理系统、科学存档以及目录系统主要由西班牙和俄罗斯的该项目科学支持团队组成的国际科学团队主管，团队成员大多数来自西班牙的马德里康普顿斯大学（UCM）和俄罗斯科学院天文研究所（INASAN）。科学团队是地面站重要的人力资源之一，他们负责制定 WSO-UV 卫星的基本操作原则，并监督指导与任务主要用户（科学家）相关的 WSO-UV 卫星操作过程。在任务层面，科学团队构成了未来 WSO-UV 国际天文台的核心。地面站发展所面临的重要挑战之一是如何在两个中心之间管理这些共享信息，以及如何根据两中心间的操作轮换对所有操作数据进行校准（遥测、遥控、计划）（Lozano 等，2010）。

14.10 本章小结

WSO-UV 项目的仪器设备对于系外行星研究以及系外行星恒星环境表征研究是非常重要的，具有重大作用。UV 波段适于探测原子成分，这是由于原子在这个光谱窗口有吸收振谱线。但是，在预测系外行星大气特性中确定主要误差的来源仍存在一些困难：

（1）恒星紫外辐射相对较弱；

（2）源的多样性；

（3）星空背景信号（在某些谱线上）以及仪器设备的响应对信号的干扰。

针对第一个难题，可以选择 UV 辐射大的邻近恒星系来解决。但是由辐射源和仪器导致的信号多样性是一个比较难以解决的问题，必须建立一个可靠的噪声诊断方法，可从探测信号中提取出系外行星上层大气以及受恒星风撞击的系外行星大气区域的准确信息。

必须提及的是，WSO-UV 不仅用于标准系外行星的观测以及表征，还用于对生物标记物进行观测。像臭氧之类的生物标记对紫外波段光有很强的变化作用，这些分子的电子跃迁比红外和微波波段观测的由转动及振动产生的跃迁要高数个量级。在系外行星大气中发现生命标记所需要的频谱分析能力并不是一个非常高的指标，分辨力 $R\approx10000$ 就可以满足这些研究需要，甚至在 $R\leqslant1000$ 时也可以满足许多分子宽带隙信号的探测需求。大气中的生物标记和其他成分存在的证据可以由 WSO-UV 高分辨光谱仪在围绕 K、G、F 型主序列恒星运行的约 100 颗系外行星上进行搜寻。

总之，WSO-UV 天文台是未来进行系外行星紫外光谱探测的重要手段。目前该项目已经进入 C 阶段，预计将在 2017 年末至 2018 年初发射。WSO-UV 项目的发射时机非常合适，处于 HST 退役后，与 CHEOPS 和 TESS 任务同期，且在JWST 任务之前。在 2018—2028 年的工作寿命内，WSO-UV 将是利用 UV 对系外行星研究的主要设备。

WSO-UV 项目目前进展信息可以在官方网站上获取，网站地址：http://wso-uv.org.

参考文献

Boyarchuk, A. A., Shustov, B. M., Moisheev, A. A., & Sachkov, M. E. (2013). *Solar System Research*, *47*, 499.

Fossati, L., Haswell, C. A., Linsky, J. L., & Kislyakova, K. G. (2014). In H. Lammer & M. L. Khodachenko (Eds.), *Characterizing stellar and exoplanetary environments* (pp. 59). Heidelberg/New York: Springer.

Fridlund, M., Rauer, H., & Anders, E. (2014). In H. Lammer & M. L. Khodachenko (Eds.), *Characterizing stellar and exoplanetary environments* (pp. 253). Heidelberg/New York: Springer.

Gómez de Castro, A. I., Pagano, I., Sachkov, M., Lecavelier Des Étangs, A., Piotto, G., González, R., Shustov, B (2009). In M. Chavez, E. Bertone, D. Rosa-Gonzalez, & L. H. Rodrigez-Merino (Eds.), *New quests in stellar astrophysics. II. Ultraviolet properties of evolved stellar populations* (p. 319). Berlin: Springer.

Gómez de Castro, A. I., Sestito, P., Sanchez Doreste, N., López-Martínez, F., Seijas, J., Rodríguez, P., Gómez, M., Lozano, J. M., Shustov, B., Sachkov, M., Moisheev, A. (2013). In J. C., Lara, L. M. Quilis, & J. Gorgas (Eds.), *Proceedings of the X scientific meeting of the Spanish astronomical society (SEA)*, Valencia (Highlights of spanish astrophysics VII), p. 820.

Haswell, C. A., Fossati, L., Ayres, T., France, K., Froning, C. S., Holmes, S., Kolb, U. C., Busuttil, R., Street, R. A., Hebb, L., Collier Cameron, A., Enoch, B., Burwitz, V., Rodriguez, J., West, R. G., Pollacco, D., Wheatley, P. J., & Carter, A. (2012). *Astrophysical Journal*, *760*(79), 23.

Kappelmann, N., Barnstedt, J., Gringel, W., Werner, K., Becker-Ross, H., Florek, S., Graue, R., Kampf, D., Reutlinger, A., Neumann, C., Shustov, B., Sachkov, M., Panchuk, V., Yushkin, M., Moisheev, A., & Skripunov, E. (2006). In M. Turner &M. G. Hasinger (Eds.), *Space telescopes and instrumentation II: Ultraviolet to gamma ray* (Proceeding of the SPIE 6266, id. 62660X).

Klochkova, V., Panchuk, V., Sachkov, M., & Yushkin, M. (2009). In M. Chavez, M. E. Bertone, D. Rosa-Gonzalez, & L. H. Rodrigez-Merino (Eds.), *New quests in stellar astrophysics. II. Ultraviolet properties of evolved stellar populations* (p. 337). Berlin: Springer.

Lozano, J. M., & The WSO-UV Team (2010). Space Optics, 213993, 693.

Malkov, O., Sachkov, M., Shustov, B., Kaigorodov, P., Yáñez, F. J., & Gómez de Castro, A. I. (2011). *Astrophysics and Space Science*, 335, 323.

Reutlinger, A., Sachkov, M., Gál, C., Brandt, C., Haberler, P., Zuknik, K.-H., Sedlmaier, T., Shustov, B., Moisheev, A., Kappelmann, N., Barnstedt, J., & Werner, K. (2011). *Astrophysics and Space Science*, 335, 311.

Sachkov, M. (2007). *AIP Conference Proceedings*, 938, 148.

Sachkov, M. (2010). *Astrophysics and Space Science*, 329, 261.

Sachkov, M., Shustov, B., Savanov, I., & Gómez de Castro, A. I. (2014a). *Astronomische Nachrichten* 335, 46.

Sachkov, M., Shustov, B., & Gómez de Castro, A. I. (2014b). *Advance Space Research*, 53, 990.

Shustov, B., Sachkov, M., Gómez de Castro, A. I., Huang, M., Werner, K., Kappelmann, N., & Pagano, I. (2009). *Astrophysics and Space Science*, 320, 187.

Shustov, B., Sachkov, M., Gómez de Castro, A. I., Werner, K., Kappelmann, N., & Moisheev, A. (2011). *Astrophysics and Space Science*, 335, 273.

Werner, K., Shustov, B., Sachkov, M., Gómez de Castro, A. I., Huang, M., Kappelmann, N., & Zhao, G. (2009). *AIP Conference Proceedings*, 1135, 314.

第 15 章　地基系外行星项目

人们已经研制了大量的仪器设备专门用于发现和研究系外行星。新建的地基设备数量也非常多，本章不可能对这些地基观测设备都进行详细的介绍。本章只是重点总结这些观测设备在概念上有哪些创新，并举例说明这些观测设备将会给我们研究系外行星提供哪些帮助。

15.1　引言：地基系外行星研究

许多不同类型的仪器已被用于探测和研究系外行星。值得注意的是，最初对系外行星的研究主要利用多目标探测设备，而现在已经开始建立专用于系外行星研究的仪器。Perryman（2011）对系外行星研究的方法、使用的设备进行了全面详细的总结。本章只对出现的系外行星研究的新概念进行阐述，而实现方法和历史背景只有当有助于理解这些新概念时才会提及。由于系外行星研究的新项目众多，在这里不对所有新概念进行详细的讨论和说明。本章主要说明基于这些新概念的仪器设备为研究系外行星提供哪些帮助，我们可以从中获得多少研究成果，因此本章只从类似的仪器设备中选择具有代表性的例子进行详细说明。第 11 章对射电天文学研究技术进行了详细介绍（Griessmeier，2014），天基仪器设备在第 13 章（Fridlund 等，2014）和第 14 章（Shustov 等，2014）也进行了说明，本章将主要介绍地基、光学、近红外、中红外观测设备。

15.2　径向速度测量

第一颗围绕主序列恒星运动的系外行星以及已经探知的大多数行星都是利用径向速度（RV）技术发现的。RV 方法在未来的系外行星研究中也将发挥重要作用。例如，RV 方法可以研究行星数量以及确定其他一些测量方法，如凌星方法等发现的行星的质量。RV 方法的缺点是只能测定行星的质量下限，或者 $v\sin i$。从原理上可知，如果行星轨道倾角 i 已知，则质量下限可以转换为真实质量。但对于大量行星样本是不知道倾角的，只能假设行星的倾角是随机指向的。这样可以把 $m\sin i$ 的平均值推算出这些行星的平均质量。从统计学原理可以得到每个行星的真实质量 $m_{\text{true}} = 1.27 \times m\sin i$。

RV 测量灵敏度非常高，以至于恒星活动引发的 RV 偏差比测量设备产生的误差要大很多。因此，如果行星环绕的恒星是非活动的，则 RV 方法可以测量出极小行星的质量。RV 方法对短周期行星的测量灵敏度更高，如果一颗极小行星的轨道半径很小，则只有当它围绕的恒星是非活动的时，才能够利用 RV 方法测量。恒星活动并不会完全破坏测量活动，但会使得利用 RV 测量的分析更为复杂。如果对恒星活动的鉴别进行仔细分析，则可以修正 RV 测量结果，消除恒星活动对测量的影响（Hatzes 等，2011 ；Lagrange 等，2013）。因此，为了精确测量系外行星，不仅提高 RV 测量的准确性，并且能利用恒星活动最重要诊断技术的仪器。需要有一定的手段能够分析出因恒星活动对测量结果产生的误差。例如，光谱仪的光谱波段应该涵盖 CaII H&K 谱线。其他的误差诊断方法有等值宽度和光球谱线非对称性。为了能利用这些误差诊断方法，光谱仪必须有足够的分辨力，光谱范围必须能包括多个不受地球谱线（或者使用的吸收单元的谱线）影响的光球谱线。

为了能从行星运行的 RV 信号中将恒星活动影响误差区分出来，人们提出一个新的想法：在不同波段进行 RV 测量。如果在不同波段测量结果偏差幅度不一样，则认为信号中误差并不是行星测量误差，而是由恒星黑子产生的。Huélamo 等（2008）利用这一想法进行了测量，结果表明在 TW Hya 的 RV 测量中出现的周期性偏差不像是因为行星自身引发的，其原因是恒星黑子温度比光球低，不同波段的能量分布以及谱线强度与正常光球相比是不一样的。例如，我们观测有冷黑子的类日恒星，可见光波段光谱强度一般要高于近红外波段，原因是可见光波段黑子与光球的亮度差要大于近红外波段。Crockett 等（2012）认为，至少在 T 金牛座恒星观测中，由于恒星黑子影响造成的 RV 振幅在 2.3μm 波长处的要比在 0.67μm 处的低 ⅓ ~ ½。但是，如果观测 TiO 谱线（该谱线在黑子中特别的强），RV 振幅在 2.3μm 波长处的要比在 0.67μm 处的高。但是对光谱仪，在近红外波段实现与可见光波段相同的 RV 精度是非常困难的。一旦这样的探测手段成为标准，则高分辨力 IR 光谱仪将在确定系外行星中起到至关重要的作用，特别是围绕活跃恒星运动的行星。

为了给出未来新技术的发展方向，下面将主要介绍当今实现 RV 测量的两类方法，分别是吸收单元法和发射线法。

15.2.1 吸收单元法

吸收单元法是在光谱仪狭缝前面放置一个吸收单元，可以在恒星光谱中产生密集的吸收谱线。在测量经过吸收单元后恒星光谱的同时，对没有经过吸收单元的恒星光谱也进行测量，这样，两个光谱数据就有着相同的因仪器本身测量误差引起的频移。利用吸收单元产生的吸收谱线作为参考，可以将测量得到的恒星光谱中仪器频移误差除去。

Walker 等（1992）利用 HF 吸收单元对 16 颗恒星进行了观测，并在 γ 仙王座星上发现了周期性 RV 波动，但是，当时他们并不认为这是由于一颗行星引起的。直到 2003 年，这一点才由 Hatzes 等（2003）证实。由于碘分子毒性更低，且能产生密集的吸收谱线，因此，自 20 世纪 90 年代起，I_2被用作吸收单元。

通过建立经过吸收单元（如 I_2）和未经过吸收单元（模板）的恒星高分辨力光谱对比分析模型，可以确定行星的 RV。将模板数据与吸收单元谱进行迭代卷积，从而对通过吸收单元观测到的光谱数据建模。通常利用傅里叶变换光谱仪（FTS）来获得 I_2的高分辨力光谱。而恒星标准谱的高分辨力光谱一般利用恒星光谱与一个高信噪比（S/N）进行去卷积而得到（Marcy 和 Butler，1992）。

吸收单元方法有很多优点，I_2吸收单元非常便宜，由于仪器的频移误差被消除，即使在分光光谱仪并不稳定的情况下仍可以得到精度很高的 RV 测量数据。这样，对测量仪器的要求比较低。因此，通过增加一个吸收单元，大部分高分辨力光谱仪可以用作高精度 RV 测量设备。在 30m TMT（30m 望远镜）项目（www. tmt. org）和 24. 5m GMT（巨型麦哲伦望远镜）项目（www. gmto. org）计划建造的高分辨可见光谱仪上将采用吸收单元法。

吸收单元方法也有一些缺点：①得到的 RV 测量数据的准确性依赖于恒星光谱测量（基准光谱）的质量以及 PSF 模型的精度。因此，必须避免产生高度非对称的 PSF 光谱。为了获得高质量的基础光谱，需要对恒星进行长时间的曝光以获得无吸收单元时的恒星光谱。因此，需要大量的观测时间，才能获得第一个 RV 测量数据。需要高质量基准光谱还表明，具有可变光谱的恒星不适合使用这种方法进行观测。②吸收单元会吸收恒星发出来的一些光，吸收强度依赖于选用的吸收单元，但典型情况下都达到 30%。③I_2 仅在 500 ~ 630nm 波长范围内存在吸收谱线。

如果消除仪器的所有误差，测量精度由 S/N、R、波长范围 B（Å）决定（Hatzes 和 Cochran，1992）：

$$\sigma \approx 1.45 \times 10^9 \cdot (S/N)^{-1} \cdot R^{-1} \cdot B^{-1/2} (\mathrm{m/s}) \tag{15.1}$$

观测的波长范围直接影响 RV 测量的准确性。

为了能在近红外波段获得 RV 测量数据，人们也研究 I_2以外的其他分子作为吸收单元。前面提到过，由于恒星黑子产生的 RV 变化在红外波段比可见光波段的要小很多，这样就可以分辨 RV 变化哪些是由于行星引起的，而不是其他效应。NIR 波段观测还有一个好处，在该波段内晚型恒星的亮度更大。因此，红外 RV 测量方法特别适用于对活跃期和晚型恒星的观测。低温高分辨力红外阶梯光栅光谱仪（CRIRES）采用$^{14}NH_3$ 作为吸收单元，观测波段为 2292 ~ 2350nm，Bean 等（2010）证明该设备精度可达 3m/s，如图 15. 1所示。正在对 CRIRES 进行升级改造，以横向色散阶梯光栅光谱仪的方式工作。改造后 CRIRES 将使用新的吸收单元和探测器。升级版 CRIRES + 将有更大的光谱范围，探测效率将大大提高。这台仪器非常适合在 NIR 波段开展高精度 RV 测量工作。Valdivielso 等（2010）开发了一种新的红外吸收单元——采用含有不同气体的混合物作为吸收单元，这种吸收单元可以在整个 H 和 K 波段产生致密的吸收谱线。这种吸收单元比目前在用的吸收单元性能有着大幅提升。

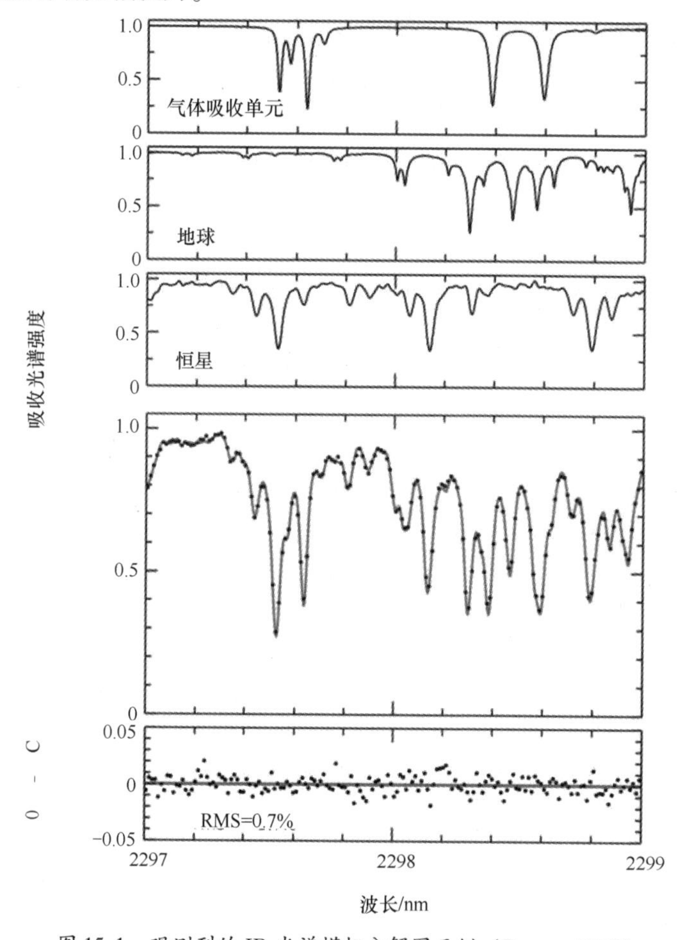

图 15.1 观测到的 IR 光谱模拟分解图示例（Bean，2010）

注：测量到的光谱利用三个分解图进行模拟分析，即经过氨气吸收单元光谱线、地球光谱线、恒星光谱线。

15.2.2 发射线法

另一种用于获得高精度 RV 测量结果的方法是利用某种光源作为波长参考，这种光源可以产生大量已被确定的发射谱线。简而言之，可以将其看成利用狭缝光谱仪，将发射线源发出的光注入狭缝中。但是，由于观测，恒星在狭缝中移动，在探测器上的恒星谱线位置可能发生变化，而发射线的位置不会变化。对典型的阶梯光栅光谱仪，恒星在狭缝中移动造成的影响经常大于 100m/s。克服这个问题的简单方法是利用光纤将光从望远镜引入到光谱仪中。如果光纤配备图像扰频器，恒星在望远镜聚焦面上的所有移动就不会对光在光谱仪入口处的位置产生影响。再利用第二束光纤将校准光源的光引入到光谱仪中。最新的进展是利用非圆柱形光纤，如八角形或六角形光纤，这样的光纤产生平面波输出，因此在光纤入口处恒星的任何位移都不会影响到 RV 测量（Avila，2012）。由于发射线光源的光与恒星光是利用不同类型的光纤进行传输的，必须确保来自恒星的光与校准光源之间的光没有差速运动。在这种情况下，光谱仪需要非常稳定。理想情况下，光谱仪需要对温度非常稳定，且在真空条件下工作。与吸收单元方法比较，发射线方法的优点是恒星光谱不会被干扰，可以用于多种科学目的的研究。另一个优点是不需要花费大量观测时间来获得基准光谱。

基于这种方法的典型设备是位于智利的装有 3.6m 口径 ESO 望远镜的 HARPS（Mayor 等，2003）。自从建成以来，HARPS 是系外行星探测设备中发现行星数量最多的设备之一，因此，大部分新设备采用这一仪器的基本原理。在 La Palma 岛（Canary 岛）上的 TNG（伽俐略国家望远镜）的 HARPS-N（https://plone.unige.ch/HARPS-N），以及法国普罗旺斯天文台的 1.93m 望远镜 SOPHIE（恒星和系外行星观测光谱仪），都与 HARPS 非常相似。它们都采用非圆柱形光纤进行升级。与吸收线方法相比，发射线方法的优势在于校准光源灯产生的谱线光谱范围远大于吸收单元的吸收谱线范围。利用 Th－Ar 空心阴极灯作为波长参考的校准光源，HARPS 通常可达到 1m/s 的 RV 测量精度，甚至对于亮度较弱的星也可达到。但是这种灯作为光源的问题是随着灯的老化，发射谱线会出现频移。出现这种情况的原因是，在阶梯光谱仪典型分辨力条件下，灯的许多谱线是由多个谱线混合在一起的，如果这些谱线的强度发生变化，混合谱线的位置就要发生变化。Mayor 等人（2009）指出，氩线谱比钍线谱老化问题更加严重。

降低老化问题对探测器影响的一种途径是采用多个灯。例如，利用近红外和光学阶梯光栅光谱仪的系外地球的 M 矮星 Calar Alto 高分辨力观测数量（CARMENES）中的光谱仪就采用了 7 个空心阴极灯（Quirrenbach 等，2012）。对每天晚上使用的灯进行标定，而其他不常用的灯不进行标定。CARMENES 是专门用来进行 M 恒星 RV 测量的光谱仪，如图 15.2 所示。其科学目标是研究 M 恒星中宜居轨道上质量低至类似地球的行星的数量。CARMENES 的观测任务还承担一个重要任务，就是为 CHEOPS、NGST 等探测设备发现合适的探测目标。其他一些与 CARMENES 目的类似的近红外光谱仪有宜居区行星发现者（HPF）（Mahadevan 等，2012）和 SPIRou（Barrick 等，2012）。CARMENES 的探测波段范围包含可见光的 0.5～1.0μm 范围和近红外的 1.0～1.7μm 范围。可见光波段采用 Th－Ne 灯作为校准光源，在近红外波段采用 U－Ne 灯。由于 CARMENES 的波段范围涵盖了最亮 M 星系的光谱波段，且其具有高灵敏度，与以前的仪器相比，预期其将在探测围绕 M 恒星的行星方面取得显著的进步。

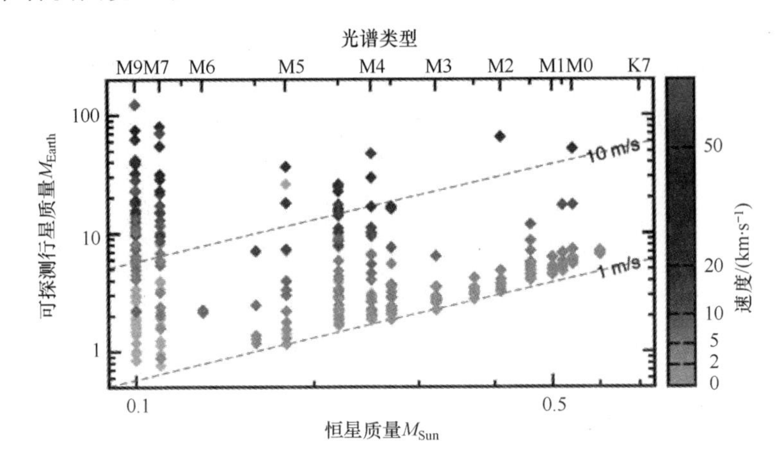

图 15.2 用于发现 M 恒星宜居轨道行星的 CARMENES 设备设计灵敏度（Quirrenbach 等，2012）
注：浅色点表示 $S/N=150$，单位 J；深色点表示可以观测到的弱亮度恒星系的 S/N 限制（对于$J<9$ mag恒星，$S/N<150$）。

空心阴极灯并不是唯一的标准光源。法布里 - 珀罗（F-P）也可以用于标准光源，它可以产生强度几乎相同的密集等间隔参考谱线格栅。如果 F-P 足够的稳定，则它有可能比空心阴极灯实现更高的精度。Wildi 等（2011）的研究表明，现代科技已经可以制造出高质量的 F-P，从而在夜晚可以实现探测的稳定性达到 0.1m/s。由于 F-P 在白天也可以作为参考光源，因此可以在更长的时间里获得 0.1m/s 精度的 RV 测量结果。激光频率梳（LFC）作为一种替代的标准光源，可以产生一系列等间隔的发生谱线。目前可以制备非常宽波段的 LFC，因此，LFC 是理想的标准光源。利用 LFC 技术，有可能实现 RV 的测量精度达到 0.01m/s（Murphy 等，2007；Wilken 等，2010；Phillips 等，2012；Ycas 等，2012；Molaro 等，2013）

岩石系外行星观测和稳态分光观测的阶梯光谱仪（ESPRESSO）是具有代表性的下一代高精度光谱仪（Pepe 等，2010，2013）。ESPRESSO 的波长范围为 380～780nm，将安装在 VLT 的综合 Coudé 实验室。ESPRESSO 可能使用 VLT 的一个、两个或者四个单元望远镜（UT）。ESPRESSO采用 LFC 作为波长参考光源，并使用非圆柱形光纤，在只使用一个单元望远镜的情况下，对 9 等恒星观测 20min，就可以实现 RV 测量精度达到 0.1m/s，如图 15.3 所示。这意味着，有可能在类日恒星的宜居区内确定质量低至与地球相当的行星。利用 ESPRESSO 进行的一个独立的 RV 测量项目将研究类日恒星系中未探索过的质量范围内的行星数量。ESPRESSO将为 CHEOPS 项目提供非常重要的探测目标。假如 PLATO 的主要科学目标是亮度 9～11 等的类日恒星，则 ESPRESSO 将可用于测量 PLATO 探索的宜居区内岩石行星的质量。这将是人类首次有可能在宜居区内测量与地球质量相当的行星的密度。这些观测将发现这些行星是否有着很厚的气态氢气壳层，或者有着和地球类似的相对较薄的大气层。同样，这些观测还可能会回答：Kepler 已经发现的大量小尺寸行星是否是岩石行星并且有适于生存的可能性，有岩石内核的行星是否有浓厚的氢气大气层而不适于生存。如果 ESPRESSO 采用全部的 4 个单元望远镜，则它可以在 20min 对 15 等的弱亮度恒星的 RV 测量精度达到 1m/s，这与 HARPS 相比，对可观测星系亮度要求低了 2～3 等。

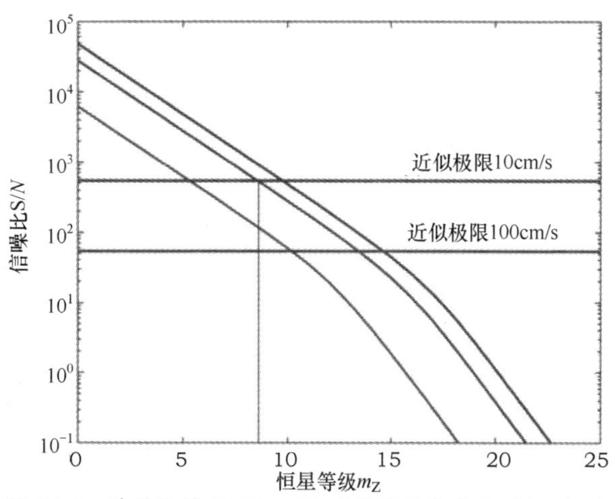

图 15.3　单望远镜 ESPRESSO 可实现的信噪比（S/N）与恒星亮度级别的关系曲线（Pepe 等，2013）

注：红色线、蓝色线和紫红色线分别代表观测时间 3600s、1200s 和 60s。

15.2.3　凌星的光度观测

专用地基望远镜已经发现了很多凌星行星。第一代的地基设备是 OGLE。OGLE 观测试验项目最开始是设计用于发现微重力透镜事件，也可以用于探测凌星行星。尽管利用 OGLE 已经发现了 8 颗系外凌星行星，但是 OGLE 观测试验项目的缺点是所有恒星必须是弱亮度恒星，级别在 V 区 16～17 等，这对后续观测任务带来了挑战。第二代地基设备有 Super-WASP、HAT、TrES、KELT、XO 等，这些设备可以观测更亮的恒星系。典型的亮度等级在 V 区 9～13 等。这些设备利用短焦距的宽视角相机，景深大，通常探测热木星。Super-WASP-North 坐落在 La Palma 岛上，Super-WASP-South 在南非的南非天文台。这两个设备都是由 8 个宽视角相机组成，每个相机的光圈为 11.1cm，视场角为 7.8°×7.8°。截止到本书编写时，Super-WASP 已经发现了 87 颗半径在（0.7～1.9）R_{Jup}的行星，轨道周期为0.8～8 天。

下一代观测的目标是发现更小的行星。为了实现这一目标，首先必须提高光度计的精度，其次是在更小的恒星中进行观测，这时对于给定尺寸的行星，在更小的恒星中会发生深度凌星现象。下一代凌星观测项目（NGTS）是未来地基观测项目之一。NGTS 是一个宽场光度计，设计用来发现质量在 1.5 ~6 倍 M_{earth}，相对较亮（$V<13$）恒星中的凌星行星（http：//www. ngtransits. org/）。人们采取了多种措施来提升光度计的精度。由于 NGTS 主要探测目标是 K 恒星和早期的 M 恒星，这些恒星光谱的红光波段光强要大于蓝光波段，因此 NGST 选择的探测波段范围为 600 ~900nm。NGTS 建造在智利的帕瑞纳山（Cerro Paranal）附近，一个气候干燥的地方，这样有助于提高光度计成像质量。NGTS 由 12 个自动调节的 20cm 口径 $f/2.8$ 光圈望远镜组成，这些望远镜沿赤道独立安装，视场角为 3°（Wheatley 等，2013）。NGTS 原理样机已经在 La Palama 经过试验测试，结果显示光度测量精度优于 0.1%。目前 NGTS 计划对 40000 颗恒星进行观测，可以发现大约 100 颗凌星行星。

在 M 系恒星上发现凌星行星也是 MEarth 项目的主要目标。MEarth 利用 8 个自动调节 40cm 口径望远镜对 2000 个独立的 M 恒星进行观测。GJ1214b，一颗半径为 2.7 倍地球半径的行星，就是 MEarth 项目发现的（Charbonneau 等，2009）。

对浅凌星现象的观测需要极高的光度测量精度，因此一般考虑采用天基望远镜。但是地基望远镜也可以在这方面有所贡献。欧洲极大望远镜（E-ELT）计划采用 39m 口径望远镜（http：//www. eso. org/public/teles-instr/e-elt），TMT 项目（计划的 30m 望远镜（TMT），www. tmt. org）和 24.5m GMT（巨型麦哲伦望远镜，www. gmto. org）都能在此方面做出贡献。巨型望远镜不仅可以收集更多光子，而且望远镜的光圈 a 可以起到低通滤波的作用，可以滤掉地球大气的闪烁现象 σI。Young（1967）研究结果表明：σI 与 $a^{-2/3}$ 有关。巨型望远镜中，地球大气闪烁现象对探测结果产生的影响可以大幅降低。

新的计划是在南极洲建立一个望远镜，南极洲更为干燥，空间清新，可以获得很高的光度测量精度。南极洲在冬天的 3 个月处于极夜状态，没有太阳光，可以进行长时间无干扰的观测。一个先期背景项目是凌星系外行星南极观测项目（ASTEP）。它是一个 40cm 口径光圈 f/4.7 的牛顿望远镜，视场角 1×1°，安装在穹顶 C 的 Concordia 基地（Dome C：南纬 75°06′01″，东经 123°19′27″，海拔 3233m）（Daban 等，2010）。ASTEP 可见光波段光度测量精度在较好天气条件下可达到 0.3mmag，即 $3\times10^{-4}\text{h}^{-1}$；而在典型天气条件下可达到 0.7mmag（$7\times10^{-4}\text{h}^{-1}$）。ASTEP 已经观测到 WASP-19b 行星的次级凌星现象，凌星的深度只有 $(3.9\pm0.8)\times10^{-4}$。穹顶 A 比穹顶 C 的位置更靠南、海拔更高（Dome A：南纬80°03′22″，东经 77°22′26″，海拔 4084m），Wang 等（2013）对此地进行光度测量条件的研究结果表明：如果在该地进行光度测量研究，云层的衰减作用在黑夜时间的45%低于0.1 mag，在75%的时间内低于0.4 mag。因此，在这两个地点建立地基望远镜进行系外行星观测是非常有前景。

15.2.4　凌星中的光谱观测法

时间分辨光谱法已被证实是研究系外行星凌星现象的有力工具。时间分辨光谱法曾经用于确定行星 WASP-33（Collier Cameron 等，2010）。在主凌星阶段，行星穿过恒星圆盘。在可见光范围内，凌星行星的背部可以认为是全黑的。这种状况与利用多普勒成像法对恒星黑子进行观测的状况非常相似。与黑子类似，凌星行星也可以造成恒星光谱中每一条谱线轮廓的隆起。隆起的程度与行星的尺寸有关，隆起越过恒星光谱谱线轮廓的方式与行星开始穿越恒星星盘位置有关。谱线轮廓中间位置稳定的隆起意味着这颗凌星恒星的轨道在恒星两极上方。顺行行星产生的隆起将从蓝光波段移向红光，逆行行星产生的隆起正好相反。时间分辨光谱法特别适合研究高速转动的恒星系。但是，对于低速旋转的恒星，还可以测量其光谱谱线的多普勒频移（Rossiter-McLaughlin 效应）。

如果凌星行星有大气层，则该大气层的结构和成分可以利用行星的主凌星过程、次凌星过程以及出凌星过程期间的观测进行研究。Tinetti 等（2013）发表了这方面研究的综述。本章举一些例子，例如，通过对 CRIRES@ VLT 获得的 HD 209458b行星不同轨道阶段高分辨力 NIR 光谱进行分析，Snellen 等（2010）发现有强的恒星风从行星的受辐照日照面吹向无辐照黑夜面。在另一项研究中，Rodler 等（2013）通过高分辨力 NIR 光谱分析，发现在热木星 HD 189733b 的大气层中有很强的 CO 吸收现象，说明存在 CO 气体。

一旦巨型望远镜，如 E-ELT、TMT、GMT 等建成并开始使用，人们对凌星中光谱观测法所能获得的研究成果期望非常高。模拟结果表明：E-ELT 上的中红外 E-ELT 成像光谱仪（METIS）和建议装配的 HIRES 可以用于研究尺寸低至地球大小的全部系外行星的大气详细化学成分和含量。METIS 是 E-ELT 项目预计建造的第 3 台设备，可以提供图像和波长在 3 ~ 14μm 范围内的中等分辨力光谱，以及波长在 3 ~5.3μm 范围内的高分辨力积分场光谱。HIRES 是建议在E-ELT上装载的一台高分辨可见光光谱仪。根据 Birkby 等（2013）的研究结果，HIRES 可能具备对 M 矮星宜居轨道上类地行星大气层中 0.76μm 处氧生物标记物的潜力。但是，Rodler 和 López-Morales（2014）进行了更详细的分析，结果表明：如果一颗类地行星围绕一颗明亮的新 M 矮星（$d \leqslant 8$ pc）运行且 M 矮星的光谱类型晚于 M3，利用 ELT 来进行行星大气中 O_2的探测是可行的。为了能找到陆地行星透射光谱潜在作用，Pallé 等（2009）利用月食获得了地球大气透射光谱，透射光谱显示出一些生物相关的大气特征，这些特征在反射光谱中信号非常弱（如臭氧、氧分子、水、二氧化碳、甲烷）。反射率光谱中没有出现的氮气分子也可能在透射率光谱中出现，如图 15.4 所示。

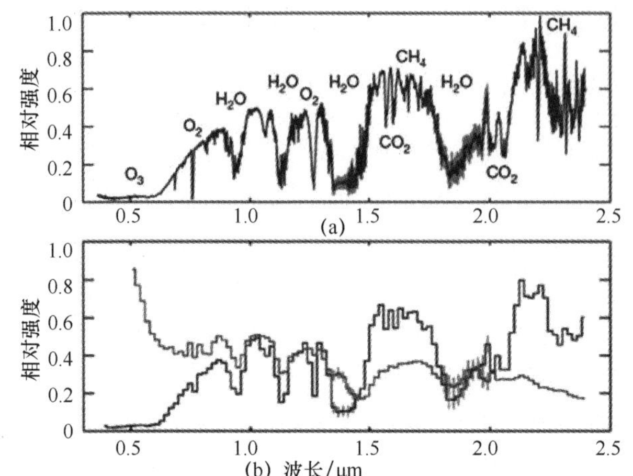

图 15.4　(a) 地球大气透射光谱，标注了主要大气成分的特征谱线；(b) 地球大气透射光谱与反射光谱的对比（Pallé 等，2009）

15.3　直接成像和干涉仪法

直接成像技术面临的挑战不仅是要求系外行星在近红外（NIR）波段和中红外（MIR）波段有足够的亮度，还需要行星和恒星间有一定的对比度。利用直接成像法来探测行星的设备必须克服行星与恒星间巨大的亮度对比度。因此，这种方法更容易发现距离恒星较远的行星而不是距离较近的行星。这意味着，迄今为止能够直接成像的行星都是轨道周期很长的行星。如果轨道周期长，则利用动力学方法测量行星质量变得非常困难。这些行星质量经常是通过其演化轨迹进行估算的。这样估算行星质量是有问题的，因为不同的作者发布的行星演化轨迹不同，会导致不同的估算结果，特别是对年轻行星更是如此。恒星的年龄经常也很难确定。我们对年轻行星特别感兴趣，研究年轻行星可以更加了解行星的形成过程。总之，由于年轻行星在近红外和中红外波段亮度明显高于古老的行星，利用直接成像法发现的大部分行星年龄相对比较小。直接成像法的问题不仅仅在于质量测量误差，实际的问题是目的在于将模型与观测结果进行比较来验证模型，而不是利用模型来确定行星质量。未来直接成像法的目的应该是发现行星、确定行星质量，并与模型结果相比较。

一种新的测量行星质量和半径的方法是先通过行星光谱确定 log g 和 T_{eff} 的值，然后，从 log（g）和 T_{eff} 推导出行星质量（Currie 等，2013）。这种方法的优点是，它可以对远距离行星进行观测，甚至可以对自由漂浮行星进行观测。Pindield 等（2013）对褐矮星、自由漂浮行星、围绕恒星运动的行星之间联系的持续讨论进行了总结，他们认为："星盘的不稳定可能导致大量的亚恒星质量星体产生，包括质量接近木星的行星，这些星体的一部分会被驱逐到空间中去。”因此，至少有一些自由漂浮的行星很可能与围绕恒星运行的一些行星有相同的起源方式。探寻自由漂浮行星与围绕恒星运动行星间是否存在区别，将是一件非常有意义的事情。

为了说明从可用的高对比度成像仪 HiCIAO/SUBARU、NaCo/VLT、NICI/Gemini、OSIRISKeck、PISCES/LBT、Project1640/Palomar 中获得的信息，这里将举三个例子：HR8799 b、c、d、e（图 15.5），βPic b 和 GJ504。

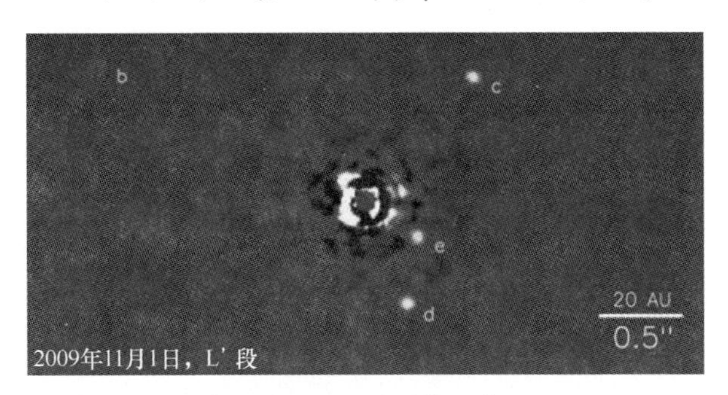

图 15.5　由 KeckII 望远镜拍摄的 HR8799 的图像，在 L'段（3.776μm）采用角微分成像（ADI）技术获得，图像显示该恒星系有4颗行星（Marois 等，2010）

HR8799 是一颗具有碎片星盘的 A5V 恒星，质量为 $1.56M_{Sun}$，寿命为 20~30My，距离地球（39.4±1.0）pc。由 Herschel(2014）观测结果推导出来星盘倾角为 26°±3°。HR7899 恒星系的行星 HR7899 b、c、d 与 HR7899 距离分别为 24AU、38AU 和 68AU。由于该恒星系几乎是正向观测的，而且 HR7899 是一颗 A 级恒星，因此，利用 RV 测量方法确定这些行星的质量是不可能的，只能通过演化轨迹来估算其质量。假设行星的年龄分别为 60My 和 30My，则 HR7899 质量分别为 $7M_{Jup}$ 和 $5M_{Jup}$，HR7899 c 质量分别为 $10M_{Jup}$ 和 $7M_{Jup}$，HR7899d 质量分别为 $10M_{Jup}$ 和 $7M_{Jup}$。HR7899 的第4颗行星 HR7899 e 与 HR7899 的投影距离约为 15AU，质量为 $9M_{Jup}$（Marois 等，2008，2010）。β Pic 是一颗具有碎片星盘的 A6V 恒星，质量约为 $1.8M_{Sun}$。β Pic 距离地球约（19.3±0.2）pc，寿命约为 12^{+8}_{-4}My。利用 VLT 上的 AO-imager NaCo 在 β Pic 附近发现了一颗绕其运动的行星（Lagrange 等，2009；Currie 等，2013；Absil 等，2013）。该行星的轨道周期约为 20 年。通过对该行星光谱的建模分析，Currie 等（2013）获得该行星的 T_{eff} = 1575 ~ 1650K，$\log g = 3.8 \pm 0.2$。根据这些值可以得到该行星的质量为 $7^{+3}_{-4}M_{Jup}$，半径约为$(1.65 \pm 0.06)R_{Jup}$。

GJ504 是一颗 G0V 星，距离为（17.56±0.08）pc，年龄为 160^{+350}_{-60}My。一颗行星 GJ 504b 距离它的投影距离为 43.5AU，质量为 $4.0^{+4.5}_{-1.0}M_{Jup}$（Kuzuhara 等，2013）。GJ 504b与其他行星相比温度明显更低，为 510^{+30}_{-20}K。它与 GJ 504 的对比

度在 H 波段只有 3×10^{-7}（Kuzuhara 等，2013）。

以上这三个例子说明，尽管成像对比度已经可以达到 3×10^{-7}，但是利用直接成像技术只能发现行星年龄较小的巨行星，并且这些行星的轨道周期要达到 20 年甚至更长。用于成像的设备的未来技术发展方向是进一步提高恒星与行星间的对比度。只有成像设备的对比度提高了，才有可能发现距离恒星更近、光强更弱的行星。还有一个问题是，AO 系统中的准静态斑点很容易与行星像混淆。因此，除去这些斑点对于直接成像法至关重要。一个可能的解决方法是利用经纬望远镜中的图像旋转。如果不用图像反转器，那么行星图像将开始在探测器上方移动；反之，静态斑点将保持在同一个位置（ADI）。将不同时间拍摄的图像进行减法，就可以将静态斑点除去。还有其他方法：对行星大气中强分子光谱带的内部和外部进行成像，以及偏振方法。这类直接成像设备的重要组成部分是星冕观测仪。星冕观测仪可以遮挡恒星发射的光，但是不会遮挡行星发出的光。人们研究了很多不同概念的星冕观测仪，一个新概念的星冕观测仪在 2006 年由 Mawet 等提出，称为消色差四象限相位掩膜星冕光谱仪。类似仪器将安装在 VLT 和 SPHERE 上，作为新型行星成像仪的组成部件（Beuzit 等，2008；Vigan 等，2012）。SPHERE 将采用自适应光学系统，该系统可以优化行星探测。

下一代地基望远镜将显著扩展空间探测的深度和光度。地基望远镜甚至有可能在反射光中探测到年龄很大的巨行星，甚至是一些岩石行星。目前正在为 E-ELT 研制 EPICS 设备，对该设备分析结果显示该设备可以在空间间隔 0.1″时达到对比度 10^{-9}。同一研究也表明：利用该设备在 $10 \sim 40 M_{\text{Earth}}$ 质量范围内可能能发现约 40 颗行星，还可以发现数百颗质量更大的行星（Kasper 等，2010）。Macintosh 等（2006）对 TMT 项目中建议装配的高对比度成像仪——（行星形成成像仪 PFI）进行了分析，结果表明，PFI 的对比度在空间间隔 0.1″时可以到达 10^{-8}。

干涉仪也在系外行星探测方面有着潜在应用前景。特别令人感兴趣的是一种新的干涉测量方法，即消零干涉测量法，其利用破坏性干扰抑制恒星发出的光，降低恒星光对行星光的干扰，提高发现行星的可能性。这种方法用于 Keck 和 LBT 的干涉仪（Serabyn 等，2012；Hinz 等，2003；Angle 和 Woolf，1997）。

15.4 天体测量学、偏振测量法、微透镜法

在天基天文望远镜 Gaia 发射以后，地基的天文测量将主要用于开展 Gaia 不能观测的观测项目。例如，一些恒星或者亮度太高，或者亮度很低，不适于 Gaia 观测，则可以考虑利用地基天文台进行观测。迄今为止，地基天文测量在系外行星探测方面所扮演的角色在某种程度上有些被限制，截至目前，地基天文测量方法还没有发现过系外行星。但是，地基天文测量发展迅速，测量精度已经很高。

仅利用VLT的FORS1/2标准成像相机，Lazorenko等（2009）就在17～19等恒星上获得了50μas的精度，Muterspaugh等（2005）获得了260μas的精度。早在20世纪90年代，Mark Ⅲ光学干涉仪精度就已经可以到达6～10mas（Shao等，1990；Hummel等，1994）。我们希望未来的干涉仪精度能够达到30μas（Woillez等，2010；Eisenhauer等，2011；Sahlmann等，2013）。

偏振方法也可以用来发现和表征行星。例如，地球的分级偏振在B段为24.6%，在V段为19.1%，在R段为8.3%，而在I段为8.3%（Bazzon等，2013）。SPHERE设备中苏黎世成像偏光计（ZIMPOL）为高灵敏度偏振器（Schmid等，2006）。灵敏度达10^{-5}（Milli等，2013）。这意味着，该设备可以探测质量$M \leqslant 25M_{\mathrm{Earth}}$的行星（Milli等，2013）。Sterzik等（2012）曾利用该设备得到了地球发射光的分光偏振观测数据，观测到了氧气、臭氧和水的鲜明特征，这表明该偏振探测技术是非常有应用前景的。

已经证重力实微透镜法也是探测和研究系外行星的有力工具。这种方法的意义在于：其结果与其他探测方法是互补的，微透镜法可以发现离宿主恒星距离很远的小质量行星。这方面的综述可见Gaudi（2012）发表的论文。

15.5　本章小结

地基设备发展呈现出明确的从多目标探测转向单一特定目标探测的趋势。值得注意的是，RV测量方法和凌星观测方法在过去的系外行星探测中扮演重要角色，在未来还将继续起着重要作用。直接成像法也已经发展成为系外行星探测的标准方法，它不仅可以发现遥远距离的巨大质量行星，而且在不久的将来可能发现轨道周期足够短的小质量行星（周期短到可以利用动力学方法确定其质量）。偏振测量法和微透镜法将在未来行星探测中发挥重要作用，而利用地基望远镜开展的天文观测将被限制在探测Gaia不能探测到的行星。

参考文献

Avila, G. (2012). *Proceedings of the SPIE*, *8446*, article id. 84469L, 6pp.

Absil, O., Milli, J., Mawet, D., Lagrange, A.-M., Girard, J., Chauvin, G., Boccaletti, A., Delacroix, C., & Surdej, J. (2013). *Astronomy and Astrophysics*, *559*, L12.

Angel, J. R. P., & Woolf, N. J. (1997). *Astrophysical Journal*, *475*, 373.

Barrick, G. A., Vermeulen, T., Baratchart, S., & The SPIRou team (2012). *Proceedings of the SPIE*, 8451, *article id.* 84513J, 15pp.

Bazzon, A., Schmid, H. M., & Gisler, D. (2013). *Astronomy and Astrophysics*, *556*, A117.

Bean, J. L., Seifahrt, A., Hartman, H., Nilsson, H., Wiedemann, G., Reiners, A., Dreizler,

S. , & Henry, T. J. (2010). *Astrophysical Journal*, *713*, 410.

Beuzit, J. -L. , Feldt, M. , Dohlen, K. , Mouillet, D. , Puget, P. , Wildi, F. , Abe, L. , Antichi, J. , Baruffolo, A. , Baudoz, P. , Boccaletti, A. , Carbillet, M. , Charton, J. , Claudi, R. , Downing, M. , Fabron, Ch. , Feautrier, Ph. , Fedrigo, E. , Fusco, Th. , Gach, J. -L. , Gratton, R. , Henning, Th. , Hubin, N. , Joos, F. , Kasper, M. , Langlois, M. , Lenzen, R. , Moutou, C. , Pavlov, A. , Petit, C. , Pragt, J. , Rabou, P. , Rigal, F. , Roelfsema, R. , Rousset, G. , Saisse, M. , Schmid, H. -M. , Stadler, E. , Thalmann, Ch. , Turatto, M. , Udry, St. , Vakili, F. , & Waters, R. (2008). *Proceedings of the SPIE*, 7014, article id. 701418, 12pp.

Birkby, J. , de Kok, R. , Brogi, M. , Schwarz, H. , Albrecht, S. , de Mooij, E. , & Snellen, I. (2013). *The Messenger*, *154*, 57.

Charbonneau, D. , Berta, Z. K. , Irwin, J. , Burke, Ch. J. , Nutzman, Ph. , Buchhave, L. A. , Lovis, Ch. , Bonfils, X. , Latham, D. W. , Udry, St. , Murray-Clay, R. A. , Holman, M. J. , Falco, E. E. , Winn, J. N. , Queloz, D. , Pepe, F. , Mayor, M. , Delfosse, X. , & Forveille, Th. (2009). *Nature 462*, 891.

Cameron, A. C. , Guenther, E. , Smalley, B. , McDonald, I. , Hebb, L. , Andersen, J. , Augusteijn, Th. , Barros, S. C. C. , Brown, D. J. A. , Cochran, W. D. , Endl, M. , Fossey, S. J. , Hartmann, M. , Maxted, P. F. L. , Pollacco, D. , Skillen, I. , Telting, J. , Waldmann, I. P. , & West, R. G. (2010). *Monthly Notices of the Royal Astronomical Society*, *407*, 507.

Crockett, C. J. , Mahmud, N. I. , Prato, L. , Johns-Krull, Ch. M. , Jaffe, D. T. , Hartigan, P. M. , & Beichman, Ch. A. (2012). *Astrophysical Journal*, *761*, 164.

Currie, Th. , Burrows, A. , Madhusudhan, N. , Fukagawa, M. , Girard, J. H. , Dawson, R. , Murray-Clay, R. , Kenyon, S. , Kuchner, M. , Matsumura, S. , Jayawardhana, R. , Chambers, J. , & Bromley, B. , (2013). *Astrophysical Journal*, *776*, 15.

Daban, J. -B. , Gouvret, C. , Guillot, T. , Agabi, A. , Crouzet, N. , Rivet, J-P. , Mekarnia, D. , Abe, L. , Bondoux, E. , Fanteï-Caujolle, Y. , Fressin, F. , Schmider, F. -X. , Valbousquet, F. , Blanc, P. -E. , Levan Suu, A. , Rauer, H. , Erikson, A. , Pont, F. , & Aigrain, S. (2010). *Proceedings of the SPIE*,*7733*, article id. 77334T, 9pp.

Eisenhauer, F. , Perrin, G. , Brandner, W. , Straubmeier, C. , Perraut, K. , Amorim, A. , Schöller, M. , Gillessen, S. , Kervella, P. , Benisty, M. , Araujo-Hauck, C. , Jocou, L. , Lima, J. , Jakob, G. , Haug, M. , Clénet, Y. , Henning, T. , Eckart, A. , Berger, J. -P. , Garcia, P. , Abuter, R. , Kellner, S. , Paumard, T. , Hippler, S. , Fischer, S. , Moulin, T. , Villate, J. , Avila, G. , Gräter, A. , Lacour, S. , Huber, A. , Wiest, M. , Nolot, A. , Carvas, P. , Dorn, R. , Pfuhl, O. , Gendron, E. , Kendrew, S. , Yazici, S. , Anton, S. , Jung, Y. , Thiel, M. , Choquet, E. , Klein, R. , Teixeira, P. , Gitton, P. , Moch, D. , Vincent, F. , Kudryavtseva, N. , Ströbele, S. , Sturm, S. , Fédou, P. , Lenzen, R. , Jolley, P. , Kister, C. , Lapeyrére, V. , Naranjo, V. , Lucuix, C. , Hofmann, R. , Chapron, F. , Neumann, U. , Mehrgan, L. , Hans, O. , Rousset, G. , Ramos, J. , Suarez, M. , Lederer, R. , Reess, J. -M. , Rohloff, R. -R. , Haguenauer, P. , Bartko, H. , Sevin, A. , Wagner, K. , Lizon, J. -L. , Rabien, S. , Collin, C. , Finger, G. , Davies, R. , Rouan, D. , Wittkowski, M. , Dodds-Eden, K. , Ziegler, D. , Cassaing, F. , Bonnet,

H., Casali, M., Genzel, R., & Lena, P. (2011). *The Messenger*, 143, 16.

Fridlund, M., Rauer, H., & Erikson, A. (2014). H. Lammer & M. L. Khodachenko (Eds.), *Characterizing stellar and exoplanetary environments* (pp. 253). Heidelberg/New York: Springer.

Gaudi, B. S. (2012). *Annual Review of Astronomy and Astrophysics*, *50*, 411.

Grießmeier, J.-M. (2014). H. Lammer & M. L. Khodachenko (Eds.), *Characterizing stellar and exoplanetary environments* (pp. 213). Heidelberg/New York: Springer.

Hatzes, A. P., & Cochran, W. D. (1992). M.-H. Ulrich (Ed.). *ESO workshop on high resolution spectroscopy with the VLT. European southern observatory conference and workshop proceedings*, Garching b. München (Vol. 40, p. 275)

Hatzes, A. P., Cochran, W. D., Endl, M., McArthur, B., Paulson, D. B., Walker, G. A. H., Campbell, B., & Yang, S. (2003). *Astrophysical Journal*, *599*, 1383.

Hatzes, A. P., Fridlund, M., Nachmani, G., Mazeh, T., Valencia, D., Hébrard, G., Carone, L., Pätzold, M., Udry, St., Bouchy, F., Deleuil, M., Moutou, C., Barge, P., Bordé, P., Deeg, H., Tingley, B., Dvorak, R., Gandolfi, D., Ferraz-Mello, S., Wuchterl, G., Guenther, E., Guillot, T., Rauer, H., Erikson, A., Cabrera, J., Csizmadia, S., Léger, A., Lammer, H., Weingrill, J., Queloz, D., Alonso, R., Rouan, D., & Schneider, J. (2011). *Astrophysical Journal*, *743*, 75.

Hinz, P. M., Angel, J. R. P., McCarthy, D. W., Jr., Hoffman, W. F., & Peng, C. Y. (2003). *Proceedings of the SPIE*, *4838*, 108.

Huélamo, N., Figueira, P., Bonfils, X., Santos, N. C., Pepe, F., Gillon, M., Azevedo, R., Barman, T., Fernández, M., di Folco, E., Guenther, E. W., Lovis, C., Melo, C. H. F., Queloz, D., & Udry, S. (2008). *Astronomy and Astrophysics*, *489*, L9.

Hummel, C. A., Mozurkewich, D., Elias, N. M., II, Quirrenbach, A., Buscher, D. F., Armstrong, J. T., Johnston, K. J., Simon, R. S., Hutter, D. J. (1994). *Astronomical Journal*, *108*, 326.

Kasper, M., Beuzit, J.-L., Verinaud, Ch. & The EPICS team (2010). *Proceedings of the SPIE*, *7735*, article id. 77352E, 9pp.

Kuzuhara, M., Tamura, M., Kudo, T., Janson, M., Kandori, R., Brandt, T. D., Thalmann, C., Spiegel, D., Biller, B., Carson, J., Hori, Y., Suzuki, R., Burrows, A., Henning, T., Turner, E. L., McElwain, M. W., Moro-Martín, A., Suenaga, T., Takahashi, Y. H., Kwon, J., Lucas, P., Abe, L., Brandner, W., Egner, S., Feldt, M., Fujiwara, H., Goto, M., Grady, C. A., Guyon, O., Hashimoto, J., Hayano, Y., Hayashi, M., Hayashi, S. S., Hodapp, K. W., Ishii, M., Iye, M., Knapp, G. R., Matsuo, T., Mayama, S., Miyama, S., Morino, J.-I., Nishikawa, J., Nishimura, T., Kotani, T., Kusakabe, N., Pyo, T.-S., Serabyn, E., Suto, H., Takami, M., Takato, N., Terada, H., Tomono, D., Watanabe, M., Wisniewski, J. P., Yamada, T., Takami, H., Usuda, T. (2013). *Astrophysical Journal*, *774*, 11.

Lagrange, A.-M., Gratadour, D., Chauvin, G., Fusco, T., Ehrenreich, D., Mouillet, D., Rousset, G., Rouan, D., Allard, F., Gendron, É., Charton, J., Mugnier, L., Rabou, P., Montri, J., & Lacombe, F. (2009). *Astronomy and Astrophysics*, *493*, L21.

Lagrange, A.-M., Meunier, N., Chauvin, G., Sterzik, M., Galland, F., Lo Curto, G., Rameau, J., & Sosnowska, D. (2013). *Astronomy and Astrophysics*, *559*, A83.

Lazorenko, P. F., Mayor, M., Dominik, M., Pepe, F., Segransan, D., & Udry, S. (2009). *Astronomy and Astrophysics*, *505*, 903.

Mahadevan, S., Ramsey, L., Bender, C., & The Habitable-zone Planet Finder (HPF) team (2012). *Proceedings of the SPIE*, *8446*, article id. 84461S, 14pp.

Marcy, G. W., & Butler, P. R. (1992). *Publications of the Astronomical Society of the Pacific*. *104*, 270.

Marois, C., Macintosh, B., Barman, T., Zuckerman, B., Song, I., Patience, J., Lafreniére, D., & Doyon, R. (2008). *Science*, *322*, 1348.

Marois, C., Zuckerman, B., Konopacky, Q. M., Macintosh, B., & Barman, T. (2010). *Nature*, *468*, 1080.

Matthews, B., Kennedy, G., Sibthorpe, B., Booth, M., Wyatt, M., Broekhoven-Fiene, H., Macintosh, B., & Marois, Ch. (2014). *Astrophysical Journal*, *780*, 97.

Mawet D., Riaud, P., Baudrand, J., Baudoz, P., Boccaletti, A., Dupuis, O., & Rouan, D. (2006). *Astronomy and Astrophysics*, *448*, 801.

Mayor, M., Udry, S., Lovis, C., Pepe, F., Queloz, D., Benz, W., Bertaux, J.-L., Bouchy, F., Mordasini, C., & Segransan, D. (2009). *Astronomy and Astrophysics*, *493*, 639.

Mayor, M., Pepe, F., Queloz, D., & The HARPS team (2003). *The Messenger*, *114*, 20.

Macintosh, B., Troy, M., Doyon, R., Graham, J., Baker, K., Bauman, B., Marois, Ch., Palmer, D., Phillion, D., Poyneer, L., Crossfield, I., Dumont, Ph., Levine, B. M., Shao, M., Serabyn, G., Shelton, Ch., Vasisht, G., Wallace, J. K., Lavigne, J.-F., Valee, Ph., Rowlands, N., Tam, K., Hackett, D. (2006). *Proceedings of the SPIE*, *6272*, article id. 62720N

Milli, J., Mouillet, D., Mawet, D., Schmid, H. M., Bazzon, A., Girard, J. H., Dohlen, K., & Roelfsema, R. (2013). *Astronomy and Astrophysics*, *556*, A64.

Molaro, P., Esposito, M., Monai, S., Lo Curto, G., Gonzάlez Hernάndez, J. I., Hänsch, T. W., Holzwarth, R.,Manescau, A., Pasquini, L., Probst, R. A., Rebolo, R., Steinmetz, T., Udem, Th., & Wilken, T. (2013). *Astronomy and Astrophysics*, *560*, A61.

Murphy, M. T., Udem, T., Holzwarth, R., Sizmann, A., Pasquini, L., Araujo-Hauck, C., Dekker, H., D'Odorico, S., Fischer, M., Hänsch, T. W., & Manescau, A. (2007). *Monthly Notices of the Royal Astronomical Society*, *380*, 839.

Muterspaugh, M. W., Lane, B. F., Konacki, M., Burke, Bernard F., Colavita, M. M., Kulkarni, S. R., & Shao, M. (2005). *Astrophysical Journal*, *130*, 2866.

Pallé, E., Zapatero Osorio, M. R., Barrena, R., Montañés-Rodríguez, P., & Martín, E. L. (2009). *Nature*, *459*, 814.

Pepe, F. A., Cristiani, S., Rebolo Lopez, R., & The ESPRESSO team (2010). *Proceedings of the SPIE*, *7735*. article id. 77350F.

Pepe, F. A., Cristiani, S., Rebolo, R., Santos, N. C., Dekker, H., & The ESPRESSO team (2013). *The Messenger*, *152*, 6.

Perryman, M. (2011). *The exoplanet handbook. Cambridge: Cambridge university press.*

Phillips, D., Glenday, A., Li, C., Cramer, C., Furesz, G., Chang, G., Benedick, A. J., Chen, L.-J., Kärtner, F. X., Korzennik, S., Sasselov, D., Szentgyorgyi, A., Walsworth, R. L. (2012). *Optics Express*, *20*, 13711.

Pinfield, D. J., Beaulieu, J.-P., Burgasser, A. J., Delorme, P., Gizis, J., & Konopacky, Q. (2013). *Memorie della Societa Astronomica Italiana*, *84*(4), 1154.

Quirrenbach, A., Amado, P. J., Seifert, W., & The CARMENES team (2012). *Proceedings of the SPIE*, *8446*, article id. 84460R, 13pp.

Rodler, F., Kürster, M., Barnes, J. R. (2013). *Monthly Notices of the Royal Astronomical Society*, *432*, 1980.

Rodler, F., & López-Morales, M. (2014). *Astrophysical Journal*, *781*, 54.

Sahlmann, J., Henning, T., Queloz, D., & The PRIMA team (2013). *Astronomy and Astrophysics*, *551*, A52.

Schmid, H. M., Beuzit, J.-L., Feldt, M., Gisler, D., Gratton, R., Henning, Th., Joos, F., Kasper, M., Lenzen, R., Mouillet, D., Moutou, C., Quirrenbach, A., Stam, D. M., Thalmann, C., Tinbergen, J., Verinaud, C.,Waters, R.,&Wolstencroft, R. (2006). C. Aime& F. Vakili (Eds.), *IAU Colloq.-200: direct imaging of exoplanets: science & techniques*, *IAU colloq* (Vol. 200, p. 165).

Serabyn, E., Mennesson, B., Colavita, M. M., Koresko, C., & Kuchner, M. J. (2012). *Astrophysical Journal*, *748*, 55.

Shao, M., Colavita, M. M., Hines, B. E., Hershey, J. L., Hughes, J. A., Hutter, D. J., Kaplan, G. H., Johnston, K. J., Mozurkewich, D., Simon, R. S., & Pan, X. P. (1990). *Astronomical Journal*, *100*, 1701.

Shustov, B. M., Sachkov, M. E., Bisikalo, D. V., & Gómez de Castro, A.-I. (2014). H. Lammer & M. L. Khodachenko (Eds.), *Characterizing stellar and exoplanetary environments* (pp. 275). Heidelberg/New York: Springer.

Sterzik, M. F., Bagnulo, S., & Pallé, E. (2012). *Nature*, *483*, 64.

Snellen, I. A. G., de Kok, R. J., de Mooij, E. J. W., & Albrecht, S. (2010). *Nature*, *465*, 1049.

Tinetti, G., Encrenaz, T., & Coustenis, A. (2013). *Astronomy and Astrophysics Review*, *21*, 63.

Valdivielso, L., Esparza, P., Martín, E. L., Maukonen, D., & Peale, R. E. (2010). *Astrophysical Journal*, *715*, 1366.

Vigan, A., Langlois, M., Martinez, P., Le Mignant, D., Dohlen, K., Moutou, C., Gry, C., Madec, F. (2012). *Proceedings of the SPIE*, *8446*, article id. 844699, 11pp.

Walker, G. A. H., Bohlender, D., Walker, A. R., Irwin, A. W., Yang, St. L. S., Larson, A. (1992). *Astrophysical Journal*. *396*, L91.

Wang, L., Macri, L. M., Wang, L., Ashley, M. C. B., Cui, X., Feng, L.-L., Gong, X., Lawrence, J. S., Liu, Q., Luong-Van, D., Pennypacker, C. R., Shang, Z., Storey, J. W. V., Yang, H., Yang, J., Yuan, X., York, D. G., Zhou, X., Zhu, Z., & Zhu, Z. (2013).

Astronomical Journal, *146*, 139.

Wheatley, P. J., Pollacco, D. L., Queloz, D., Rauer, H., Watson, Ch. A., West, R. G., Chazelas, B., Louden, T. M., Walker, S., Bannister, N., Bento, J., Burleigh, M., Cabrera, J., Eigmüller, Ph., Erikson, A., Genolet, L., Goad, M., Grange, A., Jordán, A., Lawrie, K., McCormac, J., & Neveu, M. (2013). *European Physical Journal Web of Conferences*, *47*, 13002.

Wildi, F., Pepe, F., Chazelas, B., Lo Curto, G., & Lovis, C. (2011). *Proceedings of the SPIE*, *8151*, article id. 81511F.

Wilken, T., Lovis, C., Manescau, A., Steinmetz, T., Pasquini, L., Lo Curto, G., Hänsch, Th. W., Holzwarth, R., & Udem, Th. (2010). *Proceedings of the SPIE*, *7735*, articl id. 77350T.

Woillez, J., Akeson, R., Colavita, M., & The ASTRA team (2010). *Proceedings of the SPIE*, *7734*, article id. 773412, 10pp.

Ycas, G., Quinlan, F., Diddams, S. Osterman, St., Mahadevan, S., Redman, St., Terrien, R., Ramsey, L., Bender, Ch. F., Botzer, B., & Sigurdsson, St. (2012). *Optics Express*, *20*, 6631.

Young, A. (1967). *Astrophysical Journal*, *72*, 747.